JIS使い方シリーズ

ステンレス鋼の選び方・使い方

改訂版

編集委員長　田中　良平

日本規格協会

編集・執筆者名簿

編集委員長	田中　良平	株式会社超高温材料研究所
編集委員	宇都宮武志	日新製鋼株式会社
	大村　圭一*	新日鐵住金ステンレス株式会社
	髙尾　研治	JFEスチール株式会社
	多田　昌弘*	ステンレス協会
	根本　力男*	日本冶金工業株式会社

執筆

青山　春男**	日本金属工業株式会社		斎藤　喜一**	福井工業大学
飯泉　省三	(元)日新製鋼株式会社		佐藤　義和**	日本金属工業株式会社
飯島　賢二	パナソニック株式会社		鈴木　隆志**	日本金属工業株式会社
井口　貴朗	JFEスチール株式会社		鈴木　亨	新日鐵住金ステンレス株式会社
石井　知洋	JFEスチール株式会社		関口　力**	日本金属工業株式会社
石山　成志**	住友金属工業株式会社		高野　光司	新日鐵住金ステンレス株式会社
伊東　直也**	(元)日本ステンレス株式会社		天藤　雅之	新日鐵住金ステンレス株式会社
岩崎　央	新日鐵住金ステンレス株式会社		土居　大治	新日鐵住金ステンレス株式会社
江原隆一郎	広島工業大学大学院		豊田　隆治**	三菱重工業株式会社
大黒　紘**	株式会社松下テクノリサーチ		平田　茂	日本冶金工業株式会社
柏木　博	(元)株式会社ササクラ		冨士川尚男**	住友金属工業株式会社
金近　洋二	日新製鋼株式会社		松田　隆明	新日鐵住金ステンレス株式会社
川谷　皓一**	日新製鋼株式会社		松村　誠	明星大学
木原　重光	株式会社ベストマテリア		宮楠　克久	日新製鋼株式会社
木谷　滋**	住友金属工業株式会社		宮崎　松生**	株式会社東芝
小池　正夫**	住友金属工業株式会社		森部　憲二**	住友金属工業株式会社
小林　裕和	日新製鋼株式会社		森谷　信義**	日本金属工業株式会社
小林　裕	日本冶金工業株式会社		矢埜　浩史	JFEスチール株式会社
小原　啓一**	新日本製鐵株式会社		吉岡　洋明	株式会社東芝

(五十音順，敬称略．所属は執筆時．)
(*印：執筆も兼ねる．**印：初版発行の際の所属．)

改訂にあたって

　ステンレス鋼は，JIS G 0203 鉄鋼用語（製品及び品質）の 3801 項で，"クロム含有率を 10.5％以上，炭素含有率を 1.2％以下とし，耐食性を向上させた合金鋼．常温における組織によって，マルテンサイト系，フェライト系，オーステナイト系，オーステナイト・フェライト系及び析出硬化系の五つに分類される．"と定義されている．また耐熱鋼は，同 3811 項で，"高温における各種環境で，耐酸化性，耐高温腐食性又は高温強度を保持する合金鋼．数％以上のクロムのほか，ニッケル，コバルト，タングステン，及び/又はその他の合金元素を含むことが多い．"と定義され，それに続いて組織による四つの分類を述べ，最後に"なお，合金元素の含有率の合計が約 50％を超える場合は，一般に超合金，耐熱合金又は超耐熱合金と呼ばれる．"と記載されている．

　多くのステンレス鋼と耐熱鋼において，共通して利用される第一の合金元素は Cr であり，第二は Ni であるが，両方の鋼が発展してきた経過をみると，耐熱鋼は独自に開発されてきたというより，ステンレス鋼をまず高温の装置や部品などに転用して成功した事例が多くみられる．しかし，いずれも用途の拡大とともに改良が加えられ，今日に至っている．JIS でも，ステンレス鋼の一部は，そのまま耐熱鋼の JIS に組み込まれている鋼種が多い．つまり，耐熱鋼の源流をさかのぼれば，ステンレス鋼にたどり着くとみなしても過言ではない．

　そのステンレス鋼の原形が発明されたのは，本書の"1.1　ステンレス鋼の歴史"にも概説されているように，1910 年代の前半であり，今日まで，1 世紀に近い長期にわたって広く使われてきたことになる．ステンレス鋼は，このような歴史のなかで使い慣らされ，評価も定着した"傑作"といえる材料のひとつであるが，時代の流れ，とくに産業の著しい発展とともに用途も多様化し，さらにはわれわれの生活の近代化が進むにつれて，絶えず特性の改善や開発が

求められ，製造・加工・検査・施工などをはじめとして，さまざまな技術の革新も積み重ねられてきた．

　そのために，ステンレス鋼のうち，棒鋼と熱間圧延および冷間圧延の板・帯のJISは，本書の旧版発行の1994年以降にも3回の改正が重ねられてきた．それらの改正や，それにともなう鋼種の追加は，技術的な進歩と需要構造の変化を反映したものである．併せて市場のグローバル化による貿易の拡大とともに，JIS規格は，国際標準化機構によるいわゆるISO規格との整合が必要となっている．そのため，これまでのJIS規格に規定されている寸法公差などの技術的内容に変更が加えられ，また日本の市場に定着しているJIS特有の鋼種がそのままISO規格に採択される鋼種は，耐熱鋼も含めて20種類以上に達する見込みである．

　本書は，初版の発行以来，"ステンレス鋼の選び方・使い方"の解説書として，またステンレス鋼の一般的な知識である歴史や分類，JIS，製造工程や特性から，用途と鋼種の選び方，トラブルとその事例および対策までをわかりやすく提供する書として今日でも広く利用されている．しかし，発行から16年を経過したこともあり，上記のような背景も含め，"JIS使い方シリーズ"の一冊として，最近の動向を十分に反映させる必要に迫られてきた．そこで，このたび新たに編集委員会を設けて，改訂版を発行する運びとなった．

　改訂にあたり，旧版の執筆者の方々にご連絡したところ，すでに第一線を引かれた方や，残念ながら亡くなられた方もおられ，16年の歳月の長さを改めて感じた次第である．旧版の執筆者でご健在の方々に再度の執筆をお願いした例，あるいは新たな執筆者に依頼して旧版の執筆者との共著の形に仕上げていただいた例，さらには新たな執筆者によって全面的に書き直されたケースもあるが，新鋼種や新技術はもとより，最近のJISやISO規格との対応も含めて，主な動向を可能なかぎり盛り込むように配慮した．

　工業材料の発展には，メーカや研究者の優れたシーズとともに，ユーザからの適切な，そして率直なニーズのフィードバックは不可欠である．本書を読まれた皆様の建設的なご注文，ご意見をいただきたい．

最後に，本改訂版の出版に協力された多数の執筆者と編集委員の方々に厚く御礼を申し上げます．また，本書の刊行にあたって，お世話下さった財団法人日本規格協会 出版事業部の伊藤 宰，宮原啓介の両氏に感謝の意を表します．

　2010年3月

編集委員長　田中 良平

目　　次

改訂にあたって ……………………………………………………………… 3
本書の編集方針 ……………………………………………………………… 12
鉄鋼材料規格のSI単位への換算表 ………………………………………… 13

1. ステンレス鋼とは

1.1　ステンレス鋼の歴史 ……………………………（鈴木 隆志, 多田）…… 15
　1.1.1　ステンレス鋼の発明 ……………………………………………… 15
　1.1.2　日本における展開 ………………………………………………… 19

1.2　ステンレス鋼の分類 ………………………………（多田, 宮楠）…… 23
　1.2.1　組織からみた分類と特色 ………………………………………… 24
　1.2.2　JIS鋼の鋼種分類 ………………………………………………… 30
　1.2.3　ステンレス鋼のJISと国際規格ISOとの関係 …………………… 35

1.3　ステンレス鋼・耐熱鋼のJIS ……………………（多田, 飯泉）…… 36
　1.3.1　製品形状とJIS体系 ……………………………………………… 36
　1.3.2　化 学 成 分 ………………………………………………………… 44
　1.3.3　機械的性質 ………………………………………………………… 60
　1.3.4　耐 食 性 …………………………………………………………… 67

1.4　ステンレス鋼の製造工程 ………………（金近, 川谷, 小林 裕和）…… 70
　1.4.1　原 　 料 …………………………………………………………… 70
　1.4.2　溶解−製鋼−鋳造工程 …………………………………………… 72
　1.4.3　鋼帯と鋼板 ………………………………………………………… 73

1.4.4	表面処理製品	81
1.4.5	棒鋼と線材	82
1.4.6	形　　鋼	83
1.4.7	鋼　　管	83
1.4.8	鍛 鋼 品	87
1.4.9	鋳 鋼 品	87
1.4.10	粉　　末	87
1.4.11	複 合 材	88
1.4.12	ステンレス鋼製造の新しい動き	89

2. ステンレス鋼の性質

2.1	**金属組織と合金元素**	(小林 裕, 関口, 森谷)	95
2.1.1	状態図と組織		95
2.1.2	マルテンサイト系ステンレス鋼		102
2.1.3	フェライト系ステンレス鋼		104
2.1.4	オーステナイト系ステンレス鋼		106
2.1.5	オーステナイト・フェライト二相系ステンレス鋼		109
2.1.6	析出硬化系ステンレス鋼		111
2.2	**ステンレス鋼の耐食性**		112
2.2.1	水溶液腐食の基礎知識	(小林 裕, 佐藤)	112
2.2.2	ステンレス鋼の不動態化現象		116
2.2.3	ステンレス鋼の腐食形態とその対策		120
2.2.4	ステンレス鋼の高温酸化と高温腐食	(根本, 冨士川)	127
2.2.5	ステンレス鋼の耐食性評価方法	(小林 裕, 佐藤)	142
2.3	**ステンレス鋼の機械的性質**	(青山, 平田)	147
2.3.1	常温における性質		147

2.3.2	低温における性質	……………………………………	156
2.3.3	高温における性質	……………………………………	161

2.4 ステンレス鋼の物理的性質 ……………………(関口, 平田)… 167

2.4.1	密　度	……………………………………………………	167
2.4.2	弾性係数（ヤング率, 剛性率）	…………………………	167
2.4.3	比抵抗	……………………………………………………	169
2.4.4	比　熱	……………………………………………………	169
2.4.5	熱伝導率	…………………………………………………	170
2.4.6	熱膨張係数	………………………………………………	170
2.4.7	磁　性	……………………………………………………	171

3. ステンレス鋼の加工

3.1 鋼板の成形加工 ……………………………………(井口, 小池)… 177

3.1.1	成形試験方法とその意味	………………………………	177
3.1.2	各種ステンレス鋼の材料特性	…………………………	187
3.1.3	プレス成形不良と対策	…………………………………	187
3.1.4	成形限界を向上させる方法	……………………………	193
3.1.5	曲げ加工	…………………………………………………	197
3.1.6	せん断加工, 打抜き加工	………………………………	199
3.1.7	スピニング加工	…………………………………………	201
3.1.8	ロール成形	………………………………………………	203
3.1.9	型材料と表面処理	………………………………………	204

3.2 鋼管の加工 …………………………………………(井口, 森部)… 205

3.2.1	曲げ加工	…………………………………………………	206
3.2.2	口絞り加工	………………………………………………	210
3.2.3	口広げ加工	………………………………………………	211

3.2.4	バルジ加工 ……………………………………………………	212
3.2.5	素管製造方法による加工上の留意点 ………………………	214

3.3 冷間鍛造 ……………………………………………（石山，高野）… 215
3.4 表面仕上げ …………………………………………（石井，木谷）… 217

3.4.1	ベルト研磨 ……………………………………………………	217
3.4.2	バフ研磨 ………………………………………………………	219
3.4.3	バレル研磨 ……………………………………………………	220
3.4.4	電解研磨 ………………………………………………………	220
3.4.5	電解複合研磨 …………………………………………………	222
3.4.6	化学研磨 ………………………………………………………	222
3.4.7	酸洗・不動態化処理 …………………………………………	223

3.5 溶　　接 ……………………………………………（斎藤，矢埜）… 223

3.5.1	溶接法の分類 …………………………………………………	223
3.5.2	融　　接 ………………………………………………………	224
3.5.3	圧接およびろう接 ……………………………………………	233
3.5.4	予熱および溶接後熱処理 ……………………………………	235

4. ステンレス鋼の主な用途と鋼種の選び方

4.1 ステンレス鋼の鋼種の選び方 ……………………（大村，小原）… 239
4.2 ステンレス鋼の主な用途 ……………………………………………… 246

4.2.1	化学工業装置 ………………………………………（伊東，松田）…	246
4.2.2	交通運輸関連機器 ……………………………（小原，鈴木 亨，土居）…	258
4.2.3	火力発電設備 ………………………………（木原，豊田，宮崎，吉岡）…	267
4.2.4	原子力設備 …………………………………………………（松村）…	278
4.2.5	容　　器 …………………………………………（岩崎，小原）…	288

4.2.6	海水淡水化設備 ……………………………………(柏木)…	293
4.2.7	大気汚染防止機器 …………………………………(江原)…	300
4.2.8	家電製品・エレクトロニクス機器 ……………(飯島,大黒)…	309
4.2.9	家庭用・業務用機器 ……………………………(大村,小原)…	315
4.2.10	建築・土木関連機器設備 ………………………(小原,天藤)…	320

5. トラブル——その事例と対策

5.1 事例の分類 ……………………………………(小林 裕,根本)… 330
5.2 腐食事例 ………………………………………………(根本)… 331
  5.2.1 なぜ腐食は予期せぬときに生じるのか ……………………… 331
  5.2.2 温和(マイルド)な環境での腐食事例 ……………………… 333
  5.2.3 過酷な環境での腐食事例—化学プラントの場合 …………… 349
  5.2.4 割れを伴う事例 ……………………………………………… 369

5.3 ステンレス鋼の上手な使い方
    ——これだけは知って,このようなことは避けよう ……………… 370
  5.3.1 マイルドな環境での使用方法 ……………………………… 370
  5.3.2 過酷な環境で使用する場合 ………………………………… 373

和文索引 ………………………………………………………………… 379
欧文索引 ………………………………………………………………… 401

本書の編集方針

　本書では，"最新のJISによるステンレス鋼と耐熱鋼の選び方・使い方"を平易に記述するように努めた．そのため，"国際単位系"の採用はもちろんであるが，用いた"術語"は，鉄鋼関係の各規格にならい，その他の用字・用語も"規格票の様式及び作成方法（JIS Z 8301）"を参考にして記述した．
1. 使用する単位は，国際単位系（SI）を用いた．ただし，応力の単位は，現行の鉄鋼のJISにならって，旧版と同様にMPaではなく，N/mm^{2}を用いた．なお，主な従来単位との換算表を次ページに記載した．
2. 専門用語については，主としてJISの"鉄鋼用語（JIS G 0201〜0204）"にならうこととし，"靭性"は"じん性"，"型"は，"金型""木型"のような"型"そのものにだけ用いるように努めた．また，"焼入れ"と"焼戻し"のような送り仮名を含む二つの言葉を組み合わせた術語は，"焼入焼戻し"のように，間の送り仮名を省略している．"SUS 304 L"などの鋼種記号の表し方は，社団法人日本鉄鋼連盟の標準化センターの方針にしたがって，"SUS304L"のように，SUSの次に来る数字などとの間はあけずに記述した．
3. 主な術語には，最初に出てきた箇所で欧文を併記し，"和文索引"とともに"欧文索引"も巻末に掲載した．
4. 引用文献は，各章ごとに，それぞれの末尾にまとめて記載した．
5. 本書は，"JISによる鋼種"を主眼として編集したことは上記のとおりであるが，海外の材料や，国内各社の鋼種など，JIS化，つまり日本国内で標準化されていない鋼種や合金も必要に応じて引用した．そのため，掲載された鋼種や合金の名称は，それぞれ各社などの商標として使用されている場合があることを付け加えておきたい．

鉄鋼材料規格のSI単位への換算表

応力・圧力

Pa	MPaまたはN/mm^2	kgf/mm^2	psi*	bar
1	1×10^{-6}	$1.019\,72 \times 10^{-7}$	$1.450\,38 \times 10^{-4}$	1×10^{-5}
1×10^6	1	$1.019\,72 \times 10^{-1}$	$1.450\,38 \times 10^2$	1×10
$9.806\,65 \times 10^6$	$9.806\,65$	1	$1.422\,33 \times 10^3$	$9.806\,65 \times 10$
$6.894\,76 \times 10^3$	$6.894\,76 \times 10^{-3}$	$0.703\,07 \times 10^{-3}$	1	$6.894\,76 \times 10^{-2}$
1×10^5	1×10^{-1}	$1.019\,72 \times 10^{-2}$	$1.450\,38 \times 10$	1

* psi：lb/in^2

仕事・エネルギー

J	kW・h	kgf・m	ft・lbf	kcal
1	$2.777\,78 \times 10^{-7}$	$1.019\,72 \times 10^{-1}$	$0.737\,56$	$2.388\,89 \times 10^{-4}$
3.600×10^6	1	$3.670\,98 \times 10^5$	$2.655\,22 \times 10^6$	$8.600\,00 \times 10^2$
$9.806\,65$	$2.724\,07 \times 10^{-6}$	1	$7.233\,00$	$2.342\,70 \times 10^{-3}$
$1.355\,82$	$3.766\,16 \times 10^{-7}$	$1.382\,55 \times 10^{-1}$	1	$3.238\,90 \times 10^{-4}$
$4.186\,05 \times 10^3$	$1.162\,79 \times 10^{-3}$	$4.268\,58 \times 10^2$	$3.087\,47 \times 10^3$	1

1. ステンレス鋼とは

1.1 ステンレス鋼の歴史[1]

1.1.1 ステンレス鋼の発明[2]〜[4]
(1) "さびない鉄"の模索

電磁誘導現象などの発見によって"電気の父"とたたえられているファラデー(M. Faraday)は，合金鋼を初めて研究した金属学者で，しかも"さびない鉄"を模索したパイオニアでもある．ロンドンの王立研究所の化学助手のとき，インド産のウーツ鋼よりも切れ味の良い刃物を国産原料からつくり，併せて反射鏡に適した曇らない材料を見つける目的で，各種の貴金属を添加した合金鋼をるつぼ炉で溶解した．隕鉄を模造した10％Ni-Fe合金は湿った大気中では純鉄よりもさびにくく，また白金鋼は屋内に長い間放置してもさびなかった，と共同研究者と連名で1820年に報告した．

この論文にヒントを得たフランスの鉱山技師ベルチェ(P. Berthier)は，クロムと鉄の合金，すなわちフェロクロムを初めてつくることに成功し，それは王水でも侵されないほどの優れた耐酸性を示すと述べた．それから半世紀後の1872年に，ステンレス鋼特許の第1号となる，約30Cr-2Wを含む耐酸鋼がイギリスで仮登録された(図1.1.1)．しかし合金鋼の権威者ハドフィールド(R. A. Hadfield)は1892年に発表した研究論文で，腐食試験を濃硫酸で行ったためにCr量が多くなると腐食量が増すというデータを提出して混乱を招いたが，高Cr鋼になるほど炭素量が高くなって鍛造が困難だったこともあり，実用化には至らなかった．

それから数年後に，ドイツの工業化学者ゴルトシュミット(H. Goldschmidt)が，アルミニウムの酸化熱を利用して重金属酸化物を還元するテルミット法を発明し，実質的に炭素を含まない金属クロムなどの工業生産が初めて可能にな

図 1.1.1 ステンレス鋼特許の第 1 号

った．これを受けて，20 世紀に入るとすぐにフランス，ドイツの金属学者らが高 Cr 合金鋼の基礎的研究を開始した．

まず，パリの中央工業学校のギェー（L. A. Guillet）が，各種元素を添加した合金鋼の組織学的研究の一環として，Cr 鋼（1904）および Ni–Cr 鋼（1906）について発表したが，これら実験試料の中に現用のステンレス鋼に該当する成分がいくつも見られる．彼の後を継いだポルトバン（A. M. Portevin）はさらに高 Cr 鋼について研究を深め，Cr 量が多くなるほどエッチングがしにくくなることを指摘したが，これが耐食性に関連することまでは考えが及ばなかった．

一方ドイツでは，ゲッチンゲン大のタンマン（G. H. Tammann）による初の

Fe–Cr系状態図に刺激されて，アーヘン工科大のモンナルツ（P. Monnartz）がボルヘルス（W. Borchers）の指導のもとに，Fe–Cr合金の耐酸性について詳細に研究し，1911年に画期的な論文を発表した．すなわち，硝酸，水あるいは大気中では12％Cr付近から耐食性が急速に改善されるが，それは不動態化現象に基づくものであり，不動態は酸化性環境で形成され，塩酸や硝酸などの還元性環境では破壊されることなどを証明した．この結果，ハドフィールドのデータから広がった誤解がようやく修正され，再び高Cr鋼の耐食性が注目されるようになった．

(2) ステンレス鋼の発明

同じころ，エッセンのクルップ社研究所のシュトラウス（B. Strauss）が熱電対保護管用耐熱鋼の開発研究を進めていた．部下のマウラー（E. Maurer）が，この中の高Cr–Ni鋼の試料を腐食性の強い実験室の雰囲気に数か月間放置したが，20Cr–5Ni鋼は研磨面の光沢を全く失っていないことに気づいたので，さらに各種の薬液で腐食試験を行ったところ，硝酸に対して優れた耐食性を示すことが明らかになった．クルップ社は1912年に2種類の"さびない鋼"の特許を申請したが，一つは0.15C, 14Cr, 2Niを標準成分とするマルテンサイト鋼で，蒸気タービン翼や銃砲などに推奨された．他は0.25C, 20Cr, 7Niを代表成分とし，"V2A"と命名されたオーステナイト鋼で，耐酸性が優れていることから化学装置用に推奨された．折しもハーバーとボッシュが発明した空気中窒素固定法によって，火薬の原料となる硝酸が合成できるようになるが，これの工業化は"V2A"の開発によって初めて実現したのであった．

その後，フェロクロムの低炭素化が進むのに呼応して，イギリス・シェフィールドのトーマス・ファース社が1920年代の半ばごろにC＜0.20％の18Cr–8Ni鋼を"Staybrite"のブランドで商品化すると，オーステナイト系の基本組成として"18–8"が定着した．

クルップ社がさびない鋼を開発したころ，シェフィールドのブラウン・ファース研究所のブレアリー（H. Brearley）は，軍の委託により焼付きの少ないライフル銃の研究に取り組んでいた．1913年夏に溶解した0.24C, 13Cr鋼について，

焼入組織を調べるためにエッチングしたが容易に腐食せず，また研磨試料を研究室の雰囲気に暴露しても曇りやさびを生じなかった．これらの特性が食卓用ナイフに適していると判断したブレアリーは，刃物メーカの協力を得て試作に成功すると1915年に特許を出願し，これに"Stainless Steel"の愛称を与えた．焼入硬化型マルテンサイト系ステンレス鋼の代表鋼種とされる"AISI 420"の誕生である．

マルテンサイト系の焼入硬化性は，炭素量の低下や Cr 量の増加とともに消失して，組織はフェライトに変わり，加工性と耐食性が向上する．フェライト系ステンレス鋼の真の発明者を特定することは困難であるが，ポルトバンが1911年の小論文に示した試料の分析成分（0.12C，17.38Cr）は，フェライト系の標準鋼種である"AISI 430"にほかならない．

このように，ステンレス鋼を構成する各組織の基本鋼種は，1910年代の前半に相次いで北欧の鉄鋼研究者らによって発明されたが，折しも突発した第1次世界大戦のため，すぐにドイツ，イギリスで兵器の高温部品に試用され，ほどなくその特性が実証された．

(3) 改良鋼の発達

18-8系の改良鋼の開発は，敗戦のどん底からよみがえったクルップ社において，シュトラウスの主導によって精力的に進められ，相次いで特許化された．まず1922年に，数％の Cu あるいは Mo を添加して耐食性を改善した鋼種を発明したが，後に Cu と Mo を複合添加した耐硫酸鋼に発展した．また，"V2A" の難病といわれた溶接熱影響部の選択腐食は，結晶粒界に Cr 炭化物が析出するのが原因で，炭素量を0.07％以下に低くすると実用的に抑制できることを1928年に明らかにし，続いて，安定炭化物を形成する Ti や Nb などの添加による解決法も提案した．

やがて第2次世界大戦を境に舞台はアメリカに移る．1940年代に入って酸素製鋼法が普及すると，0.030％以下の超低炭素18-8鋼の工業生産が容易になり，溶接部腐食が抜本的に解決された．また，軍の要請にこたえて析出硬化系の高力鋼が開発され，続いて，朝鮮戦争時にニッケルが戦略金属に指定されて

使用が制限されると，低 Ni オーステナイト鋼の研究が各社で推進された結果，高 Mn–窒素鋼の"AISI 200"系が 1955 年に標準化された．

さらに 1960 年代後半になって炉外精錬法が発明されると，高純度の高 Cr–Mo フェライト鋼や窒素添加のオーステナイト・フェライト系が溶製できるようになり，在来鋼のアキレス腱だった局部腐食や応力腐食割れを改良した，塩化物腐食に強いステンレス鋼が相次いで発表された．

1.1.2　日本における展開
（1）夜明けから戦前まで

わが国のステンレス鋼の歴史は呉海軍工廠で幕を開ける．第 1 次世界大戦最中の 1916 年に，13Cr 鋼をるつぼ炉で溶解して潜水艦部品を試作したのに始まり，1918 年から 3 t アーク炉で本格生産に入った．主な用途は艦載砲の回転盤やタービン翼材で，やがて 1933 年に 6 t スラブを圧延し，さらに 1935 年には世界最大級の 30 t アーク炉による 13Cr 鋼の溶製に成功した．この間に各種の製鋼法などについて試行を重ね，蓄積された多くのノウハウを民間に伝授した．

まず海軍の指定工場となった日本特殊鋼（現 大同特殊鋼）が，1924 年から低炭素 13Cr 鋼をるつぼ炉で溶解して，タービン翼材の生産を開始した．川崎造船所（現 川崎重工業・川崎製鉄）は早くも 1917 年にブレアリーの特許を導入していたが，るつぼ炉溶解の 18-8 鋼スラブを受託圧延して広幅ステンレス鋼板を製造し，1931 年に落成した高層ビルの外装に初めて使用された．官営八幡製鐵所（現 新日本製鐵）も 1931～33 年に 50 t あまりの"不錆鋼板"を生産し，一部を硝酸タンクなどに提供した．ステンレス鋼の需要が芽生えると専業メーカが誕生する．まず，日本金属工業が高周波誘導炉で溶解した低炭素 18-8 鋼スラブから広幅薄板を製造し，陸軍の火薬製造プラント用に納入すると，日本火工（現 日本冶金工業）が続き，また日本ステンレス（現 住友金属工業）がクロム鉱石の直接還元法による低炭素 13Cr 鋼の製造に進出した．

需要の拡大は規格の制定を促す．最初の不銹鋼規格である JES 第 382 号は 1937 年に制定され，炭素量の異なる 13Cr 鋼 4 種と 18-8 鋼 3 種が規定された．

神奈川県鎌倉市の鶴岡八幡宮の大鳥居脇に2基のステンレス製大灯ろうが見られる．徳増久五郎の作で，河合鋼商店（現カワイスチール）社長の河合佐兵衛が1941年に寄進したものである．

図1.1.2 日本最初のステンレス製灯ろう（鶴岡八幡宮）[1]

やがて太平洋戦争に突入して軍需一辺倒時代を迎えると，18-8鋼の用途は航空機排気管用に限定されるが，原材料枯渇のためやむなく無Niの18Cr鋼へ，さらには13Cr鋼へと低級化を余儀なくされながら，ひたすら量産に励んだ．

(2) 戦後の発展[5)〜7)]

戦後の民需への転換に辛酸をなめた専業各社は，合成繊維工業の誕生を契機に18-8系の本格生産に進むが，粗悪な原材料のために製品の炭素量が高くなり，溶接部腐食に悩まされた．1950年代に入ってまもなく，戦後の技術革新の走りとなるアーク炉の酸素製鋼法が普及して，スクラップの再利用と0.030％以下の超低炭素鋼の製造が可能になり，コストダウンと品質向上が一気に実現した．

技術革新の第二弾は，センジミアミルによるコイル圧延方式の採用である．ステンレス薄板はそれまで小規模なシート圧延方式で製造されていたので，生産性が低くコストが高く，また品質のばらつきが大きかった．ポーランド生まれのセンジミア（T. Sendzimir）が発明した，一体構造ハウジングを特徴とする多段ミルは，加工硬化性の大きい18-8広幅コイルを強圧下で冷間圧延できるきわめて生産性の高い圧延機であることが1948年にアメリカで実証されると，急速に普及していった．わが国では1953年に日本金属産業（現日本金属）

が 300 mm 幅の 12 段ミルを輸入して，安全かみそり替刃用の圧延機として稼動させたが，まもなくステンレス磨帯鋼の生産を開始した．

ステンレス鋼の将来性に期待した日本鉄板（現 日新製鋼）は，1958 年に国産初の 20 段 4 ft 幅センジミアミルを設置，多くの困難を乗り越えて 18-8 広幅コイルの連続生産システムを確立し，表面品質と寸法精度の優れた薄板を安値で売り出したので，専業を含む先発各社も遅れじと後を追った．生産量の急激な増加は市況価格の暴落を呼ぶが，2 号機の増設でさらに拍車がかかる．やがて日新製鋼は日立製作所と共同で画期的な 4 タンデム・センジミアミルを開発して，参入以来の念願だった普通鋼並みの大量生産システムを確立した．

センジミアミルの採用はすべての工程をコイルフォームで処理することになるが，連続焼なまし-酸洗ラインの導入は高速処理技術の発達を促し，縦型炉や光輝焼なまし炉，あるいはソルトバスや中性塩電解酸洗法などの発展をもたらした．

センジミアミルの素材となるホットコイルの製造は，長尺板の溶接つなぎ方式に始まり，可逆式のステッケルミルに続き，やがてタンデムミル圧延へと発展していくが，日本冶金工業は遊星ロールのプラネタリーミルを軌道に乗せた．

ホットコイル用の大形スラブは初め分塊圧延品が当てられた．八幡製鐵（現 新日本製鐵）は 1960 年に設置した 1 200 mm 幅のスラブ用連続鋳造機で，普通鋼に先立って，コストメリットの大きい 18-8 鋼の工業化に取り組んだ結果，分塊工程の省略と大幅な歩留り改善が明らかになり，また表面割れのために困難視されていた 18Cr 鋼の生産にも成功すると，他社も相次いで連鋳機を導入した．初めは垂直形だったが，1970 年代に入ると湾曲形が採用されて，設備費の低減と生産性の向上がさらに進んだ．

1960 年代後半になって欧米から炉外精錬法が発表されると，アーク炉での酸素製鋼の限界に悩んでいた各社は，世界に先駆けて採用する．まず，真空中で酸素吹精する VOD 法を日新製鋼が 1969 年に設置してその高生産性を証明したが，富士製鐵（現 新日本製鐵）は既設の RH 真空脱ガス槽内に酸素を吹き込んで脱炭する RH-OB 法を開発した．一方，アルゴンなどの不活性ガスととも

に酸素を吹き込んで脱炭精錬するAOD法を日本金属工業が1971年に導入し，いっそうの高生産性と併せて安価な高炭素原料を使用できることが認識されると，量産鋼種用として急速に普及していった．

このような相次ぐ製造技術の革新は，輸入原料の慢性的な高騰を償って製品価格の安定化に寄与したほか，その質的向上と多様化をもたらした．これがまた新規需要の開拓につながり，さらに再び製造技術の発展を促すという好循環を呼び，いくたびもの不況の波を乗り越えて成長を続けている．わが国のステンレス鋼生産高を熱間圧延鋼材ベースでみると，1960年にはわずか18万tに過ぎなかったが，1970年に125万tに達してアメリカを抜いて世界一となり，さらに1980年に188万t，1990年には282万t，2000年に345万tと伸び続けた．しかしステンレス粗鋼生産高で2006年に首位の座を中国に明け渡した．生産高推移を図1.1.3に示す*．製品形状別では鋼板・鋼帯が生産高のほぼ3/4を占め，またその85％程度が冷延による薄物となっており，耐久消費財に使われる比率が圧倒的に高い．

ステンレス鋼の需要が化学工業用などの生産財主体のころは，表面品質はそれほど重要視されなかったが，耐久消費財の需要増大とともに，研磨仕上げや光輝焼なまし品が開発され，さらに陽極酸化法によるカラー仕上げや各種の塗装品も実用されて，多彩化・高級化が進んでいる．

---

* 経済産業省で実施されている生産動態統計調査では，2007年よりステンレス鋼の定義が，国際標準化機構のISO規格に合わせて"Cの含有量1.2％以下でCrの含有量が10.5％以上の合金"に改正され，それにともない，従来"耐熱鋼"に計上されていた鋼種のほとんどが"ステンレス鋼"に分類されることになった．

また"耐熱鋼"の区分は廃止となり，"ステンレス鋼"の定義に該当しない耐熱鋼は"その他の特殊用途鋼"に組み入れられることになった．本章の"ステンレス鋼生産高"は，2006年以前も含めて，この新たな定義による数値を用いて示した．

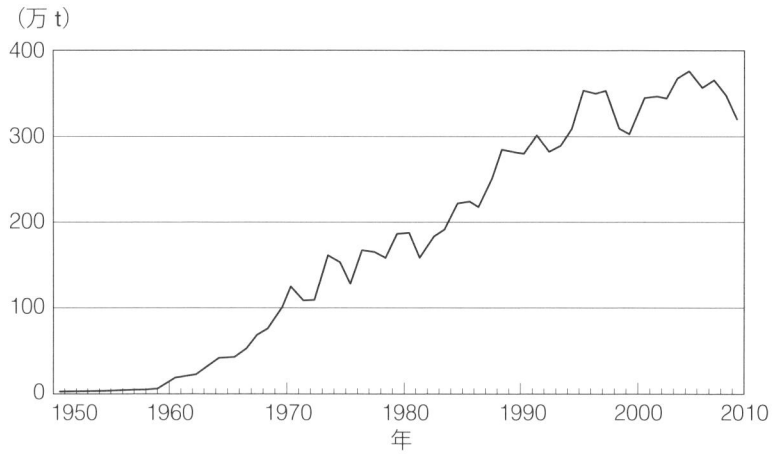

図 1.1.3　わが国のステンレス鋼の生産高推移（熱間圧延鋼材ベース）

(3) JIS の変遷

ステンレス鋼の JIS については 1.3 節で詳細に説明するが，1951 年に初めて JIS G 4301 が制定され，その後の需要の拡大や国際化に対応するために 10 回を超える改正が行われてきた．この間，記号が SEC から SUS に変更（1955），また規格体系が鋼材規格から 7 種の形状別製品規格に発展（1959），あるいは AISI タイプナンバーの採用（1972）などの大改正がなされた．一方，鋼種は初めは 16 種に過ぎなかったが，改良鋼種が次々と登録されて，鋼板・鋼帯だけでも 64 種（2010）を数えるまでに増加した．

1.2　ステンレス鋼の分類

ステンレス鋼は，主な合金元素によって Cr 系と Cr–Ni 系に大別され，さらにその組織などによって，Cr 系はマルテンサイト系とフェライト系に，また Cr–Ni 系はオーステナイト系，オーステナイト・フェライト系および析出硬化系に分類されている．

1.2.1 組織からみた分類と特色

(1) Cr系ステンレス鋼

Cr系ステンレス鋼 (chromium stainless steel) は，主な合金元素として Cr だけを添加したステンレス鋼の総称である．Fe–Cr–C 系の平衡状態図を図1.2.1 に示す．Crの増加とともに高温では，γ（オーステナイト）→ α（フェライト）+ γ → α と組織は変化し，また C 量の増加によりこの組織変化は高 Cr 側に移行する．これらの高温での組織は，熱処理を行った後の常温での金属組織並びに材料特性と密接に関連する．

(a) マルテンサイト系ステンレス鋼 SUS410 や SUS420 系などのマルテンサイト系ステンレス鋼 (martensitic stainless steel) は，図1.2.1の平衡状態図でいえば，高温で γ 単相もしくは γ 相を主体とする $(\alpha + \gamma)$ 二相組織の組成範囲にある鋼であり，11.5〜18% の Cr を含み，Cr 量に応じて 0.06〜0.75% のCを含有する．マルテンサイト系ステンレス鋼は，高温域からの急冷により γ 相がマルテンサイトに変態することで焼入硬化性を示し，高強度と優れた耐摩

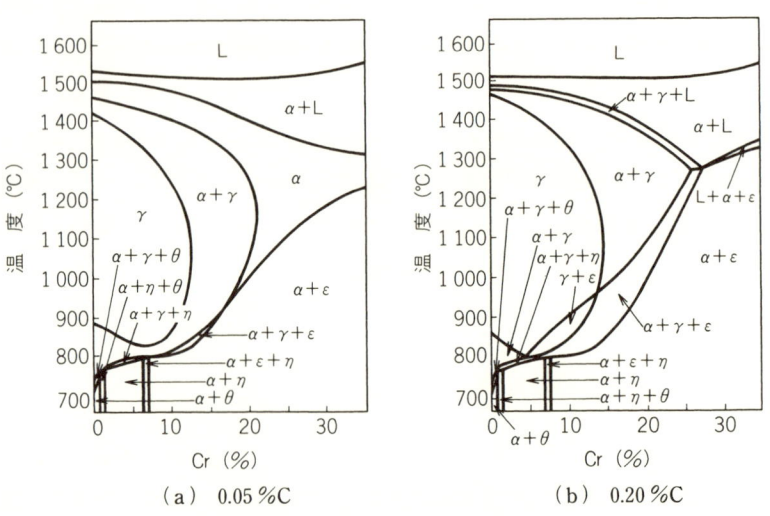

図 1.2.1　Fe–Cr–C 系平衡状態図[8)]
　　　　[ε : $(Cr, Fe)_{23}C_6$, η : $(Cr, Fe)_7C_3$, θ : $(Fe, Cr)_3C$]

耗性を備えている．焼入焼戻し後の金属組織は，図1.2.2に示すような炭化物の析出した焼戻しマルテンサイト組織であり，たとえばSUS420J2ではHRC40以上の高い硬さを示す．

図 1.2.2 SUS420J2 の焼入焼戻し後の光学顕微鏡写真
（腐食液：ピクリン酸─塩酸─アルコール溶液）

一方，この系の鋼は，γ相の存在しない約800℃以下の温度域に加熱する焼なましにより軟質なα＋炭化物組織となる．マルテンサイト系ステンレス鋼は，マルテンサイト組織とした状態では一般に加工性に乏しいため，焼なました軟質な状態で切削，打抜き，型加工などを行ってから焼入れし，じん性を向上させるために焼戻しを行うのが通例である．

（b）フェライト系ステンレス鋼　フェライト系ステンレス鋼（ferritic stainless steel）は，基本的には焼なまし状態で使用され，軟質で延性に富み良好な加工性と耐食性をもっている．金属組織は，図1.2.3に示すように炭化物が結晶粒内に析出したα組織であり，これはマルテンサイト系ステンレス鋼の焼なまし組織も同じである．α相の結晶構造はα–Feと同じ体心立方であり，フェライト系ステンレス鋼の物理的性質や機械的性質は軟鋼のそれに近い．

フェライト系ステンレス鋼はマルテンサイト系に比べC量が低く，高温ではγ相の比率が小さい（α＋γ）二相組織もしくはα単相組織となる．高温でのγ量は，代表的なSUS430で最大約30％程度であり，SUS447J1などの高Cr鋼

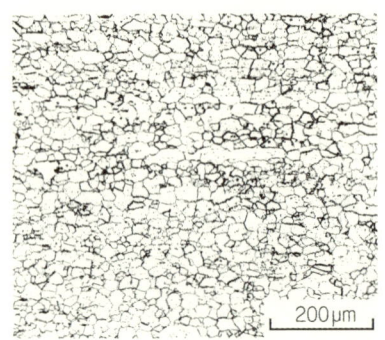

図 1.2.3　SUS430 の焼なまし後の光学顕微鏡写真
（腐食液：ふっ酸—酢酸—グリセリン溶液）

や SUS430LX のように Ti, Nb などの炭・窒化物形成元素を含む鋼では,常温から高温まで全く変態のない α 単相組織となる.このため,焼入硬化性はほとんどなく,あってもごく小さい.

(2) Cr–Ni 系ステンレス鋼

　Cr–Ni 系ステンレス鋼 (chromium–nickel stainless steel) は主な合金元素として Cr のほかに Ni も添加したステンレス鋼の総称である.図 1.2.4 に,Fe–Cr–Ni 系平衡状態図の 18% Cr と 8% Ni の断面を示す.この系では Ni, Cr 量に応じて,固溶化熱処理後に γ 相もしくは $(\alpha+\gamma)$ 二相組織を呈し,オーステナイト系,オーステナイト・フェライト系および析出硬化系の 3 種のステンレス鋼に分類される.

　(a) オーステナイト系ステンレス鋼　オーステナイト系ステンレス鋼 (austenitic stainless steel) は,一般に耐食性,加工性,溶接性に優れており,各種用途に広く使用されている.代表的なオーステナイト系ステンレス鋼である SUS304 (18Cr–8Ni 鋼) では,図 1.2.4 (a) からわかるように,JIS に規定されている 1 010～1 150 ℃急冷の固溶化熱処理により γ 単相組織が得られる.図 1.2.5 に,この SUS304 の固溶化熱処理後の金属組織を示す.γ 結晶粒内に双晶が認められ,また固溶化熱処理後には炭化物は固溶していて認められない.

1.2 ステンレス鋼の分類

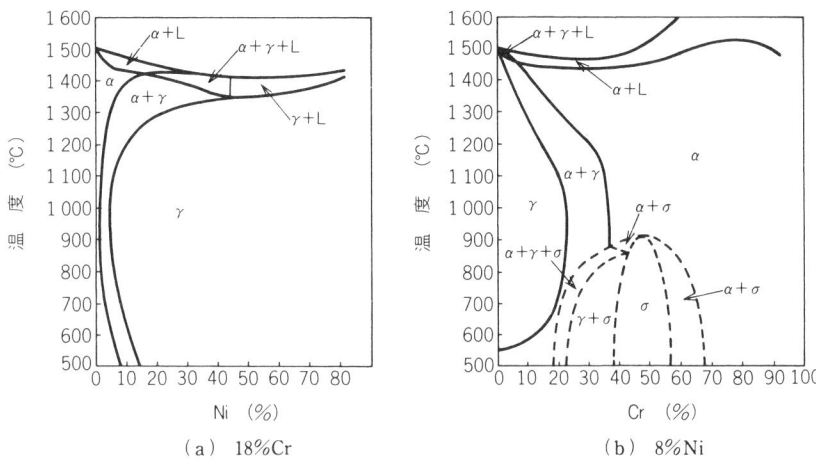

(a) 18%Cr (b) 8%Ni

図 1.2.4 Fe–Cr–Ni 系平衡状態図の断面図[9]

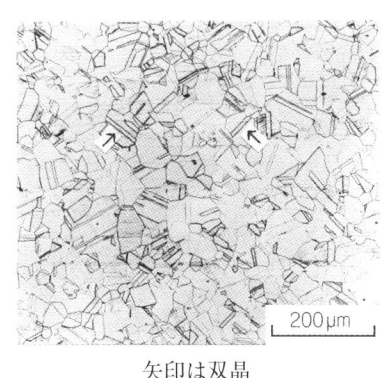

矢印は双晶

図 1.2.5 SUS304 の固溶化熱処理後の光学顕微鏡写真
(腐食液：ふっ酸—酢酸—グリセリン溶液)

γ 相の結晶構造は α 相とは異なる面心立方であり，γ 相自体の加工硬化が大きく延性に優れ，また非磁性で熱膨張係数が大きいなどオーステナイト系ステンレス鋼の機械的性質や物理的性質はフェライト系のそれとはかなり異なる．ただし，SUS304 の γ 相は準安定 γ であり，たとえば冷間での加工を受けると

γ相の一部は加工誘起変態によりマルテンサイト相（α′）となり，さらに加工硬化が大きくなるとともに磁性をもつようになる．γ相はNi量の低減とともに不安定となって加工により生成するα′量が多くなり，逆に高Ni側では安定となる．SUS304やSUS301などの準安定オーステナイト系ステンレス鋼ではこのα′変態を利用して，TRIP（transformation induced plasticity：変態誘起塑性）と呼ばれる高延性・高じん性化[10]や冷間圧延による高強度化を図ることが可能である．

(b) オーステナイト・フェライト系ステンレス鋼 図 1.2.4(b) からわかるように，8％Niでは Cr を約22％以上に高めると，950～1100℃急冷の固溶化熱処理状態において（α＋γ）二相組織を常温での安定組織としうる．このような二相組織が得られる組成範囲としたものがSUS329系のオーステナイト・フェライト系ステンレス鋼（duplex stainless steel）である．図 1.2.6 に，SUS329J4Lの固溶化熱処理後の金属組織を示す．この系は，高 Cr と Mo，N 含有，並びに金属組織的には α 相の共存があいまって，耐孔食性，耐応力腐食割れ性などの耐食性に優れる．

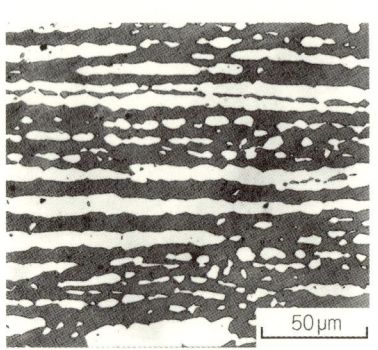

図 1.2.6　SUS329J4Lの固溶化熱処理後の光学顕微鏡写真
（10％水酸化ナトリウムで電解エッチし，α相を着色）

(c) 析出硬化系ステンレス鋼 析出硬化系ステンレス鋼（precipitation hardening-type stainless steel）は，高強度化のため Cu，Al などの添加により析出

硬化性をもたせたステンレス鋼である．母相の組織は，Ni量の少ないSUS630（17Cr–4Ni–4Cu–Nb）では基本的にはマルテンサイト相であるのに対し，Ni量のより高いSUS631（17Cr–7Ni–1Al）では準安定γ相であり，冷間圧延を行い加工誘起α′変態による高強度化も併用される．

（3）シェフラーの組織図

これまでに述べたように，ステンレス鋼は主として金属組織によりオーステナイト系，オーステナイト・フェライト系，フェライト系，マルテンサイト系および析出硬化系の5種に分類され，金属組織はステンレス鋼を構成する合金元素とその量的バランスおよび熱処理条件などの熱履歴によって決まる．

図1.2.7は，シェフラーの組織図（Schaeffler's diagram）としてよく知られており，溶着金属での金属組織と化学成分の関係をフェライト生成元素（ferrite formers）のCr，Mo，Si，Nb（横軸）とオーステナイト生成元素のNi，C，Mn（縦軸）の量的バランスで示したものである．図中には，オーステナイト系のSUS304，SUS310S，オーステナイト・フェライト系のSUS329J1，フェライト系のSUS430，SUS444，マルテンサイト系のSUS410の一般的な組成範囲を併せて示した．シェフラーの組織図は対象としている合金元素が限られてはいる

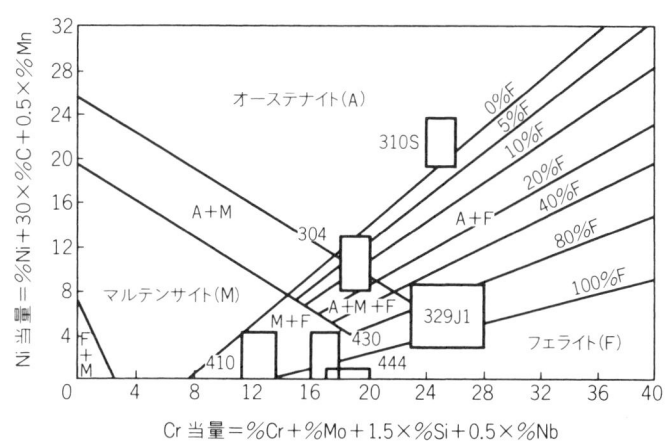

図1.2.7 シェフラーの組織図[11]

が，広い組成範囲をカバーしており，化学組成からみたステンレス鋼の組織を検討するうえで便利である．

1.2.2 JIS鋼の鋼種分類

ステンレス鋼は，主に化学組成（化学成分[*]）面から各種特性の改善がなされてきており，ステンレス鋼および耐熱鋼として鋳鋼品を含め多数の鋼種がJISに規格化されている．ここでは分類ごとに代表的な鋼種をベースに，すべてのJIS鋼種について化学成分の特徴とそれによって得られるさまざまな特性を体系図により整理した．

Cr，Niを含有するオーステナイト系，オーステナイト・フェライト系および析出硬化系ステンレス鋼のJIS鋼種体系を図1.2.8に示す．また，基本的にNiを含まないフェライト系およびマルテンサイト系ステンレス鋼の体系を図1.2.9に示す．

同様に耐熱鋼，ステンレス鋼鋳鋼品，耐熱鋼鋳鋼品の体系をそれぞれ図1.2.10～図1.2.12に示す．

---

[*] ステンレス鋼には，Feに対して，CrやNiのほか，必要に応じて種々の合金元素が添加されている．例えば，図1.2.8などに示すように，SUS304の主な添加元素とその添加量は18Cr–8Ni，またSUS316は18Cr–12Ni–1.5Moであり，このような各成分元素の添加量を含めたステンレス鋼の構成は"化学組成"と呼ぶべきである．ISOでも"化学組成"に相当する"chemical composition"が用いられ，"化学成分"に相当する"chemical component"ではない．しかし，JISの長年の慣習から，"鉄鋼"，"非鉄"を含めて"化学成分"と総称されてきたので，本書では，混乱を避けるために，JISにならって，とくに断らない限り，"化学成分"と表記する．

1.2 ステンレス鋼の分類

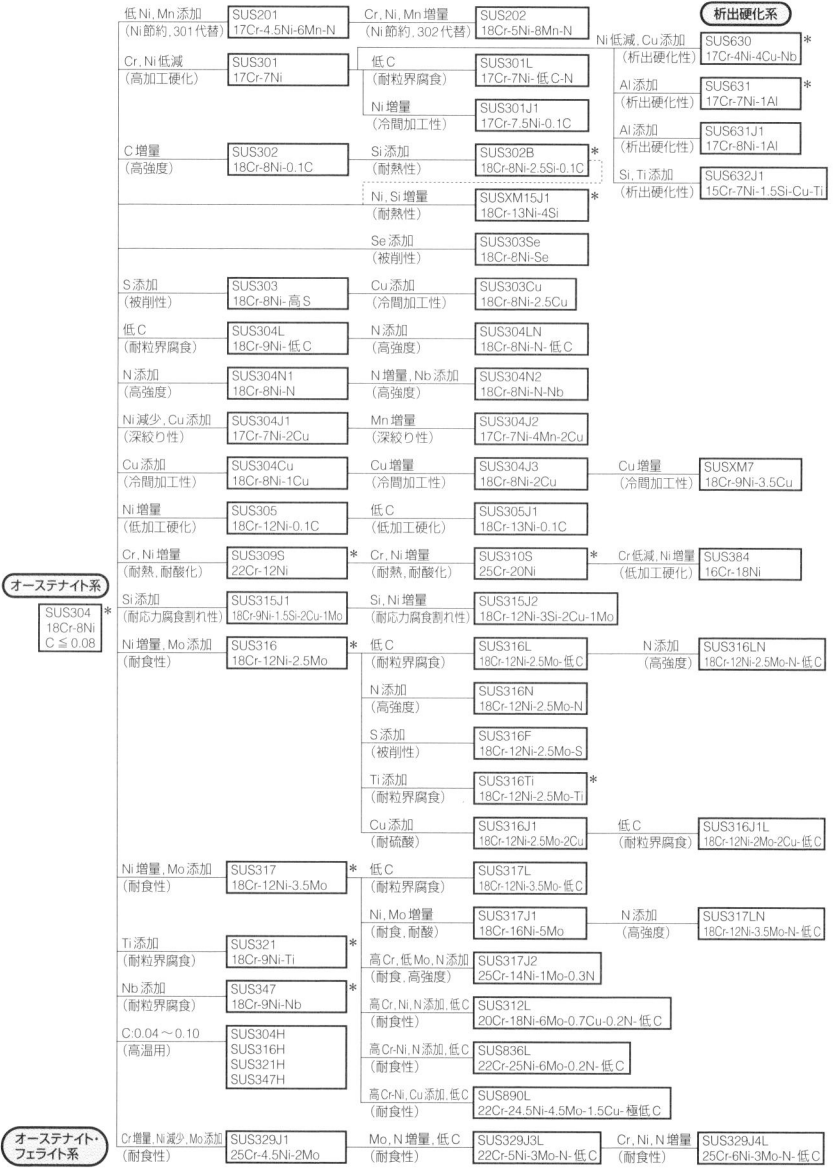

備考　JIS G 4316（溶接用ステンレス鋼線材）だけに規定されている鋼種は省略した．
　　＊　耐熱鋼として，JIS G 4311（耐熱鋼棒）もしくは G 4312（耐熱鋼板）にも規定されている．

図1.2.8　オーステナイト系，オーステナイト・フェライト系
および析出硬化系のJIS鋼種系統図

32   1. ステンレス鋼とは

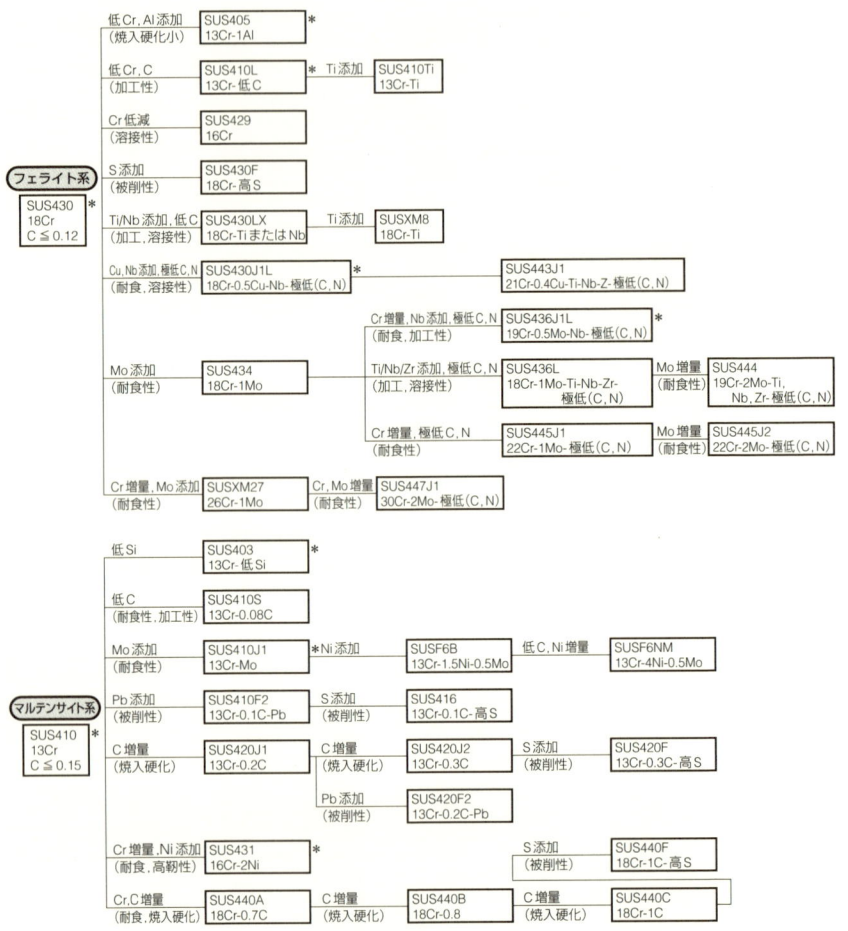

備考　JIS G 4316（溶接用ステンレス鋼線材）だけに規定されている鋼種は省略した．
　　＊　耐熱鋼として，JIS G 4311（耐熱鋼棒）もしくは G 4312（耐熱鋼板）にも規定されている．

図 1.2.9　フェライト系（上）およびマルテンサイト系（下）ステンレス鋼の JIS 鋼種体系

1.2 ステンレス鋼の分類

備考　図1.2.8, 図1.2.9に示したステンレス鋼のJIS鋼種にも規定されている鋼種は省略した．

図1.2.10 耐熱鋼のJIS鋼種体系

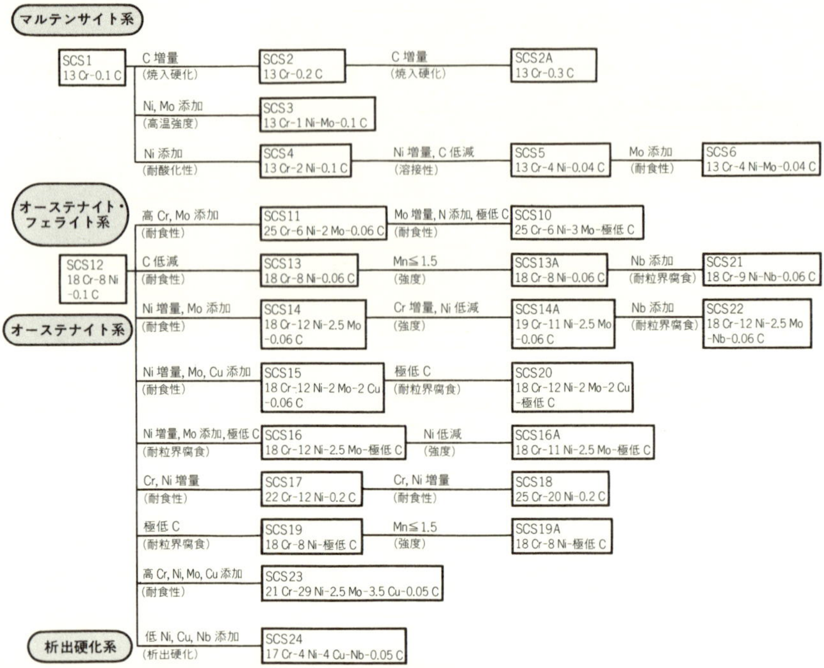

1. ステンレス鋼とは

図 1.2.11 ステンレス鋼鋳鋼品の JIS 鋼種体系

備考 2003 年改正では, ISO との整合化をはかるため JIS 鋼種と ISO 鋼種を併記する方式をとった. JIS と ISO では類似した鋼種が多いため ISO 鋼種は省略した.

図 1.2.12 耐熱鋼および耐熱合金鋳造品の JIS 鋼種体系

備考 2003 年改正では, ISO との整合化をはかるため JIS 鋼種と ISO 鋼種を併記する方式をとった. JIS と ISO では類似した鋼種が多いため ISO 鋼種は省略した.

1.2.3 ステンレス鋼のJISと国際規格ISOとの関係

JIS規格と対応する国際規格ISOとの関係を表1.2.1に示す．JISではASTMと同様に個別の規格ごとに化学成分が規定されているが，ISOでは化学成分だけを規定する技術仕様書（Technical Specifications）TS 15510が発行されている．TS 15510は現在改正作業が行われており，100種類弱のJIS規格鋼種をはじめ世界各地域で使用されている約190鋼種からなるISO規格として2010～2011年に発行される見込みである．

表1.2.1 JIS規格とISO規格との関係

	JIS規格	ISO規格
化学成分	各規格の中に規定	TS 15510 Stainless steels — Chemical composition
棒	JIS G 4303 ステンレス鋼棒	ISO 16143-2 Stainless steel for general purposes — Part 2: Semi-finished products, bars, rods and sections
熱間圧延	JIS G 4304 熱間圧延ステンレス鋼板及び鋼帯	ISO 9444-1 Continuously hot-rolled stainless steel — Tolerances on dimensions and form — Part 1: Narrow strip and cut lengths ISO 9444-2 Continuously hot-rolled stainless steel — Tolerances on dimensions and form — Part 2: Wide strip and sheet/plate
冷間圧延	JIS G 4305 冷間圧延ステンレス鋼板及び鋼帯	ISO 9445-1 Continuously cold-rolled stainless steel stri — Tolerances on dimensions and form — Part 1: Narrow strip and cut lengths ISO 9445-2 Continuously cold-rolled stainless steel stri — Tolerances on dimensions and form— Part 2: Wide strip and sheet/plate
耐熱鋼	JIS G 4311 耐熱鋼棒 JIS G 4312 耐熱鋼板	ISO 4955 Heat-resistant steels
線	JIS G 4308 ステンレス鋼線材	ISO 1643-3 Stainless steels for general purposes — Part 3: Wire
ばね	JIS G 4313 ばね用ステンレス鋼帯	ISO 6931-2 Stainless steel for springs — Part 2: Narrow strip
	JIS G 4314 ばね用ステンレス鋼線	ISO 6931-1 Stainless steel for springs — Part 1: Wire

1.3 ステンレス鋼・耐熱鋼のJIS

ステンレス鋼・耐熱鋼の規格はJISの鉄鋼部門（G）に規定されている．現行のJISは産業の発展に伴い需要家の要求に対応して，新技術・新鋼種の導入とともに，最近では1.2.3項で触れた国際標準化機構（International Organization for Standardization，略称ISO）が定める，いわゆるISO規格との整合をとるため定期的に見直され，現在の内容になっている．

1.3.1 製品形状とJIS体系
（1）規格の種類と規格内容

ステンレス鋼・耐熱鋼のJISは，表1.3.1に示すように形状別に規格化されており，要求品質の特殊性から一部はさらに用途別に細分類されている（日本規格協会のJISハンドブック鉄鋼Ⅰ，Ⅱにまとめられている）．この表では，ステンレス鋼を23規格，耐熱鋼を3規格およびその他の部門（Z）に制定されている溶接材料について示した．ほかにステンレスクラッド鋼（G 3601），ステンレス鋼くぎ（A 5508），建築構造用ステンレス鋼材（G 4321），一般用ステンレス鋼のワイヤロープ（G 3557），構造用ステンレス鋼ワイヤロープ（G 3550）および鉄筋コンクリート用ステンレス鋼異形棒鋼（G 4322）も制定されているが，ここでは省いた．

いずれの規格も表1.3.2に示す内容で構成されており，化学成分，機械的性質のほか，耐食性，表面仕上げ，形状・寸法と許容差など品質項目に対する実用特性を規定している．ここでは，それらのうち，化学成分，機械的性質および耐食性について汎用的なものを示す．

（2）鋼種と記号

JISでは鋼種，形状を区別するために鋼種記号とその末尾にアルファベットをつけている．形状を表す大分類の記号は次のように定められている．

① ステンレス鋼材（棒・板・帯・線材・線・管・形鋼・鍛鋼）：SUS（<u>S</u>teel <u>U</u>se <u>S</u>tainlessの頭文字）

1.3 ステンレス鋼・耐熱鋼のJIS

表 1.3.1 ステンレス鋼・耐熱鋼の製品規格体系

分類	形状	規格名称	JIS番号:改正年	種類の記号(JIS)	系統別鋼種数	鋼種計
ステンレス鋼	棒	ステンレス鋼棒	G 4303:2005	SUS-B	⑦:35, ⑦+@:3, @:7, M:14, P:2	61
		冷間仕上ステンレス鋼棒	G 4318:1998	SUS-CB	⑦:16, ⑦+@:1, @:2, M:9	28
	板,帯	熱間圧延ステンレス鋼板及び鋼帯	G 4304:2010	SUS-HP, HS	⑦:37, ⑦+@:3, @:15, M:6, P:2	63
		冷間圧延ステンレス鋼板及び鋼帯	G 4305:2010	SUS-CP, CS	⑦:36, ⑦+@:3, @:15, M:6, P:2	62
		ばね用ステンレス鋼帯	G 4313:1996	SUS-CSP	⑦:2, M:1, P:2	5
		塗装ステンレス鋼板	G 3320:1999	SUS-C, CD	⑦:2, @:4	6
	線材	ステンレス鋼線材	G 4308:1998	SUS-WR	⑦:22, @:3, M:10, P:1	36
		溶接用ステンレス鋼線材	G 4316:1991	SUS Y	⑦:17, @:1, M:1	19
	線	ステンレス鋼線	G 4309:1999	SUS-W	⑦:22, @:4, M:9	35
		ばね用ステンレス鋼線	G 4314:1994	SUS-WP	⑦:4, P:1	5
		冷間圧造用ステンレス鋼線	G 4315:2000	SUS-WS	⑦:10, @:2, M:2	14
	管	機械構造用ステンレス鋼鋼管	G 3446:2004	SUS-TK	⑦:6, @:2, M:4	12
		ステンレス鋼サニタリー管	G 3447:2009	SUS-TBS	⑦:4	4
		一般配管用ステンレス鋼鋼管	G 3448:2004	SUS-TPD	⑦:4	4
		配管用ステンレス鋼鋼管	G 3459:2004	SUS-TP	⑦:21, ⑦+@:3, @:7	31
		配管用溶接大径ステンレス鋼鋼管	G 3468:2004	SUS-TPY	⑦:12, ⑦+@:3	15
		ボイラ・熱交換器用ステンレス鋼鋼管	G 3463:2006	SUS-TB	⑦:21, ⑦+@:3, @:12	36
		加熱炉用鋼管	G 3467:2006	SUS-TF	⑦:10,他は炭素・合金鋼管,合金管	19
	形鋼	熱間成形ステンレス鋼形鋼	G 4317:2005	SUS-HF	⑦:11, @:3, M:2	16
		冷間成形ステンレス鋼形鋼	G 4320:2003	SUS-CF	⑦:6, ⑦+@:1, @:2	9
	鍛鋼	圧力容器用ステンレス鋼鍛鋼品	G 3214:1991	SUS F-	⑦:17, M:6, P:1	24
		ステンレス鋼鍛鋼品用鋼片	G 4319:1991	SUS FB-	⑦:13, ⑦+@:1, M:6, P:1	21
	鋳鋼	ステンレス鋼鋳鋼品	G 5121:2003	SCS-	⑦:27, ⑦+@:4, M:10, P:2	43
耐熱鋼	棒	耐熱鋼棒	G 4311:1991	SUH, SUS-B, CB	⑦:19, @:4, M:10, P:2	35
	板(帯)	耐熱鋼板	G 4312:1991	SUS-HP, CP SUS-HS, CS	⑦:15, @:9, M:2, P:2	28
	鋳鋼	耐熱鋼及び耐熱合金鋳造品	G 5122:2003	SCH-	⑦:32, ⑦+@:2, @:5, M:4	43
溶接材料		ステンレス鋼被覆アーク溶接棒	Z 3221:2008	ES-	⑦:39, ⑦+@:5, @:3, M:2, P:1	50
		溶接用ステンレス鋼溶加棒,ソリッドワイヤ及び鋼帯	Z 3321:2010	Y-	⑦:43, ⑦+@:3, @:5, M:3, P:1	55
		ステンレス鋼帯状電極肉盛溶接金属の品質区分及び試験方法	Z 3322:2010	YB-	⑦:6	6
		ステンレス鋼アーク溶接フラックス入りワイヤ及び溶加棒 — ガスシールドアーク溶接用,スラグ系,ワイヤ	Z 3323:2007	TS-	⑦:25, ⑦+@:4, @:4, M:2	35
		ガスシールドアーク溶接用,メタル系,ワイヤ	Z 3323:2007	TS-	⑦:23, ⑦+@:3, @:4, M:2	32
		セルフシールドアーク溶接用,スラグ系,ワイヤ	Z 3323:2007	TS-	⑦:7, @:4, M:2	13
		ティグ溶接用,スラグ系,溶加棒	Z 3323:2007	TS-	⑦:4	4
		サブマージアーク溶接によるステンレス鋼溶着金属の品質区分及び試験方法	Z 3324:2010	YW-	⑦:14, ⑦+@:1, @:1, M:1	17

備考 ⑦:オーステナイト系,⑦+@:二相系,@:フェライト系,
M:マルテンサイト系,P:析出硬化系

表 1.3.2 規定内容

規定項目	内容
適用範囲	規格の適用される範囲
種類と記号	鋼種名と分類（フェライト系，オーステナイト系など）
製造方法	製造方法
品　　質	化学成分，機械的性質，耐食性など
外　　観	表面仕上げや欠陥の許容限度など
形　　状	形状や寸法範囲とその許容範囲
試験・検査	品質の試験方法や検査方法
表　　示	鋼種や寸法を示す表示方法
報　　告	成分，寸法，数量，試験結果などの報告内容

② ステンレス鋼鋳鋼品：SCS（Steel Casting Stainless の頭文字）

③ ステンレス鋼被覆アーク溶接棒：ES（E が被覆アーク溶接棒，S がステンレス鋼を示す）

④ ステンレス鋼溶接用棒およびワイヤ：Y（Yosetu の頭文字）

⑤ ステンレス鋼アーク溶接フラックス入りワイヤ：TS（T がアーク溶接用フラックス入りワイヤ及び溶加棒（Tublar cored electrodes and rods）を示し，S がステンレス鋼を示す）

⑥ 耐熱鋼鋼材：SUH（Steel, Use, Heat-Resisting の頭文字）

⑦ 耐熱鋼および耐熱合金鋳造品：SCH（Steel, Casting, Heat-Resisting の頭文字）

鋼種記号は，SUS に続いて3桁の数字がある．この数字は国際的に広く使用されている米国鉄鋼協会 AISI（American Iron and Steel Institute）で使用されているタイプ3桁の数字に準じており，1972年より使われるようになった．3桁の数字の最初の数字は鋼種の大分類を表しており，次のように分類されている．

① 200番台：Cr–Ni–Mn 系

② 300番台：Cr–Ni 系

③ 400番台：Cr 系

④ 600番台：高温高強度合金系

耐熱鋼の棒，板については，SUHのほかにSUS表示でAISIに準じた記号も採用されている．また，ステンレス鋼と異なり，バルブ用鋼などはAISIにない鋼種が多いため，制定時の古い記号がそのまま使用されており，桁数の異なる記号が混在している．一方，鋳鋼については，独自の記号が使われている．

また，鋼種を示す数字の前後にアルファベットがついているものがある．代表的なものを次に示す．

① L：低炭素（Low Carbon）の意味．例：SUS304L，SUS316L
② J：日本の独自鋼種の意味．例：SUS316J1，SUS329J3L
③ XM：米国材料・試験協会ASTM（American Society for Testing and Materials）規格に規定されている鋼種．例：SUSXM7，SUSXM15J1
④ N：窒素添加の意味．例：SUS304N1，SUS316N1
⑤ S：溶接性，加工性の改善を目的としてC含有量を低目に規定．
　例：SUS309S

さらに，形状を示す必要がある場合は，鋼種記号の末尾に次に示すアルファベットをつけて区別する（詳細はJISハンドブック 鉄鋼Iの鉄鋼記号の分類別一覧表[12]を参照されたい）．

棒：B（Bar），熱間圧延鋼板：HP（Hot Plate），熱間圧延鋼帯：HS（Hot Strip），冷間圧延鋼板：CP（Cold Plate），冷間圧延鋼帯：CS（Cold Strip）

なお，鋼種，形状を表す規格記号の変遷はJISの見直しの変遷でもある．その状況を表1.3.3に示す．

(3) 外国規格との比較

ステンレス鋼・耐熱鋼のJISと外国規格との比較を表1.3.4に示す．棒，板，帯，線材，線および形鋼のJISは，アメリカのAISI規格に準じて設定され，見直し，追加されていることがわかる．また，鋼管，鋳鋼，鍛鋼はASTM規格に，溶接材料は米国溶接協会AWS（American Welding Society）規格にそれぞれ準じているが，最近はそれらの規格内容についてISO規格との整合がはかられつつある．

1. ステンレス鋼とは

表1.3.3 ステンレス鋼・耐熱鋼の鋼種記号新旧対照表（1968年以降）[12]

	～2010	～2005	～1999	～1991	～1984	～1981	～1977	～1972	～1968
	SUS201	SUS201	SUS201	SUS201	SUS201	SUS201	SUS201	SUS201	—
	SUS202	SUS202	SUS202	SUS202	SUS202	SUS202	SUS202	SUS202	—
	SUS301	SUS301	SUS301	SUS301	SUS301	SUS301	SUS301	SUS301	SUS39
	SUS301L	SUS301L	SUS301L	SUS301L	—	—	—	—	—
	SUS301J1	SUS301J1	SUS301J1	SUS301J1	SUS301J1	SUS301J1	—	—	—
	SUS302	SUS302	SUS302	SUS302	SUS302	SUS302	SUS302	SUS302	SUS40
	SUS302B	SUS302B	SUS302B	SUS302B	SUS302B	SUS302B	—	—	—
	SUS303	SUS303	SUS303	SUS303	SUS303	SUS303	SUS303	SUS303	SUS60
	SUS303Se	SUS303Se	SUS303Se	SUS303Se	SUS303Se	SUS303Se	SUS303Se	SUS303Se	—
	SUS303Cu	SUS303Cu	SUS303Cu	—	—	—	—	—	—
	SUS304	SUS304	SUS304	SUS304	SUS304	SUS304	SUS304	SUS304	SUS27
	SUS304Cu	SUS304Cu	—	—	—	—	—	—	—
	SUS304J1	SUS304J1	SUS304J1	SUS304J1	—	—	—	—	—
	SUS304J2	SUS304J2	SUS304J2	SUS304J2	—	—	—	—	—
	SUS304J3	SUS304J3	SUS304J3	SUS304J3	—	—	—	—	—
	SUS304L	SUS304L	SUS304L	SUS304L	SUS304L	SUS304L	SUS304L	SUS304L	SUS28
	SUS304N1	SUS304N1	SUS304N1	SUS304N1	SUS304N1	SUS304N1	—	—	—
	SUS304N2	SUS304N2	SUS304N2	SUS304N2	SUS304N2	SUS304N2	—	—	—
	SUS304LN	SUS304LN	SUS304LN	SUS304LN	SUS304LN	SUS304LN	—	—	—
オ	SUS305	SUS305	SUS305	SUS305	SUS305	SUS305	SUS305	SUS305	SUS62
｜	SUS305J1	SUS305J1	SUS305J1	SUS305J1	SUS305J1	SUS305J1	SUS305J1	SUS305J1	SUS63
ス	廃止	廃止	廃止	廃止	廃止	廃止	廃止	SUS308	—
テ	SUS309S	SUS309S	SUS309S	SUS309S	SUS309S	SUS309S	SUS309S	SUS309S	SUS41
ナ	SUS310S	SUS310S	SUS310S	SUS310S	SUS310S	SUS310S	SUS310S	SUS310S	SUS42
イ	SUS312L	SUS312L	—	—	—	—	—	—	—
ト	SUS315J1	SUS315J1	SUS315J1	—	—	—	—	—	—
系	SUS315J2	SUS315J2	SUS315J2	—	—	—	—	—	—
	SUS316	SUS316	SUS316	SUS316	SUS316	SUS316	SUS316	SUS316	SUS32
	SUS316F	SUS316F	SUS316F	—	—	—	—	—	—
	SUS316L	SUS316L	SUS316L	SUS316L	SUS316L	SUS316L	SUS316L	SUS316L	SUS33
	SUS316N	SUS316N	SUS316N	SUS316N	SUS316N	SUS316N	—	—	—
	SUS316LN	SUS316LN	SUS316LN	SUS316LN	SUS316LN	SUS316LN	—	—	—
	SUS316J1	SUS316J1	SUS316J1	SUS316J1	SUS316J1	SUS316J1	SUS316J1	SUS316J1	SUS35
	SUS316J1L	SUS316J1L	SUS316J1L	SUS316J1L	SUS316J1L	SUS316J1L	SUS316J1L	SUS316J1L	SUS36
	SUS316Ti	SUS316Ti	SUS316Ti	SUS316Ti	—	—	—	—	—
	SUS317	SUS317	SUS317	SUS317	SUS317	SUS317	SUS317	SUS317	SUS64
	SUS317L	SUS317L	SUS317L	SUS317L	SUS317L	SUS317L	SUS317L	SUS317L	SUS64
	SUS317LN	SUS317LN	SUS317LN	SUS317LN	—	—	—	—	—
	SUS317J1	SUS317J1	SUS317J1	SUS317J1	SUS317J1	SUS317J1	—	—	—
	SUS317J2	SUS317J2	SUS317J2	—	—	—	—	—	—
	廃止	廃止	SUS317J3L	SUS317J3L	—	—	—	—	—
	SUS836L	SUS836L	SUS836L	SUS317J4L	—	—	—	—	—
	SUS890L	SUS890L	SUS890L	SUS317J5L	—	—	—	—	—
	SUS321	SUS321	SUS321	SUS321	SUS321	SUS321	SUS321	SUS321	SUS29
	SUS347	SUS347	SUS347	SUS347	SUS347	SUS347	SUS347	SUS347	SUS43
	SUS384	SUS384	SUS384	SUS384	SUS384	SUS384	SUS384	SUS384	—
	廃止	廃止	廃止	廃止	廃止	廃止	SUS385	SUS385	—
	SUSXM7	SUSXM7	SUSXM7	SUSXM7	SUSXM7	SUSXM7	SUSXM7	—	—
	SUSXM15J1	SUSXM15J1	SUSXM15J1	SUSXM15J1	SUSXM15J1	SUSXM15J1	SUSXM15J1	—	—
	SUH31	SUH31	SUH31	SUH31	SUH31	SUH31	SUH31	SUH31	SUH31
	SUH35	SUH35	SUH35	SUH35	SUH35	SUH35	SUH35	SUH35	—
	SUH36	SUH36	SUH36	SUH36	SUH36	SUH36	SUH36	—	—
	SUH37	SUH37	SUH37	SUH37	SUH37	SUH37	SUH37	—	—
	SUH38	SUH38	SUH38	SUH38	SUH38	SUH38	SUH38	—	—

1.3 ステンレス鋼・耐熱鋼の JIS

表 1.3.3（続き）

系統	～2010	～2005	～1999	～1991	～1984	～1981	～1977	～1972	～1968
オーステナイト系	SUH309	SUH309	SUH309	SUH309	SUH309	SUH309	SUH309	SUH309	SUH32
	SUH310	SUH310	SUH310	SUH310	SUH310	SUH310	SUH310	SUH310	SUH33
	SUH330	SUH330	SUH330	SUH330	SUH330	SUH330	SUH330	SUH330	SUH34
	SUH660	SUH660	SUH660	SUH660	SUH660	SUH660	SUH660	—	—
	SUH661	SUH661	SUH661	SUH661	SUH661	SUH661	SUH661	SUH661	—
オーステナイト・フェライト系	SUS329J1	SUS329J1	SUS329J1	SUS329J1	SUS329J1	SUS329J1	SUS329J1	SUS329J1	—
	廃止	廃止	廃止	廃止	SUS329J2L	—	—	—	—
	SUH329J3L	SUH329J3L	SUH329J3L	—	—	—	—	—	—
	SUH329J4L	SUH329J4L	SUH329J4L	SUH329J4L	—	—	—	—	—
フェライト系	SUS405	SUS405	SUS405	SUS405	SUS405	SUS405	SUS405	SUS405	SUS38
	SUS410L	SUS410L	SUS410L	SUS410L	SUS410L	SUS410L	—	—	—
	SUS429	SUS429	SUS429	SUS429	SUS429	SUS429	SUS429	SUS429	—
	SUS430	SUS430	SUS430	SUS430	SUS430	SUS430	SUS430	SUS430	SUS24
	SUS430J1L	SUS430J1L	SUS430J1L	SUS430J1L	—	—	—	—	—
	SUS430F	SUS430F	SUS430F	SUS430F	SUS430F	SUS430F	SUS430F	SUS430F	—
	SUS430LX	SUS430LX	SUS430LX	SUS430LX	SUS430LX	SUS430LX	—	—	—
	SUS434	SUS434	SUS434	SUS434	SUS434	SUS434	SUS434	SUS434	—
	SUS436J1L	SUS436J1L	SUS436J1L	SUS436J1L	—	—	—	—	—
	SUS436L	SUS436L	SUS436L	SUS436L	SUS436L	SUS436L	—	—	—
	SUS443J1	—	—	—	—	—	—	—	—
	SUS444	SUS444	SUS444	SUS444	SUS444	SUS444	—	—	—
	SUS445J1	SUS445J1	SUS445J1	—	—	—	—	—	—
	SUS445J2	SUS445J2	SUS445J2	—	—	—	—	—	—
	SUS447J1	SUS447J1	SUS447J1	SUS447J1	SUS447J1	SUS447J1	—	—	—
	SUSXM27	SUSXM27	SUSXM27	SUSXM27	SUSXM27	SUSXM27	—	—	—
	SUH21	SUH21	SUH21	SUH21	SUH21	SUH21	SUH21	—	—
	SUH409	SUH409	SUH409	SUH409	SUH409	SUH409	SUH409	—	—
	SUH409L	SUH409L	SUH409L	SUH409L	—	—	—	—	—
	SUH446	SUH446	SUH446	SUH446	SUH446	SUH446	SUH446	SUH446	SUH6
マルテンサイト系	SUS403	SUS403	SUS403	SUS403	SUS403	SUS403	SUS403	SUS403	SUS50
	SUS410	SUS410	SUS410	SUS410	SUS410	SUS410	SUS410	SUS410	SUS51
	SUS410S	SUS410S	SUS410S	SUS410S	SUS410S	SUS410S	SUS410S	—	—
	SUS410J1	SUS410J1	SUS410J1	SUS410J1	SUS410J1	SUS410J1	SUS410J1	SUS410J1	SUS37
	SUS410F2	SUS410F2	SUS410F2	SUS410F2	—	—	—	—	—
	SUS416	SUS416	SUS416	SUS416	SUS416	SUS416	SUS416	SUS416	SUS54
	SUS420J1	SUS420J1	SUS420J1	SUS420J1	SUS420J1	SUS420J1	SUS420J1	SUS420J1	SUS52
	SUS420J2	SUS420J2	SUS420J2	SUS420J2	SUS420J2	SUS420J2	SUS420J2	SUS420J2	SUS53
	SUS420F	SUS420F	SUS420F	SUS420F	SUS420F	SUS420F	SUS420F	SUS420F	—
	SUS420F2	SUS420F2	SUS420F2	SUS420F2	—	—	—	—	—
	廃止	廃止	SUS429J1	SUS429J1	SUS429J1	SUS429J1	—	—	—
	SUS431	SUS431	SUS431	SUS431	SUS431	SUS431	SUS431	SUS431	SUS44
	SUS440A	SUS440A	SUS440A	SUS440A	SUS440A	SUS440A	SUS440A	SUS440A	—
	SUS440B	SUS440B	SUS440B	SUS440B	SUS440B	SUS440B	SUS440B	SUS440B	—
	SUS440C	SUS440C	SUS440C	SUS440C	SUS440C	SUS440C	SUS440C	SUS440C	SUS57
	SUS440F	SUS440F	SUS440F	SUS440F	SUS440F	SUS440F	SUS440F	SUS440F	—
	SUH1	SUH1	SUH1	SUH1	SUH1	SUH1	SUH1	SUH1	SUH1
	SUH3	SUH3	SUH3	SUH3	SUH3	SUH3	SUH3	SUH3	SUH3
	SUH4	SUH4	SUH4	SUH4	SUH4	SUH4	SUH4	SUH4	SUH4
	SUH11	SUH11	SUH11	SUH11	SUH11	SUH11	SUH11	—	—
	SUH600	SUH600	SUH600	SUH600	SUH600	SUH600	SUH600	SUH600	—
	SUH616	SUH616	SUH616	SUH616	SUH616	SUH616	SUH616	SUH616	—
析出硬化系	SUS630	SUS630	SUS630	SUS630	SUS630	SUS630	SUS630	SUS630	SUS80
	SUS631	SUS631	SUS631	SUS631	SUS631	SUS631	SUS631	SUS631	—
	SUS631J1	SUS631J1	SUS631J1	SUS631J1	SUS631J1	SUS631J1	SUS631J1	—	—
	SUS632J1	SUS632J1	SUS632J1	—	—	—	—	—	—

1. ステンレス鋼とは

表1.3.4 ステンレス鋼・耐熱鋼のJISと関連外国規格との比較[13]

日本工業規格 JIS		ISO (ISO/TS15510)		外国規格					
				欧州規格	アメリカ		イギリス	フランス	ドイツ	ロシア
規格番号・名称	種類の記号	Line No.	記号	EN	UNS	AISI	BS	NF	DIN	GOST
JIS G 4303	SUS201	13	X 12 CrMnNiN 17-7-5	1.4372	S20100	201		Z 12 CMN 17-07 Az		
〜 4305	SUS202		X 12 CrMnNiN 18-9-5	1.4373	S20200	202	284S16			12 X 17Г9 AH 4
JIS G 4308	SUS301	5	X 5 CrNi 17-7	1.4319	S30100	301	301S21	Z 11 CN 17-08	X 12 CrNi 17-7	
〜 4309	SUS301L	4	X 2 CrNiN 18-7	1.4318	S30153	—			X 2 CrNiN 18-7	
JIS G 4313	SUS301J1								X 12 CrNi 17-7	
〜 4315	SUS302			1.4325	S30200	302	302S25	Z 12 CN 18-09		12 X 18 H 9
JIS G 4317	SUS302B	46	X 12 CrNiSi 18-9-3		S30215	302B				
〜 4320	SUS303	14	X 10 CrNiS 18-9	1.4305	S30300	303	303S21	Z 8 CNF 18-09	X 10 CrNiS 18-9	
	SUS303Se				S30323	303Se	303S41			12 X 18 H 10 E
	SUS303Cu			1.4570						
	SUS304	6	X 5 CrNi 18-10	1.4301	S30400	304	304S31	Z 7 CN 18-09	X 5 CrNi 18-10	08 X 18 H 10
	SUS304Cu			1.4650						
	SUS304L	1	X 2 CrNi 18-9	1.4307	S30403	304L				
		2	X 2 CrNi 19-11	1.4306	S30403	304L	304S11	Z 3 CN 19-11	X 2 CrNi 19-11	03 X 18 H-11
				1.4650						
ステンレス鋼棒	SUS304N1	10	X 5CrNiN18-8	1.4315	S30451	304N		Z 6 CN 19-09 Az		
熱間圧延ステンレ	SUS304N2				S30452					
ス鋼板および鋼帯	SUS304LN	3	X 2 CrNiN 18-9	1.4311	S30453	304LN		Z 3 CN 18-10 Az	X 2 CrNiN 18-10	
冷間圧延ステンレ	SUS304J1	45	X 6 CrNiCu 17-8-2	1.4567						
ス鋼板および鋼帯	SUS304J2	—		1.4567						
	SUS304J3	—		1.4567						
ステンレス鋼線材	SUS305	8	X 6 CrNi 18-12	1.4303	S30500	305	305S19	Z 8 CN 18-12	X 5 CrNi 18-12	06 X 18 H 11
	SUS305J1									
ステンレス鋼線	SUS309S			1.4950	S30908	309S		Z 10 CN 24-13		
	SUS310S		X 6 CrNi 25-20	1.4951	S31008	310S	310S31	Z 8 CN 25-20		10 X 23 H 18
			X 8 CrNi 25-21	1.4845	S31008	310S				
	SUS312L			1.4547	S31254					
	SUS315J1			1.4567						
	SUS315J2									
ばね用ステンレス	SUS316	30	X 5 CrNiMo 17-12-2	1.4401	S31600	316	316S31	Z 7 CND 17-12-02	X 5 CrNiMo 17-12-2	
鋼帯		31	X 3 CrNiMo 17-12-3	1.4436	S31600	316		Z 6 CND 18-12-03	X 5 CrNiMo 17-13-3	
	SUS316F									
ばね用ステンレス	SUS316L	21	X 2 CrNiMo 17-12-2	1.4404	S31603	316L	316S11	Z 3 CND 17-12-02	X 2 CrNiMo 17-13-2	
鋼線		22	X 2 CrNiMo 17-12-3	1.4432	S31603	316L		Z 3 CND 17-12-03	X 2 CrNiMo 17-12-3	03 X 17 H 14 M 3
		23	X 2 CrNiMo 18-14-3	1.4435	S31603	316L			X 2 CrNiMo 17-14-3	
冷間圧造用ステン	SUS316N			1.4401	S31651	316N				
レス鋼線	SUS316LN	25	X 2 CrNiMoN 17-11-2	1.4406	S31653	316LN		Z 3 CND 17-11 Az	X 2 CrNiMoN 17-12-2	
		26	X 2 CrNiMoN 17-12-3	1.4429	S31653	316LN		Z 3 CND 17-12 Az	X 2 CrNiMoN 17-13-3	
熱間圧延ステンレ	SUS316Ti	32	X 6 CrNiMoTi 17-12-2	1.4571	S31635	—		Z 6 CNDT 17-2	X 6 CrNiMoTi 17-12-2	08 X 17 H 13 M 2 T
ス鋼等辺山形鋼	SUS316J1									
	SUS316J1L									
冷間仕上ステン	SUS317	—			S31700	317	317S16			
レス鋼棒	SUS317L	24	X 2 CrNiMo 19-14-4	1.4438	S31703	317L	317S12	Z 3 CND 19-15-04	X 2 CrNiMo 18-16-4	
ステンレス鋼鍛	SUS317LN	27	X 2 CrNiMoN 18-12-4	1.4434	S31753			Z 3 CND 19-14 Az		
鋼品用鋼片	SUS317J1									
冷間成形ステンレス	SUS317J2									
鋼等辺山形鋼	SUS836L	35		1.4529	N08367					
	SUS890L	35	X 1 NiCrMoCu 20-20-5	1.4539	N08904	—	904S14	Z 2 NCDU 25-20		
	SUS321	16	X 6 CrNiTi 18-10	1.4541	S32100	321	321S31	Z 6 CNT 18-10	X 6 CrNiTi 18-10	08 X 18 H 10 T
		17	X 7 CrNiTi 18-10	1.4541	S32109					
	SUS347	19	X 8 CrNiNb 18-10	1.4550	S34700	347	347S31	Z 6 CNNb 18-10	XCrNiNb 18-10	08 X 18 H 12 Б
		20	X 7 CrNiNb 18-10	1.4912	S34709					
	SUS384	9	X 3 NiCr 18-16		S38400	384		Z 6 CN 18-16		
	SUSXM7	15	X 3 CrNiCu 18-9-4	1.4567	S30430	S30430	394S17	Z 2 CNU 18-10		
	SUSXM15J1									
	SUS329J1			1.4450	S32900	329				
	SUS329J3L	52	X 2 CrNiMoN 22-5-3	1.4462	S31803	—		Z 2 CNDU 22-05 Az		08 X 621 M 2 T
	SUS329J4L	53	X 2 CrNiMoCuN 25-6-3	1.4507	S32250	—		Z 3 CNDU 25-07 Az		
	SUS405	66	X 6 CrAl 13	1.4002	S40500	405	405S17	Z 8 CA 12	X 6 CrAl 13	
	SUS410L			1.4003				Z 3 C 14		
	SUS429				S42900	429				
	SUS430	67	X 6 Cr 17	1.4016	S43000	430	430S17	Z 8 C 17	X 6 Cr 17	12 X 17
	SUS430F	68	X 7 CrS 17	1.4105	S43020	430F		Z 8 CF 17	X 7 CrS 18	

1.3 ステンレス鋼・耐熱鋼のJIS

表 1.3.4 (続き)

日本工業規格JIS		ISO(ISO/TS15510)		外国規格					
				欧州規格	アメリカ		イギリス	フランス	ドイツ	ロシア
規格番号・名称	種類の記号	Line No.	記号	EN	UNS	AISI	BS	NF	DIN	GOST
(続き)	SUS430LX	70	X 3 CrTi 17	1.4510	S43035	439		Z 4 CT 17	X 6 CrTi 17	
				1.4509	S43940	—				
	SUS430J1L	73	X 3 CrNb 17	1.4511	—	—		Z 4 CNb 17	X 6 CrNb 17	
				1.4520						
	SUS434	69	X 6 CrMo 17-1	1.4113	S43400	434	434S17	Z 8 CD 17-01	X 6 CrMo 17-1	
	SUS436L			1.4513	S43600	436				
	SUS436J1L									
	SUS443J1									
	SUS444	72	X 2 CrMoTi 18-2	1.4521	S4440	444		Z 3 CDT 18-02		
	SUS445J1			—						
	SUS445J2			—						
	SUS447J1			—	S44700	—				
	SUSXM27			1.4749	S44627	—		Z 1 CD 26-01		
	SUS403			—	S40300	403				
	SUS410	82	X 12 Cr 13	1.4006	S41000	410	410S21	Z 13 C 13	X10Cr13	
				1.4024						
	SUS410S	65	X 6 Cr 13	1.4000	S41008	—	403S17	Z 8 C 12	X6Cr13	08 X 13
	SUS410F2									
	SUS410J1				S41025					
	SUS416	83	X 12 CrS 13	1.4005	S41600	416	416S21	Z 11 CF 13		
	SUS420J1	84	X 20 Cr 13	1.4021	S42000	420	420S29	Z 20 C 13	X20Cr13	20 X 13
	SUS420J2	85	X 30 Cr 13	1.4028	S42000	420	420S30	Z 33 C 13	X30Cr13	30 X 13
	SUS420F			1.4029	S42020	420F		Z 30 CF 13		
	SUS420F2									
	SUS431	91	X 17 CrNi1 6-2	1.4057	S43100	431	431S29	Z 15 CN 16-02	X20CrNi17-2	20 X 17 H 2
	SUS440A			—	S44002	440A		Z 70 C 15		
	SUS440B			1.4041	S44003	440B				
	SUS440C			1.4125	S44004	440C		Z 100 CD 17		94 X 18
	SUS440F			1.4125	S44020					
	SUS630	101	X 5 CrNiCuNb 16-4	1.4542	S17400	S17400		Z 6 CNU 17-04		
	SUS631	102	X 7 CrNiAl 17-7	1.4568	S17700	S17700		Z 9 CNA 17-07	X7CrNiAl17-7	09 X 17 H7 Ю
	SUS631J1									
	SUS632J1									
JIS G 4311	SUH31			—			331S42	Z 35 CNWS 14-14		45 X 14 H 14 B 2 M
〜 4315	SUH35			1.4870	S63008	—	349S52	Z 52 CMN 21-09 Az		
耐熱鋼棒	SUH36			—			349S54	Z 55 CMN 21-09 Az	X53CrMnNi21-9	55 X 20 Г 9 AH 4
耐熱鋼板	SUH37			—	S63017					
	SUH38									
	SUH309			1.4833	S30908	309	309S24	Z 15 CN 24-13		
	SUH310			1.4845	S31008	310	310S24	Z 15 CN 25-20	CrNi25-20	20 X 25 H 20 C 2
	SUH330			—				Z 12 NCS 35-16		
	SUH660			1.4980	S66286	—		Z 6 NCTV 25-20		
	SUH661			1.4971	R30155					
	SUH21			—					CrAl12-05	
	SUH409	63	X 6 CrTi 12	—	S40900	409	409S19	Z 6 CT 12	X6CrTi12	
	SUH409L	62	X 2 CrTi 12	1.4512	S40900	409		Z 3 CT 12		
	SUH446			1.4749	S44600	446		Z 12 C 25		15 X 28
	SUH1			1.4718	S65007		401S45	Z 45 CS 9	X45CrSi9-3	
	SUH3			1.4731				Z 40 CSD 10		40 X 10 C 2 M
	SUH4						443S65	Z 80 CSN 20-02		
	SUH11									40 X 9 C 2
	SUH600									20 X 12 ВНМБФР
	SUH616				S42200	422				

備考 1. ISOは，ISO/TS 15510 : 2003による．ISO/TS 15510 : 2003は現在（2010年）見直し中で，日本を含めて各国の鋼種が大量に登録され，また鋼種番号（ISO-number）はENナンバーとUNSナンバー及び地域番号の組合せとなる予定．
2. アメリカ規格は，UNS登録番号とAISI鋼材アニュアルを参照した．
3. 欧州規格は，EN 10088-1 : 2005による．
4. 欧州各国の規格BS，DINおよびNFは，EN 10088-2（板・帯），10088-3（棒・線）に統合された．参考として旧名称を掲載した．
5. GOST規格は，5632-72による．

1.3.2 化 学 成 分
(1) ステンレス鋼の棒・板・帯・線材・線

化学成分を表1.3.5に示す．表からわかるように形状にとらわれず，成分規格は統一されている．オーステナイト系では，SUS304が，フェライト系ではSUS430が，マルテンサイト系ではSUS410がそれぞれ基本となり，使用目的に合わせて改良が加えられ，現在の体系になっている．

ステンレス鋼の用途拡大と需要家ニーズの多様化に伴い，数多くの新鋼種が開発され，メーカの独自鋼種として製造販売されるようになったため，1991年の見直しで新規に16種類が追加された．また，鋼板と鋼帯の規格は，熱間圧延と冷間圧延のいずれも鋼板と鋼帯に分かれていたが，寸法，形状の項目以外はほとんど差がなく，重複する部分が多いため両者が統合された．さらに，その後の見直しで2010年までに87種類に整理され，現在の規格になっている．

(2) ステンレス鋼の鋼管

化学成分を表1.3.6に示す．ステンレス鋼の鋼管（steel tubes and pipes）は，配管用ステンレス鋼鋼管とボイラ・熱交換器用ステンレス鋼鋼管が1962年に最初に制定され，他の鋼管は用途拡大とともに後から制定されてきた．1982年の見直しでは，前二者を主体に大幅な新鋼種の追加が行われ，現在の規格になっている．

鋼管は，板・帯を素材とする溶接鋼管との関係から化学成分の統一が必要であるが，継目無鋼管など製管法と用途上の関連からSUS304，321および316系でNiまたはCrの含有量が板・帯より若干高めに規定されている．また，一部を除いてPの上限が低く規定されている．

配管，ボイラ熱交換器および加熱炉用鋼管にSUS304HのようにHのついた鋼種が含まれている．それらは高温強度の改善を目的にC含有量を高めにしたものである．

1.3 ステンレス鋼・耐熱鋼のJIS

表1.3.5 ステンレス鋼棒・板・帯・線材・線 (JIS G 4303, 4304, 4305, 4308, 4309, 4313, 4314, 4315)

種類の記号	化学成分 (%)											棒	熱間圧延板・帯	冷延板・帯	線材	線	ばね用線	ばね用冷間圧延鋼帯
	C	Si	Mn	P	S	Ni	Cr	Mo	Cu	N	その他							
オーステナイト系																		
SUS201	0.15 以下	1.00 以下	5.50〜7.50	0.060 以下	0.030 以下	3.50〜5.50	16.00〜18.00	—	—	0.25 以下	—			○				
SUS202	0.15 以下	1.00 以下	7.50〜10.00	0.060 以下	0.030 以下	4.00〜6.00	17.00〜19.00	—	—	0.25 以下	—		○	○				
SUS301	0.15 以下	1.00 以下	2.00 以下	0.045 以下	0.030 以下	6.00〜8.00	16.00〜18.00	—	—	—	—		○	○	○	○		
SUS301L	0.030 以下	1.00 以下	2.00 以下	0.045 以下	0.030 以下	6.00〜8.00	16.00〜18.00	—	—	0.20 以下	—		○	○				
SUS301J1	0.08〜0.12	1.00 以下	2.00 以下	0.045 以下	0.030 以下	7.00〜9.00	16.00〜18.00	—	—	—	—			○				
SUS302	0.15 以下	1.00 以下	2.00 以下	0.045 以下	0.030 以下	8.00〜10.00	17.00〜19.00	—	—	—	—		○	○	○	○		
SUS302B	0.15 以下	2.00〜3.00	2.00 以下	0.045 以下	0.030 以下	8.00〜10.00	17.00〜19.00	—	—	—	—	○	○					
SUS303	0.15 以下	1.00 以下	2.00 以下	0.20 以下	0.15 以上	8.00〜10.00	17.00〜19.00	—	—	—	—	○			○			
SUS303Se	0.15 以下	1.00 以下	2.00 以下	0.20 以下	0.06 以下	8.00〜10.00	17.00〜19.00	—	—	—	Se 0.15 以上	○			○			
SUS303Cu	0.15 以下	1.00 以下	3.00 以下	0.20 以下	0.15 以上	8.00〜10.00	17.00〜19.00	(¹)	1.5〜3.50	—	—	○			○			
SUS304	0.08 以下	1.00 以下	2.00 以下	0.045 以下	0.030 以下	8.00〜10.50	18.00〜20.00	—	—	—	—	○	○	○	○	○		
SUS304Cu	0.08 以下	1.00 以下	2.00 以下	0.045 以下	0.030 以下	8.00〜10.50	18.00〜20.00	(¹)	0.70〜1.30	—	—			○				
SUS304L	0.030 以下	1.00 以下	2.00 以下	0.045 以下	0.030 以下	9.00〜13.00	18.00〜20.00	—	—	—	—	○	○	○	○	○		
SUS304N1	0.08 以下	1.00 以下	2.50 以下	0.045 以下	0.030 以下	7.00〜10.50	18.00〜20.00	—	—	0.10〜0.25	—	○	○		○			
SUS304N2	0.08 以下	1.00 以下	2.50 以下	0.045 以下	0.030 以下	7.50〜10.50	18.00〜20.00	—	—	0.15〜0.30	Nb 0.15 以下	○	○		○			
SUS304LN	0.08 以下	1.00 以下	2.50 以下	0.045 以下	0.030 以下	8.50〜11.50	17.00〜19.00	—	—	0.12〜0.22	—	○	○					
SUS304J1	0.08 以下	1.70 以下	3.00 以下	0.045 以下	0.030 以下	6.00〜9.00	15.00〜18.00	—	1.00〜3.00	—	—		○					
SUS304J2	0.08 以下	1.70 以下	3.00〜5.00	0.045 以下	0.030 以下	6.00〜9.00	15.00〜18.00	—	1.00〜3.00	—	—		○					
SUS304J3	0.08 以下	1.00 以下	2.00 以下	0.045 以下	0.030 以下	8.00〜10.50	17.00〜19.00	—	1.00〜3.00	—	—		○					
SUS305	0.12 以下	1.00 以下	2.00 以下	0.045 以下	0.030 以下	10.50〜13.00	17.00〜19.00	—	—	—	—	○	○	○	○			
SUS305J1	0.08 以下	1.00 以下	2.00 以下	0.045 以下	0.030 以下	11.00〜13.50	16.50〜19.00	—	—	—	—			○				
SUS309S	0.08 以下	1.00 以下	2.00 以下	0.045 以下	0.030 以下	12.00〜15.00	22.00〜24.00	—	—	—	—	○	○		○			
SUS310S	0.08 以下	1.00 以下	2.00 以下	0.045 以下	0.030 以下	19.00〜22.00	24.00〜26.00	—	—	—	—	○	○		○			
SUS312L	0.020 以下	0.80 以下	1.00 以下	0.030 以下	0.015 以下	17.50〜19.50	19.00〜21.00	6.00〜7.00	0.50〜1.00	0.16〜0.25	—		○					
SUS315J1	0.08 以下	0.50〜2.50	2.00 以下	0.045 以下	0.030 以下	8.50〜11.50	17.00〜20.50	—	0.50〜3.50	—	—		○					

表 1.3.5（続き）

種類の記号	化学成分 (%)											棒	熱延板帯	冷延板帯	線材	線 一般用	線 ねじ冷間圧造用
	C	Si	Mn	P	S	Ni	Cr	Mo	Cu	N	その他						
SUS315J2	0.08 以下	2.50～4.00	2.00 以下	0.045 以下	0.030 以下	11.00～14.00	17.00～20.50	0.50～1.50	0.50～3.50	—	—	○					
SUS316	0.08 以下	1.00 以下	2.00 以下	0.045 以下	0.030 以下	10.00～14.00	16.00～18.00	2.00～3.00	—	—	—	○	○	○	○	○	○
SUS316L	0.030 以下	1.00 以下	2.00 以下	0.045 以下	0.030 以下	12.00～15.00	16.00～18.00	2.00～3.00	—	—	—	○	○	○	○	○	
SUS316N	0.08 以下	1.00 以下	2.00 以下	0.045 以下	0.030 以下	10.00～14.00	16.00～18.00	2.00～3.00	—	0.10～0.22	—	○	○	○			
SUS316LN	0.030 以下	1.00 以下	2.00 以下	0.045 以下	0.030 以下	10.50～14.50	16.50～18.50	2.00～3.00	—	0.12～0.22	—	○	○	○			
SUS316Ti	0.08 以下	1.00 以下	2.00 以下	0.045 以下	0.030 以下	10.00～14.00	16.00～18.00	2.00～3.00	—	—	Ti 5×C%以上	○	○	○			
SUS316J1	0.08 以下	1.00 以下	2.00 以下	0.045 以下	0.030 以下	12.00～16.00	17.00～19.00	1.20～2.75	1.00～2.50	—	—	○	○	○			
SUS316J1L	0.030 以下	1.00 以下	2.00 以下	0.045 以下	0.030 以下	12.00～16.00	17.00～19.00	1.20～2.75	1.00～2.50	—	—	○	○	○			
SUS316F	0.08 以下	1.00 以下	2.00 以下	0.045 以下	0.10 以上	10.00～14.00	16.00～18.00	2.00～3.00	—	—	—	○					
SUS317	0.08 以下	1.00 以下	2.00 以下	0.045 以下	0.030 以下	11.00～15.00	18.00～20.00	3.00～4.00	—	—	—	○	○	○			
SUS317L	0.030 以下	1.00 以下	2.00 以下	0.045 以下	0.030 以下	11.00～15.00	18.00～20.00	3.00～4.00	—	—	—	○	○	○			
SUS317LN	0.030 以下	1.00 以下	2.00 以下	0.045 以下	0.030 以下	11.00～15.00	18.00～20.00	3.00～4.00	—	0.10～0.22	—	○	○	○			
SUS317J1	0.040 以下	1.00 以下	2.50 以下	0.045 以下	0.030 以下	15.00～17.00	16.00～19.00	4.00～6.00	—	—	—	○	○	○			
SUS317J2	0.06 以下	1.50 以下	2.00 以下	0.045 以下	0.030 以下	12.00～16.00	23.00～26.00	0.50～1.20	—	0.25～0.40	—	○	○	○			
SUS836L	0.030 以下	1.00 以下	2.00 以下	0.045 以下	0.030 以下	24.00～26.00	19.00～24.00	5.00～7.00	—	0.25 以下	—	○	○	○			
SUS890L	0.020 以下	1.00 以下	2.00 以下	0.045 以下	0.030 以下	23.00～28.00	19.00～23.00	4.00～5.00	1.00～2.00	—	—	○	○	○			
SUS321	0.08 以下	1.00 以下	2.00 以下	0.045 以下	0.030 以下	9.00～13.00	17.00～19.00	—	—	—	Ti 5×C%以上	○	○	○	○	○	
SUS347	0.08 以下	1.00 以下	2.00 以下	0.045 以下	0.030 以下	9.00～13.00	17.00～19.00	—	—	—	Nb 10×C%以上	○	○	○	○	○	
SUS384	0.08 以下	1.00 以下	2.00 以下	0.045 以下	0.030 以下	17.00～19.00	15.00～17.00	—	—	—	—				○		
SUSXM7	0.08 以下	1.00 以下	2.00 以下	0.045 以下	0.030 以下	8.50～10.50	17.00～19.00	—	3.00～4.00	—	—	○	○	○	○		○
SUSXM15J1	0.08 以下	3.00～5.00	2.00 以下	0.045 以下	0.030 以下	11.50～15.00	15.00～20.00	—	—	—	—	○	○	○			
SUH330	0.15 以下	1.50 以下	2.00 以下	0.040 以下	0.030 以下	33.00～37.00	14.00～17.00	—	—	—	—	○	○	○			
SUH660	0.08 以下	1.00 以下	2.00 以下	0.040 以下	0.030 以下	24.0～27.00	13.50～16.00	1.00～1.50	—	—	V:0.10～0.50, Ti:1.90～2.35, Al:0.35 以下, B:0.001～0.010	○					

オーステナイト・フェライト系

種類の記号	C	Si	Mn	P	S	Ni	Cr	Mo	Cu	N	その他	棒	熱延板帯	冷延板帯	線材	線 一般用	線 ねじ冷間圧造用
SUS329J1	0.08 以下	1.00 以下	1.50 以下	0.040 以下	0.030 以下	3.00～6.00	23.00～28.00	1.00～3.00	—	—	—	○	○	○			
SUS329J3L	0.030 以下	1.00 以下	2.00 以下	0.040 以下	0.030 以下	4.50～6.50	21.00～24.00	2.50～3.50	—	0.08～0.20	—	○	○	○			

1.3 ステンレス鋼・耐熱鋼のJIS

表1.3.5 （続き）

種類の記号	化学成分 (%)										その他	棒 熱延板帯	冷延板帯	線材	線 一般用 ばね用	ばね用帯
	C	Si	Mn	P	S	Ni	Cr	Mo	Cu	N						
SUS329J4L	0.030 以下	1.00 以下	1.50 以下	0.040 以下	0.030 以下	5.50~7.50	24.00~26.00	2.50~3.50	—	0.08~0.30	—	○	○			
フェライト系																
SUS405	0.08 以下	1.00 以下	1.00 以下	0.040 以下	0.030 以下	—	11.50~14.50	—	—	—	Al 0.10~0.30	○	○	○		
SUS410L	0.030 以下	1.00 以下	1.00 以下	0.040 以下	0.030 以下	—	11.00~13.50	—	—	—	—	○	○	○		
SUS429	0.12 以下	1.00 以下	1.00 以下	0.040 以下	0.030 以下	—	14.00~16.00	—	—	—	—	○				
SUS430	0.12 以下	0.75 以下	1.00 以下	0.040 以下	0.030 以下	—	16.00~18.00	—	—	—	—	○	○	○	○	○
SUS430F	0.12 以下	1.00 以下	1.25 以下	0.060 以下	0.15 以上	—	16.00~18.00	(¹)	—	—	—	○				
SUS430LX	0.030 以下	0.75 以下	1.00 以下	0.040 以下	0.030 以下	—	16.00~19.00	—	—	—	Ti 又は Nb 0.1~1.00	○	○			
SUS430J1L	0.025 以下	1.00 以下	1.00 以下	0.040 以下	0.030 以下	—	16.00~20.00	—	0.30~0.80	0.025 以下	(²) Cu 0.30~0.80	○	○			
SUS434	0.12 以下	1.00 以下	1.00 以下	0.040 以下	0.030 以下	—	16.00~18.00	0.75~1.25	—	—	—	○	○	○		
SUS436L	0.025 以下	1.00 以下	1.00 以下	0.040 以下	0.030 以下	—	16.00~19.00	0.75~1.50	—	0.025 以下	(²)	○	○			
SUS436J1L	0.025 以下	1.00 以下	1.00 以下	0.040 以下	0.030 以下	—	17.00~20.00	0.40~0.80	—	0.025 以下	(²)	○	○			
SUS443J1	0.025 以下	1.00 以下	1.00 以下	0.040 以下	0.030 以下	—	20.00~23.00	—	0.30~0.80	0.025 以下	(²)	○	○			
SUS444	0.025 以下	1.00 以下	1.00 以下	0.040 以下	0.030 以下	—	17.00~20.00	1.75~2.50	—	0.025 以下	(²)	○	○			
SUS445J1	0.025 以下	1.00 以下	1.00 以下	0.040 以下	0.030 以下	—	21.0~24.00	0.70~1.50	—	0.025 以下	(²)	○	○			
SUS445J2	0.025 以下	1.00 以下	1.00 以下	0.040 以下	0.030 以下	—	21.0~24.00	1.50~2.50	—	0.025 以下	(²)	○	○			
SUS447J1	0.010 以下	0.40 以下	0.40 以下	0.030 以下	0.020 以下	—	28.50~32.00	1.50~2.50	—	0.015 以下	—	○	○			
SUSXM27	0.010 以下	0.40 以下	0.40 以下	0.030 以下	0.020 以下	—	25.00~27.50	0.75~1.50	—	0.015 以下	—	○	○			
SUH446	0.20 以下	1.00 以下	1.50 以下	0.040 以下	0.030 以下	—	23.00~27.00	—	—	0.025 以下	—	○				
マルテンサイト系																
SUS403	0.15 以下	0.50 以下	1.00 以下	0.040 以下	0.030 以下	(³)	11.50~13.00	—	—	—	—	○	○	○		
SUS410	0.15 以下	1.00 以下	1.00 以下	0.040 以下	0.030 以下	(³)	11.50~13.50	—	—	—	—	○	○	○	○	○
SUS410S	0.08 以下	1.00 以下	1.00 以下	0.040 以下	0.030 以下	(³)	11.50~13.50	—	—	—	—	○	○	○		
SUS410J1	0.08~0.18	0.60 以下	1.00 以下	0.040 以下	0.030 以下	(³)	11.50~14.00	0.30~0.60	—	—	—	○	○			
SUS410F2	0.15 以下	1.00 以下	1.00 以下	0.040 以下	0.030 以下	(³)	11.50~13.50	—	—	—	Pb 0.05~0.30	○				
SUS416	0.15 以下	1.00 以下	1.00 以下	0.040 以下	0.15 以上	(³)	12.00~14.00	(¹)	—	—	—	○				

表 1.3.5 (続き)

種類の記号	化学成分 (%)										棒熱延板材	冷延板帯	線 一般用	線 ねじ用	線 ねじ冷間圧造用
	C	Si	Mn	P	S	Ni	Cr	Mo	Cu	N	その他				
SUS420J1	0.16 ~ 0.25	1.00 以下	1.00 以下	0.040 以下	0.030 以下	(²)	12.00 ~ 14.00	—	—	—	—	○	○	○	○
SUS420J2	0.26 ~ 0.40	1.00 以下	1.00 以下	0.040 以下	0.030 以下	(²)	12.00 ~ 14.00	—	—	—	—	○	○	○	
SUS420F	0.26 ~ 0.40	1.00 以下	1.00 以下	0.060 以下	0.15 以上	(²)	12.00 ~ 14.00	(¹)	—	—	—	○			
SUS420F2	0.26 ~ 0.40	1.00 以下	1.00 以下	0.040 以下	0.030 以下	(²)	12.00 ~ 14.00	—	—	—	Pb 0.05 ~ 0.30	○			
SUS431	0.20 以下	1.00 以下	1.00 以下	0.040 以下	0.030 以下	1.25 ~ 2.50	15.00 ~ 17.00	—	—	—	—	○			
SUS440A	0.60 ~ 0.75	1.00 以下	1.00 以下	0.040 以下	0.030 以下	(²)	16.00 ~ 18.00	(³)	—	—	—	○			
SUS440B	0.75 ~ 0.95	1.00 以下	1.00 以下	0.040 以下	0.030 以下	(²)	16.00 ~ 18.00	(³)	—	—	—	○			
SUS440C	0.95 ~ 1.20	1.00 以下	1.00 以下	0.040 以下	0.030 以下	(²)	16.00 ~ 18.00	(³)	—	—	—	○	○		
SUS440F	0.95 ~ 1.20	1.00 以下	1.25 以下	0.060 以下	0.15 以上	(²)	16.00 ~ 18.00	(³)	—	—	—	○			

析出硬化系

種類の記号	C	Si	Mn	P	S	Ni	Cr	Mo	Cu	N	その他	棒熱延板材	冷延板帯	線 一般用	線 ねじ用	線 ねじ冷間圧造用
SUS630	0.07 以下	1.00 以下	1.00 以下	0.040 以下	0.030 以下	3.00 ~ 5.00	15.00 ~ 17.50	—	3.00 ~ 5.00	—	Nb 0.15 ~ 0.45	○	○	○		
SUS631	0.09 以下	1.00 以下	1.00 以下	0.040 以下	0.030 以下	6.50 ~ 7.75	16.00 ~ 18.00	—	—	—	Al 0.75 ~ 1.50	○	○	○		
SUS631J1	0.09 以下	1.00 以下	1.00 以下	0.040 以下	0.030 以下	7.00 ~ 8.50	16.00 ~ 18.00	—	·	—	Al 0.75 ~ 1.50			○		
SUS632J1	0.09 以下	1.00 ~ 2.00	1.00 以下	0.040 以下	0.030 以下	6.50 ~ 7.75	13.50 ~ 15.50	—	0.40 ~ 1.00	—	Ti 0.20 ~ 0.65			○		

注 (¹) Mo は 0.60%以下を含有してもよい．
(²) Ni は，0.60%以下を含有してもよい．
(³) Mo は 0.75%以下を含有してもよい．
(⁴) Ti, Nb, Zr, 又はそれらの組合せ 8 × (C% + N%) ~ 0.80．

備考 1. SUSXM15J1 及び SUSXM27 以外は，SUS329J1, SUS329J3L, SUS329J4L については，必要によって表 3.1.5 以外に合金元素を含有してもよい．
2. SUS447J1 及び SUSXM27 は Ni を 0.60%以下，Cu を 0.20%以下含有してもよい．
3. SUS447J1 以外は Ni を 0.50%以下及び (Ni + Cu) を 0.50%以下含有してもよい．さらに表 1.3.5 以外に，V，Ti 又は Nb のうち一つ又は複数の元素を含有してもよい．
4. SUS445J1 及び SUS445J2 は，必要によって表 1.3.5 以外に，Cu, V, Ti 又は Nb のうち一つ又は複数の元素を含有してもよい．
5. SUS430J1 は，必要によって表 1.3.5 以外に，V を含有してもよい．

1.3 ステンレス鋼・耐熱鋼のJIS

表1.3.6 ステンレス鋼管 (JIS G 3447, 3448, 3459, 3463, 3446, 3468, 3467)

オーステナイト系

サニタリー G 3447	一般配管 G 3448	配管 G 3459	ボイラ・熱交換器 G 3463	機械構造 G 3446	配管用溶接大径 G 3468	加熱炉 G 3467	C	Si	Mn	P	S	Ni	Cr	Mo, その他
SUS304TBS[*]	(SUS304TPD)	SUS304TP	SUS304TB[*]	SUS304TK[*]	(SUS304TP)	SUS304TF[*]	0.08 以下	1.00 以下	2.00 以下	0.045 以下	0.030 以下	8.00 ~ 11.00	18.00 ~ 20.00	—
—	—	SUS304HTP	SUS304HTB	—	—	SUS304HTF	0.04 ~ 0.10	0.75 以下	2.00 以下	0.040 以下	0.030 以下	8.00 ~ 11.00	18.00 ~ 20.00	—
SUS304LTBS	—	SUS304LTP	SUS304LTB[*]	—	SUS304LTP	—	0.030 以下	1.00 以下	2.00 以下	0.045 以下	0.030 以下	9.00 ~ 13.00	18.00 ~ 20.00	—
—	—	SUS309TP	SUS309TB	—	—	SUS309TF	0.15 以下	1.00 以下	2.00 以下	0.040 以下	0.030 以下	12.00 ~ 15.00	22.00 ~ 24.00	—
—	—	SUS309STP	SUS309STB[*]	—	(SUS309STP)	—	0.08 以下	1.00 以下	2.00 以下	0.045 以下	0.030 以下	12.00 ~ 15.00	22.00 ~ 24.00	—
—	—	SUS310TP	SUS310TB	—	—	SUS310TF	0.15 以下	1.50 以下	2.00 以下	0.040 以下	0.030 以下	19.00 ~ 22.00	24.00 ~ 26.00	—
—	—	SUS310STP	SUS310STB[*]	—	(SUS310STP)	—	0.08 以下	1.50 以下	2.00 以下	0.045 以下	0.030 以下	19.00 ~ 22.00	24.00 ~ 26.00	—
—	—	—	SUS312LTB	—	—	—	0.020 以下	0.80 以下	1.00 以下	0.030 以下	0.015 以下	17.50 ~ 19.50	19.00 ~ 21.00	Mo 6.00 ~ 7.00 Cu 0.50 ~ 1.00 N 0.16 ~ 0.25
—	(SUS315J1TPD)	SUS315J1TP	—	—	(SUS315J1TP)	—	0.08 以下	0.50 ~ 2.50	2.00 以下	0.045 以下	0.030 以下	8.50 ~ 11.50	17.00 ~ 20.50	Mo 0.50 ~ 1.50 Cu 0.50 ~ 3.50
—	(SUS315J2TPD)	SUS315J2TP	—	—	(SUS315J2TP)	—	0.08 以下	2.50 ~ 4.00	2.00 以下	0.045 以下	0.030 以下	11.00 ~ 14.00	17.00 ~ 20.50	Mo 0.50 ~ 1.50 Cu 0.50 ~ 3.50
SUS316TBS	(SUS316TPD)	SUS316TP	SUS316TB[*]	SUS316TK	(SUS316TP)	SUS316TF[*]	0.08 以下	1.00 以下	2.00 以下	0.045 以下	0.030 以下	10.00 ~ 14.00	16.00 ~ 18.00	Mo 2.00 ~ 3.00
—	—	SUS316HTP	SUS316HTB	—	—	SUS316HTF	0.04 ~ 0.10	0.75 以下	2.00 以下	0.030 以下	0.030 以下	11.00 ~ 14.00	16.00 ~ 18.00	Mo 2.00 ~ 3.00
SUS316LTBS[*]	—	SUS316LTP	SUS316LTB[*]	—	SUS316LTP	—	0.030 以下	1.00 以下	2.00 以下	0.045 以下	0.030 以下	12.00 ~ 16.00	16.00 ~ 18.00	Mo 2.00 ~ 3.00
—	—	SUS316TiTP	SUS316TiTB[*]	—	SUS316TiTP	—	0.08 以下	1.00 以下	2.00 以下	0.045 以下	0.030 以下	10.00 ~ 14.00	16.00 ~ 18.00	Mo 2.00 ~ 3.00 Ti 5 × C% 以上
—	—	SUS317TP	SUS317TB[*]	—	(SUS317TP)	—	0.08 以下	1.00 以下	2.00 以下	0.045 以下	0.030 以下	11.00 ~ 15.00	18.00 ~ 20.00	Mo 3.00 ~ 4.00
—	—	SUS317LTP	SUS317LTB[*]	—	SUS317LTP	—	0.030 以下	1.00 以下	2.00 以下	0.045 以下	0.030 以下	11.00 ~ 15.00	18.00 ~ 20.00	Mo 3.00 ~ 4.00
—	—	SUS836LTP	SUS836LTB[*]	—	—	—	0.030 以下	1.00 以下	2.00 以下	0.045 以下	0.030 以下	24.00 ~ 26.00	19.00 ~ 24.00	Mo 5.00 ~ 7.00 N 0.25 以下

表 1.3.6（続き）

サニタリー G3447	一般配管 G3448	配管 G3459 ボイラー・熱交換器 G3463	機械構造 G3446	配管用溶接大径 G3468	加熱炉 G3467	化 学 成 分 (%)							
						C	Si	Mn	P	S	Ni	Cr	Mo, その他
—	—	SUS890LJTB(1)	—	—	—	0.020以下	1.00以下	2.00以下	0.045以下	0.030以下	23.00〜28.00	19.00〜23.00	Mo 4.00〜5.00 Cu 1.00〜2.00
—	—	SUS321TP	—	(SUS321TPY)	SUS321TF	0.08以下	1.00以下	2.00以下	0.045以下	0.030以下	9.00〜13.00	17.00〜19.00	Ti 5×C%以上
—	—	SUS321HTP	SUS321TB(1)	—	SUS321HTF	0.04〜0.10	0.75以下	2.00以下	0.030以下	0.030以下	9.00〜13.00	17.00〜20.00	Ti 4×C%〜0.60
—	—	SUS347TP	SUS321HTB	(SUS347TPY)	SUS347TF	0.08以下	1.00以下	2.00以下	0.045以下	0.030以下	9.00〜13.00	17.00〜19.00	Nb 10×C%以上
—	—	SUS347HTP	SUS347TB(1)	—	SUS347HTF(1)	0.04〜0.10	1.00以下	2.00以下	0.030以下	0.030以下	9.00〜13.00	17.00〜20.00	Nb 8×C%〜1.00
—	—	—	SUSXM15J1TB	—	—	0.08以下	3.00〜5.00	2.00以下	0.045以下	0.030以下	11.50〜15.00	15.00〜20.00	—

オーステナイト・フェライト系

サニタリー G3447	一般配管 G3448	配管 G3459 ボイラー・熱交換器 G3463	機械構造 G3446	配管用溶接大径 G3468	加熱炉 G3467	C	Si	Mn	P	S	Ni	Cr	Mo, その他
—	SUS329J1TP	—	—	SUS329J1TPY	—	0.08以下	1.00以下	1.50以下	0.040以下	0.030以下	3.00〜6.00	23.00〜28.00	Mo 1.00〜3.00
—	SUS329J3LTP	—	—	SUS329J3LTPY	—	0.030以下	1.00以下	1.500以下	0.040以下	0.030以下	4.50〜6.50	21.00〜24.00	Mo 2.50〜3.50 N 0.08〜0.20
—	SUS329J4LTP	—	—	SUS329J4LTPY	—	0.030以下	1.00以下	1.50以下	0.040以下	0.030以下	5.50〜7.50	24.00〜26.00	Mo 2.50〜3.50 N 0.08〜0.30

注 (1) は P:0.040以下, (2) は Ni:8.00〜10.50, (3) は Ni:12.00〜15.00, (4) は Si:0.75以下, (5) は Mn:2.00以下にそれぞれ規定されている。一般配管および溶接大径（配管用溶接大径ステンレス鋼管）の種類記号で（ ）表示のものは JIS G 4304, JIS G 4305 鉄鋼 II に準ずる。注文者が製品分析を要求した場合にも，表記の化学成分を適用する。ただし，管種別には JIS ハンドブック 鉄鋼 II を参照のこと。

備考

1.3 ステンレス鋼・耐熱鋼のJIS

表1.3.6（続き）

種類の記号				化学成分 (%)							
サニタリー	一般配管	配管	ボイラ・熱交換器	機械構造	C	Si	Mn	P	S	Ni	Cr	Mo, その他

フェライト系

サニタリー	一般配管	配管	ボイラ・熱交換器	機械構造	C	Si	Mn	P	S	Ni	Cr	Mo, その他
—	—	—	SUS405TB	—	0.08 以下	1.00 以下	1.00 以下	0.040 以下	0.030 以下	0.60 以下	11.50〜14.50	Al: 0.10〜0.30
—	—	—	SUS409TB	—	0.08 以下	1.00 以下	1.00 以下	0.040 以下	0.030 以下	0.60 以下	10.50〜11.75	Ti 6×C%〜0.75
—	—	SUS409LTP	SUS409LTB	—	0.030 以下	1.00 以下	1.00 以下	0.040 以下	0.030 以下	0.60 以下	10.50〜11.75	Ti 6×C%〜0.75
—	—	—	SUS410TiTB	—	0.08 以下	1.00 以下	1.00 以下	0.040 以下	0.030 以下	0.60 以下	11.50〜13.50	Ti 6×C%〜0.75
—	—	SUS430TP	SUS430TB	SUS430TK	0.12 以下	0.75 以下	1.00 以下	0.040 以下	0.030 以下	0.60 以下	16.00〜18.00	—
—	—	SUS430LXTP	SUS430LXTB	—	0.030 以下	0.75 以下	1.00 以下	0.040 以下	0.030 以下	0.60 以下	16.00〜19.00	Ti 又は Nb 0.10〜1.00
—	—	SUS430J1LTP	SUS430J1LTB	—	0.025 以下	1.00 以下	1.00 以下	0.040 以下	0.030 以下	0.60 以下	16.00〜20.00	Cu 0.30〜0.80 Nb 8×(C%+N%)〜0.80 N 0.025 以下,
—	—	SUS436LTP	SUS436LTB	—	0.025 以下	1.00 以下	1.00 以下	0.040 以下	0.030 以下	0.60 以下	16.00〜19.00	Mo 0.75〜1.25, N 0.025 以下, Ti, Nb, Zr 又はそれらの組合せ 8×(C%+N%)〜0.80
—	—	SUS444TP	SUS444TB	—	0.025 以下	1.00 以下	1.00 以下	0.040 以下	0.030 以下	0.60 以下	17.00〜19.00	Mo 1.75〜2.50, N 0.025 以下, Ti, Nb, Zr 又はそれらの組合せ 8×(C%+N%)〜0.80
—	—	—	SUSXM8TB	—	0.08 以下	1.00 以下	1.00 以下	0.040 以下	0.030 以下	0.60 以下	17.00〜19.00	Ti 12×C%〜1.10
—	—	—	SUSXM27TB	—	0.010 以下	0.40 以下	0.40 以下	0.030 以下	0.020 以下	0.50 以下	25.00〜27.50	Mo 1.75〜2.50, N 0.025 以下 Cu+Ni 0.50 以下

マルテンサイト系

サニタリー	一般配管	配管	ボイラ・熱交換器	機械構造	C	Si	Mn	P	S	Ni	Cr	Mo, その他
—	—	—	SUS410TB	SUS410TK	0.15 以下	1.00 以下	1.00 以下	0.040 以下	0.030 以下	0.60 以下	11.50〜13.50	—
—	—	—	—	SUS420J1TK	0.16〜0.25	1.00 以下	1.00 以下	0.040 以下	0.030 以下	0.60 以下	12.00〜14.00	—
—	—	—	—	SUS420J2TK	0.26〜0.40	1.00 以下	1.00 以下	0.040 以下	0.030 以下	0.60 以下	12.00〜14.00	—

備考 注文者が製品分析を要求した場合にも，表記の化学成分を適用する．ただし，管種別にはJISハンドブック 鉄鋼IIを参照のこと．

(3) ステンレス鋼の被覆アーク溶接棒

化学成分を表 1.3.7 に示す．被覆アーク溶接棒（covered electrodes）の 1.6〜6.0 mm の棒径のものが規定されており，50 種のうち 39 種がオーステナイト系によって占められている．これは，一般にマルテンサイト系やフェライト系鋼は溶接ぜい化，粒界腐食などの欠点をもつことから溶接構造物としての使用が少ないこと，また溶接が必要な場合にもオーステナイト系溶接材料が用いられてきたためである．

母材鋼種と適合する溶接材料の例を表 1.3.8 に示す．ここで，SUS444 に用いるフェライト系溶接材料が不足しているが，実際は相当鋼が無被覆ワイヤとして市販され，使用されている．

(4) 溶接用ステンレス鋼棒およびワイヤ

JIS Z 3321: 2010（溶接用ステンレス鋼溶加棒，ソリッドワイヤ及び鋼帯）には，ティグ溶接，ミグ溶接などに用いる無被覆の溶加棒（welding rods），ソリッドワイヤ（solid wires）および鋼帯が規定され，鋼種は，2010 年の改正で大幅に増加し 55 種類が規定されおり，うち 43 種類がオーステナイト系である．

また，JIS Z 3323: 2007（ステンレス鋼アーク溶接フラックス入りワイヤ及び溶加棒）では，表 1.3.1 に示すように，ガスシールドアーク溶接用など 4 種類に大別され，それぞれに多数の鋼種が規定されている．

化学成分は，いずれも JIS ハンドブック 溶接 を参照されたい．

(5) ステンレス鋼の鋳鋼品

オーステナイト系 27 鋼種，オーステナイト・フェライト系 4 鋼種，マルテンサイト系 10 鋼種および析出硬化系 2 鋼種が規定されている．1987 年の見直しで 10 鋼種が追加され，さらに 1991 年の見直しで 17 鋼種が追加されて現行の規格となっている．

化学成分を表 1.3.9 に示す．鋳鋼品（steel castings）は板・帯に比べ，Si，S の上限が高めに規定されている．オーステナイト系については，Cr の上限が高めに規定されている．マルテンサイト系には，SCS3〜SCS6X のように強度とじん性の改善を目的に 0.5〜5.0％の Ni が添加された鋼も含まれている．

1.3 ステンレス鋼・耐熱鋼のJIS

表1.3.7 ステンレス鋼被覆アーク溶接棒 (JIS Z 3221)

化学成分を表す記号	C	Si	Mn	P	S	化学成分 (%) Ni	Cr	Mo	Cu	N	その他
209	0.06 以下	1.00 以下	4.0 ~ 7.0	0.04 以下	0.03 以下	9.5 ~ 12.0	20.5 ~ 24.0	1.5 ~ 3.0	0.75 以下	0.10 ~ 0.30	V 0.10 ~ 0.30
219	0.06 以下	1.00 以下	8.0 ~ 10.0	0.04 以下	0.03 以下	5.5 ~ 7.0	19.0 ~ 21.5	0.75 以下	0.75 以下	0.10 ~ 0.30	—
240	0.06 以下	1.00 以下	10.5 ~ 13.5	0.04 以下	0.03 以下	4.0 ~ 6.0	17.0 ~ 19.0	0.75 以下	0.75 以下	0.10 ~ 0.30	—
307	0.04 ~ 0.14	1.00 以下	3.30 ~ 4.75	0.04 以下	0.03 以下	9.0 ~ 10.7	18.0 ~ 21.5	0.5 ~ 1.5	0.75 以下	—	—
308	0.08 以下	1.00 以下	0.5 ~ 2.5	0.04 以下	0.03 以下	9.0 ~ 11.0	18.0 ~ 21.0	0.75 以下	0.75 以下	—	—
308L	0.04 以下	1.00 以下	0.5 ~ 2.5	0.04 以下	0.03 以下	9.0 ~ 12.0	18.0 ~ 21.0	0.75 以下	0.75 以下	—	—
308H	0.04 ~ 0.08	1.00 以下	0.5 ~ 2.5	0.04 以下	0.03 以下	9.0 ~ 11.0	18.0 ~ 21.0	0.75 以下	0.75 以下	—	—
308N2	0.10 以下	0.90 以下	1.00 ~ 4.00	0.040 以下	0.030 以下	7.0 ~ 11.0	20.0 ~ 25.0	—	—	0.12 ~ 0.30	—
308Mo	0.08 以下	1.00 以下	0.5 ~ 2.5	0.04 以下	0.03 以下	9.0 ~ 12.0	18.0 ~ 21.0	2.0 ~ 3.0	0.75 以下	—	—
308MoJ	0.08 以下	1.00 以下	0.5 ~ 2.5	0.04 以下	0.03 以下	9.0 ~ 12.0	18.0 ~ 21.0	2.0 ~ 3.0	0.75 以下	—	—
308LMo	0.04 以下	1.00 以下	0.5 ~ 2.5	0.04 以下	0.03 以下	9.0 ~ 12.0	18.0 ~ 21.0	2.0 ~ 3.0	0.75 以下	—	—
309	0.15 以下	1.00 以下	0.5 ~ 2.5	0.04 以下	0.03 以下	12.0 ~ 14.0	22.0 ~ 25.0	0.75 以下	0.75 以下	—	—
309L	0.04 以下	1.00 以下	0.5 ~ 2.5	0.04 以下	0.03 以下	12.0 ~ 14.0	22.0 ~ 25.0	0.75 以下	0.75 以下	—	—
309Mo	0.12 以下	1.00 以下	0.5 ~ 2.5	0.04 以下	0.03 以下	12.0 ~ 14.0	22.0 ~ 25.0	2.0 ~ 3.0	0.75 以下	—	—
309LMo	0.04 以下	1.00 以下	0.5 ~ 2.5	0.04 以下	0.03 以下	12.0 ~ 14.0	22.0 ~ 25.0	2.0 ~ 3.0	0.75 以下	—	—
309Nb	0.12 以下	1.00 以下	0.5 ~ 2.5	0.04 以下	0.03 以下	12.0 ~ 14.0	22.0 ~ 25.0	0.75 以下	0.75 以下	—	Nb 0.70 ~ 1.00
309LNb	0.04 以下	1.00 以下	0.5 ~ 2.5	0.04 以下	0.03 以下	12.0 ~ 14.0	22.0 ~ 25.0	0.75 以下	0.75 以下	—	Nb 0.70 ~ 1.00
310	0.08 ~ 0.20	0.75 以下	1.0 ~ 2.5	0.03 以下	0.03 以下	20.0 ~ 22.5	25.0 ~ 28.0	0.75 以下	0.75 以下	—	—
310H	0.35 ~ 0.45	0.75 以下	1.0 ~ 2.5	0.03 以下	0.03 以下	20.0 ~ 22.5	25.0 ~ 28.0	0.75 以下	0.75 以下	—	—
310Mo	0.12 以下	0.75 以下	1.0 ~ 2.5	0.03 以下	0.03 以下	20.0 ~ 22.0	25.0 ~ 28.0	2.0 ~ 3.0	0.75 以下	—	—
310Nb	0.12 以下	1.00 以下	0.5 ~ 2.5	0.03 以下	0.03 以下	20.0 ~ 22.0	25.0 ~ 28.0	0.75 以下	0.75 以下	—	Nb 0.70 ~ 1.00
312	0.15 以下	1.00 以下	0.5 ~ 2.5	0.04 以下	0.03 以下	8.0 ~ 10.5	28.0 ~ 32.0	0.75 以下	0.75 以下	—	—
316	0.08 以下	1.00 以下	0.5 ~ 2.5	0.04 以下	0.03 以下	11.0 ~ 14.0	17.0 ~ 20.0	2.0 ~ 3.0	0.75 以下	—	—
316L	0.04 以下	1.00 以下	0.5 ~ 2.5	0.03 以下	0.03 以下	11.0 ~ 14.0	17.0 ~ 20.0	2.0 ~ 3.0	0.75 以下	—	—
316H	0.04 ~ 0.08	1.00 以下	0.5 ~ 2.5	0.04 以下	0.03 以下	11.0 ~ 16.0	17.0 ~ 20.0	2.0 ~ 3.0	0.75 以下	—	—
316LCu	0.04 以下	1.00 以下	0.5 ~ 2.5	0.040 以下	0.030 以下	11.0 ~ 16.0	17.0 ~ 20.0	1.20 ~ 2.75	1.00 ~ 2.50	—	—
317	0.08 以下	1.00 以下	0.5 ~ 2.5	0.03 以下	0.03 以下	12.0 ~ 14.0	18.0 ~ 21.0	3.0 ~ 4.0	0.75 以下	—	—
317L	0.04 以下	1.00 以下	0.5 ~ 2.5	0.04 以下	0.03 以下	12.0 ~ 14.0	18.0 ~ 21.0	3.0 ~ 4.0	0.75 以下	—	—
318	0.08 以下	1.00 以下	0.5 ~ 2.5	0.04 以下	0.03 以下	11.0 ~ 14.0	17.0 ~ 20.0	2.0 ~ 3.0	0.75 以下	—	Nb 6 × C ~ 1.00
320	0.07 以下	0.60 以下	0.5 ~ 2.5	0.03 以下	0.03 以下	32.0 ~ 36.0	19.0 ~ 21.0	2.0 ~ 3.0	3.0 ~ 4.0	—	Nb 8 × C ~ 1.00
320LR	0.03 以下	0.30 以下	1.5 ~ 2.5	0.020 以下	0.015 以下	32.0 ~ 36.0	19.0 ~ 21.0	2.0 ~ 3.0	3.0 ~ 4.0	—	Nb 8 × C ~ 0.40

表 1.3.7（続き）

化学成分を表す記号	C	Si	Mn	P	化学成分 (%) (¹) S	Ni	Cr	Mo	Cu	N	その他
329J1	0.08 以下	0.90 以下	1.50 以下	0.040 以下	0.030 以下	6.0 ~ 8.0	23.0 ~ 28.0	1.00 ~ 3.00	—	—	—
329J4L	0.04 以下	1.00 以下	0.5 ~ 2.5	0.040 以下	0.030 以下	8.0 ~ 11.0	23.0 ~ 27.0	3.0 ~ 4.5	1.0 以下	0.80 ~ 0.30	W 2.5 以下
330	0.18 ~ 0.25	1.00 以下	1.0 ~ 2.5	0.04 以下	0.03 以下	33.0 ~ 37.0	14.0 ~ 17.0	0.75 以下	0.75 以下	—	—
330H	0.35 ~ 0.45	1.00 以下	1.0 ~ 2.5	0.04 以下	0.03 以下	33.0 ~ 37.0	14.0 ~ 17.0	0.75 以下	0.75 以下	—	—
347	0.08 以下	1.00 以下	0.5 ~ 2.5	0.04 以下	0.03 以下	9.0 ~ 11.0	18.0 ~ 21.0	0.75 以下	0.75 以下	—	Nb 8 × C ~ 1.00
347L	0.04 以下	1.00 以下	0.5 ~ 2.5	0.040 以下	0.030 以下	9.0 ~ 11.0	18.0 ~ 21.0	0.75 以下	0.75 以下	—	Nb 8 × C ~ 1.00
349	0.13 以下	1.00 以下	0.5 ~ 2.5	0.04 以下	0.03 以下	8.0 ~ 11.0	18.0 ~ 21.0	0.35 ~ 0.65	0.75 以下	—	(²)
383	0.03 以下	0.90 以下	0.5 ~ 2.5	0.02 以下	0.02 以下	30.0 ~ 33.0	26.5 ~ 29.0	3.2 ~ 4.2	0.6 ~ 1.5	—	—
385	0.03 以下	0.90 以下	1.0 ~ 2.5	0.03 以下	0.02 以下	24.0 ~ 26.0	19.5 ~ 21.5	4.2 ~ 5.2	1.2 ~ 2.0	—	—
409Nb	0.12 以下	1.00 以下	1.00 以下	0.040 以下	0.030 以下	0.60 以下	11.0 ~ 14.0	0.75 以下	0.75 以下	—	Nb 0.50 ~ 1.50
410	0.12 以下	0.90 以下	1.0 以下	0.04 以下	0.03 以下	0.60 以下	11.0 ~ 12.5	0.75 以下	0.75 以下	—	—
410NiMo	0.06 以下	0.90 以下	1.0 以下	0.04 以下	0.03 以下	4.0 ~ 5.0	11.0 ~ 12.5	0.40 ~ 0.70	0.75 以下	—	—
430	0.10 以下	1.00 以下	1.0 以下	0.04 以下	0.03 以下	0.6 以下	15.0 ~ 18.0	0.75 以下	0.75 以下	—	—
430Nb	0.10 以下	1.00 以下	1.00 以下	0.040 以下	0.030 以下	0.6 以下	15.0 ~ 18.0	0.75 以下	0.75 以下	—	Nb 0.50 ~ 1.50
630	0.05 以下	0.75 以下	0.25 ~ 0.75	0.04 以下	0.03 以下	4.5 ~ 5.0	16.00 ~ 16.75	0.75 以下	3.25 ~ 4.00	—	Nb 0.15 ~ 0.30
16 − 8 − 2	0.10 以下	0.60 以下	0.5 ~ 2.5	0.03 以下	0.03 以下	7.5 ~ 9.5	14.5 ~ 16.5	1.0 ~ 2.0	0.75 以下	—	—
2209	0.04 以下	1.00 以下	0.5 ~ 2.0	0.04 以下	0.03 以下	7.5 ~ 10.5	21.5 ~ 23.5	2.5 ~ 3.5	1.5 ~ 2.5	0.08 ~ 0.20	—
2553	0.06 以下	1.0 以下	0.5 ~ 1.5	0.04 以下	0.03 以下	6.5 ~ 8.5	24.0 ~ 27.0	2.9 ~ 3.9	1.5 ~ 3.0	0.10 ~ 0.25	—
2593	0.04 以下	1.0 以下	0.5 ~ 1.5	0.04 以下	0.03 以下	8.5 ~ 10.5	24.0 ~ 27.0	2.9 ~ 3.9	—	0.08 ~ 0.25	—

注(¹) 通常の分析過程において、表中に規定してない元素で、Fe 以外の含有が認められるばあいには、それらの合計が 0.50 を超えてはならない。
(²) Nb は 0.75 ~ 1.20、Ti は 0.15 以下、V は 0.1 ~ 0.30 及び W は 1.25 ~ 1.75 とする。

表 1.3.8 ステンレス鋼と適用溶接材料（例）

種類	母材ステンレス鋼板・鋼帯	被覆アーク溶接棒（被覆アーク溶接）	無被覆の棒及びワイヤ（ティグ，ミグ溶接）	フラックス入りワイヤ
オーステナイト系	SUS201 SUS202 SUS301 SUS302	ES308	Y308	TS308
	SUS304	ES308, ES308L	Y308, Y308L	TS308
	SUS304L	ES308L	Y308L	TS308L
	SUS304N2	ES308N2	Y308N2	TS308N2
	SUS305	ES308	Y308	TS308
	SUS309S	ES309, ES309L, ES310	Y309, Y310S	TS309, TS309L
	SUS310S	ES310	Y310S, Y310	TS310
	SUS316	ES316, ES316L, ES308Mo, ES308MoJ, ES318	Y316, Y316L, Y308Mo, Y318	TS316, TS308Mo, TS308MoJ, TS318
	SUS316L	ES316L, ES308LMo	Y316L, Y308LMo, Y318	TS316L, TS308LMo
	SUS316J1 SUS316J1L	ES316LCu	Y316J1L, Y316LCu	TS316LCu
	SUS317	ES317, ES385	Y317	TS317, TS317L
	SUS317L	ES317L	Y317L	TS317L
	SUS321	ES347	Y321, Y347, Y347L	TS347
	SUS347	ES347	Y347, Y347L	TS347
	SUH309	ES309, ES310	Y309, Y310	TS310
	SUH310	ES310	Y310	TS310
マルテンサイト系	SUS403 SUS410 SUS410S	ES409Nb, ES410, ES309	Y410, Y309, Y409Nb	TS409Nb, TS410, TS309
フェライト系	SUS405 SUS410L	ES409Nb, ES410, ES309	Y410, Y309, Y409Nb	TS410, TS309
	SUS429	ES430Nb, ES430, ES309	Y430, Y309	TS430, TS309
	SUS430	ES430Nb, ES430, ES309	Y430, Y309, Y430Nb	TS430, TS430Nb
	SUS444	—	Y316, Y309L	
	SUS434	ES309	Y309	TS309
	SUH446	ES309, ES310	Y309, Y310	TS309
二相*	SUS329J1	ES329J1	Y2209, Y329J4L	TS2209, TS2553
	SUS329J4L	ES329J4L	Y329J4L	TS329J4L
析出硬化	SUS630	ES630	Y630	—

* オーステナイト・フェライト系

表 1.3.9 ステンレス鋼鋳鋼品 (JIS G 5121)

種類の記号	化学成分 (%)								
	C	Si	Mn	P	S	Ni	Cr	Mo	Cu	その他
SCS1	0.15 以下	1.50 以下	1.00 以下	0.040 以下	0.040 以下	(¹)	11.50~14.00	(⁴)	—	—
SCS1X	0.15 以下	0.80 以下	0.80 以下	0.035 以下	0.025 以下	(¹)	11.50~13.50	(⁴)	—	—
SCS2	0.16~0.24	1.50 以下	1.00 以下	0.040 以下	0.040 以下	(¹)	11.50~14.00	(⁴)	—	—
SCS2A	0.25~0.40	1.50 以下	1.00 以下	0.040 以下	0.040 以下	(¹)	11.50~14.00	(⁴)	—	—
SCS3	0.15 以下	1.00 以下	1.00 以下	0.040 以下	0.040 以下	0.50~1.50	11.50~14.00	0.15~1.00	—	—
SCS3X	0.10 以下	0.80 以下	0.80 以下	0.035 以下	0.025 以下	0.80~1.80	11.50~13.00	0.20~0.50	—	—
SCS4	0.15 以下	1.50 以下	1.00 以下	0.040 以下	0.040 以下	1.50~2.50	11.50~14.00	—	—	—
SCS5	0.06 以下	1.00 以下	1.00 以下	0.040 以下	0.040 以下	3.50~4.50	11.50~14.00	—	—	—
SCS6	0.06 以下	1.00 以下	1.00 以下	0.040 以下	0.030 以下	3.50~4.50	11.50~14.00	0.40~1.00	—	—
SCS6X	0.06 以下	1.00 以下	1.50 以下	0.035 以下	0.025 以下	3.50~5.00	11.50~13.00	1.00 以下	—	—
SCS10	0.03 以下	1.50 以下	1.50 以下	0.040 以下	0.030 以下	4.50~8.50	21.00~26.00	2.50~4.00	—	N 0.08~0.30 (²)
SCS11	0.08 以下	1.50 以下	1.00 以下	0.040 以下	0.030 以下	4.00~7.00	23.00~27.00	1.50~2.50	—	(²)
SCS12	0.20 以下	2.00 以下	2.00 以下	0.040 以下	0.040 以下	8.00~11.00	18.00~21.00	—	—	—
SCS13	0.08 以下	2.00 以下	2.00 以下	0.040 以下	0.040 以下	8.00~11.00	18.00~21.00(³)	—	—	—
SCS13A	0.08 以下	2.00 以下	1.50 以下	0.040 以下	0.040 以下	8.00~11.00	18.00~21.00(³)	—	—	—
SCS13X	0.07 以下	1.50 以下	1.50 以下	0.040 以下	0.030 以下	8.00~11.00	18.00~21.00	—	—	—
SCS14	0.08 以下	2.00 以下	2.00 以下	0.040 以下	0.040 以下	10.00~14.00	17.00~20.00(³)	2.00~3.00	—	—
SCS14A	0.08 以下	1.50 以下	1.50 以下	0.040 以下	0.040 以下	9.00~12.00	18.00~21.00(³)	2.00~3.00	—	—
SCS14X	0.07 以下	1.50 以下	1.50 以下	0.040 以下	0.030 以下	9.00~12.00	17.00~20.00	2.00~2.50	—	—
SCS14XNb	0.08 以下	1.50 以下	1.50 以下	0.040 以下	0.030 以下	9.00~12.00	17.00~20.00	2.00~2.50	—	Nb 8×C % 以上 1.00 以下
SCS15	0.08 以下	2.00 以下	2.00 以下	0.040 以下	0.040 以下	10.00~14.00	17.00~20.00	1.75~2.75	1.00~2.50	—
SCS16	0.03 以下	1.50 以下	2.00 以下	0.040 以下	0.040 以下	12.00~16.00	17.00~20.00	2.00~3.00	—	—
SCS16A	0.03 以下	1.50 以下	1.50 以下	0.040 以下	0.040 以下	9.00~13.00	17.00~21.00	2.00~3.00	—	—
SCS16AX	0.03 以下	1.50 以下	1.50 以下	0.040 以下	0.030 以下	9.00~12.00	17.00~20.00	2.00~2.50	—	—
SCS16XN	0.03 以下	1.50 以下	1.50 以下	0.040 以下	0.030 以下	9.00~12.00	17.00~20.00	2.00~2.50	—	N 0.10~0.20
SCS17	0.20 以下	2.00 以下	2.00 以下	0.040 以下	0.040 以下	12.00~15.00	22.00~26.00	—	—	—
SCS18	0.20 以下	2.00 以下	2.00 以下	0.040 以下	0.040 以下	19.00~22.00	23.00~27.00	—	—	—
SCS19	0.03 以下	2.00 以下	2.00 以下	0.040 以下	0.040 以下	8.00~12.00	17.00~21.00	—	—	—
SCS19A	0.03 以下	2.00 以下	1.50 以下	0.040 以下	0.040 以下	9.00~12.00	17.00~21.00	—	—	—
SCS20	0.03 以下	2.00 以下	2.00 以下	0.040 以下	0.040 以下	12.00~16.00	17.00~20.00	1.75~2.75	1.00~2.50	—
SCS21	0.08 以下	2.00 以下	2.00 以下	0.040 以下	0.040 以下	9.00~12.00	18.00~21.00	—	—	Nb 10×C % 以上 1.35 以下

1.3 ステンレス鋼・耐熱鋼のJIS

表 1.3.9(続き)

種類の記号	化学成分 (%)									
	C	Si	Mn	P	S	Ni	Cr	Mo	Cu	その他
SCS21X	0.08 以下	1.50 以下	1.50 以下	0.040 以下	0.030 以下	9.00 ~ 12.00	18.00 ~ 21.00	—	—	Nb 8×C% 以上 1.00 以下
SCS22	0.08 以下	2.00 以下	2.00 以下	0.040 以下	0.040 以下	10.00 ~ 14.00	17.00 ~ 20.00	2.00 ~ 3.00	—	Nb 10×C% 以上 1.35 以下
SCS23	0.07 以下	2.00 以下	2.00 以下	0.040 以下	0.040 以下	27.50 ~ 30.00	19.00 ~ 22.00	2.00 ~ 3.00	3.00 ~ 4.00	—
SCS24	0.07 以下	1.00 以下	1.00 以下	0.040 以下	0.040 以下	3.00 ~ 5.00	15.50 ~ 17.50	—	2.50 ~ 4.00	Nb 0.15 ~ 0.45
SCS31	0.06 以下	0.80 以下	0.80 以下	0.35 以下	0.25 以下	4.00 ~ 6.00	15.00 ~ 17.00	0.70 ~ 1.50	—	—
SCS32	0.03 以下	1.00 以下	1.50 以下	0.35 以下	0.25 以下	4.50 ~ 6.50	25.00 ~ 27.00	2.50 ~ 3.50	2.50 ~ 3.50	N 0.12 ~ 0.25
SCS33	0.03 以下	1.00 以下	1.50 以下	0.35 以下	0.25 以下	4.50 ~ 6.50	25.00 ~ 27.00	2.50 ~ 3.50	—	N 0.12 ~ 0.25
SCS34	0.07 以下	1.50 以下	1.50 以下	0.040 以下	0.030 以下	9.00 ~ 12.00	17.00 ~ 20.00	3.00 ~ 3.50	—	—
SCS35	0.03 以下	1.50 以下	1.50 以下	0.040 以下	0.030 以下	9.00 ~ 12.00	17.00 ~ 20.00	3.00 ~ 3.50	—	—
SCS35N	0.03 以下	1.50 以下	1.50 以下	0.040 以下	0.030 以下	9.00 ~ 12.00	17.00 ~ 20.00	3.00 ~ 3.50	—	N 0.10 ~ 0.20
SCS36	0.03 以下	1.50 以下	1.50 以下	0.040 以下	0.030 以下	9.00 ~ 12.00	17.00 ~ 19.00	—	—	—
SCS36N	0.03 以下	1.50 以下	1.50 以下	0.040 以下	0.030 以下	9.00 ~ 12.00	17.00 ~ 19.00	—	—	N 0.10 ~ 0.20

注([1]) Niは，1.00%以下添加してもよい．
([2]) 必要に応じて，表記以外の合金を添加してもよい．
([3]) SCS13，SCS13A，SCS14及びSCS14Aで低温に使用する場合，Crの上限を23.00%としてもよい．
([4]) SCS1，SCS1X，SCS2及びSCS2Aは，Moを0.50%以下含有してもよい．

(6) 耐熱鋼の棒・板

耐熱鋼(heat-resisting steel)の化学成分を表1.3.10に示す．棒は35鋼種が，板は28鋼種がそれぞれ規定されている．耐熱鋼独自の鋼種はSUHの記号を用いているが，オーステナイト系10鋼種，フェライト系5鋼種，マルテンサイト系4鋼種および析出硬化系2鋼種がステンレス鋼と同一規格になっており，規格記号もSUSが用いられている．1991年の見直しで棒が1種類，板が5種類追加となった．ステンレス鋼の用途が拡大し，耐熱用途での使用例が増えたため現行の規格が整備された．

(7) 耐熱鋼・耐熱合金鋳造品

2003年の改正で，従来JISの17鋼種にISOの26鋼種を取込み，合計43鋼種が規定されている．市場の混乱を避けるため類似鋼種の一本化はせず，ISOから採用した従来JISと類似した鋼種には記号の末尾にXをつけ，またISOから

表 1.3.10 耐熱鋼棒・板（JIS G 4311, G 4312）

種類の記号	C	Si	Mn	P	S	Ni	Cr	Mo	W	Co	V	N	その他	棒	板
オーステナイト系															
SUH31	0.35~0.45	1.50~2.50	0.60以下	0.040以下	0.030以下	13.00~15.00	14.00~16.00	—	2.00~3.00	—	—	—	—	○	—
SUH35	0.48~0.58	0.35以下	8.00~10.00	0.040以下	0.030以下	3.25~4.50	20.00~22.00	—	—	—	—	0.35~0.50	—	○	—
SUH36	0.48~0.58	0.35以下	8.00~10.00	0.040以下	0.040~0.090	3.25~4.50	20.00~22.00	—	—	—	—	0.35~0.50	—	○	—
SUH37	0.15~0.25	1.00以下	1.00~1.60	0.040以下	0.030以下	10.00~12.00	20.50~22.50	—	—	—	—	0.15~0.30	—	○	—
SUH38	0.25~0.35	1.00以下	1.20以下	0.18~0.25	0.030以下	10.00~12.00	19.00~21.00	1.80~2.50	—	—	—	—	B 0.001~0.010	○	—
SUH309	0.20以下	1.00以下	2.00以下	0.040以下	0.030以下	12.00~15.00	22.00~24.00	—	—	—	—	—	—	○	—
SUH310	0.25以下	1.50以下	2.00以下	0.040以下	0.030以下	19.00~22.00	24.00~26.00	—	—	—	—	—	—	○	—
SUH330	0.15以下	1.50以下	2.00以下	0.040以下	0.030以下	33.00~37.00	14.00~17.00	—	—	—	—	—	—	○	—
SUH660	0.08以下	1.00以下	2.00以下	0.040以下	0.030以下	24.00~27.00	13.50~16.00	1.00~1.50	—	—	0.10~0.50	—	Ti 1.90~2.35, Al 0.35以下, B 0.0001~0.010	○	—
SUH661	0.08~0.16	1.00以下	1.00~2.00	0.040以下	0.030以下	19.00~21.00	20.00~22.50	2.50~3.50	2.00~3.00	18.50~21.00	—	0.10~0.20	Nb 0.75~1.25	○	—
SUS302B														○	○
SUS304														○	○
SUS309S	SUS記号のものは JIS G 4303, G 4304, G 4305 および G 4308 による．（表1.3.5参照）													○	○
SUS310S														○	○
SUS316														○	○
SUS316Ti														○	○
SUS317														○	○
SUS321														○	○
SUS347														○	○
SUSXM15J1														○	○
フェライト系															
SUH21	0.10以下	1.50以下	1.00以下	0.040以下	0.030以下	(¹)	17.00~21.00	—	—	—	—	—	Al 2.00~4.00	○	—
SUH409	0.08以下	1.00以下	1.00以下	0.040以下	0.030以下	(¹)	10.50~11.75	—	—	—	—	—	Ti 6×C%~0.75	○	—

表 1.3.10 (続き)

種類の記号	C	Si	Mn	P	S	Ni	Cr	Mo	W	Co	V	N	その他	棒	板
SUH409L	0.030 以下	1.00 以下	1.00 以下	0.040 以下	0.030 以下	(¹)	10.50〜11.75	—	—	—	—	—	Ti 6×C%〜0.75	○	○
SUH446	0.20 以下	1.00 以下	1.50 以下	0.040 以下	0.030 以下	(¹)	23.00〜27.00	—	—	—	—	0.25 以下	—	○	○
SUS405	SUS 記号のものは JIS G 4303, G 4304, G 4305 および G 4308 による. (表 1.3.5 参照)													○	○
SUS410L															○
SUS430														○	○
SUS430J1L															○
SUS436J1L															○

マルテンサイト系

種類の記号	C	Si	Mn	P	S	Ni	Cr	Mo	W	Co	V	N	その他	棒	板
SUH1	0.40〜0.50	3.00〜3.50	0.60 以下	0.030 以下	0.030 以下	(¹)	7.50〜9.50	—	—	—	—	—	—	○	○
SUH3	0.35〜0.45	1.80〜2.50	0.60 以下	0.030 以下	0.030 以下	(¹)	10.00〜12.00	0.70〜1.30	—	—	—	—	—	○	○
SUH4	0.75〜0.85	1.75〜2.25	0.20〜0.60	0.030 以下	0.030 以下	1.15〜1.65	19.00〜20.50	—	—	—	—	—	—	○	○
SUH11	0.45〜0.55	1.00〜2.00	0.60 以下	0.030 以下	0.030 以下	(¹)	7.50〜9.50	—	—	—	—	—	—	○	○
SUH600	0.15〜0.20	0.50 以下	0.50〜1.00	0.040 以下	0.030 以下	0.50〜1.00	10.00〜13.00	0.75〜1.25	—	—	0.10〜0.40	0.05〜0.10	—	○	○
SUH616	0.20〜0.25	0.50 以下	0.50〜1.00	0.040 以下	0.030 以下	0.50〜1.00	11.00〜13.00	0.75〜1.25	0.75〜1.25	—	0.20〜0.30	—	Nb 0.20〜0.60	○	○
SUS403	SUS 記号のものは JIS G 4303, G 4304, G 4305 および G 4308 による. (表 1.3.5 参照)													○	○
SUS410														○	○
SUS410J1														○	
SUS431														○	

析出硬化系

種類の記号	C	Si	Mn	P	S	Ni	Cr	Mo	W	Co	V	N	その他	棒	板
SUS630	SUS 記号のものは JIS G 4303, G 4304, G 4305 および G 4308 による. (表 1.3.5 参照)													○	○
SUS631														○	○

注(¹): Ni は，0.60％以下を含有してもよい．
備考 1. フェライト系およびマルテンサイト系について，Cu は 0.30％含有してもよい．
2. SUH 21 については必要によって表記以外の合金元素を添加することができる．

採用した従来JISにない鋼種には，SUHの後に新たにSUS4, 5, 6および30番台並びに40番台の記号がつけてある．化学成分はJISハンドブック 鉄鋼Ⅰ（G 5122）を参照されたい．

1.3.3 機械的性質

機械的性質（mechanical properties）については，試験に用いる試験片，試験方法および保証試験値からなっており，引張特性値，硬さ，曲げ性およびシャルピー衝撃値などが規定されている．試験片，試験方法については，次のように共通試験方法として規定されている．

① 引張特性値：金属材料引張試験片（Z 2201）
　　　　　　　　金属材料引張試験方法（Z 2241）
② 硬　　　さ：ブリネル硬さ試験－試験方法（Z 2243）
　　　　　　　　ビッカース硬さ試験－試験方法（Z 2244）
　　　　　　　　ロックウェル硬さ試験－試験方法（Z 2245）
③ 曲　げ　性：金属材料曲げ試験方法（Z 2248）
④ 衝　撃　値：金属材料のシャルピー衝撃試験方法（Z 2242）

1991年の鉄鋼JISのSI単位化によって，耐力，引張強さの単位がkgf/mm^2からN/mm^2へ，シャルピー衝撃値が$kgf・m/cm^2$からJ/cm^2へそれぞれ変更された．以下に規定の概要について示す．規定内容の詳細については，JISハンドブック 鉄鋼Ⅰを参照されたい．

(1) ステンレス鋼の棒・板・帯・線材・線

機械的性質の規定項目を規定別に表1.3.11にまとめた．熱間圧延板・帯および冷間圧延板・帯については，耐力，引張強さ，伸びおよび硬さが基本項目となっており，フェライト系，マルテンサイト系の焼なまし材についてだけ曲げ性が規定されている．ただし，耐力については特に注文者の指定がある場合に適用する．また，マルテンサイト系の一部については，焼入焼戻処理後の耐力，引張強さおよび硬さが含まれており，いずれも試験片での保証が必要となる．鋼板および帯の規格の一部を表1.3.12～表1.3.16に示す．ここで示した規格は，

1.3 ステンレス鋼・耐熱鋼のJIS

表1.3.11 ステンレス鋼棒・板・帯・線材・線の機械的性質の規定項目比較

規格名称	鋼種系	熱処理・ほか	引張特性値 耐力	引張強さ	伸び	絞り	硬さ	曲げ性	シャルピー衝撃値	備考
ステンレス鋼棒	オーステナイト	固溶化	○	○	○	○	—	—	○	—
	オーステナイト・フェライト	固溶化	○	○	○	○	—	—	○	—
	フェライト	焼なまし	○	○	○	○	○	—	—	SUS405のみ衝撃値規定
	マルテンサイト	焼入焼戻し	○	○	○	○	○	—	○	SUS440A, 440B, 440C, 440Fは硬さのみ
	析出硬化	固溶化	—	—	—	—	○	—	—	—
	析出硬化	析出硬化	○	○	○	○	○	—	—	—
冷間仕上ステンレス鋼棒	全鋼種	全仕上	—	(○)	—	—	○	—	—	受渡当事者間の協定による
熱間圧延板・帯	オーステナイト	固溶化	○	○	○	—	—	—	—	—
	オーステナイト・フェライト	固溶化	○	○	○	—	—	○	—	—
	フェライト	焼なまし	○	○	○	—	○	○	—	曲げ性はSUS403, 410, 410Sについて規定
冷間圧延板・帯	マルテンサイト	焼入焼戻し	○	○	○	—	○	○	—	SUS420J2, 440Aについて硬さのみ規定
	析出硬化	固溶化	—	—	—	—	○	—	—	—
	析出硬化	析出硬化	○	○	○	—	○	—	—	—
ばね用ステンレス鋼帯	オーステナイト	調質	((○))	((○))	—	—	—	—	—	引張試験値については注文者の要求により硬さおよび曲げ性を出荷値に代えて実施した場合に適用する
	マルテンサイト	焼なまし	—	((○))	((○))	—	—	—	—	
	析出硬化	固溶化・調質	—	—	—	—	○	○	—	
	析出硬化	析出硬化	((○))	((○))	((○))	—	○	○	—	
塗装ステンレス鋼板	全鋼種	固溶化・焼なまし	—	—	—	—	—	—	—	塗装の物理的性質について規定
ステンレス鋼線材	全鋼種	熱間圧延まま	—	—	—	—	—	—	—	規定なし
溶接用ステンレス鋼線材	全鋼種	熱間圧延まま	—	—	—	—	—	—	—	規定なし
ステンレス鋼線	オーステナイト	軟質1号(固溶化)	—	○	○	—	—	—	—	SUS301, 304, 304N1, 316について規定
	オーステナイト	軟質2号,重度の伸線	—	○	○	—	—	—	—	
	オーステナイト	1/2硬質(強度の伸線)	—	○	—	—	—	—	—	
ばね用ステンレス鋼線	全鋼種	調質	—	○	—	—	—	—	—	ねじり試験の規定あり
冷間圧造用ステンレス鋼線	全鋼種	調質	—	○	○	—	○	—	—	伸びは参考

注) (○)は注文者の指定がある場合.
((○))は注文者の要求で硬さ及び曲げ性に代えて行う場合.

表 1.3.12 ステンレス鋼板および帯の固溶化熱処理状態の機械的性質（オーステナイト系）（JIS G 4305）

種類の記号	耐力 (N/mm^2)	引張強さ (N/mm^2)	伸び (%)	硬さ*		
				HBW	HRBS 又は HRBW	HV
SUS301	205 以上	520 以上	40 以上	207 以下	95 以下	218 以下
SUS301L	215 以上	550 以上	45 以上	207 以下	95 以下	218 以下
SUS301J1	205 以上	570 以上	45 以上	187 以下	90 以下	200 以下
SUS302B	205 以上	520 以上	40 以上	207 以下	95 以下	218 以下
SUS304	205 以上	520 以上	40 以上	187 以下	90 以下	200 以下
SUS304Cu	205 以上	520 以上	40 以上	187 以下	90 以下	200 以下
SUS304L	175 以上	480 以上	40 以上	187 以下	90 以下	200 以下
SUS304N1	275 以上	550 以上	35 以上	217 以下	95 以下	220 以下
SUS304N2	345 以上	690 以上	35 以上	248 以下	100 以下	260 以下
SUS304LN	245 以上	550 以上	40 以上	217 以下	95 以下	220 以下
SUS304J1	155 以上	450 以上	40 以上	187 以下	90 以下	200 以下
SUS304J2	155 以上	450 以上	40 以上	187 以下	90 以下	200 以下
SUS305	175 以上	480 以上	40 以上	187 以下	90 以下	200 以下
SUS309S	205 以上	520 以上	40 以上	187 以下	90 以下	200 以下
SUS310S	205 以上	520 以上	40 以上	187 以下	90 以下	200 以下
SUS312L	300 以上	650 以上	35 以上	223 以下	96 以下	230 以下
SUS315J1	205 以上	520 以上	40 以上	187 以下	90 以下	200 以下
SUS315J2	205 以上	520 以上	40 以上	187 以下	90 以下	200 以下
SUS316	205 以上	520 以上	40 以上	187 以下	90 以下	200 以下
SUS316L	175 以上	480 以上	40 以上	187 以下	90 以下	200 以下
SUS316N	275 以上	550 以上	35 以上	217 以下	95 以下	220 以下
SUS316LN	245 以上	550 以上	40 以上	217 以下	95 以下	220 以下
SUS316Ti	205 以上	520 以上	40 以上	187 以下	90 以下	200 以下
SUS316J1	205 以上	520 以上	40 以上	187 以下	90 以下	200 以下
SUS316J1L	175 以上	480 以上	40 以上	187 以下	90 以下	200 以下
SUS317	205 以上	520 以上	40 以上	187 以下	90 以下	200 以下
SUS317L	175 以上	480 以上	40 以上	187 以下	90 以下	200 以下
SUS317LN	245 以上	550 以上	40 以上	217 以下	95 以下	220 以下
SUS317J1	175 以上	480 以上	40 以上	187 以下	90 以下	200 以下
SUS317J2	345 以上	690 以上	40 以上	250 以下	100 以下	260 以下
SUS836L	275 以上	640 以上	40 以上	217 以下	96 以下	230 以下
SUS890L	215 以上	490 以上	35 以上	187 以下	90 以下	200 以下
SUS321	205 以上	520 以上	40 以上	187 以下	90 以下	200 以下
SUS347	205 以上	520 以上	40 以上	187 以下	90 以下	200 以下
SUSXM7	155 以上	450 以上	40 以上	187 以下	90 以下	200 以下
SUSXM15J1	205 以上	520 以上	40 以上	207 以下	95 以下	218 以下

＊硬さはいずれか1種類を適用する．

表 1.3.13 ステンレス鋼板および帯の固溶化熱処理状態の機械的性質（オーステナイト・フェライト系）（JIS G 4305）

種類の記号	耐力 (N/mm^2)	引張強さ (N/mm^2)	伸び (%)	硬さ* HBW	HRBS 又は HRBW	HV
SUS329J1	390 以上	590 以上	18 以上	277 以下	29 以下	292 以下
SUS329J3L	450 以上	620 以上	18 以上	302 以下	32 以下	320 以下
SUS329J4L	450 以上	620 以上	18 以上	302 以下	32 以下	320 以下

＊ 硬さはいずれか1種類を適用する．

表 1.3.14 ステンレス鋼板および帯の焼なまし状態の機械的性質（フェライト系）（JIS G 4305）

種類の記号	耐力 (N/mm^2)	引張強さ (N/mm^2)	伸び (%)	硬さ* HBW	HRBS 又は HRBW	HV	曲げ性 曲げ角度	内側半径
SUS405	175 以上	410 以上	20 以上	183 以下	88 以下	200 以下	180°	厚さ8mm未満：厚さの0.5倍 厚さ8mm以上：厚さの1.0倍
SUS410L	195 以上	360 以上	22 以上	183 以下	88 以下	200 以下	180°	厚さの1.0倍
SUS429	205 以上	450 以上	22 以上	183 以下	88 以下	200 以下	180°	厚さの1.0倍
SUS430	205 以上	420 以上	22 以上	183 以下	88 以下	200 以下	180°	厚さの1.0倍
SUS430LX	175 以上	360 以上	22 以上	183 以下	88 以下	200 以下	180°	厚さの1.0倍
SUS430J1L	205 以上	390 以上	22 以上	192 以下	90 以下	200 以下	180°	厚さの1.0倍
SUS434	205 以上	450 以上	22 以上	183 以下	88 以下	200 以下	180°	厚さの1.0倍
SUS436L	245 以上	410 以上	20 以上	217 以下	96 以下	230 以下	180°	厚さの1.0倍
SUS436J1L	245 以上	410 以上	20 以上	192 以下	90 以下	200 以下	180°	厚さの1.0倍
SUS443J1	205 以上	390 以上	22 以上	192 以下	90 以下	200 以下	180°	厚さの1.0倍
SUS444	245 以上	410 以上	20 以上	217 以下	96 以下	230 以下	180°	厚さの1.0倍
SUS445J1	245 以上	410 以上	20 以上	217 以下	96 以下	230 以下	180°	厚さの1.0倍
SUS445J2	245 以上	410 以上	20 以上	217 以下	96 以下	230 以下	180°	厚さの1.0倍
SUS447J1	295 以上	450 以上	22 以上	207 以下	95 以下	220 以下	180°	厚さの1.0倍
SUSXM2	245 以上	410 以上	22 以上	192 以下	90 以下	200 以下	180°	厚さの1.0倍

＊ 硬さはいずれか1種類を適用する．

表1.3.15 ステンレス鋼板および帯の焼なまし状態の機械的性質（マルテンサイト系）（JIS G 4305）

種類の記号	耐力 (N/mm²)	引張強さ (N/mm²)	伸び (%)	硬さ*			曲げ性	
				HBW	HRBS又はHRBW	HV	曲げ角度	内側半径
SUS403	205以上	440以上	20以上	201以下	93以下	210以下	180°	厚さの1.0倍
SUS410	205以上	440以上	20以上	201以下	93以下	210以下	180°	厚さの1.0倍
SUS410S	205以上	410以上	20以上	183以下	88以下	200以下	180°	厚さの1.0倍
SUS420J1	225以上	520以上	18以上	223以下	97以下	234以下	—	—
SUS420J2	225以上	540以上	18以上	235以下	99以下	247以下	—	—
SUS440A	245以上	590以上	15以上	255以下	HRC25以下	269以下	—	—

＊硬さはいずれか1種類を適用する．

表1.3.16 析出硬化系ステンレス鋼板および帯の機械的性質（JIS G 4305）

種類の記号	熱処理記号	耐力 (N/mm²)	引張強さ (N/mm²)	伸び (%)		硬さ*			
						HBW	HRC	HRBS又はHRBW	HV
SUS630	S	—	—	—		363以下	38以下	—	—
	H 900	1175以上	1310以上	厚さ5.0mm以下	5以上	375以上	40以上	—	—
				厚さ5.0mmを超え15.0mm以下	8以上				
	H 1025	1000以上	1070以上	厚さ5.0mm以下	5以上	331以上	35以上	—	—
				厚さ5.0mmを超え15.0mm以下	8以上				
	H 1075	860以上	1000以上	厚さ5.0mm以下	5以上	302以上	31以上	—	—
				厚さ5.0mmを超え15.0mm以下	9以上				
	H 1150	725以上	930以上	厚さ5.0mm以下	8以上	277以上	28以上	—	—
				厚さ5.0mmを超え15.0mm以下	10以上				
SUS631	S	380以下	1030以下	20以上		192以下	—	92以下	200以下
	RH 950	1030以上	1230以上	厚さ3.0mm以下	—	—	40以上	—	392以上
				厚さ3.0mmを超え	4以上				
	TH 1050	960以上	1140以上	厚さ3.0mm以下	3以上	—	35以上	—	345以上
				厚さ3.0mmを超え	5以上				

＊硬さはいずれか1種類を適用する．

熱間圧延板・帯と冷間圧延板・帯が共通である．

　棒については，板・帯に比較し，絞りの測定が加わっている．また，フェライト系とマルテンサイト系の一部に衝撃値が含まれている．

　マルテンサイト系では焼入焼戻処理後の試験項目が多く規定されているのに対し，焼なまし処理後は硬さだけの規定となっている．

　ばね用ステンレス鋼帯については，硬さと曲げ性が基本になっている．引張試験値は注文者の要求により硬さおよび曲げ性に代えて実施した場合に適用する．

　ステンレス鋼線およびばね用ステンレス鋼線については，引張強さが基本となっている．いずれも線径の範囲で規定されている．ばね用ステンレス鋼線の線径 0.5～4.0 mm については注文者の指定がある場合に適用するねじり試験も含まれる．

(2) ステンレス鋼の鋼管

　鋼管の機械的性質の規定項目を規格別に表1.3.17にまとめた．いずれも，引張特性のうち，耐力については特に注文者の指定がある場合に適用する．

　ボイラ・熱交換器用ステンレス鋼鋼管には押し広げ性と展開性が規定されているが，これは鋼管が熱交換器の管板に拡管加工して取り付けることが多いためである．

(3) ステンレス鋼の形鋼

　熱間成形ステンレス鋼の形鋼（steel sections）については，耐力，引張強さ，伸びおよび硬さが規定されている．冷間成形ステンレス鋼の形鋼については，耐力，引張強さおよび伸びが規定されている．ただし，いずれについても耐力は特に注文者の指定がある場合に適用する．

(4) 圧力容器用ステンレス鋼の鍛鋼品

　鍛鋼品（steel forgings）は，オーステナイト系，マルテンサイト系，析出硬化系とも耐力，引張強さ，伸び，絞りおよび硬さが規定されているが，析出硬化系についてだけは，さらにシャルピー吸収エネルギーが規定されている．

表 1.3.17 ステンレス鋼鋼管の機械的性質の規定項目比較

規格名称	鋼種系	熱処理・ほか	引張特性 耐力	引張強さ	伸び	扁平性	型曲げ性	押拡げ性	展開性	備考
機械構造用ステンレス鋼鋼管	オーステナイト	製造まま,固溶化	○	○	○	○	—	—	—	—
	フェライト	製造まま,焼なまし	○	○	○	○	—	—	—	—
	マルテンサイト	製造まま,焼なまし	○	○	○	○	—	—	—	—
ステンレス鋼サニタリー管	オーステナイト	固溶化	—	○	○	—	—	—	○	展開性は溶接鋼管について規定
一般配管用ステンレス鋼鋼管	オーステナイト	製造まま	—	○	○	○	○	—	—	曲げ性は20 Su以下のコイル巻管、押拡げは80 Su以下に適用
配管用ステンレス鋼鋼管	オーステナイト	固溶化	○	○	○	○	—	—	—	呼び径200 A以上の溶接鋼管は扁平性に替えて、溶接部型曲げ性によることができる。
	オーステナイト・フェライト	固溶化	○	○	○	○	—	—	—	
	フェライト	焼なまし	○	○	○	○	—	—	—	
配管用溶接大径ステンレス鋼鋼管	オーステナイト	固溶化	○	○	○	—	—	—	○	溶接部の引張強さも規定
ボイラ・熱交換器用ステンレス鋼鋼管	オーステナイト	固溶化	○	○	○	—	—	○	○	展開性は溶接鋼管について規定
	オーステナイト・フェライト	固溶化	○	○	○	—	—	○	○	
	フェライト	焼なまし	○	○	○	—	—	○	○	
加熱炉用鋼管	オーステナイト	固溶化	○	○	○	○	—	—	—	継目無鋼管のみの規定

(5) ステンレス鋼の鋳鋼品

全鋼種とも耐力,引張強さ,および伸びが規定されているが,マルテンサイト系のうち,一部を除いた鋼種の引張特性にだけ絞りが含まれる.ただし,耐力は特に注文者の指定がある場合に適用する.

なお,シャルピー吸収エネルギーについては受渡当事者間の協定により含める.

(6) 耐熱鋼の棒・板,耐熱鋼および耐熱合金鋳造品

耐熱鋼の機械的性質の規定項目についておよその傾向を,規格名称別に表1.3.18に示す.なお,詳細はJISハンドブック 鉄鋼 I を参照されたい.板・帯・棒について,耐熱鋼に規格化されているステンレス鋼はステンレス鋼の規格に準ずる.

耐熱鋼の鋳鋼品については,引張強さは規定されているが,マルテンサイト系のみが焼なまし処理されるのに対し,その他は鋳造ままとなっており,ステンレス鋼鋳鋼品と異なる.

なお,耐力はいずれも注文者の指定がある場合に適用する.また,高温の機械的性質については,いずれの規格にもまだ規定されていない.

1.3.4　耐 食 性

ステンレス鋼の耐食性 (corrosion resistivity) については,オーステナイト系鋼種を対象に注文者の指定がある場合に適用する粒界腐食試験が規定されている.ステンレス鋼棒,板・帯,形鋼について,対象鋼種と10％しゅう酸エッチ試験による判定基準を表1.3.19にまとめた.この判定に基づき,さらに受渡当事者間で協定した腐食試験を行う.腐食試験方法の詳細についてはJISハンドブック 鉄鋼 I を参照されたい.

ステンレス鋼鋳鋼品については,注文者の指定がある場合に適用する硫酸・硫酸銅腐食試験が規定されている.

ステンレス鋼鋼管についても,注文者の指定がある場合に適用する特別品質規定に粒界腐食試験があげられている.対象となる規格名称と鋼種を表1.3.20に示す.

表1.3.18 耐熱鋼棒・板、耐熱鋼および耐熱合金鋳造品の機械的性質の規定項目比較

規格名称	鋼種系	熱処理・ほか	耐力	引張強さ	伸び	絞り	硬さ	曲げ性	シャルピー衝撃値	備考
耐熱鋼棒	オーステナイト	固溶化	○	○	○	○	○	—	—	—
	オーステナイト	固溶化後時効	○	○	○	○	○	—	○	—
	フェライト	焼なまし	○	○	○	○	○	—	—	—
	マルテンサイト	焼入焼戻し	○	○	○	○	○	—	○	衝撃値はSUH3,4,11についてのみ規定
	マルテンサイト	焼なまし	—	—	—	—	○	—	—	—
耐熱鋼板	オーステナイト	固溶化	○	○	○	○	○	—	—	—
	オーステナイト	固溶化後時効	○	○	○	○	○	—	—	—
	フェライト	焼なまし	○	○	○	○	○	—	—	—
	マルテンサイト	焼なまし	—	—	—	—	○	—	—	—
耐熱鋼および耐熱合金鋳造品	オーステナイト・フェライト	鋳造まま	—	—	—	—	—	—	—	—
	オーステナイト	鋳造まま	—	—	—	—	—	—	—	—

表1.3.19 ステンレス鋼の粒界腐食試験対象規格および鋼種と10%しゅう酸エッチ試験による判別基準

対象鋼種	ステンレス鋼棒	熱間圧延・冷間圧延ステンレス鋼板および鋼帯	熱間成形ステンレス鋼形鋼	熱処理	硫酸・硫酸第二鉄腐食試験を行う組織	65%硝酸腐食試験を行う組織	硫酸・硫酸銅腐食試験を行う組織
SUS304	○	○		受入れのまま(固溶化)	溝状組織	溝状組織	溝状組織
SUS316	○	○	○			溝状組織 ピット組織Ⅱ	
SUS316J1	○	○					
SUS317		○					

表 1.3.19 (続き)

対象鋼種	ステンレス鋼棒	冷間圧延ステンレス鋼板および鋼帯	熱間成形ステンレス鋼形鋼	熱処理	硫酸・硫酸第二鉄腐食試験を行う組織	65%硝酸腐食試験を行う組織	硫酸・硫酸銅腐食試験を行う組織
SUS304L	○			鋭敏化熱処理	溝状組織	溝状組織 ピット組織II	溝状組織
SUS316L		○	○				
SUS316J1L		○	—			—	
SUS317L		○	○				
SUS321		○					
SUS347		○					

表 1.3.20　ステンレス鋼管の粒界腐食試験対象規格および鋼種と10%しゅう酸エッチ試験による判別基準

対象鋼種	ステンレス鋼サニタリー管	配管用ステンレス鋼管	ボイラ・熱交換器用ステンレス鋼管	配管用溶接大径ステンレス鋼管	熱処理	硫酸・硫酸第二鉄腐食試験を行う組織	65%硝酸腐食試験を行う組織	硫酸・硫酸銅腐食試験を行う組織
SUS304	○	○	○	○	受入れのまま (固溶化熱処理)	溝状組織	溝状組織 ピット組織II	溝状組織
SUS315J1	—	—	○	○				
SUS315J2	—	—	○	○				
SUS316	○	○	○	○				
SUS317	—	○	○	—				
SUS304L	○	○	○	○	鋭敏化熱処理	溝状組織	溝状組織 ピット組織II	溝状組織
SUS312L	—	○	○	○				
SUS316L	○	○	○	○				
SUS317L	—	○	○	○			—	
SUS321	—	○	○	—				
SUS347	—	○	○	—				

フェライト系ステンレス鋼については，粒界腐食試験の規定はないが，注文者の指定がある場合，1 100～1 200℃に短時間加熱後，空冷してオーステナイト系鋼に準じた判定を行うこともできる．

また，SUS316などのMoを含有する鋼種に対しては，5％硫酸試験も適用されていたが，この試験は特定環境での全面腐食を検出するものであり，一般鋼材の試験方法としては適当でないため，1991年の見直しで削除された．

なお，ほかに耐応力腐食割れ性，耐孔食性，耐候性を評価する腐食試験も規定されているが，いずれも保証項目としては用いられていない．

1.4 ステンレス鋼の製造工程

ステンレス鋼には帯・板・棒・線など種々の製品がある．ステンレス鋼の製造工程を代表的な製品である帯で見ると，

① 電気炉～連続鋳造の製鋼工程
② 熱延工程
③ 冷間圧延や焼なまし・酸洗を含む冷延工程
④ 精整工程

に大別される．図1.4.1にステンレス鋼帯の製造工程を示す．

1.4.1 原　　料

ステンレス鋼はFe–Cr系とFe–Cr–Ni系を基本とする合金であり，原料として一般的にスクラップおよびフェロクロム，フェロニッケルなどの合金鉄を電気炉で溶解して製造される．

CrとNiは日本では産出されず，鉱石を輸入して国内で製造した合金鉄を使用するか，あるいは輸入合金鉄を使用している．表1.4.1にCrとNiについて，それぞれの鉱石の主要産出国を示す．

一般にフェロクロムは，電気炉でCr鉱石に還元剤としてのコークス（C），フラックスとしてのけい石，石灰石を加えて加熱・溶融し，酸化物を還元する

1.4 ステンレス鋼の製造工程

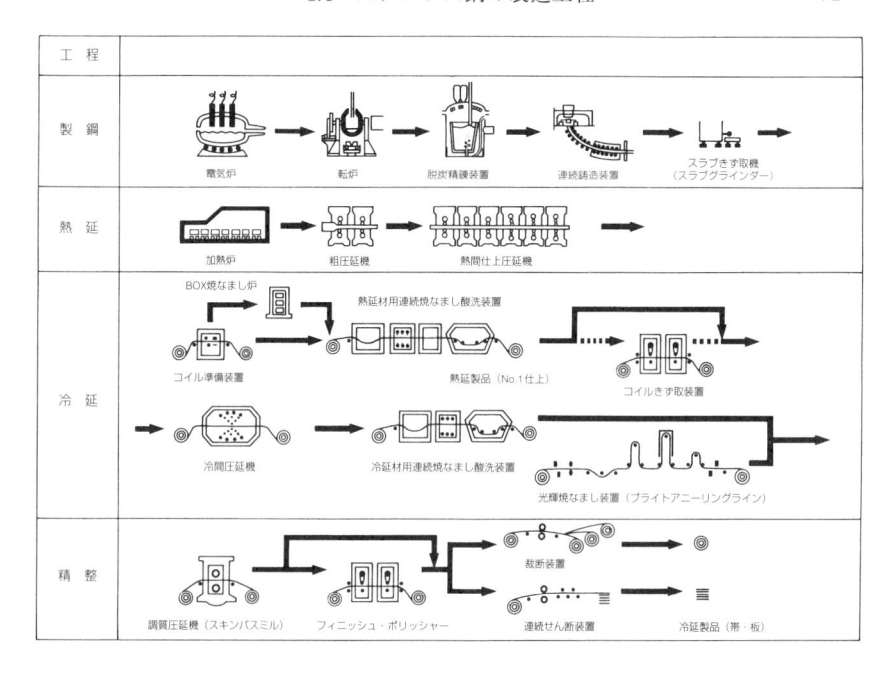

図 1.4.1 ステンレス鋼帯の製造工程

表 1.4.1 Cr と Ni の鉱石産出国[14), 15)]

産出国順位	Cr 鉱石	（占有率）	Ni 鉱石	（占有率）
第1位	南アフリカ	（47％）	旧 ソ 連	（27％）
第2位	ト ル コ	（ 9％）	カ ナ ダ	（21％）
第3位	アルバニア	（ 8％）	ニューカレドニア	（10％）
第4位	イ ン ド	（ 5％）	オーストラリア	（ 8％）
第5位	フィンランド	（ 4％）	インドネシア	（ 6％）

ことによって製造される．C による還元法は量産に適し経済的であるため，高 C フェロクロムの生産に適している．Cr 54％，C 6～8％の高 C フェロクロムは後述する AOD および VOD プロセスの導入によってステンレス鋼の生産に広く使用されるようになった．

Ni が 8％以上含まれるオーステナイト系ステンレス鋼は，通常，溶解時に

フェロニッケルが添加される．フェロニッケルはキルン－電気炉法で製造される．鉱石はドライヤで乾燥するとともに，破砕とふるい分けをする．この鉱石に石炭と石灰を配合した後，ロータリキルンに装入する．

ロータリキルンから800～900℃で排出された焼鉱は，電気炉内に装入され溶融還元される．金属Niの微粒子は金属層に凝集し，スラグ層と分離される．その後カルシウムカーバイド（CaC_2）による脱硫，転炉精錬を経て低Cフェロニッケルが製造され，ステンレス鋼の原料に使用される[16]．

1.4.2　溶解－製鋼－鋳造工程

ステンレス鋼の溶解には一般的に電気炉が使用される．しかし最近一部では高炉銑を溶銑予備処理するプロセスも使用されている．

ステンレス鋼は溶解後，極低Cの高純度鋼を製造するには，Cを除去するための脱炭精錬が行われ，それにはいくつかのプロセスが採用されている．表1.4.2にステンレス鋼のいろいろな溶解－製鋼プロセスを示す．

ステンレス鋼の主成分であるCrはFeに比べ酸化されやすい．Crの酸化を抑え脱炭反応を進行させるためには，脱炭反応によって生じるCOガスの圧力（CO分圧）を下げることが有効である．よってCO分圧を下げる手段として，減圧する方法（VOD）や希釈ガスを吹込む方法（AOD，K-BOP）が開発され普及した．

仕上げ精錬は脱炭工程後，定められた成分に調整する工程で，同一炉内で実

表1.4.2　ステンレス鋼の溶解－製鋼プロセス[17]

区　分	溶解－製鋼プロセス
AODプロセス	・電気炉―AOD― ・高炉―溶銑予備処理―AOD―
ELO－VACプロセス	・電気炉―VOD―
LD－VACプロセス	・電気炉―転炉―VOD― ・高炉―溶銑予備処理―転炉―VOD―
K-BOP法	・高炉―溶銑予備処理―K-BOP(1)―K-BOP(2) 　┬RH― 　└VOD―

施される．製鋼工程が終了すると連続鋳造されスラブになる．

1.4.3 鋼帯と鋼板

鋼帯（steel strip）および鋼板（steel plate and sheet）は熱間圧延製品と冷間圧延製品に分けられる．これらの製造方法[18]を表1.4.3に示す．

（1）熱間圧延および冷間圧延

熱間圧延では，1 100 ℃以上に加熱したスラブは粗圧延－仕上げ圧延される．ステッケルミルは図1.4.2の設備で，圧延機両側にコイル加熱炉をもつ可逆式圧延機で，ステンレス鋼の熱間圧延（仕上げ圧延）に使用されている．また普通鋼と同じタンデム圧延機もステンレス鋼の熱間圧延（仕上げ圧延）に使用されている．

熱延鋼帯の最小板厚はメーカにより差はあるが，2～3 mmである．広幅あるいは厚板はインゴットまたはスラブから厚板ミルで製造され，幅3 m以上の鋼板が製造される．

冷間圧延は，熱間圧延後，焼なまし－酸洗したコイルを常温で圧延する工程であり，通常，板厚2 mm以下の製品に圧延する．

ステンレス鋼は，冷間圧延では図1.4.3のように加工硬化しやすいため，セ

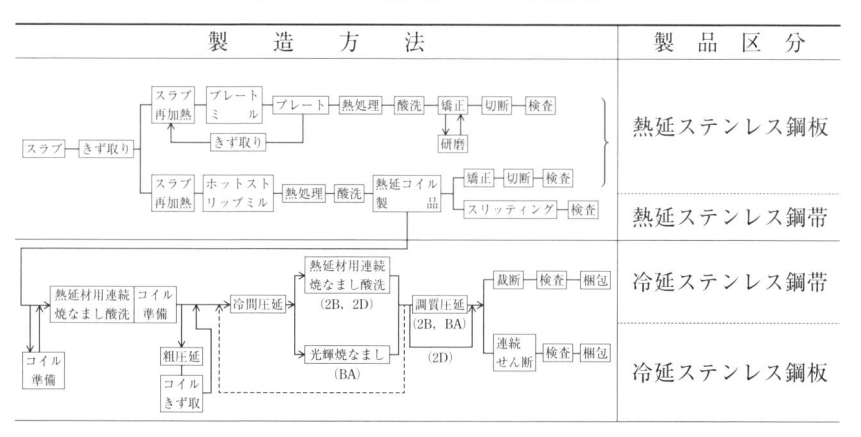

表1.4.3 製品区分と主な製造方法

製造方法	製品区分
スラブ → きず取り → スラブ再加熱 → プレートミル → きず取り → プレート → 熱処理 → 酸洗 → 矯正 → 切断 → 検査 / 研磨	熱延ステンレス鋼板
スラブ再加熱 → ホットストリップミル → 熱処理 → 酸洗 → 熱延コイル製品 → 矯正 → 切断 → 検査 / スリッティング → 検査	熱延ステンレス鋼帯
コイル準備 → 熱延材用連続焼なまし酸洗 / 粗圧延 → コイルきず取 → コイル準備 → 冷間圧延 → 熱延材用連続焼なまし酸洗（2B, 2D）／光輝焼なまし（BA） → 調質圧延（2B, BA）／（2D） → 裁断 → 検査 → 梱包	冷延ステンレス鋼帯
（同上） → 連続せん断 → 検査 → 梱包	冷延ステンレス鋼板

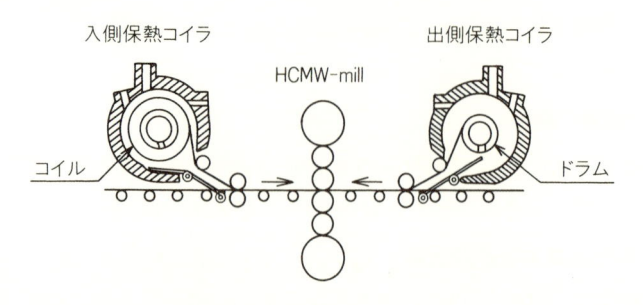

図 1.4.2　ステッケルミル[19]

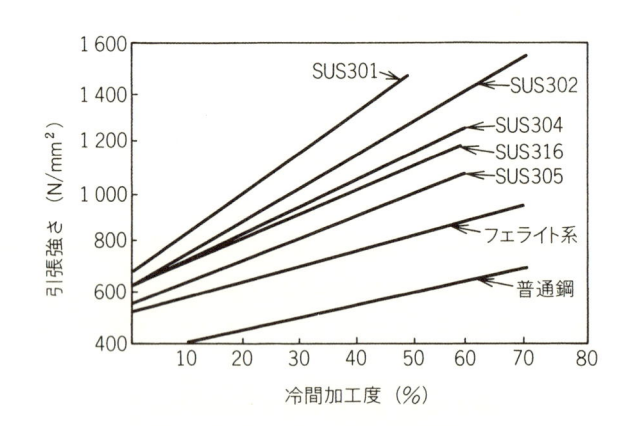

図 1.4.3　ステンレス鋼の冷間加工硬化

ンジミアミルが広く使用される．図 1.4.4 にセンジミアミルのロール配置を示す．センジミアミルは，
① 強固なハウジングに多段ロールが組み込まれている．
② 小径ワークロールが使用でき，ステンレスなどの硬質材料の圧延が容易にできる．

という特徴がある．
　フェライト系ステンレス鋼には，普通鋼と同じ冷間タンデム圧延機が使用さ

1.4 ステンレス鋼の製造工程

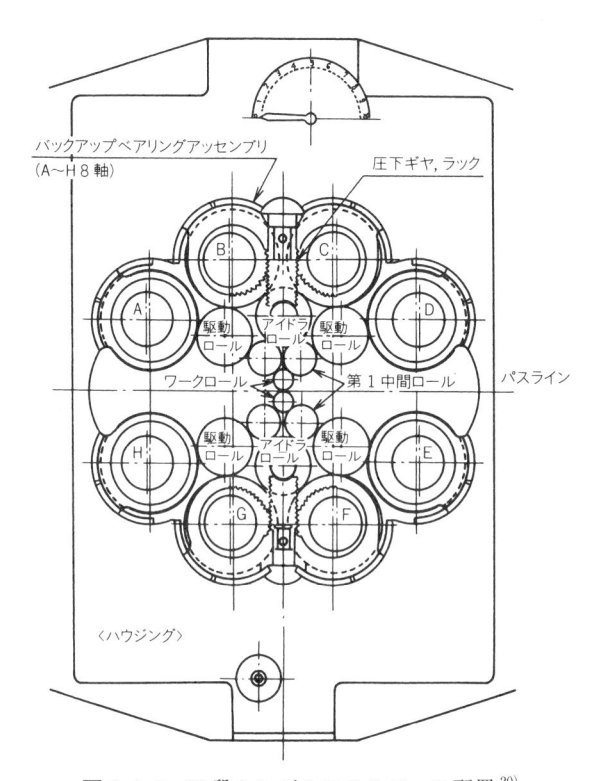

図 1.4.4　20段センジミアミルロール配置[20]

れている例もある．さらに板厚 0.5 mm 以下などの薄ゲージに圧延するには中間焼なまし－酸洗を行って製造される．

また，0.3 mm 以下の薄ゲージ製品には最近種々のクラスタミルが使用され始め，形状のよい製品が得られるようになってきた．

近年，特に板厚精度のよい鋼帯を得るため，熱間圧延では自動板厚制御，クラウン制御機構が発達し，寸法精度のよい鋼帯が製造できるようになってきた．また，冷間圧延においても自動板厚制御は広く使用されている．図 1.4.5 に自動板厚制御システム（AGC）構成の一例を示す．

AGC システムは，フィードフォワード AGC，マスフロー AGC，張力制御な

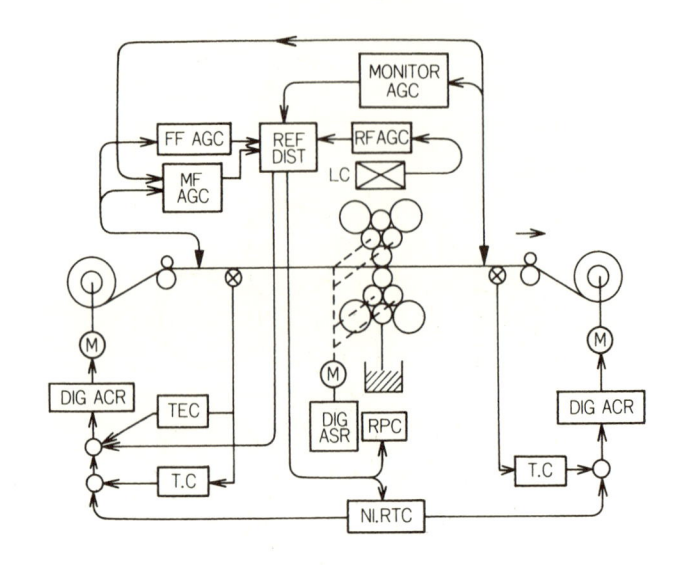

RPC : roll position controller
DIG ASR : digital automatic speed regulator
DIG ACR : digital automatic current regulator
⊗ : tension meter
▼ : gauge meter
LC : load cell
TEC : tension reel eccentricity controller
RF AGC : roll force AGC
FF AGC : feed forward AGC
NI. RTC : non interactive rigid tension controller
T. C : tension controller
REF DIST : reference distributor
MF AGC : mass flow AGC

図**1.4.5** 自動板厚制御システムの構成例[21]

どのシステムから構成され,寸法精度のよい安定した品質の製造に効果がある.

(2) 焼なまし－酸洗

熱延材は,熱延組織の再結晶と炭化物の固溶化処理を目的に熱処理される.主として,オーステナイト系ステンレス鋼は通常1010℃以上の温度で,フェライト系ステンレス鋼は780～850℃,マルテンサイト系ステンレス鋼は約750℃急冷または800～900℃徐冷で熱処理される.

冷延材は圧延組織を再結晶させるために熱処理される.圧延加工度や熱処理

条件により結晶粒度は図1.4.6のように影響される．結晶粒度は，通常，粒度番号の7～8 (500～1000 μm^2) になるように加工度と熱処理条件が設定されている．

ステンレス鋼の酸化スケールは除去しにくいため，酸洗前に機械的または化学的な前処理が行われる．機械的前処理はショットブラスト，スケールブレーカ，と粒ブラシがある．化学的前処理としてソルトバスや中性塩電解処理が実施される．酸洗は硫酸，硝酸，硝酸・ふっ酸の混酸のいずれか，またはこれらを組み合わせた方法が使用される．ステンレス鋼帯の生産では熱処理・化学的前処理・酸洗が連続化したAPラインで実施される．

ステンレス鋼は特有の金属表面光沢をもっている．表面光沢は冷間圧延時の圧下率，圧延速度，圧延油の特性などに影響される[23]．また表面光沢のよい冷間圧延鋼帯を製造するため，H$_2$もしくはH$_2$–N$_2$混合雰囲気で熱処理するBA炉（光輝焼なまし炉）が使用される．

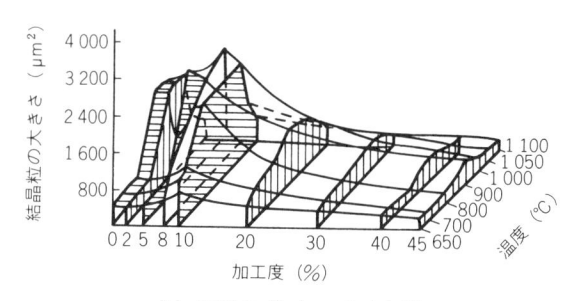

(a) 17 % Cr鋼（フェライト系）

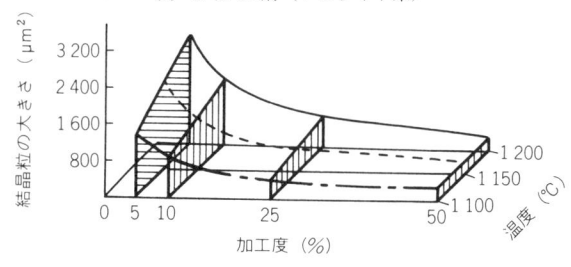

(b) 18 Cr–8 Ni鋼（オーステナイト系）

図 1.4.6 ステンレス鋼の再結晶による結晶粒の大きさ[22]

図1.4.7にBA炉を示す.小形炉では横形もあるが,広幅コイル用は縦形炉が一般的である.

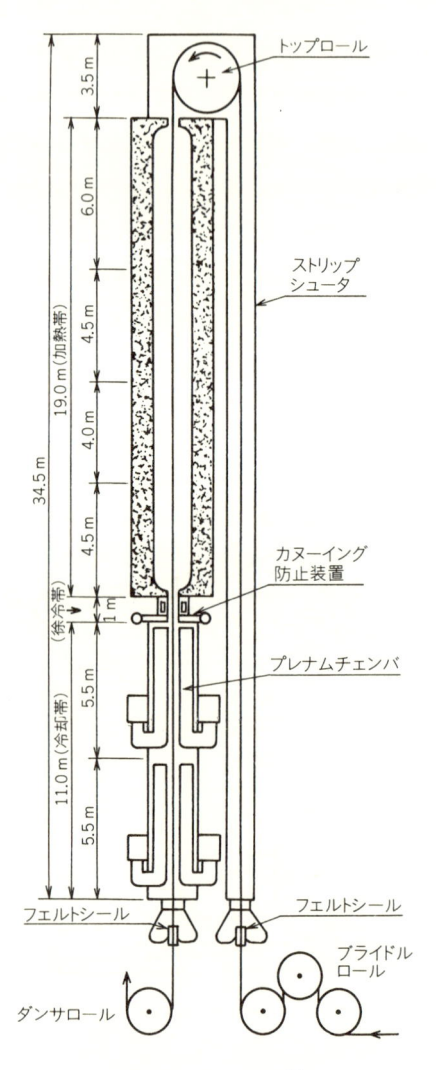

図 1.4.7 BA炉[24]

(3) コイルきず取り

ステンレス鋼では，熱延鋼帯に有害な表面きずが存在する場合には，それを除去してから冷間圧延を行う場合がある．図1.4.8にコイルきず取装置の概要を示す．と粒を布等に接着したエンドレスの研削ベルトをコイル表面に圧接回転させ，油を噴射させながら表面を削る機構になっている．表面仕上げやきずの深さにより，と粒粗さを使い分ける．通常コイルきず取り装置を3～5台タンデムに配置し，能率を上げるようにしている．

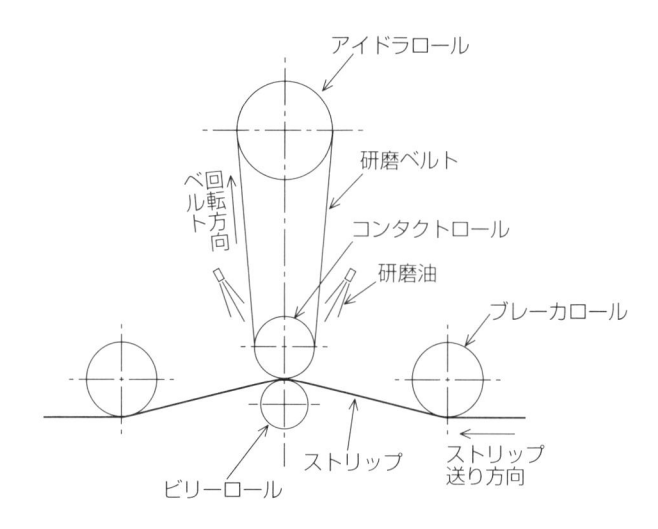

図 1.4.8 コイルきず取り装置の概略[25]

(4) 精整工程

熱処理・酸洗後の工程を精整工程と呼ぶ．ステンレス鋼の精整工程は，

① 調質圧延
② 研磨
③ 形状修正
④ 脱脂
⑤ 検査

⑥ 裁断
⑦ レベラカット
⑧ せん断
⑨ 梱包

などに区分され,所定の製品に仕上げられる.それぞれの工程の役割を表1.4.4に示す.

ステンレス鋼は用途により種々の表面に仕上げられる.表1.4.5に仕上げの種類を示す.

ステンレス鋼の製造に際しての検査は,製品検査だけでなく,工程の操業条件・検査を踏まえて検査体制が構成される.表1.4.6に製造工程における主要検査項目を示す.

表1.4.4 ステンレス精整工程

工 程	設 備	目 的
調質圧延	スキンパスミル センジミアミル	形状修正,表面光沢向上 冷間圧延によりばね性付与
研 磨	コイルポリッシャ	コイル表面研磨
形状修正	テンションレベラ ローラレベラ	コイル形状修正 板,コイル形状修正
脱 脂	脱脂ライン	表面清浄化
検 査	超音波探傷装置	コイルは板波探傷によるきず検査,厚板では垂直,斜角探傷も可能
	表面検査機	レーザや目視による表面検査
裁 断	スリッタ	所定幅にコイルを裁断
レベラカット	コイル連続せん断機	コイルから所定長さの板製造
せん断	せん断機	板から所定寸法の板に再せん断する
梱 包	—	コイル,板の梱包

1.4 ステンレス鋼の製造工程

表 1.4.5 ステンレス鋼の表面仕上げ

仕上げ記号	仕上げ方法	用途
No.1	熱延材を焼なまし・酸洗した仕上げ	熱延材用途全般
No.2 D	冷延材を焼なまし・酸洗した仕上げ	冷延材用途全般
No.2 B	2D を軽圧延し光沢を与えた仕上げ	冷延材用途全般
No.3	100～120 番研磨した仕上げ	建材・厨房関連機器など
No.4	150～180 番研磨した仕上げ	建材・厨房関連機器など
#240	240 番研磨した仕上げ	建材・厨房関連機器など
#320	320 番研磨した仕上げ	建材・厨房関連機器など
#400	400 番研磨した仕上げ	建材・厨房関連機器など
BA	BA 炉で仕上げた光沢ある冷延材	建材・厨房関連機器など
HL	連続的な研磨目のある仕上げ	建材など
No.6	No.4 を研磨しサテン調に仕上げる	建材・装飾など
No.7	回転バフにより光沢研磨する	建材・装飾など
No.8	鏡面バフにより仕上げる	建材・鏡など

表 1.4.6 ステンレス鋼製造の検査体制

工程	検査項目	試験機器
製鋼	化学成分	各種分析機器
スラブ	寸法,外観	寸法測定機器,目視
熱間圧延	寸法,外観	厚さ計などの機器,目視
熱処理・酸洗	寸法,外観	レーザなどの機器,目視
冷間圧延	寸法,外観	厚さ計などの機器,目視
出荷試験	機械試験（引張試験,硬さ,その他）,組織試験,腐食試験,製品分析など	各種試験設備

1.4.4 表面処理製品

ステンレス鋼は素材が優れた耐食性をもっている点が特徴である．したがって，塗装など表面処理をしなくても使用されてきた．しかし近年，ステンレス鋼の意匠性を向上させる，素材の耐食性をさらに改善する，素材がもたない特性を付与するなどの目的で，ステンレス鋼に表面処理を行う技術，用途が拡大しつつある．表 1.4.7 にステンレス鋼の主な表面処理と製造方法を示す．

表1.4.7　ステンレス鋼の表面処理と用途

種類	製造方法
塗装	塗装ラインで耐候性のよい塗料で塗装．また建材では部材加工後塗装する例もある．
めっき	銅めっき：連続的に電気めっきラインで銅めっきされる． アルミニウムめっき：連続的に溶融めっきラインでめっきされる．
化学発色	クロム酸浴や溶融塩に浸せき（漬）し種々の色に着色する．
エッチング	意匠図案を被覆材で覆い，その他の部分を腐食液で腐食溶解する．

1.4.5 棒鋼と線材

　丸鋼，六角鋼，角鋼，平鋼からなる棒鋼は，熱間圧延または鍛造により製造される．

　熱間圧延は普通鋼と同一の設備で製造され，圧延後熱処理，酸洗またはショットブラストなどによりスケール除去を行い，粗削り，研磨などの作業が行われる．これらの処理状態と表面仕上げを表1.4.8に示す．

　線材は熱間圧延のままとする．ただし必要に応じ酸洗または熱処理を指定することができる．

表1.4.8　棒鋼の処理と表面仕上げ[26]

処理状態	表面仕上げ
(1) 熱間圧延のみ	(a) スケール除去を行わない（局部手入れは別） (b) 粗削り (c) 酸洗またはブラスト後酸洗
(2) 焼なましまたはその他の熱処理	(a) スケール除去を行わない（局部手入れは別） (b) 粗削り (c) 酸洗またはブラスト後酸洗 (d) 冷間引抜きまたは冷間圧延 (e) センタレスグラインダ仕上げ (f) 磨き仕上げ
(3) 焼なまし後冷間加工により引張強さを大きくしたもの	(d) 冷間引抜きまたは冷間圧延 (e) センタレスグラインダ仕上げ (f) 磨き仕上げ

鋼線は線材を熱処理，伸線したもので表1.4.9に区分される．

表1.4.9 鋼線の仕上区分

種　類	仕　上　げ　の　方　法
軟質1号	伸線後，固溶化熱処理を行う．
軟質2号	オーステナイト系は固溶化熱処理後，フェライト系，マルテンサイト系は焼なまし後，さらに軽度の伸線を行う．
1/2硬質	固溶化熱処理後，比較的強度の伸線を行う．

1.4.6　形　鋼

ステンレス鋼の形鋼はJISでは熱間および冷間で成形した形鋼（JIS G 4317, G 4320）は規定されているが，H形鋼は規定されていない．今後，構造用途への拡大を図るため，ステンレス協会規格として熱間圧延ステンレス鋼形鋼（SAS 311-89）でH形鋼が規定されている．

ステンレス鋼形鋼はまとまった需要が少なく，圧延H形鋼の生産もまだ少量であり，溶接H形鋼が使用される例が多い．以下に溶接H形鋼の生産工程を示す．

　　　切板切断→仮付け溶接（片側）→反転→仮付け溶接（片側）→溶接（片側）
　　　　→反転→溶接（片側）→スケール除去→研磨

まだ小規模な生産のため手間のかかる工程となっている．今後，需要が伸びれば量産設備で製造される範囲が拡大するであろう．

1.4.7　鋼　管

ステンレス鋼の鋼管は普通鋼と同様に継目無管と溶接管の2種に分けられる．継目無管は厚肉パイプ，原子炉や発電用ボイラなど高い信頼性が要求される熱交換器用管などに使用される．溶接鋼管は配管用を主としたアーク溶接鋼管と薄肉構造用を主とした高周波溶接鋼管の2種の方法により製造されている．表1.4.10にステンレス鋼管の製造方式の種類と特徴を示す[27),28)]．

継目無鋼管は中空素材を加熱しプレスで押し出すユージン・セジュルネ法で

製管されるものが多い．図1.4.9にユージン・セジュルネ法を示す[27), 28)]．

　この方法は中空素材の内外表面をガラス潤滑材で覆い押し出すもので，ステンレス鋼や熱間加工性の劣る高合金鋼に適用されている．また最近では工具材質や潤滑技術の改善等により，生産能率の高いマンネスマン・プラグミルのステンレス鋼へ適用拡大が広がりつつある．図1.4.10にマンネスマン・プラグミルの製造工程を示す．

　溶接鋼管は鋼帯または鋼板を成形し，溶接により製造される．溶接鋼管の多くは鋼帯を連続的に成形するロール成形法により製造されている．鋼板を素材にする場合，UO成形法やロールベンダー法により製造されている．図1.4.11に溶接鋼管の製造工程概略図を示す．

表1.4.10　ステンレス鋼管の製造方式の種類と特徴

分類	製造方式		製管寸法外径(mm)	特徴
継目無鋼管	プレス方式	ユージン・セジュルネ法	30〜280φ	・継目無ステンレス鋼管の製造に最も多く適用され，製造可能な材質範囲も広い ・異形管の製造も可能
		エルハルト・プッシュベンチ法	200〜1100φ	・大径厚肉管の製造に適する
	圧延方式	マンネスマン・プラグミル法	25.4〜432φ	・生産能率高く，大量生産向き ・製造可能範囲が広い ・一部のステンレス鋼管の製造に適用
		マンネスマン・マンドレルミル法	21.7〜426φ	・生産能率高く，大量生産向き ・長尺製管が可能 ・内外面肌が良好 ・一部のステンレス鋼管の製造に適用
	遠心鋳造法		200〜1200φ	・高合金鋼や熱間加工性の劣る材質にも適用可能
溶接鋼管	鋼帯連続製管方式	アーク溶接(TIGほか)	6〜325φ	・適用材質範囲広い ・高合金鋼も製造可能 ・多品種小ロット向け
		電気抵抗溶接(高周波溶接)	13〜115φ	・生産能率高く，大量生産向き ・用途，材質によっては主流の生産方式
	鋼板による製管方式	UO成形	410〜1100φ	・大径厚肉管の製造に適する
		ロールベンダー	110〜1500φ	・中・大径管，薄肉管の製造に適する ・小ロット向き

1.4 ステンレス鋼の製造工程

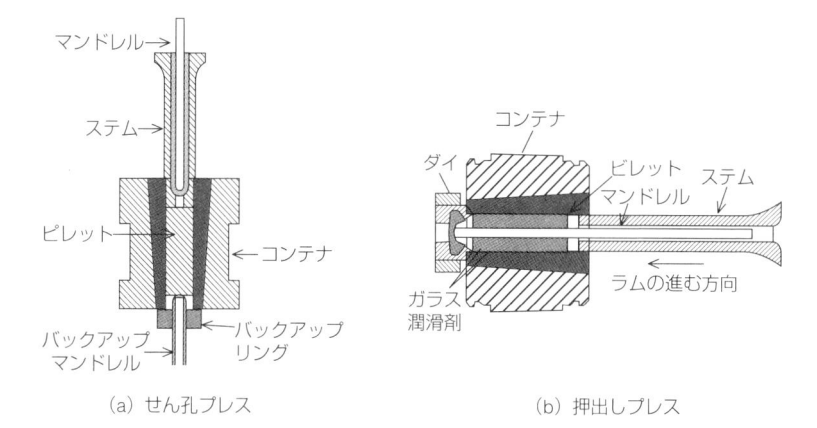

(a) せん孔プレス

(b) 押出しプレス

図 1.4.9 ユージン・セジュルネ法[29]

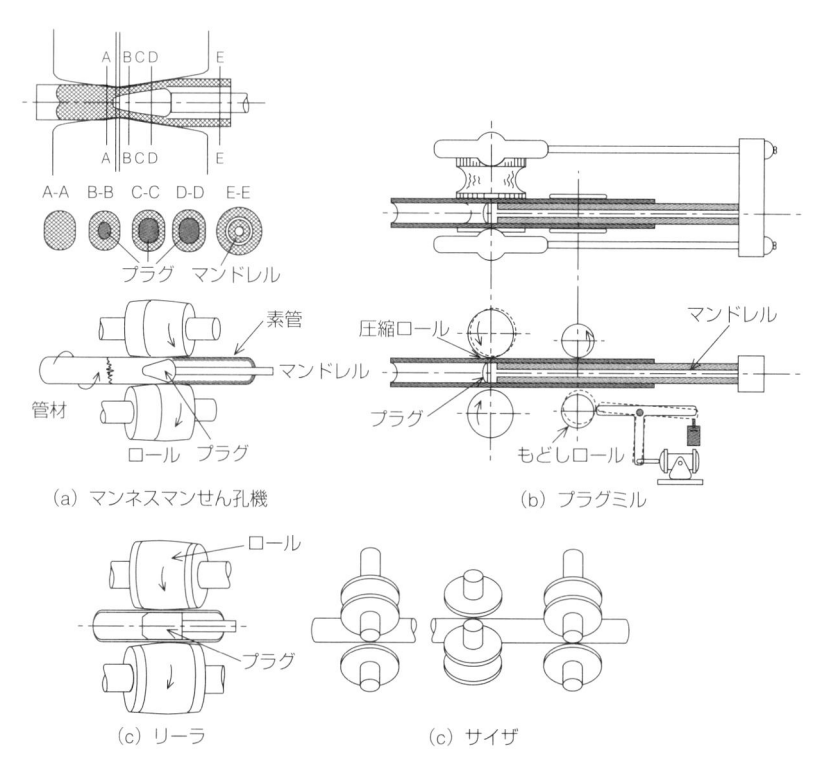

(a) マンネスマンせん孔機

(b) プラグミル

(c) リーラ

(c) サイザ

図 1.4.10 マンネスマン・プラグミル法[30]

溶接方法は，アーク溶接に分類されるTIG (tungsten inert gas arc welding) 溶接，電気抵抗溶接法に分類される高周波溶接が主流であるが，最近ではレーザー溶接も実用化されている．

配管用鋼管，熱交換器用鋼管は，固溶化熱処理後，矯正・酸洗工程を経て仕上げられる．これに対し自動車排ガス管に使用される鋼管は溶接ままの仕上げが主である．またエクステリア，建材に使用される管は研磨仕上げされる．

水道用やビルの冷温水配管用ステンレス鋼管は薄肉溶接ステンレス鋼管として規格化されており，主に固溶化熱処理後，矯正・酸洗工程を経て仕上げられる．

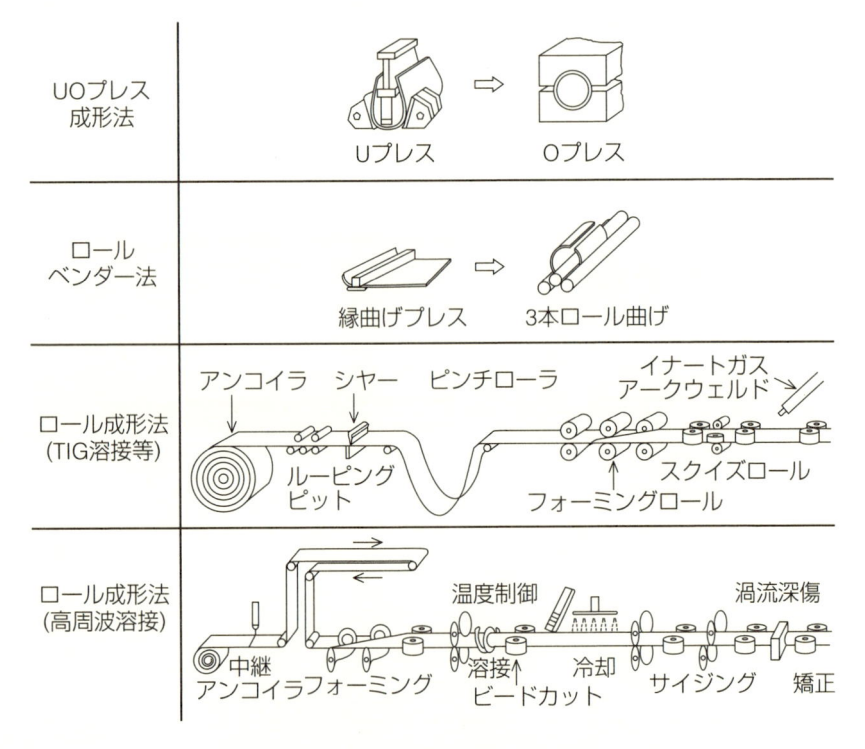

UOプレス成形法	Uプレス → Oプレス
ロールベンダー法	縁曲げプレス → 3本ロール曲げ
ロール成形法 (TIG溶接等)	アンコイラ／シャー／ピンチローラ／ルーピングピット／フォーミングロール／スクイズロール／イナートガスアークウェルド
ロール成形法 (高周波溶接)	中継アンコイラ／フォーミング／溶接／ビードカット／温度制御／冷却／サイジング／渦流深傷／矯正

図1.4.11 溶接鋼管の製造工程概略図[28]

1.4.8 鍛鋼品

鍛鋼品は，鍛造は熱間あるいは冷間でプレスその他の鍛造設備を利用して製造され，単に鍛造品（forgings）とも呼ばれる．製品に近い形状に加工し歩留りを上げるとともに，材質の向上を図る点は，ステンレス鋼も普通鋼材と同様である．

鍛造品の製造は，大形のものでは，

   製鋼→造塊→加熱→鍛錬→冷却→（焼ならし）→機械加工→検査

の工程で製造される．

ステンレス鋼の鍛造品は原子力発電所の圧力容器，熱交換器をはじめ，プラントの大形設備に使用される例が多い．オーステナイト系ステンレス鋼鍛造品は熱処理による結晶粒度の均一化，細粒化が困難であり，鍛造中に結晶粒を粗大化させると改善の方法がない．したがって，鍛造方法や加熱温度の管理には十分な考慮を払う必要がある[31]．

オーステナイト系ステンレス鋼でも継手部品や小物部品では，冷間鍛造で部品などが生産されている場合もあり，最終製品形状に鍛造した後，固溶化熱処理を行い製品化されている．

1.4.9 鋳鋼品

ステンレス鋼の鋳鋼品の製造方法は，通常の鋳鋼品と同様に

   溶解→鋳造→熱処理→鋳仕上げ→検査

の工程で製造される．

熱処理は種類により，焼入焼戻しや固溶化熱処理を行うこと，および試験・検査についてはJIS G 0307（鋳鋼品の製造，試験及び検査の通則）で規定されている．

1.4.10 粉　　末

ステンレス鋼の粉末は，ステンレス鋼を炉で溶解し，高圧水によって粉化するアトマイズ法によって製造される．高圧水を噴霧する際に溶鋼の酸化を防止

するため，チャンバ内にArガスなどの不活性ガスを導入する方法が採用されている[32]．

1.4.11 複合材

ステンレス鋼は普通鋼に比べ材料が高価なため，複合材（composite materials）にしてコストを下げる目的でクラッド鋼（clad steels）が製造されている．

クラッド鋼の製造方法には，圧延法，爆発圧着法，拡散接合法，肉盛法がある．圧延法は冷間圧延，熱間圧延および鋳込み圧延法に分けられる．クラッド鋼は母材として普通鋼や低合金鋼を用い，合せ材としてステンレス鋼を使用する．組合せは適当に選択することができる．

図1.4.12に冷間圧延クラッド鋼板の製造方法を示す．センジミア圧延機によ

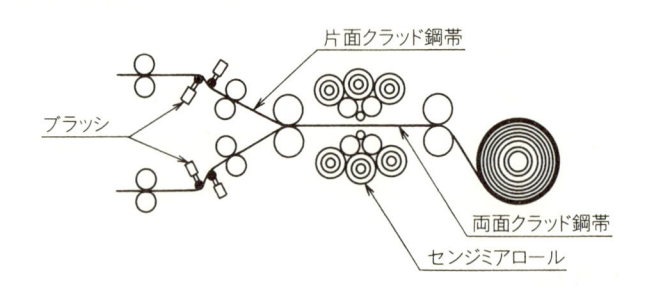

図 1.4.12 ロールクラッド製造方法[33]

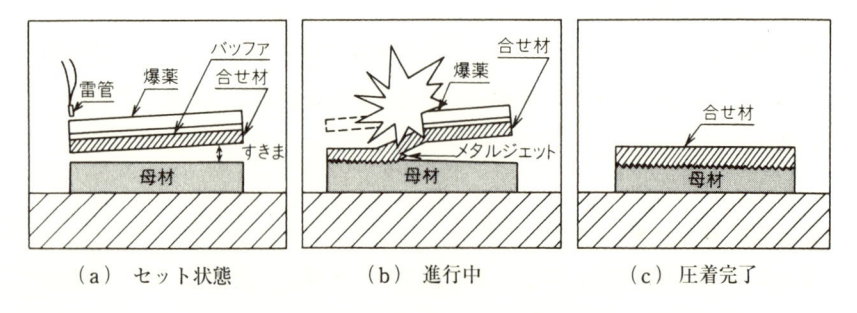

図 1.4.13 爆発圧着過程の概念図[33]

り異種金属を圧延して圧着させる．爆着クラッドは，図1.4.13に示すように火薬の爆発衝撃により圧着させる方法である．この方法は組合せ範囲が広く選択でき，1品でもクラッド鋼板が製造できる小回りのよさが特徴といえる．

クラッドのように物理的接合でなくても，強度が得られればよい物干し竿や手すりなどでは，普通鋼とステンレス管を二重にした管が使用されている．二重管は，普通鋼管の外側に0.1 mm程度のステンレス鋼帯を連続的に成形し，シーム溶接によりステンレス鋼を溶接することで製造される．強度と耐食性が得られる身近な複合材といえる．

1.4.12　ステンレス鋼製造の新しい動き

ステンレス鋼は，今後とも需要が伸びていくと考えられ，生産プロセスの合理化，コストダウン，品質改善に向けた製造技術の開発などが進められ，すでに生産に活用されている技術もある．

まず，ステンレス原材料では，クロム鉱石の溶融還元技術がある．電気炉法では電力費がコストの相当の部分を占めるため，電力を消費しない方法，すなわちクロム鉱石をコークスなどの熱エネルギーにより溶融還元する方法が研究されてきた．すでに実操業では上底吹き転炉（K-BOP）2基を用いたクロム鉱石溶融還元プロセスにより，ステンレス鋼が生産されている[34]．

精錬では，AODに減圧機能を備えた真空AOD（VCR）[35]が開発され実用化されている．図1.4.14にAOD-VCR法の概念図を示す．AODとVODの特徴を組合せることで，処理時間の短縮や還元材および希釈ガスの原単位低減効果が得られている．

また，熱間圧延を省略し，連続鋳造により直接熱延板に相当する製品をつくる，ストリップキャスティングの研究が精力的に推進されている．図1.4.15はツインドラム鋳造機の概念図である．実操業に向けた開発が進められている[36]．

冷間圧延では，板厚，平たん度の精度向上，100 μm以下の極薄・広幅に対応できる圧延機が開発され，自動形状制御システムと併用して，品質向上，生産性向上に寄与している．表1.4.11に種々のステンレス鋼用冷間圧延機の特徴を示す．

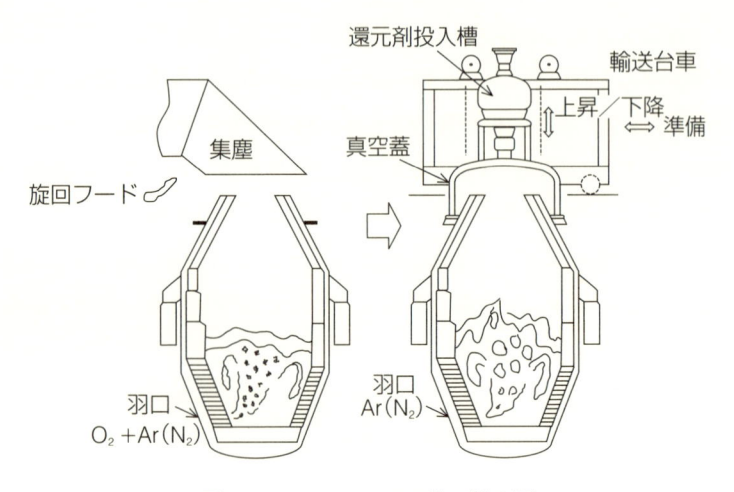

図1.4.14 AOD–VCR法の概念図

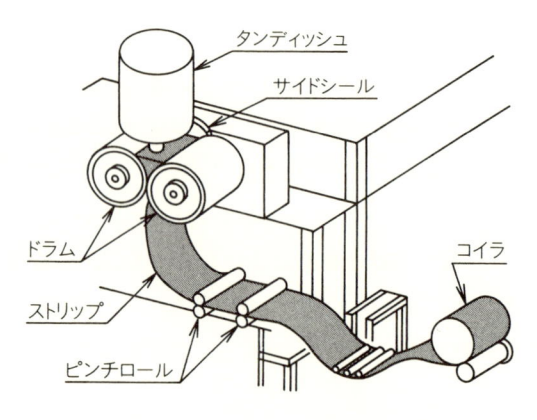

図1.4.15 ツインドラム鋳造機の概念図

　また冷延工程においては，労働生産性の向上，生産リードタイム短縮を目的とした工程の連続化技術が実用化されてきている．例えば，図1.4.16に冷間圧延材用焼なまし・酸洗ラインの後面に，精整工程の調質圧延機，形状修正用のテンションレベラー等をインラインで設置する精整工程省略技術が実用化され

1.4 ステンレス鋼の製造工程

表 1.4.11 ステンレス用冷間圧延機の特徴[21]

型式		Z ミル	KST ミル	KT ミル	UC ミル	CR ミル
メーカ		センジミア（日立）	神戸製鋼所	神戸製鋼所	日立製作所	三菱重工業
ロール配列						
略号		ZENDZIMER MILL	KOBELCO-SUNDWIG TWENTY-HIGH MILL	KOBELCO TWELVE-HIGH MILL	UNIVERSAL CROWN CONTROLL MILL	CLUSTER TYPE ROLLING MILL
特徴	形状制御機能	・分割 BUR クラウンベンダ ・第1中間ロールラテラルシフト	・分割 BUR クラウンベンダ ・第1中間ロールラテラルシフト	・分割 BUR クラウンベンダ ・中間ロールラテラルシフト	・中間ロールシフト ・中間ロールベンダ ・ワークロールベンダ	・分割 BUR クラウン調整 ・中間ロールベンダ ・ワークロールベンダ
	板厚制御機能	・油圧駆動圧下偏心機構	・ウェッジ式油圧圧下 ・電動片圧下圧延	・ウェッジ式油圧圧下 ・電動片圧下圧延	・油圧圧下シリンダ ・油圧片圧下圧延	・油圧圧下シリンダ ・油圧片圧下圧延
	ハウジング構造	・一体ハウジング	・4柱式分離ハウジング	・4柱式分離ハウジング	・分離ハウジング	・分離ハウジング
	ワークロール 小径化	・極端に小径化可能	・極端に小径化可能	・小径化可能	・D_W（ワークロール径） /B（最大板幅） $=D_W/B > 0.07$	・小径化可能
	ワークロール チョック有無	無	無	無	無	無
	ロール駆動	・上下第1中間ロール	・上下第1中間ロール	・上下中間ロール	・上下中間ロール	・上下中間ロール

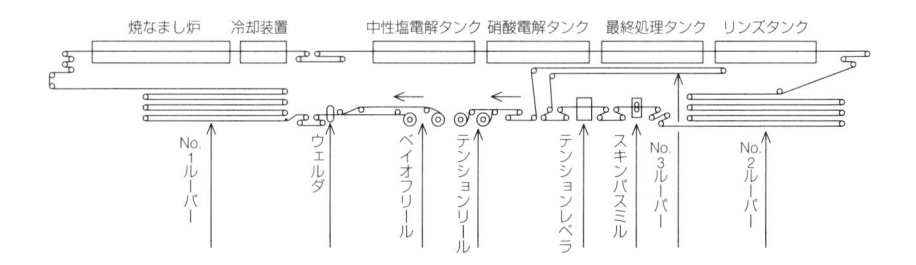

図 1.4.16 冷間圧延材用焼なまし-酸洗ラインと精整工程の連続化例[37]

た例を示す．また熱延材用焼なまし・酸洗ラインの後面にタンデム式冷間圧延機を設置し，焼なまし－酸洗－冷間圧延を直結する技術が1993年に稼動を開始している[38]．図1.4.17にその実施例を示す．さらに2000年代に入ると，タンデム圧延－焼なまし－酸洗－調質圧延－テンションレベラーまでを直結したラインも誕生しており，図1.4.18にその実施例を示す[39]．このラインでは，1工程で熱延黒皮コイルから冷延製品の製造が可能になっている．

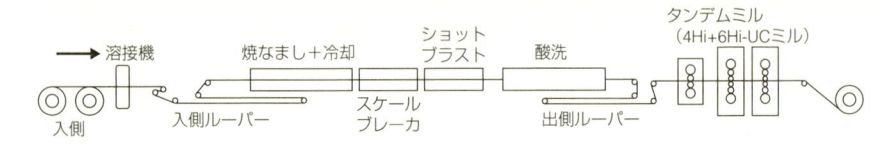

図1.4.17 熱延材用焼なまし－酸洗ラインとタンデム圧延機の連続化例

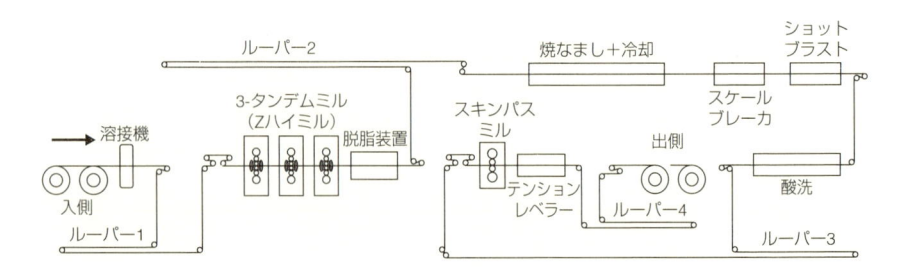

図1.4.18 タンデム圧延機から精整工程までの連続化例

引用文献

1) 日本金属工業（1983）：ステンレス鋼技術史
2) C. A. ゾッフィー著，長谷川正義監訳（1955）：ステンレス鋼入門．pp.1-25，特殊鋼倶楽部
3) 鈴木隆志（1987, 1988）：ステンレスのルーツをたずねて，(1)-(7)，ステンレス，Vol.31, No.10-Vol.32, No.4
4) 種野太郎（1988）：ステンレスのルーツをたずねて，(8)-(13)，ステンレス，Vol.32, No.5-10
5) 塚本富士夫（1985）：わが国ステンレス鋼の進歩発展，鉄と鋼，Vol.71, p.p.1711-1718
6) 斎藤喜一（1988）：日本におけるステンレス鋼業の現状と将来，日本金属学会会報，Vol.27, p.p.689-697
7) 甲斐幹（1991）：わが国における最近のステンレス鋼の製造技術と用途：鉄鋼界，Vol.41, No.7, p.p.61-67
8) K. Bungardt, E. Kunze und E. Horn（1958）：Untersuchungen uber den Aufbau des Systems Eisen-Chrom-Kohlenstoff, *Arch. Eisenhüttenwes.*, Vol.29, p.p.193-203
9) A. B. Kinzel and R. Franks（1940）：*Alloys of Iron and Chromium*, Vol.II, McGraw-Hill, p.274
10) 田村今男（1970）：TRIP鋼について（加工誘発変態と変態誘起塑性），鉄と鋼，Vol.56, p.p.429-445
11) A. L. Schaeffler（1949）：Constitution Diagram for Stainless Steel Weld Metal, *Metal Prog.*, Vol.56, No.11, p.680
12) 日本規格協会編（2010）：JISハンドブック 鉄鋼 I, p.p.1953-1955
13) 文献12），参考，p.p.1993-1995
14) (社)特殊金属備蓄協会（1992）：クロムの供給および需要構造に関する報告書
15) 三井物産㈱（1992）：NICKEL DATA 1992
16) (社)特殊金属備蓄協会（1990）：ニッケルの供給，需要および価格構造に関する報告書
17) 剣持久男（1992）：高純度ステンレス鋼の溶製技術，第143・144回西山記念技術講座，日本鉄鋼協会，p.198
18) ステンレス協会編（1995）：ステンレス鋼便覧 第3版，p.p.833-839，日刊工業新聞社
19) 飯田芳彦（1988）：高性能ステッケルミル圧延設備，日立評論，Vol.70, No.6, p.67
20) 日本鉄鋼協会（1980）：鉄鋼便覧 III (1), p.701
21) 中野恒夫（1992）：ステンレス用冷間圧延設備の現状と動向，第140回塑性加工シンポジウム，日本塑性加工学会，p.37
22) 長谷川正義監修（1973）：ステンレス鋼便覧，p.87, 日刊工業新聞社
23) 剣持一二（1992）：ステンレス冷延鋼板の表面光沢に関する基礎検討，第140回塑性加工シンポジウム，日本塑性加工学会，p.1
24) 文献20），p.706
25) 文献18），p.840

26) 文献 22), p.657
27) 文献 18), p.862
28) 文献 18), p.868
29) 文献 22), p.634
30) 文献 22), p.632
31) 日本鉄鋼協会 (1982) 鉄鋼便覧 V, p.356
32) 文献 31), p.460
33) 文献 22), p.640
34) 錦織正規ほか (1990)：クロム鉱石溶融還元プロセスにおける操業改善, CAMP-ISIJ, Vol.3, p.1203, 日本鉄鋼協会
35) 新貝元 (2005)：ステンレス鋼精錬プロセス (真空AOD：VCR) の開発, ふぇらむ, Vol.10, No.7, p.44, 日本鉄鋼協会
36) 笠間昭夫ほか (1990)：ツインドラム鋳造法の1 ton 規模鋳造技術, CAMP-ISIJ, Vol.3, p.212, 日本鉄鋼協会
37) 文献 18), p.841
38) 中村照久ほか (1994)：周南製鋼所 No.6 APM の建設, 日新製鋼技報, 第70号, p.74
39) P. Millbank (2003)：Tornio expansion takes AvestaPolarit to the top, *Steel Times International*, June 2003, p.56

2. ステンレス鋼の性質

2.1　金属組織と合金元素

2.1.1　状態図と組織

1章で述べたように，ステンレス鋼は約12％以上のCrを含むFe–Cr合金を基本とし，耐食性，機械的性質，加工性あるいはその他の性質を向上させるために，Ni，Mo，Cu，Al，Siなどの合金元素が添加され，多種類の鋼種が開発されている．大別すると成分的には，Fe–Cr系およびFe–Cr–Ni系となる．組織上からは，Fe–Cr系ステンレス鋼はマルテンサイト系とフェライト系に，またFe–Cr–Ni系ステンレス鋼はオーステナイト系，オーステナイト・フェライト系および析出硬化系に分類される．

ステンレス鋼に現れる組織と合金元素の役割を理解するうえで状態図はきわめて有用である．まずFe–Cr二元系状態図と，Fe–Cr–C三元系状態図，Fe–Cr–Ni三元系状態図について概説する．

（1）Fe–Cr系状態図

Fe–Cr系はすべてのステンレス鋼の基礎となるが，この状態図を図2.1.1に示す．Crは体心立方晶のフェライト（ferrite，α）の領域を拡大する代表的なα安定化元素（ferrite formers）であり，そのため，面心立方晶のオーステナイト（austenite，γ）中に1 000 ℃で約12.7％ Crの固溶度をもったγループを形成する．γループは，γ安定化元素（gamma stabilizer）であるC，N，Niなどにより広がるため，γ中へのCrの固溶度は増加する．

σ相（sigma phase）は六方晶の硬くてもろい金属間化合物で，800～600 ℃の温度範囲で非常にゆるやかに形成されるが，Mo，Si，Alの添加や冷間加工により，その析出が促進される．Fe–Cr系の低温側での状態図を図2.1.2に示すが，σ相は共析変態により$\alpha+\alpha'$に分解する．急冷によりσ相の形成は抑制される

2. ステンレス鋼の性質

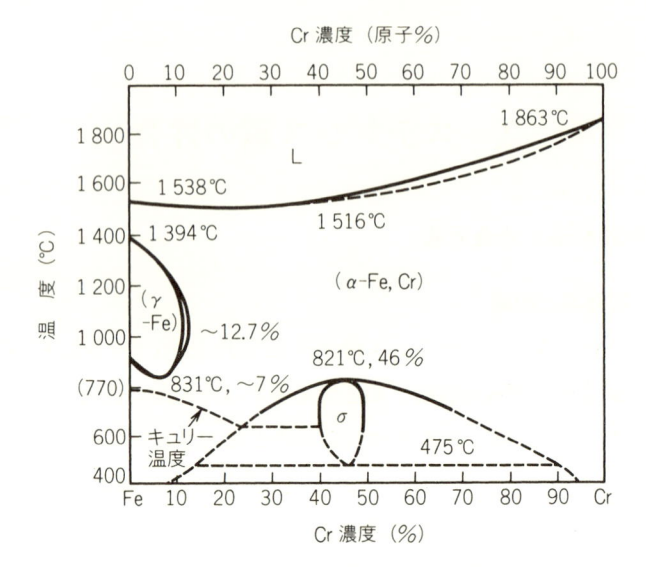

図 2.1.1 Fe–Cr 系状態図[1)]

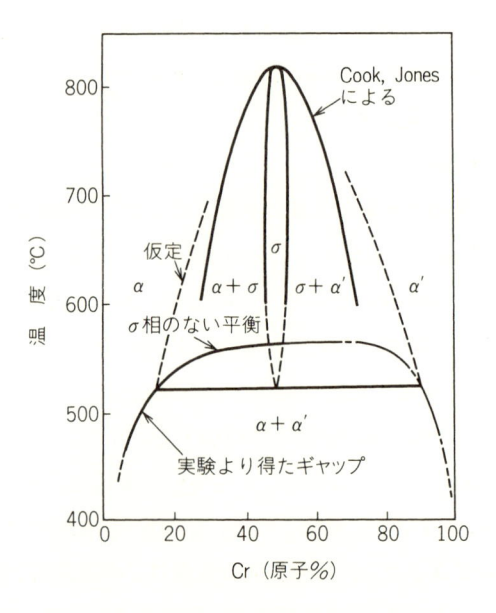

図 2.1.2 低温側での Fe–Cr 系状態図[2)]

が，σ相が形成されない場合でも，約520℃以下の温度で，スピノーダル分解 (spinodal decomposition) によって，高温のα相はCr濃度のより少ないα相とCrに富化したα′相への二相分離が起こり，それに伴って475℃ぜい性が生じる．

(2) Fe–Cr–C系状態図

マルテンサイト系ステンレス鋼の基礎となるFe–13％Cr–C状態図を図2.1.3に示す．Fe–Cr–C合金をγ領域で加熱した後，冷却すると，マルテンサイト (martensite) を生成する．また，Cr量に応じてFe_3C, $(Fe, Cr)_7C_3$, $(Fe, Cr)_{23}C_6$などの炭化物を生成する．図2.1.4にFe–Cr–0.1％C状態図を示す．0.1％C–17％Cr鋼では，1 000℃でわずかにγ相が生成する．γ相の量は共存するγ安定化元素とα安定化元素の量に依存する．γループより高温側にδフェライト（γ相と共存するα相, delta ferrite）が存在し，これが焼入れ後の組織に含まれていると機械的性質に悪影響をもたらす．

(3) Fe–Ni–Cr系状態図

オーステナイト系ステンレス鋼の基礎となるFe–Ni–Cr合金の1 300℃と1 000℃

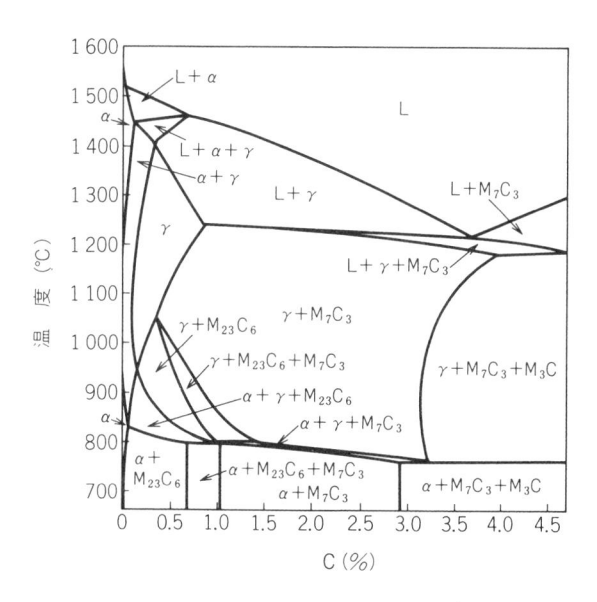

図 2.1.3　Fe–13％Cr–C状態図[3)]

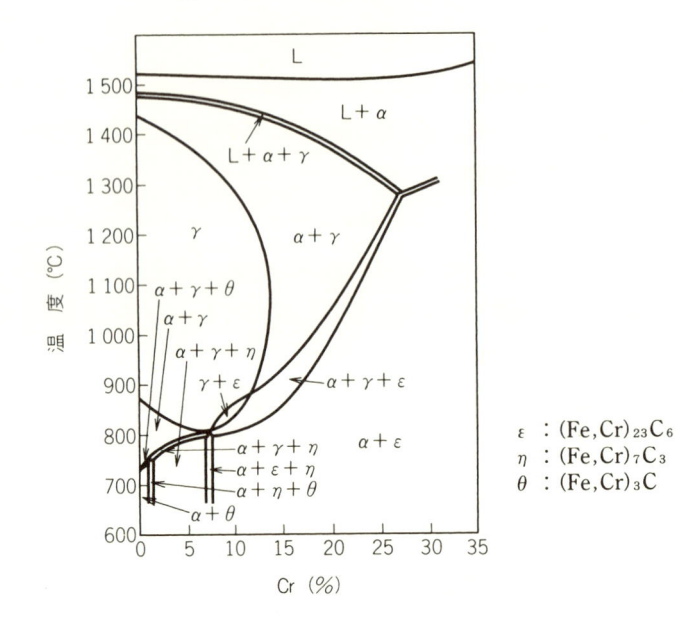

図 2.1.4　Fe–Cr–0.1％C 状態図

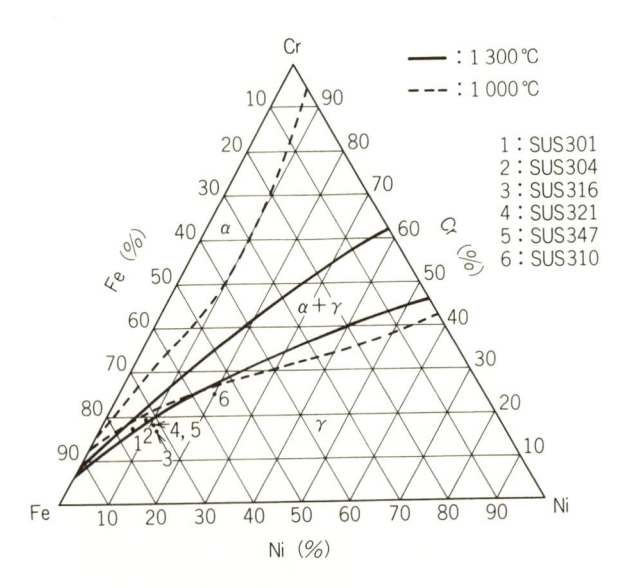

ε : $(Fe,Cr)_{23}C_6$
η : $(Fe,Cr)_7C_3$
θ : $(Fe,Cr)_3C$

図 2.1.5　Fe–Cr–Ni 三元系状態図の 1 300 ℃ および 1 000 ℃ における等温断面図[4]〜[6]

1 : SUS301
2 : SUS304
3 : SUS316
4 : SUS321
5 : SUS347
6 : SUS310

の固相での等温断面図を図2.1.5に示す．いずれもα，γの二相から成り立っているが，温度の低下とともに$\alpha+\gamma$二相領域は拡大する．またFe側コーナ付近の組成では温度の低下とともにγ相領域の拡大しているのが特徴的である．図中に示したように，300番台系の実用オーステナイト系ステンレス鋼は，いずれも$\alpha/(\alpha+\gamma)$境界付近に位置している[7]．特にα安定化元素を含む鋼種では常温でα相が観察されることもある．

このような組織的特徴を明確にするために図2.1.6に18％Crの等濃度断面の組織図を示した．図中の破線で示したようにNiを8％含む合金では，700～1150℃の温度範囲では単相となるが，常温での安定相はα相である．しかし，この状態図では，強いγ安定化元素であるC，Nの作用を無視しており，実用鋼の代表であるSUS304鋼では，それらの安定化作用のため，常温でγ単相となる．18％Cr–8％Ni鋼ではγ域から常温に冷却しても，平衡状態に向かう反応が遅いため，通常はαは生じないでγのままである．

SUS304鋼の固溶化熱処理後の組織を図2.1.7に示す．しかし，室温以下に冷却したり（サブゼロ処理，subzero treatment，または深冷処理），冷間加工を施

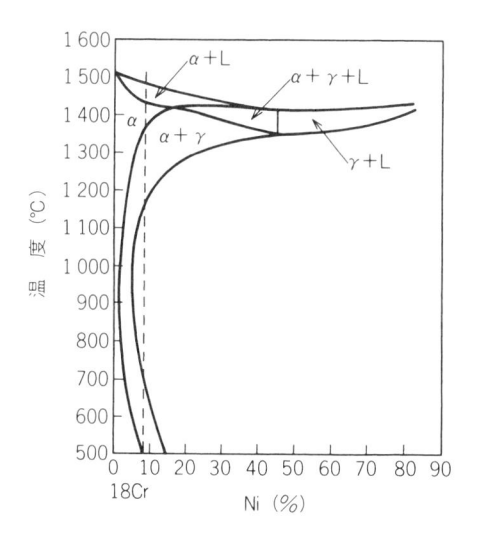

図2.1.6 Fe–Cr–Ni合金の18％Crの等濃度断面図[8]

図 2.1.7 SUS304 鋼の固溶化熱処理組織
（1 080 ℃水冷，オーステナイト単相，粒内に見える
2 本ずつの平行線は焼なまし双晶）
[×90]*（71％）

すと γ は部分的にマルテンサイト（α'）に変態する．このような γ は熱力学的には平衡状態にはないが，常温に放置しておくだけでは変化しないことから準安定オーステナイト（metastable austenite）と呼ばれる．

高温で現れるフェライト（δ）は，溶着金属や熱間加工時の割れ防止に有用であり，また高強度化や耐食性の改善を図るため，積極的にフェライトを導入した二相ステンレス鋼がある．δ フェライト生成に及ぼす合金元素の効果を調べた結果を図 2.1.8 に示す．C，N，Co，Mn，Cu などは γ 安定化元素，Al，V，Mo，Si，W は α 安定化元素であり，これらの相対的な割合で δ フェライトの生成量が決定される．

Fe–Cr–Ni 合金の固相内の平衡相としては α 相，γ 相以外に金属間化合物である前述の σ 相がある．この σ 相は，Fe–Cr 合金のそれに対し，最大で約 12 ％の Ni を固溶し，より高温で安定に存在するようになり，その上限温度は約 1 000 ℃とされている[10]．図 2.1.9 は σ 相の生成する 650 ℃での等温断面図である．

---

* [ ] 内の倍率は元の写真の倍率で，本書に掲載するに当たっては（ ）内の％で縮小している．

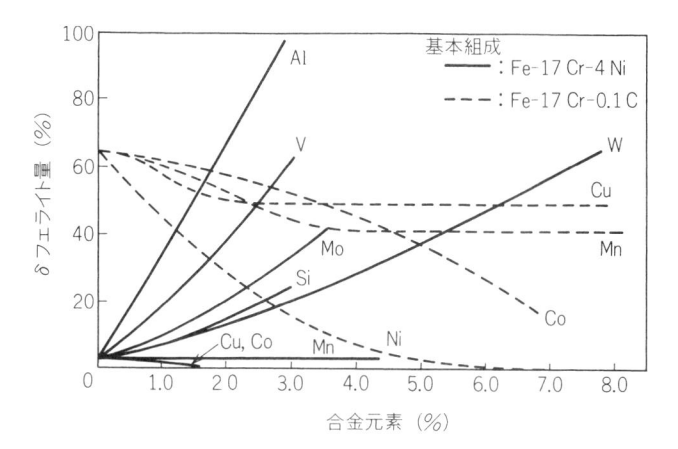

図 2.1.8 δフェライト生成に及ぼす合金元素の影響[9]

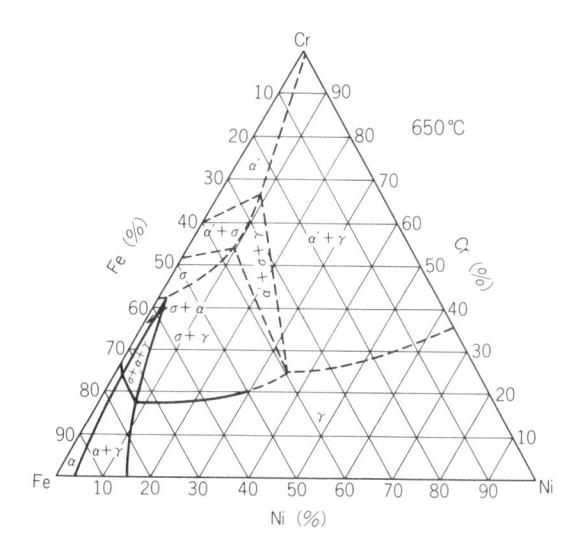

図 2.1.9 Fe–Cr–Ni 合金の 650℃における等温断面図

2.1.2 マルテンサイト系ステンレス鋼

11〜18％のCrと0.1〜1.2％のCを含んでいる鋼は，図2.1.3と図2.1.4からわかるように，γ単相あるいはγと炭化物を含む領域に加熱後急冷（焼入れ）するとマルテンサイトを生成する．このような組成範囲のステンレス鋼がマルテンサイト系ステンレス鋼である．

焼入状態では，マルテンサイトは硬くてもろいので，通常はじん性改善のため応力除去を目的とした低温焼戻し（low temperature tempering, 150〜200℃空冷）や高温焼戻し（high temperature tempering, 600〜750℃急冷）が行われる．

代表的なマルテンサイト系ステンレス鋼の焼入組織を図2.1.10に示す．高温焼戻しを行う場合には，軟化しすぎないようにMo, Vなどの炭化物生成元素を添加することがある．しかしこの場合にはα安定化元素なので，δフェライトを生成させる可能性があり，これが焼入れ後にも残留すると機械的性質の劣化をもたらすので，Cr量を下げるとかγ安定化元素を同時に添加するなどの方法がとられる．このようなマルテンサイト系ステンレス鋼の組織に及ぼす合金元素の影響を示したのが表2.1.1である．ここでは0.1％C–12％Cr鋼の添加元素1％当たりのフェライト量，Ac_1点（加熱の場合の$\alpha \to \gamma$変態温度）の変

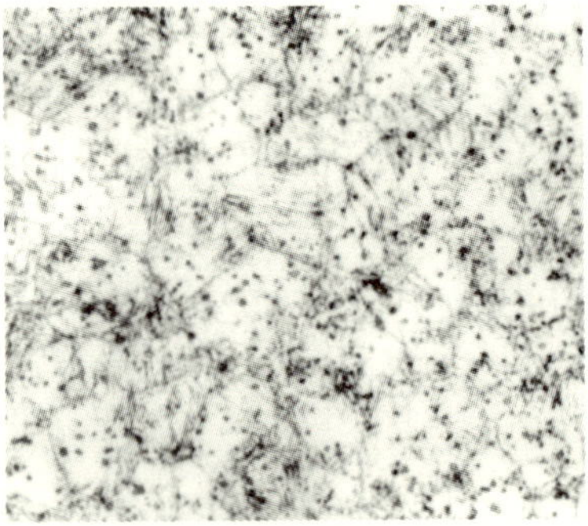

図2.1.10 マルテンサイト鋼（SUS420J2）の焼入組織
（1 000℃油冷，マルテンサイトマトリックス中に未固溶の炭化物を含む）［×900］（71％）

2.1　金属組織と合金元素

化および M_S 点（マルテンサイト変態温度）の変化を示している．マルテンサイト系ステンレス鋼は焼入焼戻しの条件で機械的性質を大きく変化させることもできるが，強度とじん性のバランスや応力腐食割れに対する抵抗性を考えると焼戻温度は高いほうがよい．しかし，γ 安定化元素である Ni，Mn，Co は Ac_1 点を下げるため焼戻温度に制約を受けるので，Ac_1 点を上げる α 安定化元素でバランスさせることになる．また Co 以外は M_S 点を低下させるので，M_S 点が室温以下になって γ が残留することのないように，成分バランスを同時に考慮する必要がある．

Mo や V を含むマルテンサイト系ステンレス鋼では，焼戻温度-硬さ曲線上で約 500 ℃ 付近にピークが現れる（焼戻二次硬化）[11]．この温度付近での焼戻しは，微細な炭窒化物の析出によりじん性や耐食性が低下するので避ける必要がある．

高 C マルテンサイト系ステンレス鋼では，多量の Cr が炭化物を生成しマトリックスの Cr 量が減少するので，耐食性を維持するために Cr 量を 16～18 %

表 2.1.1　0.1 % C-12 % Cr 鋼の δ フェライト量，Ac_1 点および M_S 点に及ぼす各種添加元素 1 % 当たりの影響[11]

合金元素	オーステナイト化温度における δ フェライト生成量の変化 (%)	マルテンサイト生成温度（M_S 点）の変化 (℃)	Ac_1 温度変化 (℃)
C	−220	—	—
N	−210	−474	—
Cu	−7	—	—
Ni	−20	−17	−30
Co	−7	—	−5
Mn	−6	−33	−25
Cr	+14	−17	—
Mo	+5	−21	+25
W	—	−11	—
V	+18	—	+50
Nb	(+12)	—	—
Ti	(+14)	−11	—
Si	—	—	+20～+30
Al	+54	—	+30

まで増加している.

2.1.3 フェライト系ステンレス鋼

前項では,高温でγ相が安定であり,冷却途上で$\gamma \to \alpha$＋炭化物の共析変態が現れ,急冷すればマルテンサイト組織になる組成の鋼について述べた.これに対し,高温から常温にわたるすべての温度範囲でα相が主な安定相となるステンレス鋼がフェライト系ステンレス鋼である.11～30％Crと0.1％以下のCを含み,焼入れしても硬化させることはできない.またα安定化元素であるAl,Si,Mo,Ti,Nbなどを含む鋼種もある.

図2.1.1に示したようにFe–Cr合金の$\alpha/(\alpha+\gamma)$境界は約12.7％Cr以下にあるが,少量のC,Nが含まれると図2.1.11に示すようにγ相が現れる範囲が著しく高Cr側へ広がる.フェライト系ステンレス鋼の代表鋼種であるSUS430鋼（17％Cr）は,約850～900℃で二相領域に入り,1 150℃以上でα単相になる.SUS430鋼の焼なまし組織を図2.1.12に示す.

溶接などで高温に加熱された部分は結晶粒の粗大化や一部組織のマルテンサイト化により常温でのじん性が低下する.正常の焼なまし温度（780～850℃）より高温,特に1 000℃以上に加熱後,空冷程度の速度で冷却した場合には,粒

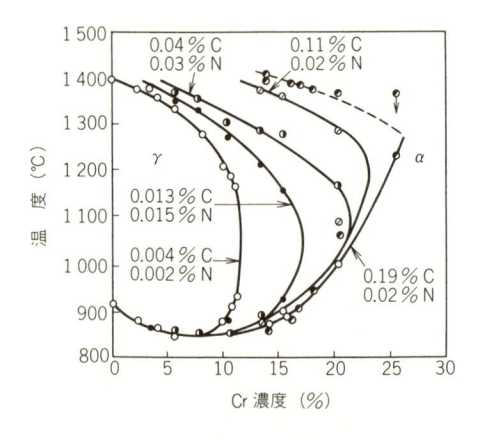

図2.1.11 Fe–Cr合金の$\alpha/(\alpha+\gamma)$境界に及ぼす（C＋N）の影響[12]

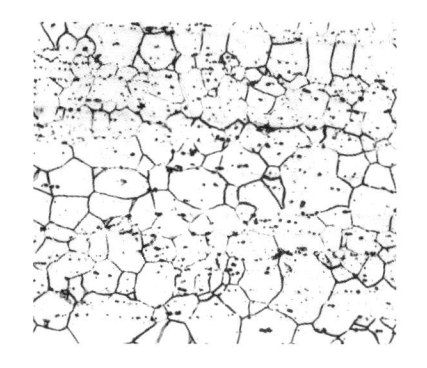

図 2.1.12 SUS430鋼の焼なまし組織
（冷間圧延後850℃焼なまし，フェライト
マトリックス中に炭化物を含む）［×400］（71％）

界腐食感受性（intergranular corrosion sensitivity）が現れる[13]．粒界腐食（intergranular corrosion）は，Crの炭窒化物が主に結晶粒界に析出し，粒界近傍の有効なCr濃度が低下することに起因している．粒界腐食感受性は650〜815℃に10〜60分保持して，Cr濃度を均一化することで消失する．粒界腐食に対する鋭敏化の条件が，後で述べるオーステナイトの場合と異なるのは，α相中へのCの溶解度が900℃以下ではきわめて少なく，またCの拡散速度がきわめて大きいことによる．

フェライト系ステンレス鋼は，オーステナイト系ステンレス鋼の最大の弱点である塩化物応力腐食割れが生じにくいという大きな利点をもっていることは古くから知られていたが，C，N含有量が高いため耐食性や溶接性に難点があり使用範囲が限られていた．しかし，ステンレス鋼の溶製技術の進歩によりC，Nの著しく低いものが工業的に量産できるようになり，高純度フェライト系ステンレス鋼（low-interstitial ferritic stainless steel）として広く使用されている．この種の鋼種はTi，Nbなどの強力な炭化物安定化元素（carbide stabilizer）を添加することにより，延性，じん性の改善や溶接性，耐食性の向上が図られている[14]．20％以上のCrを含有する高純度フェライト系ステンレス鋼にMoを添加した鋼種も開発されているが，この鋼ではσぜい化や475℃ぜい化以外に

χ相（Fe₂CrMo：体心立方晶）の析出によるぜい化現象がある．

2.1.4　オーステナイト系ステンレス鋼

　オーステナイト系ステンレス鋼の基礎となる Fe-Cr-Ni 合金の状態図を図 2.1.5 に示したが，実用上の目的から合金元素の効果を Ni と Cr の効果に換算してγ単相合金を得るための実験式がシェフラー以来，多くの研究者[15)～19)]によって提案されている．表2.1.2 にそれぞれの実験式における合金元素の効果を Ni 当量（nickel equivalent）と Cr 当量（chromium equivalent）として示し，この両者をそれぞれ縦軸と横軸にとって図 2.1.13 にはγ単相領域が得られる限界を示す．本来この図は溶着金属に適用するためにつくられたものであるが，ステンレス鋼の成分が変化したときに現れる相を予想するためにも利用されている．研究者によって得られた結果は異なるが，これは合金成分や熱処理などの相違によるもので，実際に適用するときには注意を要する．

　SUS301 や 304 などの準安定オーステナイト系ステンレス鋼（metastable

表 2.1.2　δフェライト生成に関する各元素の Ni および Cr 当量

	合金元素	Schaeffler	DeLong	Pryce	Hull	Hammar
Ni 当量	C	30	30	21	24.5	22
	N	—	30	11.5	18.4	14.2
	Ni	1.0	1.0	1.0	1.0	1.0
	Mn	0.5	0.5	0.5	$0.11Mn-0.0086Mn^2$	0.31
	Cu	—	—	—	0.44	1.0
	Co	—	—	—	0.41	—
Cr 当量	Al	—	—	—	2.48	—
	Si	1.5	1.5	3.0	0.48	1.5
	Cr	1.0	1.0	1.0	1.0	1.0
	Mo	1.0	1.0	1.0	1.21	1.37
	W	—	—	—	0.72	—
	Ti	—	—	Ti-4[(C-0.03)+N]	2.20	3.0
	V	—	—	—	2.27	—
	Nb	0.5	0.5	Nb-8[(C-0.03)+N]	0.14	2.0
	Ta	—	—	—	0.21	—
適用条件		溶着金属	308, 309 316, 347 溶着金属	18-8 圧延材 1 150 ℃	Cr：12～24 Ni：0～22 Mn：0～20 チルキャスト	Cr：16～25 Ni：4～20 Mn：2～9 溶着金属

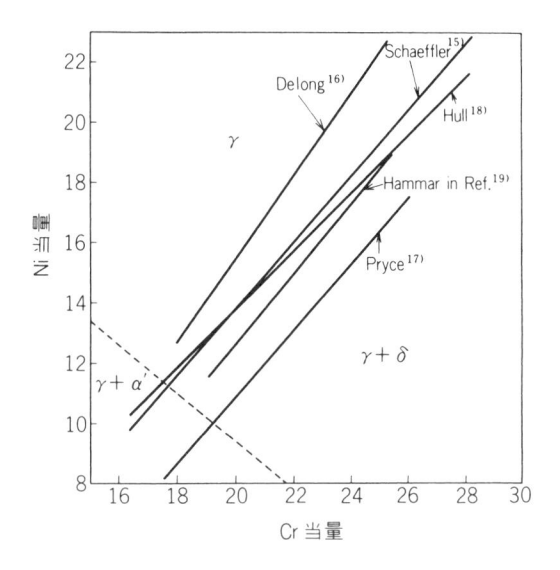

図 2.1.13 各研究者によるシェフラー状態図の修正

austenitic stainless steel）では，室温以下に冷却したり，常温でも加工を施すと，部分的にマルテンサイト（α'）を生成する．オーステナイトの安定度を示す M_S 点に対する合金元素の影響については，種々の実験式が求められている．その代表的な式[20]として

$$M_S (℃) = 502 - 810 (\% C) - 1230 (\% N) - 13 (\% Mn) - 30 (\% Ni) - 12 (\% Cr) - 54 (\% Cu) - 6 (\% Mo)$$

が与えられている．α 安定化元素を含めすべての元素が M_S 点を低下させるが，Co だけは例外である．M_S 点が成分と密接に関連していることから，炭化物が析出するとマトリックスの Cr と C の濃度が低下しマルテンサイトが生成しやすくなる現象がある．これを利用したのが析出硬化系ステンレス鋼の M_S 点調整処理（conditioning for M_S temperature）である．冷間加工によって生成するマルテンサイトは，準安定オーステナイト系ステンレス鋼の著しい加工硬化性や変態誘起塑性を特徴づけている．この場合には M_S 点の代わりに Md_{30}（30％

の引張変形に対し50％のマルテンサイトが生成する温度）が使用される．代表的な実験式[21]としては以下の式が与えられている．

$$Md_{30}(℃) = 551 - 462(\%C + \%N) - 9.2(\%Si) - 8.1(\%Mn)$$
$$- 13.7(\%Cr) - 29(\%Ni + \%Cu) - 18.5(\%Mo) - 68(\%Nb)$$
$$- 1.42(\nu - 8.0)$$

ここに，ν：結晶粒度番号

オーステナイト系ステンレス鋼で現れるマルテンサイトには，α'以外にε相（最密六方晶）がある．これはα'が強磁性であるのに対し常磁性であり，非磁性が要求されるステンレス鋼の強化に利用される[22]．

オーステナイト系ステンレス鋼はフェライト系ステンレス鋼と同様，炭化物の粒界析出により耐食性が低下する．図2.1.14は18％Cr-9％Ni鋼の鋭敏化曲線（TTS曲線，time-temperature-sensitization curves，TTS curve）で，比較のために19％Crのそれも併せて示してある．TTS曲線はいずれの場合にもCの増加とともに高温短時間側に移動する．19％Cr鋼ではα相中でのCの固溶度がきわめて小さく，またCrの拡散速度が大きいためごく短時間で炭化物の析出が起こる．ただし，その析出は結晶粒内に多く生じるので，粒界腐食感受性はオーステナイト鋼ほどひどくはない．一方，オーステナイト系ステンレス鋼の粒界腐食を抑えるためにはCを0.03％以下にしなければならないが，強力な炭化物形成元素であるTiやNbの添加によりCを固定すれば，Cをあまり低

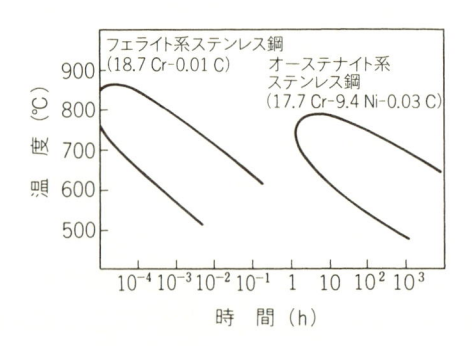

図2.1.14 オーステナイト系およびフェライト系ステンレス鋼のTTS曲線[23]

下させなくても耐粒界腐食性が得られる．なお，NはCに比較し約2倍の固溶度をもっており[24]，0.1～0.3％のNを含む高強度ステンレス鋼として実用化されている．

オーステナイト系ステンレス鋼の高温での安定相としては，σ相以外に添加元素の種類と含有量によっては，χ相やLaves相（Laves phase, η相：最密六方構造，Fe_2Mo，Fe_2Ti，Fe_2Nb）が生成する場合がある[25]．これらの金属間化合物が現れると耐食性やじん性が低下する．

2.1.5 オーステナイト・フェライト二相系ステンレス鋼

主要成分Cr，Ni，Moなどの含有量を調整することによって，オーステナイト＋フェライトの二相組織としたステンレス鋼で，25Cr–5Ni–Mo(–N)を基本成分とする耐食材料である．JIS鋼種としては，SUS329J1（25Cr–4.5Ni–2Mo），329J3L（22.5Cr–5.5Ni–3Mo–N），329J4L（25Cr–6.5Ni–3Mo–N）が規格化されている．

(1) 金属組織と熱処理との関係

950～1100℃に加熱後，急冷する固溶化熱処理では，フェライト量とオーステナイト量の比はほぼ1：1である（図2.1.15）．これより高温側の加熱によってフェライト量が増加する．低温側の加熱では高Crフェライト系ステンレス鋼と同様，700～800℃加熱によりσ相[26]を析出する（σぜい化，図2.1.16）．また，450～500℃加熱によりフェライト相の475℃分解が生じる（475℃ぜい化）[26]．

(2) 金属組織の諸性質への影響

固溶化熱処理状態で最高のじん性，延性および耐食性を示す．オーステナイト中にはC，Mn，Ni，Nなどが，一方フェライト中にはCr，Mo，Siなどがそれぞれ富化されており，強化されたフェライト相が多少ぜい化傾向にあっても，共存するオーステナイト相によって，その材料のじん性低下が防止される．1100℃以上の高温加熱を受けフェライトが多くなった場合，粒界炭化物が析出しやすく耐食性は劣化し，またじん性も低下する．σぜい化や475℃ぜい化

図 2.1.15　SUS329J1 固溶化熱処理
　　　　　　　［×350］(86％)
　　　熱処理：965 ℃ × 10 min 急冷
　　　腐　食：10％クロム酸電解
　　　組　織：フェライト＋オーステナイト（地がフェライト）

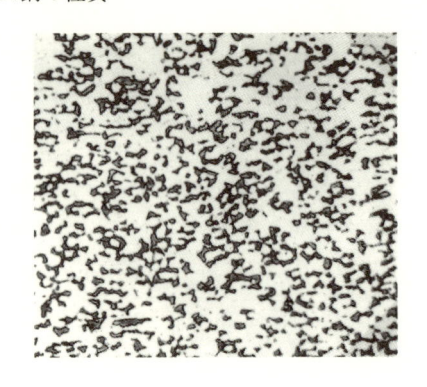

図 2.1.16　SUS329J1 固溶化熱処理，σ 相析出　［×350］(86％)
　　　熱処理：800 ℃ × 16 h 空冷
　　　腐　食：10％か性カリ電解
　　　組　織：フェライト＋オーステナイト＋σ 相（着色部が σ 相）

では，硬さ増加とともにじん性の減少や著しい耐食性の低下がある．

(3) 溶接部の金属組織

　二相系ステンレス鋼の溶接は，通常のオーステナイト系と同様の方法で行う．溶着部はフェライト相として凝固するので，その後の冷却が速い場合はオーステナイトの析出が遅れ，溶接棒を使わない場合はかなりフェライトが増加する．溶接棒を用いる場合は，このような不具合をなくすため，通常は溶接棒の成分を母材に比べて高 Ni とし，ビードのオーステナイト生成量を増す成分系としている[27]．溶接熱影響部も高温加熱を受けるのでフェライト量が増加する．このような組織変化に伴う諸性質への影響は前頁(2)のとおりであるが，SUS329J3L や SUS329J4L などは低 C 化により，耐食性の劣化を軽減するように成分の工夫がなされている．

2.1.6 析出硬化系ステンレス鋼

析出硬化系ステンレス鋼は，固溶化熱処理（S処理）状態で成形加工を行い，その後の析出硬化熱処理（precipitation hardening heat treatment）により強度増加をはかる高力ステンレス鋼（high strength stainless steel）で，そのマトリックスの金属組織により，マルテンサイト系，セミ（または，準安定）オーステナイト系およびオーステナイト系に分類される[28]．

（1）マルテンサイト系ステンレス鋼

この系に属するものはMs点が常温以上にあり，S処理状態でマルテンサイト組織を呈する．次いで時効処理により析出硬化させる．SUS630（17Cr–4Ni–4Cu–Nb）が代表的な鋼種である．S処理（1 040℃）の後，時効硬化させるために470〜630℃間の適当な温度でH処理が行われる．H処理には，時効温度によって，H900（470〜490℃）（図2.1.17），H1025（540〜560℃），H1075（570〜590℃），H1150（610〜630℃）の4種類の熱処理がある．時効温度の低いほど高強度が得られるが，これはマルテンサイト中にCu富化相[29]が析出することによる．

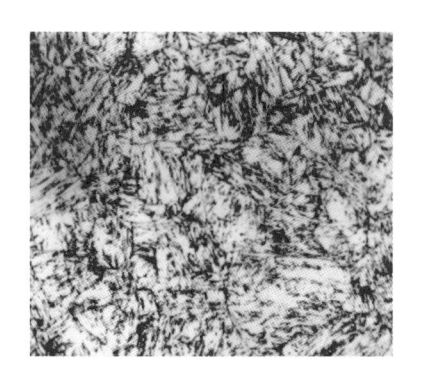

図 **2.1.17**　SUS630 H900処理［×500］（86％）

　　熱処理：1 040℃×10 min 急冷後
　　　　　　480℃×1 h 空冷
　　腐　食：65％硝酸電解
　　組　織：少量のフェライトを含むマルテンサイト

(2) 準安定オーステナイト系ステンレス鋼

準安定オーステナイト系ステンレス鋼に属するものは M_S 点が常温付近となるよう成分設計されており，S処理により準安定オーステナイトとした後，中間熱処理（T処理），サブゼロ処理（R処理）または冷間圧延（C処理）によりマルテンサイト組織とし，次いで析出硬化熱処理（H処理）を行う．この系の代表的な鋼種はSUS631（17Cr–7Ni–1Al）であり，S処理（1 040 ℃）（図2.1.18）の後，

- TH1050 ： 760 ℃×90 min（T処理）＋565 ℃×90 min（H処理）
- RH950 ： 955 ℃×10 min（調整処理）＋−73 ℃×8 h（R処理）
  ＋510 ℃×1 h（H処理）（図2.1.19）
- CH900 ： 冷間圧延（C処理）＋475 ℃×1 h（H処理）

などの各熱処理を行って強化する．このH処理による析出硬化相は α（Ni$_3$Al）[30] である．

(3) オーステナイト系ステンレス鋼

この系に属するものはS処理状態でオーステナイトであり，時効処理による析出はオーステナイトマトリックスで生ずる．代表的な鋼種は耐熱鋼のSUH660（15Cr–25Ni–1.5Mo–2Ti–Al–V）である．S処理（980 ℃）後の時効処理（720 ℃）により，金属間化合物 Fe_2Ti，Ni_3Ti [31] などが析出し硬化する．

2.2　ステンレス鋼の耐食性

2.2.1　水溶液腐食の基礎知識

（1）腐食の原理

2種類の金属を接合して，たとえば海水などの電解質溶液に浸せき（漬）すると電池が形成され電流が流れるようになる．異種金属の接合ばかりでなく，同一金属内であっても，表面の不均一，たとえば結晶粒界とか介在物，析出物などの異相の存在により，微小な部分で電池が形成され（局部電池，local cell），陽極（アノード，anode）が侵食される．全面腐食ではアノード部および陰極

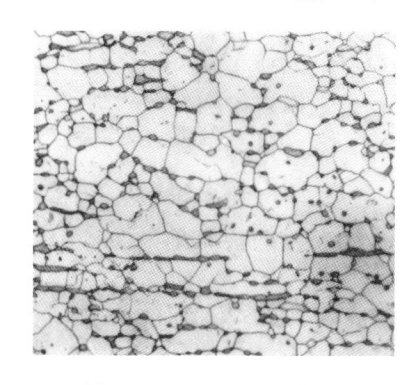

図 2.1.18 SUS631 S 処理
[×500]（86％）
熱処理：1 040 ℃×10 min 急冷
腐　食：65％硝酸電解
組　織：少量のフェライトを含む
　　　　オーステナイト

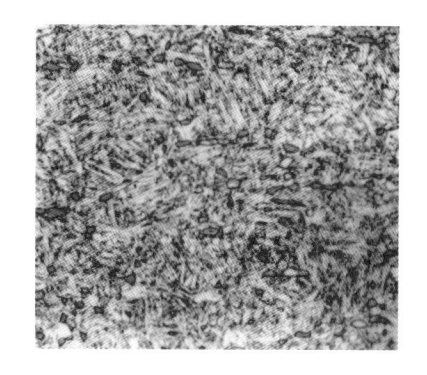

図 2.1.19 SUS631 RH950 処理
[×500]（86％）
熱処理：1 040 ℃×10 min 急冷後
　　　　955 ℃×10 min 空冷し
　　　　−73 ℃×8 h 保持後
　　　　510 ℃×1 h 空冷
腐　食：65％硝酸電解
組　織：少量のフェライトを含む
　　　　マルテンサイト

（カソード，cathode）が交互に絶えずその位置が変化しているが，局部腐食ではアノード部が局在している（図2.2.1）．

電気化学では，酸化反応が進行する電極をアノード，還元反応が進行する電極をカソードと呼ぶ．酸化反応は電子を放出する反応であり，アノード部では，金属元素はイオンとなって溶出する．還元反応は電子を受け取る反応であり，アノード反応によって余った電子を消費する．たとえば，Feの腐食は次のような反応式で表される．

アノード部では　　$Fe \rightarrow Fe^{2+} + 2e$
カソード部では　　$2H^+ + 2e \rightarrow H_2$（酸性溶液）
　　　　　　　　　$O_2 + 2H_2O + 4e \rightarrow 4OH^-$（中性，アルカリ溶液）

電池では，反応の起こりやすさは起電力で示される．電池の一方の極を固定し，他方の極を変えて起電力（電位）を測定したものは電気化学系列（electrochemical series）と呼ばれ，各金属の反応性を読み取ることができる．特に標

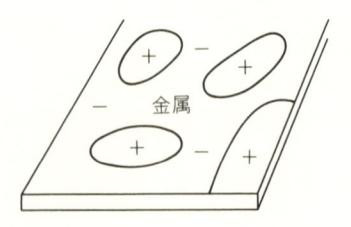

図 2.2.1 金属表面における局部電池の構成（拡大図）[32]

準水素電極を基準として，イオン活量1，温度25℃で求めた値は標準電極電位[33]（standard electrode potential）と呼ばれ，各純物質について測定されている．さまざまな溶液，温度における電位（E）は次の式に従って計算でき，その環境における反応性の推定が可能である．

$a\mathrm{A} + b\mathrm{B} \rightarrow c\mathrm{C} + d\mathrm{D}$ の反応では，

$$E = E_0 - \{(RT)/(nF)\} \ln \{(a_\mathrm{C}^c a_\mathrm{D}^d)/(a_\mathrm{A}^a a_\mathrm{B}^b)\}$$

ここに，E_0：標準起電力
　　　　R：気体定数
　　　　F：ファラデー定数
　　　　a_A, a_B, a_C, a_D：イオン活量

実際の腐食は複雑な系で起きており，上式から予測することは困難な場合が多い．実用合金も含めて，海水中における電位列[34]が求められている．

金属の耐食性に影響を及ぼす要因の一つとして水素イオン濃度（hydrogen ion concentration, pH）がある．縦軸に電位（E），横軸にpHをとって，水中における金属の安定状態を表現したものを電位-pH図[35]という．図2.2.2 (a)はFeとCrの電位-pH図を重ね合わせて，両金属の実測腐食領域を示したものである．この図で，金属Feおよび金属Crと書いた領域は，それぞれ純Feと純Crの安定域であり，FeとCrの不動態域も記入した．FeとCrの腐食領域が重なった部分（図の左方，両斜線で図示した領域）がFe-Cr合金の腐食領域であり（同図 (b)），FeとCrのそれぞれの腐食領域に比べて，Fe-Cr合金

では，腐食領域が著しく狭くなることがわかる．(a)(b) 両図で，ⓐ破線は水素発生の上限を，ⓑ破線は酸素発生の下限を示す．腐食は，水の安定領域（ⓐ，ⓑ破線に挟まれた領域）で起こる現象であり，厨房品・建材など人間の身近な環境を対象とするならばpHが4～10の限られた範囲を考慮すればよい．Feはⓐ破線よりもさらに電位の低い領域で金属状態を保ち，限られた範囲では酸化物またはイオンが安定である．われわれがFeを利用できるのは，表面に形成される酸化皮膜によってある程度保護され，内部で金属状態が保たれるためである．

(2) 金属の種類による違い

水環境の電位-pH図を利用して，各金属の基本的な耐食性を推定することができる．貴金属（noble metals. Au, Ptなど）はほとんどの領域で金属状態を保ち安定である．それ以外の実用金属は，酸化物またはイオンが安定な領域のほうが広く，その耐食性は表面に形成される保護性の酸化皮膜（不動態皮膜）に依存する場合が多い．酸化物の安定性は金属によって異なっており，Ti, Ta,

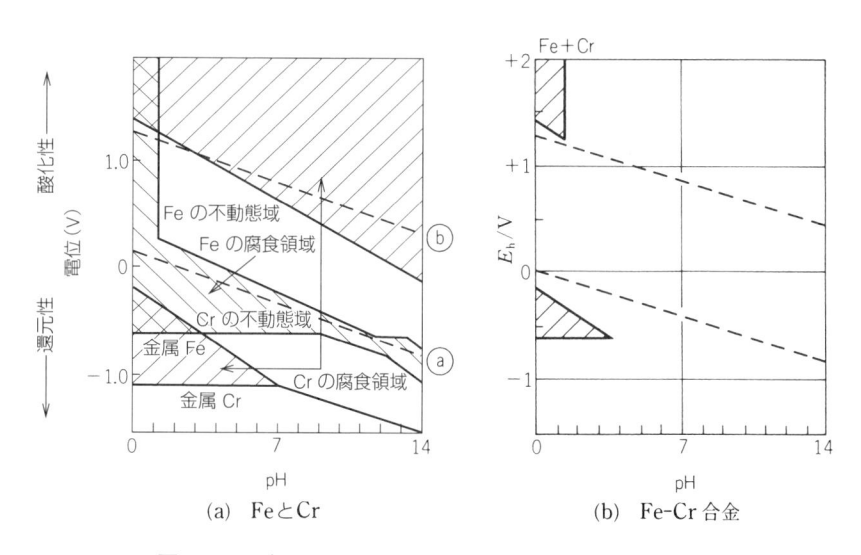

(a) FeとCr　　　(b) Fe-Cr合金

図 2.2.2 水中におけるFeとCrおよびFe-Cr合金の電位-pH図で示した実測腐食領域[36]

Zrなど耐食性のよい金属は全pH領域で酸化物が安定である．Zn，Cr，Al，Snなどは中性域では不動態皮膜を形成し安定であるが，酸性またはアルカリ性ではイオンが安定であり，この領域での腐食が予想される．Cuは水の安定領域中で金属が安定な状態を一部含んでいるほか，中性域では酸化物が安定である．この酸化物は構造が緻密ではなく，むしろカソード反応（cathodic reaction）の障壁となって防食しており，不動態皮膜とは区別されている．

(3) Fe–Cr合金系の特徴

図2.2.2(a)からも明らかなとおり，FeはpHの全領域で腐食する可能性がある．これを溶けにくくするには，その表面に安定な不動態皮膜を生成させてやればよい．Feを合金化させて，その表面に不動態皮膜を生成させるものとしては，その添加金属自身が不動態化しやすいものである．Crはその典型的な元素であり，FeとCrの電位–pH図を重ね合わせると，図2.2.2(b)に示すように，腐食域は極端に小さくなり，全領域にわたって不動態皮膜で保護されることになる．

2.2.2　ステンレス鋼の不動態化現象
(1) 不動態化現象と合金元素との関係

酸化剤（oxidizing reagent）を加えたり，外部電源を用いて金属の電位を高めていくと，環境の酸化性が強くなるために，腐食が起こりやすくなることが予想される．しかし，ある種の金属は酸化性がある程度強くなると，かえって腐食しなくなることがある．このとき，その金属は不動態（passive state, passivity）であるという．

図2.2.3に1N H_2SO_4 中におけるFe–Cr合金のアノード分極曲線（anodic polarization curve）を示す．平衡電位から電位を上昇させていくと，初めに電流は増加するが，ある電位を超えると電流は急激に減少する．電流の低い状態は一定の電位域で持続し，その後再び増加する．最初の電流が上昇する電位域を活性態域，電流が低い値に保持される電位域を不動態域，そして電流が再び増加する領域を過不動態域と呼び，不動態域では金属の腐食速度が著しく低下

している.

　Cr含有量の増加とともに, 不動態域の拡大および活性態域における最大電流密度 (不動態化臨界電流) の低下がみられ, 酸化性のさほど強くない環境でも不動態化しやすくなる. また不動態域における電流密度 (不動態保持電流) も低下し, 不動態がより安定になる. このようにFe-Cr合金の耐食性 (corrosion resistance) は, Cr含有量の増加とともに向上しており, 特にCrが10～15％の範囲では著しく向上する. ステンレス鋼がCrを12％以上含むFe合金と定義していることと対応している.

　ステンレス鋼の不動態皮膜は, 厚さ数nm (ナノメートル) の主としてCr (Ⅲ) の含水酸化物 (hydrate oxide) であり, 下地ステンレス鋼とは酸化物イオンを介して結合している[39]. 膜厚や組成は置かれた環境によって変化するが[40], Cr比率が高く, 膜厚の薄い皮膜がより耐食的と考えられている.

(2) 耐食性と不動態化特性

　ステンレス鋼が活性態のままで存在するか, 自然に不動態化するか (自己不動態化, self-passivation) は, 環境中に含まれる酸化剤とそのステンレス鋼の

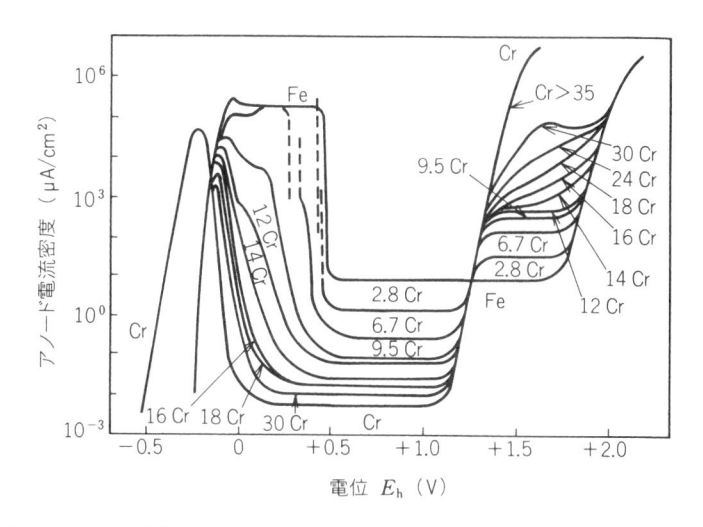

図2.2.3 1N硫酸中でのFe-Cr合金のアノード分極曲線におよぼすCr濃度の影響 [文献37) に38) のデータを追加作図した]

もつ耐食性との組合せで決まる．この様子を模式的に図2.2.4に示す．i_aはステンレス鋼のアノード分極曲線を，i_cは環境中に存在する酸化剤のカソード分極曲線を表し，反応はアノードおよびカソード反応量が同じ点（両曲線の交点）で平衡する．交点が活性態域だけにあるならば［同図(a)］，自己不動態化せず活性溶解が続く．一般にカソード電流が不動態化臨界電流より大きい場合に［同図(c)］，自己不動態化する．ステンレス鋼は，たとえば淡水中において大気圧下で溶存している程度の酸素によっても容易に自己不動態化するが，炭素鋼は亜硝酸ナトリウムのような酸化剤を一定量以上添加しないと不動態化しない．自己不動態化したステンレス鋼が，その不動態を保持するためには，酸化剤が不動態保持電流より大きな電流を供給できる能力があればよい．不動態化したステンレス鋼は，酸化性のごく弱い環境中［同図(b)］でもその不動態を保持することは可能ではあるが，ひとたび活性態に移ると再び不動態へ移ること（再不動態化，repassivation）は困難である．したがって，硫酸のような酸化性のない酸環境における使用に際しては注意が必要である．

市販ステンレス鋼は，Crのほかに主に耐食性向上を目的として各種の元素が添加されている．アノード分極曲線の形状に及ぼす成分元素の影響を図

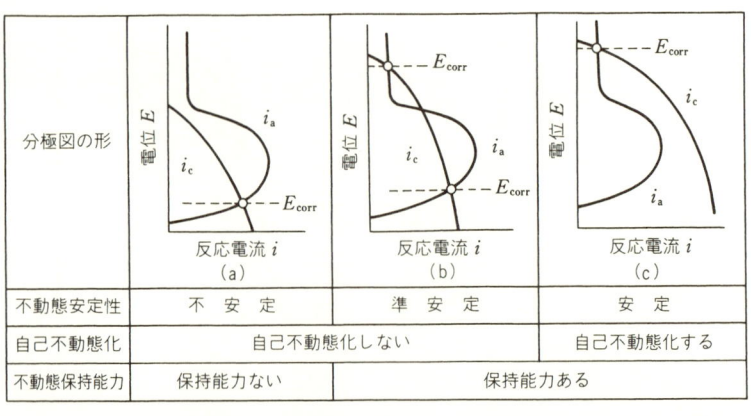

分極図の形	(a)	(b)	(c)
不動態安定性	不安定	準安定	安定
自己不動態化	自己不動態化しない		自己不動態化する
不動態保持能力	保持能力ない	保持能力ある	

（i_a：金属アノード溶解反応電流，i_c：酸化剤カソード還元反応電流）

図 2.2.4　金属不動態の安定性を示す模式的な腐食反応の電位−電流曲線[41]

2.2.5に模式的に示す．NiはFe-Cr合金に添加された場合に不動態化臨界電流を低下させる[43]ことから，再不動態化に有効な元素である．たとえ皮膜破壊が起きたとしても，一般にFe-Cr鋼よりNi含有鋼のほうが皮膜修復能力は高い．Moは高耐食鋼に積極的に添加される元素の一つである．耐食性を向上させる機構は明らかではないが，Moが皮膜中には存在しないことから，溶出後MoO_4^{2-}となって再不動態化を促進するもの[44]と考えられている．Ni，Mo以外にもCu，N，Siなどが有効な元素として，環境に合わせて積極的に添加されている．

(3) 不動態化皮膜破壊と耐食性低下との関係

ステンレス鋼の耐食性に悪影響を及ぼす環境因子として，ハロゲンイオンの存在，pH低下，温度上昇などがあげられる．そのような環境のアノード分極曲線は不動態化臨界電流や不動態保持電流が増加しており，溶液内の酸化剤で不動態を維持できなくなれば，活性溶解の可能性が高まる．

溶液中にハロゲンイオンが存在する場合には，さらに酸素発生電位より低い電位で電流が立ち上がるようになる．この電位では，孔食（pitting corrosion）が発生することが観察されるので孔食電位（pitting potential）と呼ばれている．

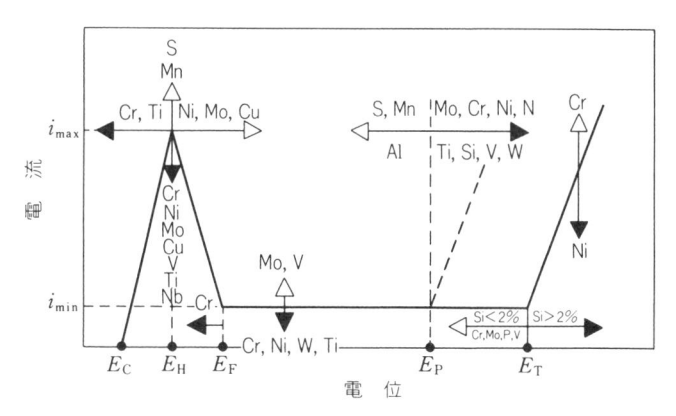

(E_H：不動態化電位，E_P：孔食電位，E_T：過不動態電位，i_{max}：不動態化臨界電流，i_{min}：不動態保持電流)

図 2.2.5 ステンレス鋼のアノード分極曲線と孔食に及ぼす合金元素の影響[42]

孔食は，溶液の酸化性が増して孔食電位に達すると，ハロゲンイオンが局所的に不動態皮膜中の酸素と置換して反応速度が増すために発生する．発生する位置は皮膜が他と比べて弱い部分であり，たとえば機械的なきず，非金属介在物などの存在，転位が局部的に顔を出している部分などが考えられるが，可能性のある部分は実際に孔食が発生した部分よりはるかに多く，孔食の発生は確率的なものと考えられている．耐食性を向上させる元素としてCr，MoのほかN[45]も有効な元素として知られている．実際の環境では，ハロゲンイオンの中で特にCl$^-$が問題となる．

ステンレス鋼が不動態を維持できる最低のpHを脱不動態化pH（pH_d）[46]といい，SUS430で2.6，304で2前後，316で1.6程度である．Cr，Mo，Niが高い鋼種ほどpH_dは低い．pH低下が原因となる腐食は，酸中での全面腐食が代表的であるが，中性環境下でもすきまや食孔内部ではpHが低下し，局部腐食が進行する．

温度が高くなれば，反応速度が増すために腐食は起こりやすくなる．しかしカソード反応が溶存酸素の還元に依存している中性環境の場合には，温度上昇により溶存酸素量は減少するため，開放下では80℃程度が腐食は最も著しい．

2.2.3 ステンレス鋼の腐食形態とその対策

図2.2.6に腐食形態の分類例を示す．ステンレス鋼では，以下に述べる形態が主要な腐食となっている．

（1）全面腐食

pHが2以下の酸環境が主であり，不動態皮膜が溶解し，ステンレス鋼は裸の状態となって全面的に溶解する．これを全面腐食（general corrosion）という．特に硫酸など酸化性のない酸の場合に注意が必要であり，Cr，Mo，Ni，Cuなどが有効な元素である．対策として，腐食しろ（corrosion margin）を設ける場合もある．代表的な薬品環境に対する耐食性は分類整理されている[48]．

（2）粒界腐食

オーステナイト系鋼種を400〜800℃の温度範囲に加熱し，徐冷すると腐食

が粒界に沿って深く進行するようになる．これを粒界腐食（intergranular corrosion）という．この現象は，鋼中のCが粒界近傍のCrと炭化物（$M_{23}C_6$）を形成するため，粒界近傍にCr量が少なくなり（< 12％），耐食性の低下した部分が形成されることが原因であり鋭敏化（sensitization）と呼ばれる．粒界腐

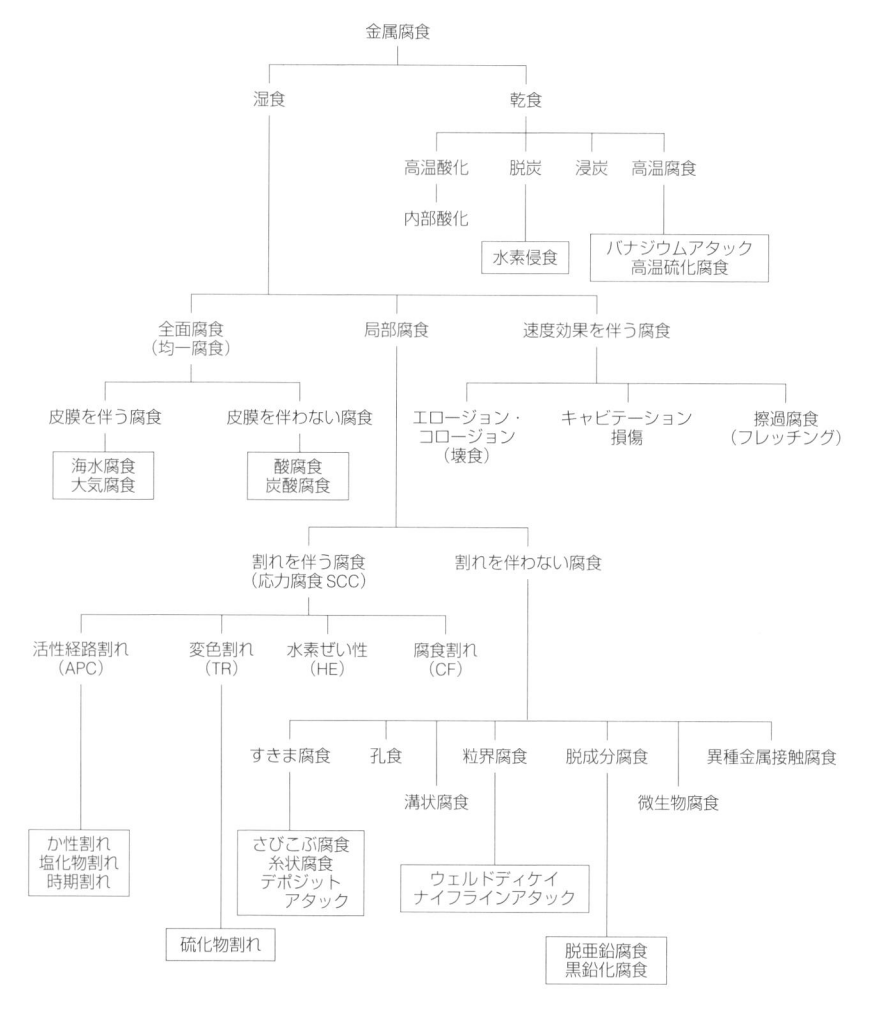

図 2.2.6　腐食形態の分類　［文献 47) に加筆］

食が極端に進行した場合には,結晶粒の脱落が起こり,強度も低下する場合があり危険である.加熱温度と加熱時間の関係を図に示したものがTTS線図 (time-temperature-sensitization) であり,これにより粒界腐食が発生する条件範囲を知ることができる.粒界腐食は,主に溶接熱影響部 (welded heat-affected zone) で問題となる場合が多く,1 000～1 100 ℃で十分加熱して炭化物を固溶させてしまえば(固溶化熱処理)問題はない.粒界腐食を防ぐためには炭素量を下げたり,Nb, Ti などCrよりも炭化物をつくりやすい元素を添加した鋼種が用いられる.

フェライト系鋼種でも850 ℃以上の温度から急冷すると鋭敏化するようになるが,Crの拡散速度が大きいため,通常の冷却速度では粒界腐食は生じない.

(3) 塩化物イオンによる局部腐食

Cl^- は不動態皮膜中の酸素や水酸基と置き替わっていき,特定の臨界電位より高い電位で不動態皮膜に穴を開け,素地金属の局部的な溶解を引き起こす.腐食形態としては孔食,すきま腐食 (crevice corrosion) および応力腐食割れ (stress corrosion cracking, SCC) がある.

(a) 孔食・すきま腐食 両者の違いは主として両者の幾何学的条件にあり,腐食機構自体に本質的な違いはない.すきま,あるいは食孔 (etching pit) の内部では,外部液との交換がないために溶存酸素が消費しつくされ,カソード反応は停止する.アノード反応は停止しないために,溶解した金属イオンが過剰となって,沖合より Cl^- の泳動が始まる.溶解した金属イオンと Cl^- が結合して塩化物を形成するが,濃度上昇に伴い塩化物の加水分解が行われるために H^+ が生成し,内部のpHはさらに低下して腐食速度は上昇する.腐食部周辺ではカソード反応が起こるため腐食の発生は抑制されるが,大面積のカソードに支えられたすきま腐食あるいは孔食は成長し続ける.孔食は自由面に生じ,主に垂直方向に成長する.すきま構造は,いたるところに見られ,たとえば,ボルト/ナットやフランジ継手部などのすきま,水あかや異物の堆積物の下など,すきまを形成する場面は非常に多い.こうしたすきま部では,孔食が発生しないような低 Cl^- 濃度や,低温でも Cl^- の濃縮によって,その腐食の程度は激し

い場合がある．

対策としては，環境側では溶液の Cl^- 濃度，温度は低いほうが望ましい．材料では図 2.2.7 に示すように Cr，Mo を多く含有する鋼種の採用が望まれるとともに，狭く奥行きの深いすきまを形成しないような注意が必要である．

(b) 応力腐食割れ　応力腐食割れは引張応力のもとで割れが発生する現象である．機構上，活性経路腐食（active path corrosion，APC）と水素ぜい性（hydrogen embrittlement，HE）による割れに分類される．APC は，き裂先端で起こる金属のアノード溶解が割れの主因である．HE はカソード反応で生成した水素原子が金属中に進入して材料をぜい化し，割れを生じる現象であり，強度の高い鋼に発生する．

ステンレス鋼では主にオーステナイト系に発生する APC が問題となってきた．APC は活性態域や不動態域での電位では発生せず，不安定な皮膜生成領

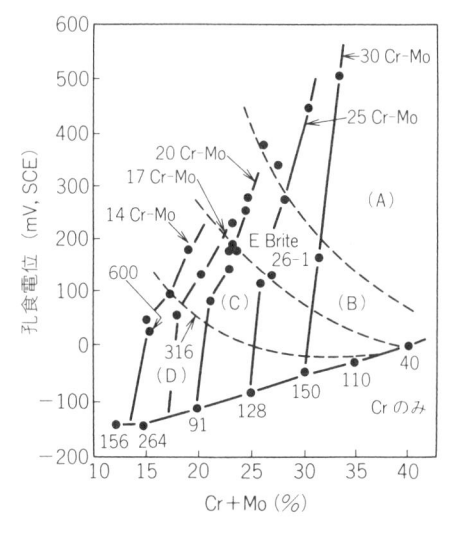

A，B，C，D は環境の過酷さの程度を示す（A がもっともマイルドで B，C，D の順）．図中の数字は腐食減量（$\times 10^{-4}$g）を示す．

図 2.2.7　孔食電位におよぼす Cr + Mo の影響
　　　　　（脱気人工海水，pH：7.2 ± 0.2，90℃）[49]

域で発生し，塩化物，か性アルカリ，ポリチオン酸中で生じることが知られている．

塩化物によるAPCの形態は，固溶化熱処理されたステンレス鋼の場合は粒内割れ（transgranular cracking）が多く，鋭敏化されている場合には粒界割れ（intergranular cracking）が生ずる．塩化物濃度，温度が高いほど発生しやすく，化学プラントの熱交換器の腐食事例[50]では，高温ほどAPCを発生する臨界塩化物濃度は低くなっている．高温高圧下では塩化物がほとんど存在しない環境でも粒界型APCが発生しているが，溶存酸素（dissolved oxygen）の下限値[51]が存在し，酸素がある濃度以下に低下するとAPCは発生しなくなる．これはステンレス鋼が不動態となり，き裂先端のアノード溶解に見合うカソード反応を確保できるだけの酸化剤が必要であるためと考えられている．

42％沸騰 $MgCl_2$ 腐食試験では，図2.2.8に示すようにNiを含有しないフェ

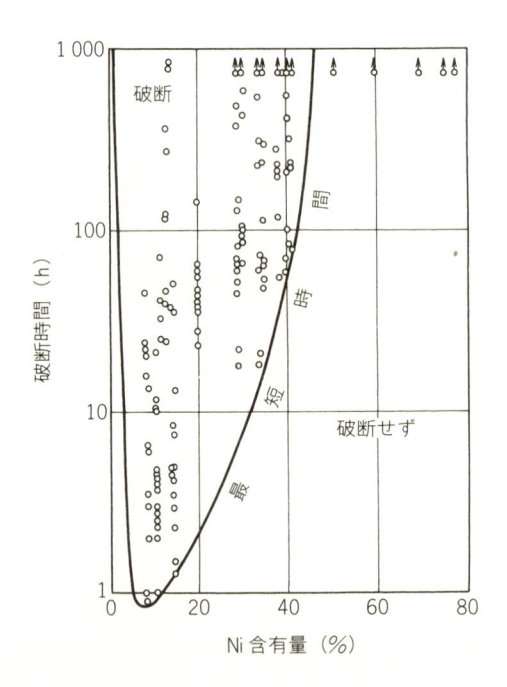

図 **2.2.8**　Fe–Cr–Ni合金線の42% $MgCl_2$（沸騰）における破断時間[52]

ライト系はSCCを生じないが，Niを少量添加すると生じるようになり，約8％含む鋼が最もSCC感受性が高い．さらにNi量が増加すると耐SCC性は向上し，ほぼ45％以上では免疫的となる．したがって，高Ni合金，フェライト系ステンレス鋼，二相系ステンレス鋼が耐SCC性は優れている．オーステナイト系ステンレス鋼における成分元素の影響は試験液の種類によって異なっており，Ni，Si以外は正反対の評価[53]となる場合がある．温水環境では，Cr，Mo，Cuなど局部腐食に効果的な元素が有効と考えられている．

防止策として，加工，溶接などの残留応力が原因となることも多いので，応力除去焼なまし（stress relieving）が望ましい．しかし装置の変形などがあり必ずしも現実的でない．また塩化物，溶存酸素，温度などの環境因子を制御すると同時に，場合によっては適当なインヒビター（抑制剤，inhibitor）の使用も有効である．

(4) 自然環境における腐食現象

ステンレス鋼が建築外装材や土中埋設管に用いられて腐食することがある．いわゆる大気中におけるさび現象と土壌腐食である．

(a) 大気腐食（atmospheric corrosion） 海塩粒子が表面に付着し，結露によって塩分濃度の高い水滴が形成され，孔食が発生する．その食孔は，水分の蒸発とともに進行を停止するため，板厚を貫通するほど深くはならない[54]が，生成されたさびがステンレス鋼表面に流れるため美観を損ねる．発しゅう面積は大気中の海塩粒子濃度に依存するため，臨海地域では高耐食鋼の採用が望ましい．一般的にフェライト系鋼種のほうがオーステナイト系鋼種と比較して発しゅう面積は小さい．軒下や裏側など雨で洗われない部分は，腐食条件としてはきびしくなるので，定期的なクリーニングを行うことは効果的である．また取付け金具とのすきまや構造的なすきまは設計段階で極力排除することが必要である．海塩粒子のほかにはNO_x，SO_3などが腐食因子として考えられるが，今のところ火山など特殊な環境を除いて問題となっていない．

(b) 土壌腐食（underground corrosion） 水道管など土中に埋設されて使用されるケースも増加している．全国的なステンレス鋼管の埋設試験が実施さ

れたが[55]，海岸部を除いて問題となる腐食は観察されなかった．海岸部では海水が浸入し，Cl^-が高濃度となっており，土壌との間ですきま腐食を起こしたものと考えられる．また管の立上り部では酸素濃度の低い土中部分と大気にさらされている部分との間で通気差電池が形成され，土中部分が腐食を受ける可能性があるため，立上り管周囲にはCl^-が含まれた水が浸入しないような配慮も必要である．

(c) ガルバニック腐食（galvanic corrosion） 電極電位の異なる金属が接触した場合，卑電位側の金属が陽分極されて腐食が促進される現象で，逆に貴側の金属は陰分極されて腐食速度は減少する．海水冷却熱交換器の管と管板の異種金属腐食がしばしば問題となった．この場合，同じ材料を用いるか，電極電位の近い材料を選択するほか，電気防食で対処できる場合もある．身近な例としては，既設の鉄配水管にステンレス鋼管を接続する場合，鉄管が著しく腐食する可能性があり，この場合，絶縁継手の使用[56]が必要である．なお銅管との接続は電極電位が近いので問題は少ない．

(d) 硫酸露点腐食（dew point corrosion） 重油を燃料とする各種ボイラの燃料ガス中には，重油中に含まれる硫黄が酸化してできたSO_2およびSO_3が含まれている．このガスの温度が低下し露点に達して金属表面で露を結ぶと，濃い硫酸溶液となってステンレス鋼を腐食する．

(e) 微生物腐食（microbiological influenced corrosion） 海水，河川水あるいは工業用水等に存在する微生物がステンレス鋼表面に付着し，その代謝により腐食性の物質が生成，あるいは表面の電極電位が異常に上昇して，通常（微生物が付着しない）ならば起こり得ない条件で腐食が生じることをいう．微生物の代謝は酸化還元反応であり，その代謝過程あるいは代謝の産物がアノード（酸化）反応やカソード（還元）反応に関与しこれを促進する，または微生物およびその代謝産物がステンレス鋼表面に付着することで幾何学的（すきま構造の形成等）に腐食に関与するために腐食が進行する．したがって，微生物が直接ステンレス鋼を腐食するものではない．

微生物は大別して二種類ある．主に海水中に存在する好気性菌（aerobic

bacteria）と，自然界に広く存在する硫酸塩還元菌（sulfate-reducing bacteria：SRB）に代表される嫌気性菌（anaerobic bacteria）である．海水中のステンレス鋼の自然電位が異常に上昇して孔食やすきま腐食が生じるのは好気性菌の作用によるものであり，また河川水などを利用した冷却装置などに見られる腐食はSRBによって生成した硫化水素（H_2S）あるいはチオ硫酸イオン（$S_2O_3^{2-}$）によると考えられている．

2.2.4 ステンレス鋼の高温酸化と高温腐食
（1）高温酸化にみられる腐食現象

一般に金属材料の腐食は，湿食と乾食に分けられ，水溶液中での腐食を湿食，高温で起こる腐食を乾食と呼んでいるが，高温腐食はこの乾食を意味する．

高温装置は各種燃焼ガスあるいは反応ガス中で使用されるため，O_2，N_2，CO_2，CO，SO_2，Cl_2，HCl，H_2，H_2Oなどの複数のガスの混合雰囲気にさらされる．

しかも燃焼灰のような低融点の溶融物が付着した環境になることもあり，その腐食現象は単純な系での要因だけで理解できない激しいものとなる場合がほとんどである[57]．この激しい高温腐食事例は硫黄イオン（SO_2やH_2Sガス，溶融硫酸塩など）と塩素イオン（Cl_2やHClガス，溶融塩化物など）が共存している場合も多い．

高温腐食は上記の腐食雰囲気と金属材料が反応し，反応生成物が生じることによって金属材料の肉厚が減少したり，機械的性質が劣化したりする現象で，腐食要因のどれが最も影響しているかで，高温酸化，水蒸気酸化，硫化，脱炭，浸炭，窒化，水素腐食，ハロゲン化物腐食，溶融塩腐食（バナジウムアタックを含めhot corrosionと呼ばれる），液体腐食などに分けられる．

これらの高温腐食がどのような高温装置によく起こっているかを表2.2.1に示す．

（2）高温酸化

金属，合金の耐酸化性は生成酸化物の保護性，密着性および熱的安定性で決

まる．ある酸化物が熱的に安定に存在できるかどうかを判定するためには，その酸化物の平衡解離圧と雰囲気の酸素分圧を比較すればよい．平衡解離圧が低ければ酸化物は安定である．酸化物生成標準自由エネルギーΔG_0，平衡定数k_pおよび平衡酸素分圧P_{O_2}の三つの量は酸化物安定度の尺度である．$\Delta G_0 < 0$のときは酸化が起こり，$\Delta G_0 > 0$のとき酸化物は金属と酸素に解離し酸化反応は起こらない．ΔG_0を温度と酸素分圧P_{O_2}に対して図示したものを図2.2.9に示す．この図はエリンガム図（Ellingham diagram）と呼ばれている．図の下の方にある酸化物ほど安定である．

大抵の金属，合金の酸化物は保護性を有しているので，酸化は放物線則（parabolic law）に従って進行する．放物線速度定数K_pの意味を明らかにしたのがカール・ワグナー（C. Wagner）である．酸化皮膜の成長は皮膜を通しての金属イオン，酸素イオンまたは両者の拡散によることを明らかにした．保護性に富む酸化物Cr_2O_3, Al_2O_3, SiO_2中の金属イオン，酸素イオンの拡散は非常に遅い．耐酸化性は酸化物の保護性のみで決まるのではなく，耐割れ性や耐は

表2.2.1 高温装置における主な高温腐食現象

		装置	腐食現象
化学工業関係	一般	加熱炉	酸化，V-アタック，硫化，浸炭
	石油精製	脱硫装置	硫化，水素侵食
	石油化学	水蒸気改質装置	浸炭，水素侵食，V-アタック
		アンモニア合成装置	窒化，水素侵食
		ハロゲン化装置	ハロゲン化物腐食
エネルギー関係	火力発電	過熱器，再熱器	水蒸気酸化，V-アタック，硫化，アルカリ硫酸塩腐食，浸炭
	廃熱回収	鋼塊均熱炉用，レキュペレータ	アルカリ硫酸塩腐食，露点腐食
	Na冷却高速増殖炉	蒸気発生器	脱炭，浸炭
	He冷却高温ガス炉	熱交換器	高温酸化，浸炭，脱炭
公害関係	自動車	排ガス浄化装置	高温酸化，高温塩化物腐食，Pb腐食
	焼却炉	熱交換器	高温塩化物腐食-アルカリ硫酸塩腐食
家電関係	ストーブ	燃焼筒	高温酸化，高温塩化物腐食

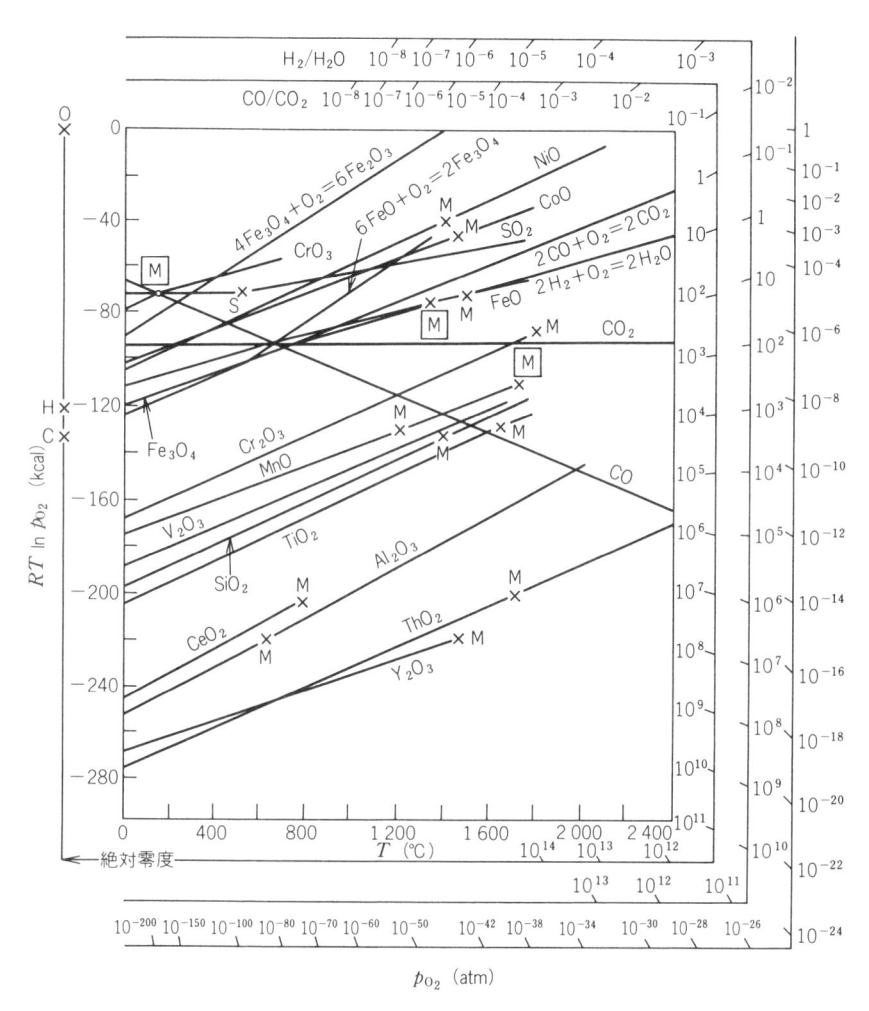

M：金属の融点，Ⓜ：酸化物の融点，S：金属の昇華点
$(2/n)M + O_2 = (2/n)MO_n$

図 2.2.9 酸化物の標準生成自由エネルギー[58]

く離性（密着性）に大きく左右される．保護性や熱的安定性は必要条件であって十分条件ではない．保護性のある酸化物に割れ（cracking）あるいははく離（break away）が生じると耐酸化性は低下し，異常酸化（catastrophic oxidation）となる．

酸化は一般には放物線則に従うことをすでに述べた．Fe-Cr系およびNi-Cr系の高温酸化挙動を模式的に示すと図2.2.10のようになる．Cr含有量が少なくて保護性にならないときや保護性があっても割れたりはく離すると直線則（linear law）に従って酸化は進む．

保護性に優れたCr主体の酸化スケールの生成過程を模式的に図2.2.11に示す．Cr酸化スケールの一様な形成によって熱力学的にFeの酸化が抑制されたため優れた耐酸化性を示す．さらにSiやAlの添加により高温まで耐酸化性を安定に保持させることができる．

放物線速度定数K_pに及ぼすCrの効果は図2.2.12に示すように，Crの増加とともに耐酸化性は著しく向上するが，Cr 22～23％でほぼ飽和に達する．またCrの増加に伴い耐酸化性の限界温度が上昇する[62),63)]．

鋼の耐酸化性に対してSi[64)～66)]およびAl[67)]が有効である．Alについては少量の添加は逆に窒化を起こし鋼を劣化させることがあり，一様なAl酸化物スケールが生成する量(フェライト系では3～5％，オーステナイト系では5％以上)の添加が必要である．Cは高温強度を高めるので高温材料には有効であるが，フェライト鋼でもオーステナイトを生成しやすくする元素である．オーステナイトが生成するとCrなどの有効元素の拡散速度が遅くなり，耐酸化性劣化の原因となる．このため，Zr, Ti, Nbなどを添加すると，Cを固定して炭化物を析出させ，耐酸化性のみならず高温強度を高める効果もある[68)]．

(3) 水蒸気酸化

火力発電用のボイラの過熱器，再熱器などの管内面は高温［500～575℃（金属温度を考えると650℃付近までのケースもある）］の蒸気にさらされ，水蒸気酸化が問題になる．スケールがはく離して蒸気流路を閉塞し，事故を起こすこともある．

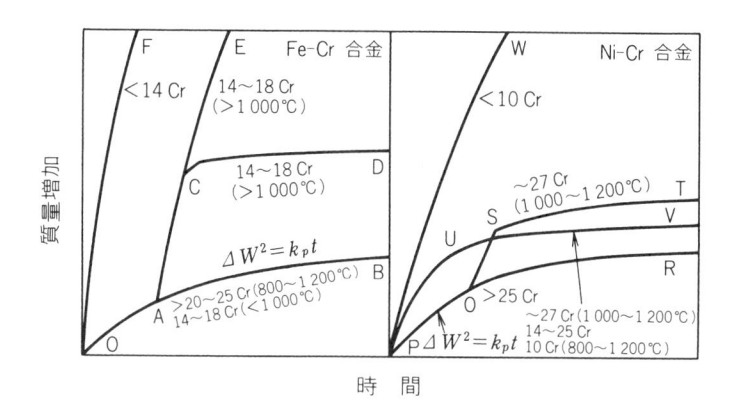

図 2.2.10　Fe–Cr および Ni–Cr 合金の酸化挙動の模式図[59]

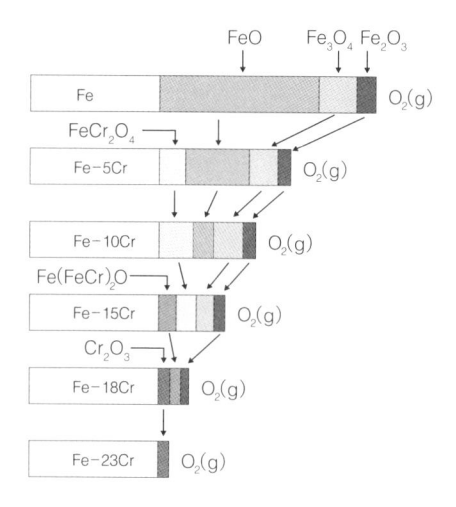

図 2.2.11　Fe–Cr 合金上に形成される酸化皮膜の構造の Cr 濃度による変化[60]

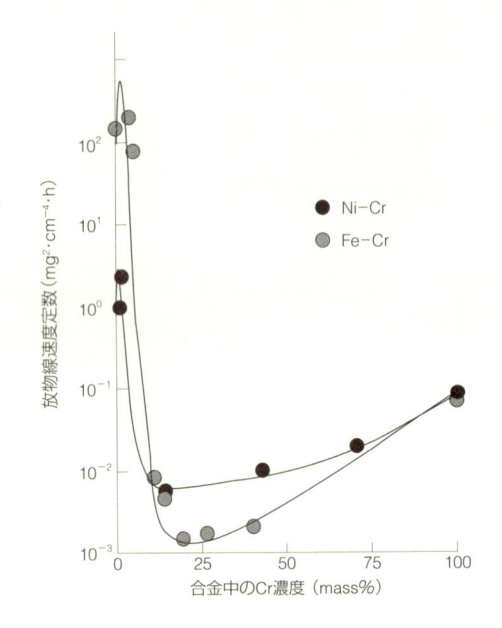

図 2.2.12　1 000 ℃大気中における Cr 含有合金の K_p の Cr 濃度依存性[61]

水蒸気酸化は，下記のように 300～575 ℃で水蒸気（H_2O）の解離によって生成する酸素により酸化が進行するといわれている[69),70)]．また水蒸気と Fe との直接反応によるとの説もある[71)]．

（＜ 300 ℃）
$$\begin{bmatrix} Fe + 2\,H_2O = Fe(OH)_2 + H_2 \\ 3\,Fe(OH)_2 = Fe_3O_4 + 2\,H_2O \end{bmatrix}$$

（300～575 ℃）
$$\begin{bmatrix} 4\,H_2O = 4\,H_2 + 2\,O_2 \text{（水蒸気の解離反応）} \\ 3\,Fe + 2\,O_2 = Fe_3O_4 \text{（鉄の酸化反応）} \end{bmatrix}$$
$$3\,Fe + 4\,H_2O = Fe_3O_4 + 4\,H_2$$

ボイラの場合は，大気中に比べ酸素分圧は低いが，酸化速度は大気酸化より大きい．これは同時に発生する水素によって欠陥の多い酸化スケールになるこ

とや，温度が高くないために保護性の Cr 酸化スケールが一様に生成しにくいことによる．それは図 2.2.13 および図 2.2.14 に示すように，Cr 量が高く，結晶粒が細かいほど，また表面に強加工層が生成している場合は金属イオンの表面への拡散がきわめて速くなり，早く Cr 酸化スケールが一様に生成して優れた耐酸化性を示すことからも推測される．

(4) 硫　　化

工業装置で硫化が問題となるのは加熱炉，ボイラ，ガスタービンのような二酸化硫黄（SO_2）を含む酸化性の燃焼ガス雰囲気，石油精製や石油化学で見られる硫化水素（H_2S）や硫黄ガスを含む還元性の雰囲気と硫酸塩を含む都市ごみ焼却炉や各種の廃棄物焼却炉雰囲気である．酸化性の SO_2 ガス雰囲気の場合，多くは低融点の溶融塩付着物が影響するケースであり，酸化が同時に進行する．酸素ないし硫黄分圧によっても異なるが，酸化スケールと鋼界面に硫化物のスケールが生成すると，低融点（たとえば NiS：787℃，Ni/Ni_3S_2：645℃）であることと，硫化物中のイオンの拡散速度が図 2.2.15 に示すように酸化物よりはるかに大きいため腐食速度は大きくなる．したがって，耐食性に必要な Cr 量も酸化の場合よりも多くなる．

酸化性雰囲気の場合，次式により酸化と同様に生成自由エネルギーに従って鋼表面上に硫化物を生成し，表面全体を覆う．

$$\begin{bmatrix} x\,M + y/2\,S_2 = M_xS_y & \text{（M：金属）} \\ x\,M + y\,H_2S = M_xS_y + y\,H_2 \end{bmatrix}$$

硫化スケールが一様に生成すると，この層を通しての金属ないし硫黄イオンの拡散によって腐食は進行するが，硫化物は酸化物よりも非平衡の組成になっていることが多く，硫化物中のイオンの拡散は酸化物よりはるかに速い．また硫化物は酸化物に比較して種類が多く複雑である．たとえば Cr–S 系では CrS，Cr_7S_8，Cr_5S_6，Cr_3S_4，Cr_2S_3，Cr_5S_8，Cr_3S_5 などが知られている．有効元素としての Cr，Al，Si などの硫化物の生成自由エネルギーは酸化物の場合に比較して小さく，しかも平衡解離圧の差も小さく，拡散速度も大きいため高温酸化に対するほどの効果はないが，Al を 3％以上含むと耐硫化性は著しく向上する[75]．

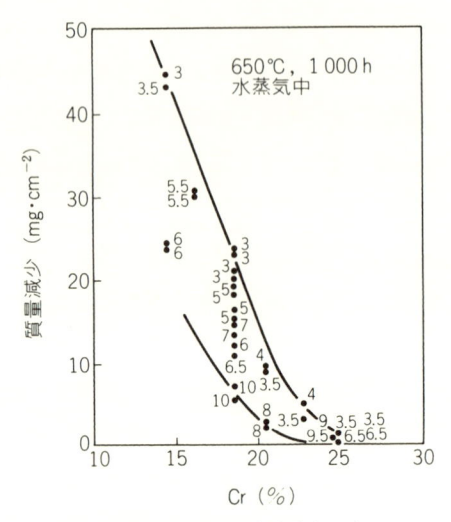

図中の数字は結晶粒度番号を示す．

図 2.2.13 水蒸気酸化に及ぼす Cr の影響[72]

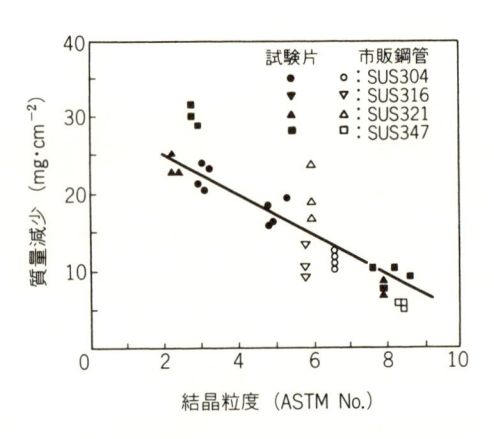

図 2.2.14 水蒸気酸化に及ぼす結晶粒度の影響[73]

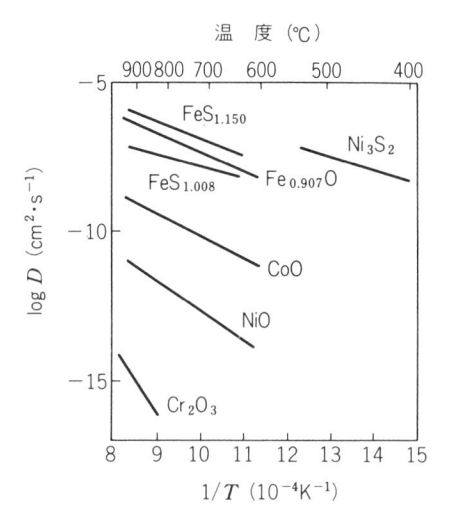

図 2.2.15 酸化物中と硫化物中の金属の拡散係数[57), 74)]

(5) 脱炭, 浸炭, およびメタルダスティング

脱炭 (decarburization), 浸炭 (carburization), およびメタルダスティング (metal dusting) は, Cを含む雰囲気と鋼表面とのCポテンシャル差が駆動力となっていずれかが起こる. 次の反応が主なものである. Cはガス相のC活量であるが, ガス相と平衡状態にある鋼表面のCの活量でもある. したがって, ガス相のC活量が鋼のそれを下回れば脱炭, 上回れば浸炭が起こる. メタルダスティングはC活量が1以上のCポテンシャルが著しく高いときに起こる. 脱炭および浸炭は, 一般に鋼の機械的性質を低下させる. しかし浸炭は表面硬化法として積極的に利用されている.

$$\left[\begin{array}{l}2\,CO = C + CO_2 \\ CH_4 = C + 2\,H_2 \\ CO + H_2 = C + H_2O\end{array}\right.$$

図2.2.16に1.5% CH_4–H_2系ガスにおけるステンレス鋼の浸炭温度領域を示す. 浸炭防止にはCr, NiおよびSiの添加が有効 (CrとSiは保護性のある酸

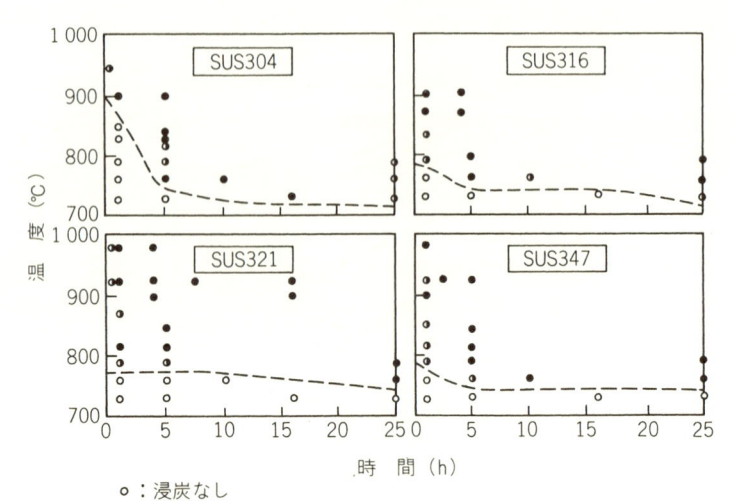

図 2.2.16 のグラフ:

- 縦軸: 温度 (°C), 700〜1000
- 横軸: 時間 (h), 0〜25
- 4つのパネル: SUS304, SUS316, SUS321, SUS347
- 凡例: ○:浸炭なし, ◐:軽度の浸炭, ●:浸炭

図 2.2.16 ステンレス鋼の浸炭領域[77]

化物を形成しCの内部拡散を阻止し，Niは炭化物を形成しない）である．脱炭に対しては炭化物安定化元素の添加が有効であり，内部まで脱炭を起こしにくくする．

メタンガス（CH_4），各種炭化水素および浸炭性ガス雰囲気（CO–CO_2–H_2–H_2O等）では，400〜800℃の温度範囲で浸炭より激しいピット状に減肉が生じるメタルダスティングという高温腐食が生じる．ステンレス鋼やNi基合金の場合はCポテンシャルの高い浸炭性ガス雰囲気中でも酸化皮膜を形成するが，皮膜に割れやはく離が生じた個所にガスの分解で黒鉛が析出しやすくなる．これが合金内方に成長すると金属・合金がダスト状になって脱落する（メタルダスティングという）．脱落した金属が触媒となってガス相からの黒鉛の析出が一層促進され，ピット状侵食が進行する．最近合金中のCuが浸炭性ガスからの表面吸着を阻止することが知られ，Cu添加耐メタルダスティング性合金の開発が報告されている[76]．

(6) 窒　化

分子状の窒素は比較的不活性であるが，アンモニア合成装置やアンモニア変成ガスを使用する加熱装置のような高温のアンモニア雰囲気では窒化（nitriding）を生じる可能性がある．金属表面に吸着したアンモニアは，金属面の触媒作用により400℃以上で分解し，活性となった原子状窒素と水素は一部再結合して金属面を離れるが，残りの窒素は鋼中に拡散し，鋼表面から窒化層を形成していく．アンモニア合成塔における各種ステンレス鋼の腐食挙動を図2.2.17に示すが，NiおよびSiは窒化防止に有効な元素である．

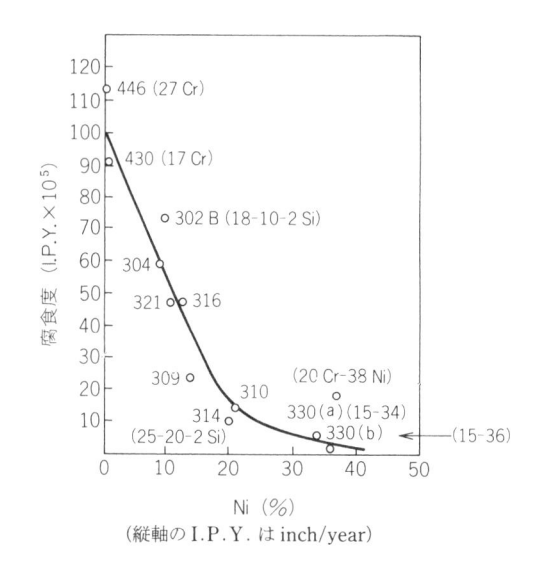

図 2.2.17 アンモニア合成塔内でのNi合金の腐食度[77]

(7) 水素侵食

水素侵食（hydrogen attack）は，高温高圧の水素を含む系において，主として炭素鋼および低合金鋼に生じる現象である．解離した水素（腐食反応で生じた水素も含む）が鋼中へ侵入拡散し，次式のようにセメンタイト（Fe_3C）と反

応してメタンを生成し，脱炭を起こすとともに高い内部応力の発生によって，き裂が生じる現象である．

$$Fe_3C + 2H_2 \rightarrow 3Fe + CH_4$$

水素侵食については，各種の鋼材が水素侵食を生じる限界の温度と水素分圧を示したネルソンカーブ（Nelson curve）が有名であり，ステンレス鋼は水素侵食をほとんど起こさないとされている．しかし，さらに高温下での事例や実験結果も報告されており，十分な配慮が必要である．

(8) ハロゲン化物腐食

ハロゲンのうち，最もよく知られている塩化物の場合について述べる．次式のように塩素ガス（Cl_2）および塩化水素（HCl）との反応生成物である塩化物は融点および沸点が低く，しかも容易に昇華（sublimation）するため，腐食速度が著しく大きい．表2.2.2に主要塩化物の融点および沸点を示す．

$$\left[\begin{array}{l} xM + \dfrac{y}{2}Cl_2 = M_xCl_y \\[6pt] xM + yHCl = M_xCl_y + \dfrac{y}{2}H_2 \end{array} \right.$$

高温HCl中におけるCr鋼の腐食速度は，図2.2.18に示すように600℃以下では腐食量も少なくCrの効果はあまりない．自動車の排気管では融雪塩の付着による高温塩化物腐食があげられ，この場合は酸化も同時に進行してCr炭化物の析出により腐食量が若干増加する．この場合に有効な元素はSi，MoおよびNiである．

(9) 溶融塩腐食

代表的な溶融塩腐食（molten salt attack, hot corrosion）は，ボイラの過熱器，再熱器の管外面などにしばしば生じるものである．燃料中に含まれるS，V，Na，Kなどが酸化物あるいは硫酸塩となって付着し，低融点物質を生成して腐食が加速される現象である．油燃焼ボイラに生じるバナジウムアタクおよび石炭燃焼ボイラに生じるアルカリ硫酸塩腐食がある．これらの高温腐食を総称してホットコロージョン（hot corrosion）と呼ばれている．

表 2.2.2　主な金属塩化物の融点および沸点[58]

物質	融点(℃)	沸点(℃)	物質	融点(℃)	沸点(℃)
⟨AlCl₃⟩ [1]	194(5.2 atm)	182.7(752 mm)	⟨MnCl₂⟩ [1]	650	1 190
⟨CoCl₃⟩	740	1 053	⟨MoCl₄⟩	317	410
⟨CrCl₂⟩	815	1 300	⟨MoCl₅⟩ [1]	194	268
⟨CrCl₃⟩	昇華	945	⟨NbCl₄⟩	205	247
⟨CuCl⟩	451	1 212	⟨NiCl₂⟩ [2]	963	919
⟨CuCl₂⟩ [1]	498	993	⟨TiCl₂⟩	昇華	1 308
⟨FeCl₂⟩	677	1 012	⟨TiCl₃⟩	昇華	831
⟨FeCl₃⟩	308	315	⟨VCl₄⟩	−26	160
			⟨WCl₅⟩	253	288

注[1]　J.H.Perry（1963）：*Chemical Engineers'Handbook*, McGraw‑Hill
　[2]　⟨NiCl₂⟩：融点：1 001℃（封管測定），沸点：994℃（0.11 MPa）．化学大辞典, 共立出版（1960）

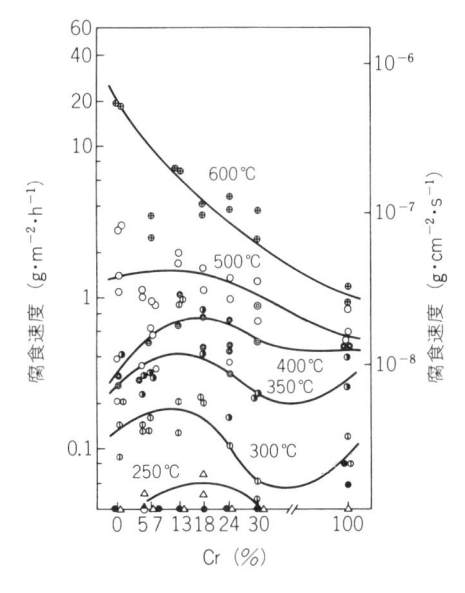

図 2.2.18　Cl₂ 中における Cr 鋼の腐食速度に及ぼす Cr 量の影響（10 h 試験）[78]

(a) バナジウムアタック バナジウムアタック（V-attack）は低融点のバナジウム化合物が凝固してバナジン酸塩からバナジルバナジン酸塩に変化するときに酸素が発生し，溶融時には酸素を吸収する可逆反応によって金属面に酸素が供給され，腐食が進行する．

V_2O_5–Na_2SO_4 系では，高温状態で Na_2SO_4 が分解し腐食性の強い低融点化合物が生成する

V_2O_5–Na_2SO_4 系の溶融塩環境における各種現用合金の耐食性は図 2.2.19 に示すように Cr が有効であり，クロマイズ処理（chromizing）あるいは高 Cr 系の腐食度が低い．18-8 ステンレス鋼の中では SUS347H が最も優れている．

(b) アルカリ硫酸塩による腐食 アルカリ硫酸塩による腐食は，生成する鉄硫酸錯塩 $[(Na,K)_3Fe(SO_4)_3]$ が低融点（約 540 ℃）であることによるもので，図 2.2.20 に示すように 550～700 ℃の温度域で腐食が著しい．特に雰囲気にハロゲンガスが微量でも含まれると激しい高温腐食となる場合が多い（たとえば都市ごみ焼却炉など）．

この場合にも図 2.2.21 に示すように合金元素として Cr が有効であり，ステンレス鋼では SUS347H が優れた耐食性を示す．

(10) 液体金属腐食

液体金属の高温における腐食作用は，液体金属に対して材料中の金属元素が溶解度をもつためであり，単純溶解あるいは粒界腐食などの形態となる．また液体金属中の不純物（たとえば酸素）と反応して腐食が進行することもある．金属材料の液体金属に対する耐食性を表 2.2.3 にまとめて示す．

これまで述べた高温腐食現象のほかに，石炭燃焼ボイラ，サイクロンなどにおける高温粒子の飛散による高温エロージョン，ストーブの燃焼筒のような輝度の低下が問題とされるような腐食もある．

2.2 ステンレス鋼の耐食性

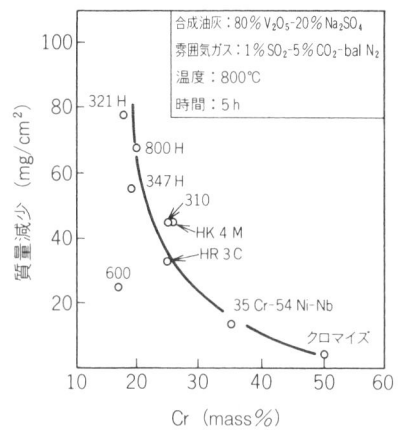

図 2.2.19 合成油灰中におけるステンレス鋼の腐食速度に及ぼす Cr 量の影響[79]

図 2.2.20 アルカリ・鉄・硫酸塩錯化合物による腐食の特徴[80]（SUS321H 鋼）

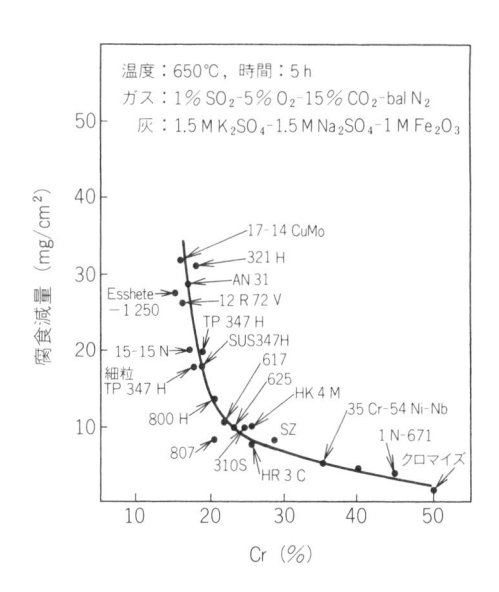

図 2.2.21 合成石炭灰によるオーステナイト系ステンレス鋼の高温腐食[81]

表 2.2.3 金属材料の高温液体金属に対する耐食性

液体金属 (融点:℃)	炭素鋼	18% Cr 鋼	18-8 鋼	Ni 基合金
Li(186)	—	耐食 (540℃)	耐食 (540℃)	耐食 (200℃)
Na(98)	耐食 (800℃)	完全耐食(900℃)	完全耐食(900℃)	完全耐食(900℃)
Na–K(−13)	完全耐食(500℃)			
Bi(271)	耐食 (300℃) 腐食 (500℃)	腐食	腐食	腐食
Hg(−39)	耐食 (20℃)	完全耐食 (50℃)	完全耐食 (50℃)	完全耐食 (20℃)
Pb(327)	完全耐食 (600℃)	完全耐食 (600℃)	完全耐食 (600℃)	腐食
Sn(232)	耐食 (300℃) 腐食 (400℃)	腐食	耐食 (300℃) 腐食 (400℃)	腐食
Zn(419)	腐食 (>420℃)	腐食 (>420℃)	腐食 (>420℃)	腐食 (>420℃)
Al(660)	腐食	腐食	腐食	腐食

2.2.5 ステンレス鋼の耐食性評価方法

(1) 湿食試験

現在 JIS で規定されている湿食試験方法を表 2.2.4 にまとめて示す．これらの試験方法は，主に品質管理や受入検査のために開発されたものであり，その結果から実際の環境での寿命を予測できるわけではないことに注意する必要がある．

(a) 全面腐食 Mo と Cu を含む 316 系鋼種の活性域での耐食性を判定する試験であり，品質や受入検査に採用されていた．しかし製鋼技術の発達した現在，その意義は薄くなっている．

(b) 粒界炭化物の析出による粒界腐食 粒界腐食試験方法は，固溶化熱処理が適切に行われていることを示すものとして早くから実施されてきた．JIS では鋭敏化の程度を 10％しゅう酸エッチング試験によってふるい分け，段状組織 (step) や混合 (二相) 組織 (dual) の場合は熱酸試験を免除し，溝状組織 (ditch) の場合には他の熱酸試験で確認することにしている．熱酸試験は 5 種類あり，それぞれ検出対象が異なるので適用に際して協議が必要である．

(c) 孔　食 耐孔食性を評価する試験方法として，腐食度を測定する塩化第二鉄腐食試験方法と，外部電源を利用して不動態皮膜の貫通電位を測定する

2.2 ステンレス鋼の耐食性

表 2.2.4 ステンレス鋼の耐食性評価試験法[82]

	試験方法名称	JIS	ASTM	試験条件	評価	対象	特徴	目的
全面腐食	アノード分極曲線測定	G 0579	—	30℃、5%または20% H_2SO_4	不動態化電流密度、不動態化電位、不動態維持電流密度で評価	ステンレス鋼	溶液脱気の状態によりばらつきが生じる可能性がある	品質管理
	硫酸腐食試験	G 0591	—	沸騰5～50% H_2SO_4、6 h浸せき(液)	腐食度 g/m^2h で評価する	Moを含むステンレス鋼	ステンレス鋼は活性状態であり、評価に注意を要する	品質管理
粒界腐食	10%しゅう酸エッチング試験	G 0571	A 262	10% $H_2C_2O_4$中で電解エッチ、室温、電解時間1.5 min、電流密度 1 A/cm^2	組織観察 段状(step), 混合(dual)は合格 溝状(ditch)は他の熱酸試験により判定	ステンレス鋼	Cr炭化物析出状態	ふるい分け試験として用いる
	硫酸・硫酸第二鉄腐食試験(Streicher試験)	G 0572	A 262	沸騰50% $H_2SO_4+Fe_2(SO_4)_3$中で120 h浸せき(液)	質量減より腐食度を求める。JISには判定基準の規定なし(当事者間の協議)	ステンレス鋼(オーステナイト系、二相系)	Cr欠乏層および種々の相	品質管理
	65%硝酸腐食試験(Huey試験)	G 0573	A 262	沸騰65% HNO_3中で48 h × 5回浸せき(液)	腐食度の平均値(当事者間の協議)	ステンレス鋼	Cr炭化物、Cr欠乏層およびσ相	品質管理
	硫酸・硫酸銅腐食試験(Strauss試験)	G 0575	A 262	沸騰15.7% H_2SO_4 +5.5% $CuSO_4$+Cu片中で16 h浸せき(液)	曲げによる粒界破壊の有無	ステンレス鋼	Cr欠乏層	品質管理
	電気化学的再活性化率測定(EPR測定)	G 0580	—	30℃ 0.5M H_2SO_4+0.01M KSCN中で往復分極曲線の測定	往復分極時の再活化ピーク電流比	ステンレス鋼	Cr欠乏層	品質管理
孔食	孔食電位測定	G 0577	—	30℃、1 $kmol・m^{-3}$ NaCl中で分極、走査速度 20 mV/min	電流密度10または100 $\mu A/cm^2$に対応した電位を孔食電位とする	ステンレス鋼	走査速度依存性が大きい	材料開発
	塩化第二鉄腐食試験	G 0578	G 48	10% $FeCl_3・6H_2O$+N/20 HCl、35または50℃ 24 h浸せき(液)	質量変化、形状評価	ステンレス鋼	実環境との対応に問題あり	材料開発、品質管理
	臨界孔食温度測定	G 0590	G 150	1 $kmol・m^{-3}$ NaCl, 700 mVvs.SCEにて保持、0.1 ℃・min^{-1}の速度で温度上昇(25℃で孔食を発生する材料は0℃から開始)	電流密度100 $\mu A/cm^2$ に対応する温度を臨界孔食温度(CPT)とする	ステンレス鋼	すきま腐食が生じない工夫を施した試験片の規定あり	材料開発
すきま腐食	腐食すきま再不動態化電位測定	G 0592	—	50℃, 200 ppm塩化物イオン水溶液中で往復分極	10 mVずつ電位を下げていく復路分極において、2hの定電位保持で電流がアノード方向への増加が認められなくなる電位を腐食すきま再不動態化電位とする	ステンレス鋼	電位掃引速度、定電流保持時間等、評価な規定あり	材料開発
応力腐食割れ	応力腐食割れ試験	G 0576	G 36	A法:沸騰42% $MgCl_2$(沸点143℃) B法:80℃、30% $CaCl_2$ ASTMでは沸点155℃の沸騰$MgCl_2$(45%相当)を用いる	試験片の種類、割れ時間、限界応力値、破面率など	ステンレス鋼	材料間の比較をする。実環境との対応に問題あり、試験片の種類により評価が異なることに注意が必要	材料開発
大気腐食	屋外暴露試験(参考)	Z 2381	—	南面、水平、垂直、傾斜の設置方法など	外観状況、質量変化、腐食率など	工業製品一般	大気中における経時変化の検査	品質管理、材料開発
	塩水噴霧試験(参考)	Z 2371	B 117	5±1% NaCl, pH 6.5～7.2、35±2℃	発しゅう状況、レイティングナンバによる等級づけ	鉄鋼、Al合金、塗料、めっき		品質管理、材料開発

(d) 応力腐食割れ 材料の耐 SCC 性を評価する 42％塩化マグネシウム腐食試験法は，破断時間が短く簡便であるが，割れ形態が実際の環境と必ずしも一致せず，結果の取り扱いには注意が必要である．

(e) 現場における試験（大気腐食，応力腐食割れ感受性など） 試験片を切り出さずに，そのままの状態で粒界腐食感受性を評価する方法として電気化学的再活性化率測定方法があり，化学プラントなどで使用されている．建材などの耐候性を調査する目的で，実験的な加速試験 2 種類と屋外暴露の試験方法を定めたものがある．いずれも発しゅう程度は見本との比較で等級を表す．

(2) 乾食試験法（高温酸化，高温腐食）

現在 JIS で定められている高温酸化と高温腐食試験法を表 2.2.5 に示す．高温酸化試験法 3 種類と高温腐食試験法 5 種類の，合計 8 種類の試験方法が定められている．

(a) 高温酸化試験法 加湿空気（露点 30℃）を流入（流量：表面積 1 mm^2 当たり 0.4 ml/min）して行う連続酸化と繰返し高温酸化試験法があり，前者は一定時間の連続酸化試験後に質量増加を測定して酸化速度を算出するが，後者は加熱時間と冷却時間を規定し，加熱・冷却を繰返して酸化を行い，所定サイクル試験後の質量変化（増量または減量）を測定する．

オーステナイト系ステンレス鋼の耐酸化性評価には高温繰返し酸化試験法が，フェライト系ステンレス鋼の場合は連続酸化法が実際に対応する．

(b) ボイラ管用金属材料の水蒸気酸化試験方法 ボイラ管に使用される Cr-Mo 鋼やオーステナイト系ステンレス鋼は，水蒸気中では低温でも空気中より激しく酸化され，生成スケールも厚く，内・外層の二層構造となるので，試験後は質量測定以外にスケールの厚さ測定と断面顕微鏡観察が必須である．酸化装置は水蒸気発生装置，加湿装置および試験室（水蒸気酸化装置）から構成される．

2.2 ステンレス鋼の耐食性

表 2.2.5 JIS による金属材料の高温酸化・高温腐食試験法 [83]

	試験方法名称	JIS	ISO	試験条件	評価	対象	特徴	目的
高温酸化試験法	金属材料の高温連続酸化試験法	Z 2281	申請中	加湿空気(露点 30 ℃)をかけ流しながら(0.4 ml/mm²/min)酸化を行う.	所定時間酸化後質量増加を測定する. 酸化増量を g/m² で表示する.	金属材料全般	簡便で信頼性がある	品質管理と材料選定
	金属材料の高温繰返し酸化試験法	Z 2282	申請中	加湿空気を流した後所定の温度おょび時間で加熱. 冷却を繰返し行う. 1 サイクルを 60 min として 200 サイクル行う.	200 サイクル酸化後試験片の質量を測定して酸化増量と質量変化量を求める. また変質層深さを顕微鏡で測定する.	金属材料全般	生成酸化物と地金の熱膨張係数の差が大きい場合は実機によく対応する.	品質管理と材料選定
	ボイラ管用金属材料の水蒸気酸化試験方法	Z 2287		水蒸気発生装置で得た水蒸気を試験管に送入して 500 h 以上酸化試験を行う.	酸化増量を測定し kg/m² で表示し, 試験片断面長さ 10 mm にわたり内部を顕微鏡で観察する.	Cr-Mo 鋼, ステンレス鋼		品質管理. 材料選定と合金開発
	金属材料の高温腐食試験方法通則	Z 2290	申請中	各高温腐食試験法の選択指針と整備, 塩の合成方法, ガス雰囲気の基本構成などを規定する.	高温腐食を含めた各種高温腐食に共通した試験片寸法等を規定. 断面観察法を含む.	金属材料全般	全高温腐食試験に共通	高温腐食試験方法の選択を誤らないようにする
	金属材料の高温ガス腐食試験方法	Z 2291	申請中	ガス雰囲気の導入・制御方法を規定. 装置の基本構成例を示す.	熱天秤と同固定方式によって腐食増・減量を測定する.	金属材料全般		各種腐食性ガス雰囲気中での材料選定と合金開発
高温腐食試験法	金属材料の塩塗布高温腐食試験方法	Z 2292	申請手続中	実験に付着した燃焼灰に対応した塩に濃塩水を吹き付けた試験片を乾燥後アルミナボートに乗せ炉内に挿入.	所定温度・時間試験後取り出し, スケールを除去して腐食減量を測定し, 光学顕微鏡で浸食深さ等を測定する.	炭素鋼, ステンレス鋼, 耐熱合金, Ni 基合金	簡便で再現性が高い.	耐溶融塩腐食性(耐ホットコロージョン性)を評価し材料選定と合金開発
	金属材料の塩灰合せをきおよび塩処理高温腐食試験方法	Z 2293	申請手続中	合成灰または実缶灰などをまぶしたるつぼ中に試験片を埋設する試験法. 塩類が完全に溶融する等の塩状態の場合は「埋没試験」と区別する.	所定温度・時間試験後取り出し, スケールを除去して腐食減量を測定し, 光学顕微鏡で浸食深さ等を測定する.	炭素鋼, ステンレス鋼, 耐熱合金, Ni 基合金	すべての燃焼灰が利用可能である	耐溶融塩腐食性(耐ホットコロージョン性)を評価し材料選定と合金開発
	金属材料の電気化学的高温腐食試験方法	Z 2294	申請手続中	溶融塩中でアノード分極曲線や交流インピーダンスを測定する.	電気化学的試験セルの構成と電気化学的な例を示し, 腐食電流密度と腐食量を関係付けている.	炭素鋼, ステンレス鋼, 耐熱合金, Ni 基合金		耐溶融塩腐食性(耐ホットコロージョン性)を評価し材料選定と合金開発

(c) 高温腐食試験法 従来から採用・実用化された代表的な高温腐食試験法には①塗布試験法，②塩噴霧試験法，③浸漬試験法，④Dean リグ試験法，⑤燃焼装置試験法（バーナーリグ試験法を含める），⑥実機試験法（レインボー試験を含める）がある．

我が国独自の標準試験法としては，日本学術振興会耐熱金属材料第123委員会において1973年に制定された「V_2O_5–Na_2SO_4 合成灰塗布高温腐食試験学振法」[84]のみであった．これらの試験法の長所，短所を整理・評価して研究の性格や評価の目的等に応じ，腐食試験法の選択と試験条件の設定などで最適化が図られて，2004年12月に5件の高温腐食試験法（試験方法通則を含む）が制定された．高温酸化試験法と大きく異なるのは実環境では必ず燃焼灰（V_2O_5，Na_2SO_4，K_2SO_4，NaCl，Al_2O_3，SiO_2 等とこれらの混合塩）の付着堆積が起こり，ガス雰囲気には腐食性ガス SO_2 や塩化水素が微量含まれることを考慮した点である．燃焼灰の組成や雰囲気中の腐食性ガス成分はプラントによって異なる．主要プラント機器における塩（付着堆積する低融点のアルカリ硫酸塩と塩化物）の構成例を表2.2.6に，ガス雰囲気組成の例を表2.2.7に示す．腐食の定量評価方法としては，脱スケール後の腐食減量に基づく方法を基本としているが，粒

表2.2.6 主要プラント機器における塩（燃焼灰）の構成例[83]

プラント機器	用　　途	塩（灰）の組成例
	燃料の種類など	
ガスタービン	高品位燃料（LNGなど）	Na_2SO_4, Na_2SO_4-NaCl
	低質油（重油など）	Na_2SO_4-V_2O_5
	石炭ガス燃焼	K_2SO_4-Na_2SO_4-Fe_2O_3
ボイラ	低質油（重油など）	V_2O_5-Na_2SO_4, $NaVO_3$-Na_2SO_4, V_2O_5-Na_2SO_4-NaCl 実缶採取灰
	石炭ガス燃焼	K_2SO_4-Na_2SO_4-Fe_2O_3, $CaSO_4$ （上記塩に Al_2O_3, SiO_2 などを添加）
廃棄物焼却炉ボイラ	一般廃棄物	KCl-NaCl-K_2SO_4-Na_2SO_4-$CaSO_4$-Al_2O_3 （上記塩に $PbCl_2$，PbO，ZnO，SiO_2 などを添加） 実缶採取灰

表2.2.7 主要プラント機器におけるガス雰囲気組成の例[83]

プラント機器	雰囲気ガス組成
ガスタービン	$N_2 - (5-18)\%O_2 - 10\%CO_2 - (0.1-1)\%SO_x$
ボイラ	$N_2 - (1-5)\%O_2 - 10\%CO_2 - (0.1-1)\%SO_x$
廃棄物焼却炉ボイラ	$N_2 - 10\%O_2 - 0.10\%HCl - 10\%CO_2 - 20\%H_2O$

界腐食や内部腐食などの局部腐食が問題となる場合も多く見られるため，金属組織学的評価方法として侵食深さの測定法が通則で解説されている．

2.3 ステンレス鋼の機械的性質

ステンレス鋼の中には多くの鋼種が存在し，前章で説明されているように，オーステナイト系，フェライト系などの5種類に分類される．各鋼種は成分や金属組織の相違により機械的性質が異なるだけでなく，使用方法や製品形状も違い，それによって得られる機械的性質もまた変化する．

たとえば，オーステナイト系やフェライト系は焼なまし状態または冷間加工のままで成形加工に供されるが，マルテンサイト系や析出硬化系は成形加工後に焼入焼戻しや析出硬化などの熱処理を施して使用する．また，製品形状は熱延板，冷延板，棒，線，管，鋳物などさまざまであるが，それによっても金属組織などが変化し，機械的性質は変化する．

2.3.1 常温における性質

プレス加工などに使用されるステンレス鋼は主として冷延製品である．冷延製品は焼なまし熱処理後，調質圧延したもの（No.2 B仕上げ）である．この材料の機械的性質は引張試験により評価し，引張方向が圧延方向に対して直角となるように切り出した，平行部の幅が12.5 mmのJIS 13 B号試験片で行う場合が一般的である．表2.3.1に主なステンレス鋼の冷延製品の機械的性質を例

示する.調質圧延を行っているので,フェライト系鋼種でも降伏現象が起きず,オーステナイト系鋼種などでは固溶化熱処理状態より少し硬くなっている.

(1) オーステナイト系ステンレス鋼

一般的にオーステナイト系はフェライト系に比べて耐力は低いが,引張強さが高く,伸びも大きい.オーステナイト系の中で比較すると,表2.3.1に見られるように,引張強さはSUS301やSUS304が高く,SUS316やSUSXM7が低

表2.3.1 ステンレス鋼冷延製品の機械的性質

鋼　種	耐　力 (N/mm^2)	引張強さ (N/mm^2)	伸　び (%)	硬　さ (HV)	分　　類
SUS201	461	804	52	215	オーステナイト系
SUS301	324	814	64	191	
SUS301L	343	736	50	190	
SUS304	314	618	59	170	
SUS304L	275	598	58	161	
SUS304J1	225	578	52	120	
SUS305	275	588	54	147	
SUS309S	304	598	52	160	
SUS310S	276	561	46	148	
SUS316	275	588	58	170	
SUS316L	255	549	56	156	
SUS317	294	608	51	160	
SUS317L	255	579	58	160	
SUS321	284	637	57	160	
SUS347	294	677	45	167	
SUSXM7	284	569	50	147	
SUS329J1	588	814	30	252	二相系
SUS329J3L	630	828	28	253	
SUS405	265	481	32	157	フェライト系
SUS410L	304	451	32	145	
SUS430	343	500	30	160	
SUS430LX	304	471	34	145	
SUS434	363	549	32	160	
SUS436L	343	530	32	160	
SUS444	402	559	31	173	
SUS410S	324	490	30	150	マルテンサイト系
SUS631	333	932	26	186	析出硬化系

2.3 ステンレス鋼の機械的性質

い．この特徴は各鋼種の加工硬化性と関係している．オーステナイト系ステンレス鋼では加工硬化（work hardening）の機構が2種類ある．一つはオーステナイト相自身の加工硬化であり，もう一つは加工（ひずみ）誘起マルテンサイト変態（strain induced martensitic transformation）による硬化である．

オーステナイト相自身の加工硬化は積層欠陥エネルギー（stacking fault energy, SFE）が低くなるほど大きくなる．含有成分のうち Cr, Si, N は SFE を低くし，加工硬化を助長するのに対し，Cu, Ni, C などは SFE を高め，オーステナイト相の加工硬化を抑制する．このため，Ni や Cu を多く含有する鋼種は軟らかくて加工硬化性は低くなるが，伸びは小さくなる傾向がある．

オーステナイト系ステンレス鋼の多くは固溶化熱処理後，オーステナイト単相である．これを Ms 点（マルテンサイト変態点）以下に冷却するとマルテンサイトへ変態するが，Ms 点以上の温度域であっても冷間加工によってひずみエネルギーが付与されるとオーステナイトがマルテンサイトに変態する加工誘起変態と呼ばれる現象が生じ硬化する鋼種もある．このような現象が生じる鋼種を特に準安定オーステナイト系ステンレス鋼と呼んでおり，SUS304, SUS301 などがその代表である．

この加工硬化は，オーステナイトの加工硬化とマルテンサイト変態による硬化が加味されたものとなる．したがって，準安定オーステナイト系ステンレス鋼では，加工によるマルテンサイト変態のしやすさが，加工硬化の程度の大きな指標となる．

このマルテンサイトの生成しやすさを表す指標としては，エンジェル（T. Angel）が提唱した Md_{30}（℃）がある．これは，オーステナイト単相の試料に30％の引張変形を与えたとき，組織の50％がマルテンサイト相に変態する温度で，この値が高いほどオーステナイトが不安定であり，マルテンサイト変態が起きやすいことを表す．この Md_{30}（℃）は化学成分との1次式で表現され，SUS304 に近い成分範囲でのオーステナイト安定度をよく表現している．

$$Md_{30}(℃) = 413 - 462(\%C + \%N) - 9.2(\%Si) - 8.1(\%Mn)$$
$$- 13.7(\%Cr) - 9.5(\%Ni) - 18.5(\%Mo)$$

野原らはエンジェルの式を再吟味し，成分として新たにCuとNbを加え，NiとCuの係数を同じとしているが，それらの係数は上式のNiより大きく変えるとともに，結晶粒度の影響も考慮して次式を導いた．

$$Md_{30}(℃) = 551 - 462(\%C + \%N) - 9.2(\%Si) - 8.1(\%Mn)$$
$$- 13.7(\%Cr) - 29(\%Ni + \%Cu) - 18.5(\%Mo)$$
$$- 68(\%Nb) - 1.42(\nu - 8.0)$$

ここで，νはJIS規定の結晶粒度番号である．このように，オーステナイト系鋼種の中でも化学組成により加工硬化が大きく変化する．

オーステナイト相の安定度は温度依存性をもつので，同じ材料でも加工温度や加工速度により特性が変化する．準安定オーステナイト系ステンレス鋼であるSUS301やSUS304は室温の加工で多くのマルテンサイトが生成するので，気温の変動によっても加工硬化特性が大きく変化する（図2.3.1）．それに対してオーステナイト安定度の高いSUS316やSUSXM7は気温の影響が比較的少ない．また，オーステナイト系ステンレス鋼は加工発熱が大きく，熱伝導率が小さいため，加工速度が大きくなると材料温度が上昇し，マルテンサイトの生成が抑制される．その結果，加工硬化性は低くなり，伸びが低下するなどの影響を受ける．

加工硬化性の大きい準安定オーステナイト系ステンレス鋼であるSUS301などは圧延により容易に高強度が得られるので，圧延状態や伸線状態でばねなどに使用される．オーステナイト系鋼種のハード（加工硬化）材の特徴は，表2.3.2に示すように3/4Hのような硬化状態でも伸びが大きいことである．したがって，加工硬化した材料をそのまま成形し，製品にすることができる．反面，同じ硬さをもつ焼入れ材よりばね限界値が低くなる欠点をもつ．これに対して，400〜500℃で時効処理を施すと，強加工によってできた内部応力が緩和されるため，硬さだけでなく，ばね限界値の向上も図ることができる．また加工状態では，材料の特性が時間とともにごくわずかであるが変化するので，この対策としても時効処理は有効である．

近年JIS鋼種として登録されたSUS312LやSUS836Lは，Cr，Mo，およびN

の含有量が多く耐食性が極めて良好な鋼種でありスーパーステンレス鋼とも呼ばれている．これらは，加工によりマルテンサイト変態は誘起されないが，窒素による強化のため他のオーステナイト系ステンレス鋼に比べ耐力，引張強さともに大きい（表2.3.3）．これらを構造部材に適用すると耐食性，強度の両面

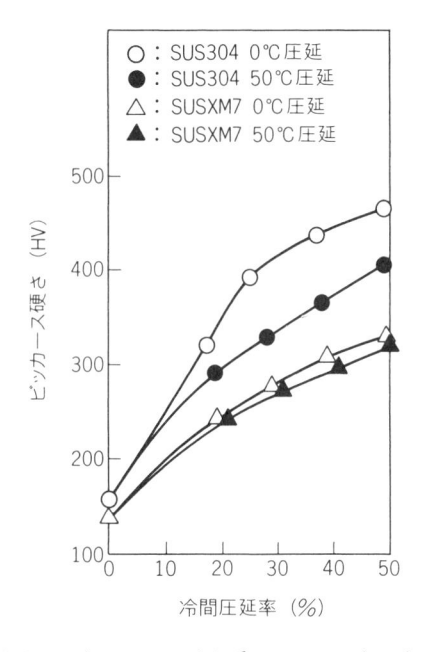

凡例:
○：SUS304 0℃圧延
●：SUS304 50℃圧延
△：SUSXM7 0℃圧延
▲：SUSXM7 50℃圧延

縦軸：ビッカース硬さ (HV)
横軸：冷間圧延率 (%)

図2.3.1 オーステナイト系ステンレス鋼の加工硬化特性

表2.3.2 ハード材の機械的性質

鋼　種	仕上げ	耐力 (N/mm^2)	引張強さ (N/mm^2)	伸び (%)
SUS301	1/2 H	775	1 089	23
	3/4 H	1 187	1 324	18
	H	1 245	1 579	7
	EH	1 785	1 854	—
SUS304	1/2 H	705	882	35
	3/4 H	931	1 009	23
	H	1 215	1 303	4

表2.3.3 スーパーステンレス鋼冷延製品の機械的性質

鋼　種	耐　力 (N/mm^2)	引張強さ (N/mm^2)	伸　び (%)	硬　さ (HV)	分　　類
SUS312L	379	744	41	182	オーステナイト系
SUS836L	354	722	48	185	

から板厚を薄くすることも可能である．

(2) フェライト系ステンレス鋼

　フェライト系ステンレス鋼は炭素鋼と同程度の加工硬化特性をもっているが，耐力や引張強さが大きく，伸びが小さい（表2.3.1）．加工硬化指数（rate of work hardening）が同じで全伸び（total elongation）が小さいことは，一様伸び（uniform elongation）は等しいが，くびれが起きてから破断に至るまでが短いことを意味する．その原因は，材質的にぜい性的であるか，ボイド生成サイトとなる介在物や炭化物などの異物が多いかにある．そのため，フェライト系ステンレス鋼では，耐食性を改善する目的で添加されるCrなどの有効成分以外をできるだけ低減することにより，伸びや加工性の改善が図られる．特に侵入形元素（interstitial elements）の影響が大きく，SUS444などの極低C，N鋼種では，伸びや絞り成形性が大幅に改善される．

　フェライト系ステンレス鋼は炭素鋼と同様に焼なまし状態では降伏現象が見られる．CやNを著しく低くし，TiやNbで安定化したSUS444などの鋼種でも観察される．冷延製品は焼なまし後，光沢を改善するためにスキンパスロールによる調質圧延（skin pass rolling）が施される．これによって，焼なまし材に見られる降伏現象がなくなる．一度，調質圧延されたステンレス鋼は炭素鋼と違い，時効により降伏現象が再現することはなく，長時間経過後にプレス加工を行ってもストレッチャーストレイン（stretcher strain）が発生することはない．

　フェライト系ステンレス鋼は適正な熱処理を行えば，表2.3.1に示すような材料特性が得られるが，高温に加熱するなど，特定の温度に長時間さらすとぜ

2.3 ステンレス鋼の機械的性質

い化する．高温加熱によるぜい化には二つの形態がある．フェライト系鋼種にはSUS430やSUS434のように900℃以上の高温域でオーステナイトが生成するものと，SUS444やSUS436Lのように高温域でもフェライト単相のものがある．前者を高温で熱処理しオーステナイト相を生成させると，冷却途中でマルテンサイトに変態し，材料のじん性が著しく劣化する．そのため，熱処理は850℃以下で行う必要がある．後者を900℃以上の温度で熱処理することにより加工性に優れた集合組織を得ることができるが，1 000℃を超える高温で熱処理すると結晶粒が粗大化し伸びが減少するとともにじん性が著しく低下する．

また，400～500℃に長時間加熱したときに現れる475℃ぜい性（475℃ embrittlement）や600～650℃に長時間加熱したときに現れるσぜい性（sigma embrittlement）を避ける必要がある．475℃ぜい性はフェライトが高Cr相と低Cr相に分解することにより発生する現象で，数十時間の比較的短時間でも起こるので留意を要する．σぜい性は金属間化合物のσ相（FeCr）の析出による現象であるが，フェライト系ステンレスでは析出が遅く，数百時間以上加熱した場合に現れるため，実用上問題にならない．

(3) マルテンサイト系ステンレス鋼

マルテンサイト系ステンレス鋼は完全焼なまし状態では多量の炭化物が混在するフェライト組織となるため，同量のCrを含むフェライト系鋼種の機械的性質と大差なく，少し硬く，伸びがわずかに劣るだけである．ところで，マルテンサイト系ステンレス鋼の機械的性質で重要視されるのは，焼入焼戻し後の性質である．焼入硬さを大きくするためにCが多く含まれる．950～1 050℃の温度域でオーステナイト化処理を行うが，Cr量が増加するに従って，オーステナイトの生成量が減少するため，C量を増やしてオーステナイト組織を確保する．

他方，C量を増やすと炭化物が固溶する温度が高くなるため，オーステナイト＋炭化物の状態からの焼入れとなる．マルテンサイト系ステンレス鋼では，オーステナイト化処理の後の冷却過程で$\gamma \rightarrow \alpha$の拡散変態が起こりにくいので，空冷でも十分に硬化する．

また，C量が多いほど，焼入硬さは高くなるがじん性が劣る．焼入状態ではマルテンサイト変態に伴う残留応力が大きく，伸びやじん性が劣るため，焼戻処理を行う．焼戻しは微細な炭化物の析出による耐食性の劣化を防ぐため300～600℃の間は避け，200～300℃前後の低温焼戻しと，600～700℃前後の高温焼戻しのいずれかが行われる．一般的に，焼戻温度が高いほど強度が低下し，延性やじん性が向上する（表2.3.4）．

表2.3.4　マルテンサイト系ステンレス鋼の熱処理と機械的性質[85],[86]

鋼　種	状　態	耐　力 (N/mm^2)	引張強さ (N/mm^2)	伸　び (%)
SUS410	完全焼なまし	265	480	27
	焼入れ	1 029	1 382	12
	低温焼戻し	960	1 274	15
	高温焼戻し	588	755	23
SUS420J2	完全焼なまし	343	617	21
	焼入れ	1 519	1 784	4
	低温焼戻し	1 548	1 725	8
SUS440A	完全焼なまし	383	657	22
	焼入れ	1 784	1 852	6
	低温焼戻し	1 784	1 852	5

(4) 析出硬化系ステンレス鋼

析出硬化系ステンレス鋼は，耐食性と高強度の両方を併せ備えた鋼を得るために，Cによる強化ではなく，金属間化合物の析出による強化をねらって開発された鋼種である．多くの鋼種は固溶化熱処理後の金属組織によりオーステナイト系，マルテンサイト系などに分類される．ここでは，JISに規定されているSUS630，SUS631について触れる．

表2.3.5に，この2種類の機械的性質を，また表2.3.6には熱処理条件をそれぞれまとめて示した．

SUS630はCr 17%，Ni 4%，Cu 4%を主な添加元素とする析出硬化系ステ

ンレス鋼で，しばしば17-4PHと呼ばれる．オーステナイト化した後に冷却する固溶化熱処理（S処理）で，Ms点（マルテンサイト変態開始温度）が室温以上となり，ほとんどがマルテンサイト変態する．そのため，絞りや曲げなどの強い冷間加工はできない．S処理後に470～480℃で時効させると，Cuに富む相が分散析出して高強度が得られる（表2.3.5）．特にじん性を必要とする用途に対しては，時効温度を高めにする（表2.3.6）．

SUS631はCr 17％，Ni 7％，Al 1％を主な添加元素とする析出硬化系ステンレス鋼で，17-7PHとも呼ばれる．Ms点が室温以下にあるため，S処理したものはオーステナイト単相であり，軟らかく十分な加工性をもっている．これを成形加工した後，熱処理によりマルテンサイト母相にNi₃Alなどの金属間化

表2.3.5 析出硬化系ステンレス鋼の熱処理と機械的性質

鋼　種	熱処理記号	耐　力 (N/mm²)	引張強さ (N/mm²)	伸　び (％)
SUS630	H 900	1 196	1 353	14
	H 1025	1 030	1 138	17
	H 1075	932	1 089	16
	H 1150	824	1 000	20
SUS631	TH 1050	1 216	1 244	5
	RH 950	1 295	1 383	6
	CH 900	1 971	2 069	1

表2.3.6 析出硬化系ステンレス鋼の熱処理

鋼　種	熱処理記号	熱処理条件
SUS630	H 900	470～480℃, 1 h
	H 1025	550℃, 4 h
	H 1075	580℃, 4 h
	H 1150	620℃, 4 h
SUS631	TH 1050	760℃, 90 min → 15℃以下, 30 min → 565℃, 90 min
	RH 950	955℃, 10 min → −73℃, 8 h → 510℃, 60 min
	CH 900	強い冷間圧延 → 475℃, 60 min

合物を分散析出させ高強度を得ている．熱処理には表2.3.5に見られるように三つの方法が採用される．第一の方法（TH1050）は，760℃に加熱し，炭化物を析出させて，オーステナイト相のMs点を室温以上にし，15℃以下に冷却してマルテンサイトに変態させ，さらに565℃に保持して金属間化合物を析出させる．第二の方法（RH950）は955℃に加熱した後，−73℃でサブゼロ処理してマルテンサイト化し，510℃に保持して析出硬化させる．第三の方法（CH900）は冷間圧延で60％以上の強加工を加えて，マルテンサイト化し，475℃に保持して強化する．表2.3.5に示すように，TH1050処理は伸びが大きく，CH900処理は強度が高くなる．

(5) オーステナイト・フェライト系ステンレス鋼

この種の鋼は二相系ステンレス鋼とも呼ばれ，一般に硬くて加工し難いが，耐応力腐食割れ性に優れていることから，海水や油井関係によく使用される．また，高温での加工誘起変態を利用する超塑性材料（superplastic materials）として開発された鋼種もある．

二相系鋼種で代表的なSUS329J3Lは，フェライト母相に50％程度のオーステナイト相が細かく分散した組織をもっている．その結果，フェライト系やオーステナイト系よりも耐力や引張強さが高い．他方，伸びはフェライト系とほぼ同等である．この鋼種は広い温度範囲で二相組織となるが，高温ではフェライト相がより安定となるため，1150℃を超える高温での熱処理は避けた方がよい．また，700℃付近に保持されるとσ相が析出するので，熱処理後の冷却は急冷が必要である．

2.3.2　低温における性質

液化ガス工業や冷凍工業で使用される材料は，低温でもじん性を持つことが求められる．鉄系材料は0℃以下の環境にさらされると，しばしばじん性が急激に低下する延性–ぜい性遷移温度（ductile–brittle transition temperature）がある．ステンレス鋼でも体心立方構造をもつフェライト系鋼種は低温域でぜい化し，伸びが著しく低下する．これに対して，面心立方構造をもつオーステナ

イト系鋼種はじん性が少し低下するにとどまるため，低温環境の材料として数多く使用されている．

(1) 引張性質

一般に温度が低くなるに従って，引張強さが高くなり伸びは低下する．オーステナイト系ステンレス鋼も同じ傾向をもつが，オーステナイトの安定度により大きく異なる．図2.3.2に示すようにオーステナイト安定度の低いSUS304は温度低下とともに引張強さが著しく増加するが，耐力の増加はあまり大きくない．他方，オーステナイト安定度の高いSUS310Sは引張強さの増加はあまり大きくないが，耐力は引張強さと同程度に増加し，マルテンサイト系などと類似した傾向を示す．オーステナイト安定度の低い鋼種では，室温よりさらに加工誘起マルテンサイト変態が起きやすく，温度の低下とともに変態量が増加し，引張強さも高くなる．

SUS304系のMs点は-150℃前後であるので，液体窒素で冷却するとマルテンサイトに変態する．炭素鋼などではMs点に達するとマルテンサイト変態を開始し，その後は温度が低下することによって進行して，保持時間には関係し

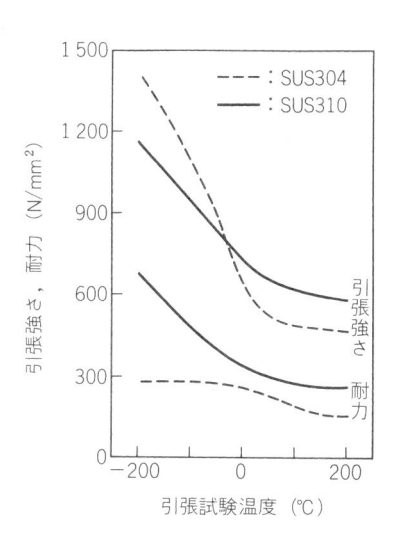

図2.3.2 SUS304とSUS310の低温における機械的性質[87]

ないが，SUS304系では等温マルテンサイト変態（isothermal martensitic transformation）が起きる．そのため，低温保持すると Ms 点より高い温度でもマルテンサイトが生成する（図2.3.3）．したがって，低温装置に使用する場合は長時間使用後のマルテンサイト生成量を考慮する必要がある．

　加工硬化材はすでにマルテンサイトを生成しているため，温度が低下しても引張強さは固溶化熱処理材ほど増加しないが，伸びは増大する（図2.3.4）．引張速度やマルテンサイト変態量の増加が伸びの改善に関与する．

　フェライト系やマルテンサイト系は，温度の低下にともなって引張強さや耐力は増大するが，伸びは最初微減し，ある温度以下になると急速に低下する．この急速に低下する温度は，衝撃試験による延性–ぜい性遷移温度よりもかなり低温側にある（図2.3.5）．

(2) じん性

　材料のじん性は，2 mm の深さの V か U のノッチをもつシャルピー試験片を衝撃的に破断し，そのときの吸収エネルギー（衝撃値）で評価している．オーステナイト系ステンレス鋼は温度の低下とともに衝撃値は漸次減少するが，−198℃でも十分なじん性をもっている（図2.3.6）．しかし，固溶化熱処理状態で優れたじん性を示すオーステナイト系鋼種も，溶接などでフェライト相が

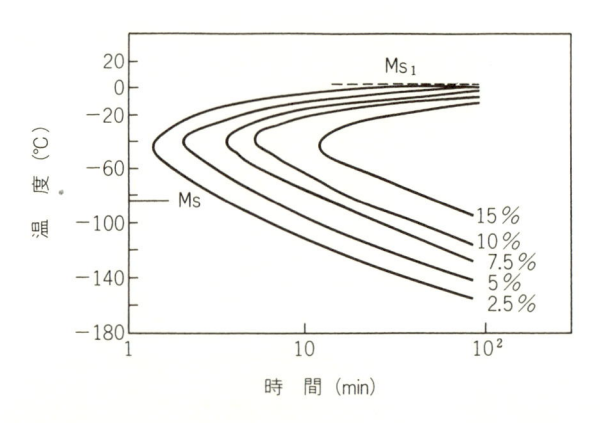

図 2.3.3 16 Cr–7 Ni 鋼の等温マルテンサイト変態曲線[88]

2.3 ステンレス鋼の機械的性質

混在するときや，炭化物が析出した場合，さらに冷間加工を受けた場合などには，低温での衝撃値は低下する．したがって，溶接を必要とする製品にはSUS347などの安定化鋼種を選択するとよい．

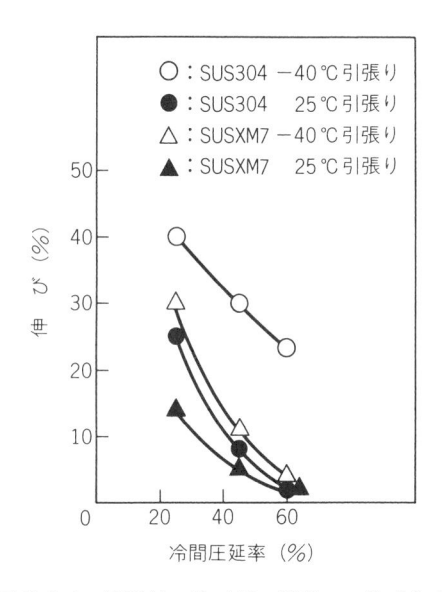

図2.3.4 圧延材のサブゼロ温度での伸び向上

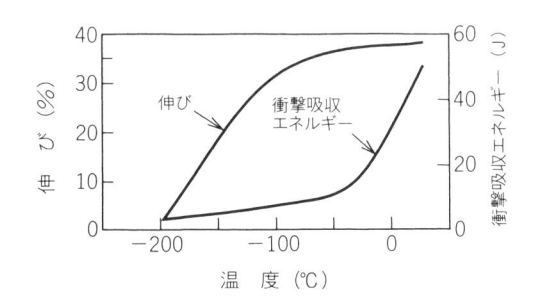

図2.3.5 SUS430の伸びと衝撃吸収エネルギーによる延性‐ぜい性遷移温度の相違[89]

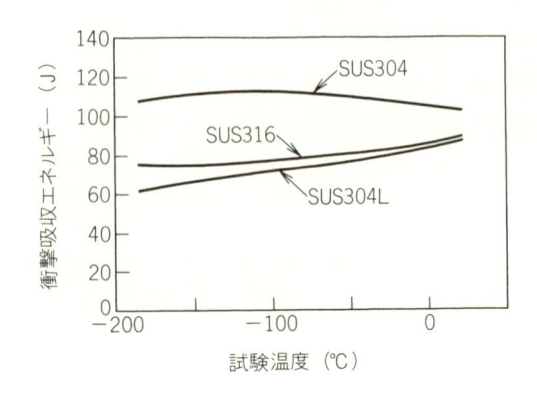

図 2.3.6　オーステナイト系鋼種の衝撃値と温度の関係[90]

フェライト系ステンレス鋼には，炭素鋼と同様に，温度の低下とともに衝撃値が急激に減少する延性-ぜい性遷移温度が存在する（図2.3.5）．遷移温度に影響する因子として，CとNの含有量，オーステナイト安定化元素添加の有無，結晶粒の大きさ，炭化物の分布，集合組織などがあげられる．C，N含有量の低減によりSUS444などの鋼種のじん性改善も進められているが，低温装置に使用できるまでには至っていない．また，溶接すると結晶粒の粗大化，窒素のピックアップなどで遷移温度がかなり上昇する．

(3) 低温疲れ

オーステナイト系鋼種は固溶化熱処理材も加工硬化材も，温度が低くなるに従って疲れ限度（fatigue limit）は向上する．オーステナイト系鋼種だけでなく，多くの金属材料において低温で疲れ限度が向上するが，その理由は低温で引張強さが高くなるためと考えられる．しかし，加工硬化材に切欠きを入れた場合，疲れ限度が低下し，温度低下による疲れ限度の向上も少なくなる（図2.3.7）．

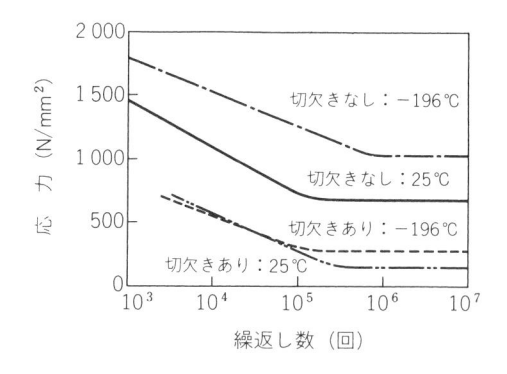

2.3 ステンレス鋼の機械的性質　　161

```
        2 000
         1 500 ┤ ─·─·─ 切欠きなし：−196℃
応
力       1 000 ┤ ───── 切欠きなし：25℃
(N/mm²)
          500 ┤ ─·─·─ 切欠きあり：−196℃
               │ ───── 切欠きあり：25℃
            0
              10³   10⁴   10⁵   10⁶   10⁷
                    繰返し数（回）
```

図 2.3.7　SUS304 冷間圧延材の疲れ強さ[91]

2.3.3　高温における性質

ステンレス鋼は耐酸化性や高温強度が優れているので，耐熱鋼としてもよく使用される．高温では，材料の組織が時間とともに変化するので，短時間の引張特性だけでなく，クリープや熱疲労など，その使用状況にあった材料特性を把握する必要がある．

(1) 引張特性

高温の引張性質は，室温の場合よりも引張ひずみ速度（speed of testing rate of stressing）の影響をはるかに強く受けるので，JIS では耐力までのひずみ速度を $0.3\pm0.2\,\%/\mathrm{min}$，それ以降のひずみ速度を $0.75\pm0.25\,\%/\mathrm{min}$ と規定している．表 2.3.7 および図 2.3.8 に各種のステンレス鋼と炭素鋼の高温の引張強さを示す．炭素鋼は約 400℃，フェライト系は 500℃前後，オーステナイト系は 600℃付近より高温の領域で急激に引張強さが低下している．炭素鋼に比べて同じ体心立方構造をもつフェライト系の引張強さの低下は高温側に移行している．これは，フェライト系ではセンメタイト（Fe_3C）より高温で安定な Cr 炭化物（$M_{23}C_6$）を形成し，分散強化することによると考えられる．オーステナイト系の引張強さの低下はフェライト系よりさらに高温側に移行している．この主な理由は面心立方晶での原子の拡散が体心立方晶に比べ著しく遅いためで

表 2.3.7 高温機械的性質（短時間引張試験の引張強さ）

(単位 N/mm^2)

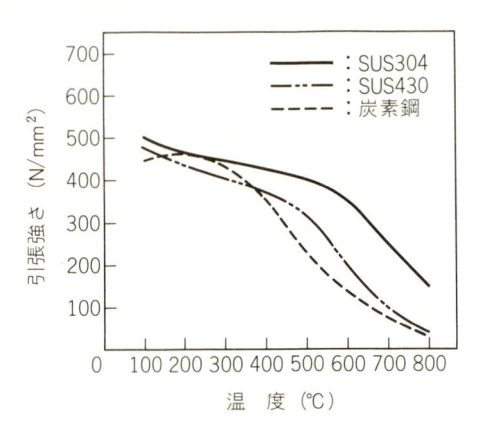

鋼　種	常温	試　験　温　度（℃）							備考
		100	200	300	400	500	600	700	800	
SUS304	608	510	451	451	441	422	363	234	127	
SUS304L	549	461	412	402	402	392	—	—	—	
SUS309S	579	549	490	471	471	461	422	304	196	
SUS316	588	539	520	520	510	481	422	304	196	
SUS317	598	549	530	510	510	490	—	—	—	
SUS836L	765	685	631	607	591	567	525	457	331	
SUS405	461	451	382	363	333	—	—	—	—	
SUS430	500	451	432	432	412	—	—	—	—	
SUS430LX	471	441	422	402	382	—	—	—	—	
SUS436L	530	520	500	481	461	—	—	—	—	
SUS444	588	579	569	559	530	—	—	—	—	
SUS630	1 353	—	1 216	1 138	1 089	—	—	—	—	H 900 処理
SUS329J1	745	647	608	608	588	—	—	—	—	
SUS329J3L	843	736	727	720	700	—	—	—	—	

図 2.3.8 高温強度の温度依存性[92]

ある.

析出硬化系鋼種は500℃以上の温度域で急速に引張強さが低下する.これは過時効による析出相粒子の凝集粗大化のためである.なお,500℃以上で急速に低下するといっても,SUS304よりなお強度は高い.

(2) クリープ特性

材料に力が加わっている状態で,時間とともに変形が進む現象をクリープ(creep)という.この場合に,変形量が力の大きさだけで決まらず,時間の因子を含むようになる.クリープ特性を把握するため,JISでは引張クリープ試験が規定されている.円形一様断面の試験片を一定温度のもとで,一定引張荷重を負荷し,伸びの径時変化を測定し,クリープ曲線(creep curve)を得る.クリープ曲線は,一般的に図2.3.9のような軌跡を描き,三つの段階に分けられる.第一期は瞬間伸び(instantaneous elongation)と,伸びの増加量が時間とともに減少する遷移クリープ(transient creep),第二期は伸び増加速度がほぼ一定となる定常クリープ(steady state creep),第三期は伸び増加速度が時間とともに増大し,破断に至る加速クリープ(accelerating creep)に分類され

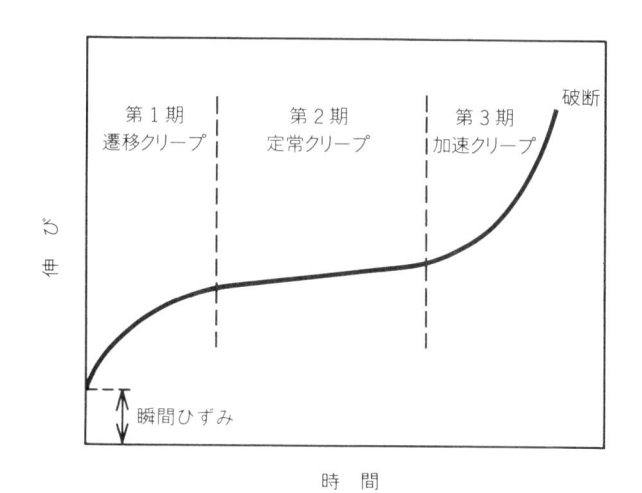

図 2.3.9 典型的なクリープ曲線

る．クリープ曲線は荷重，温度および金属組織の影響を受ける．同一温度で荷重を大きくすると，定常クリープの傾斜が増加し，その期間が減少し，破断に至る時間が短くなる．反対に，荷重を小さくすると定常クリープの傾斜が小さくなり，期間が長くなる．また，温度が高いほど変形が速く進み，破断に至る時間が短くなる．

同一温度の定常クリープ速度と応力の関係は対数グラフ上で右上がりの直線に描かれる．回帰直線が 1 %/1 000 h などのクリープ速度の線と交差する応力をクリープ強さ (creep strength) という．同様に，クリープ破断時間と応力の関係からクリープ破断強さ (creep rupture strength) を求める．図 2.3.10 の例では 700 ℃，10^4 h のクリープ破断強さは 48 N/mm^2 である．クリープ破断強さを求めるためには，温度と荷重を変えて長時間の試験が必要になるので，いろいろな温度で測定された結果から一本のマスターカーブに整理できれば，クリープ破断強さを推定するうえで便利である．この目的のために，Larson-Miller などのパラメーターがよく用いられる．

各鋼種の 1 000 h クリープ破断強さを図 2.3.11 に示す．クリープ破断強さは低温側では耐力より高いが，温度の上昇とともに急激に低下し，高温側では耐力よりかなり低くなる．また，オーステナイト系鋼種の曲線はフェライト系鋼種より 100 ℃ 以上も高温側にあり，高温強度が大きいことを示している．一方，析出硬化系鋼種は 450 ℃ 以下できわめて高いクリープ破断強さを示す．また，高 Mn-高 N オーステナイト系ステンレス鋼は 800 ℃ 近くまで SUS304 より高いクリープ破断強さを示す．

(3) 高温疲れ，熱疲れ

高温での繰返し応力を受け材料が損傷する現象を高温疲れ (fatigue at elevated temperature) という．一般に高温疲れはクリープの影響を受けるため，引張強さなどから推定されるよりも疲れ寿命 (fatigue life) は短く，疲れ限度が現れない．クリープの影響が少ない低温域や低サイクル疲れ (low cycle fatigue) では，疲れ強さ (fatigue strength) がかなり大きくなる (図 2.3.12)．繰返し応力の与え方 (引張，曲げ，ねじりなど) によっても疲れ強さは異なる

2.3 ステンレス鋼の機械的性質

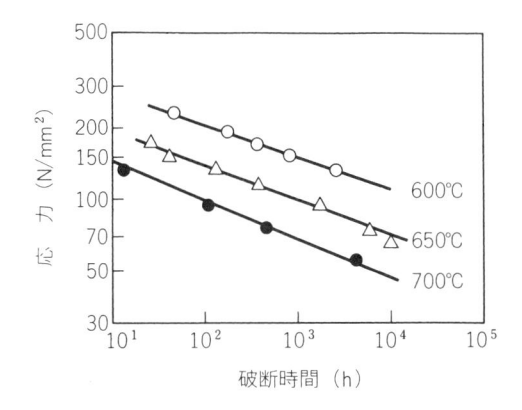

図 2.3.10 SUS304 の応力-クリープ破断時間線図[93]

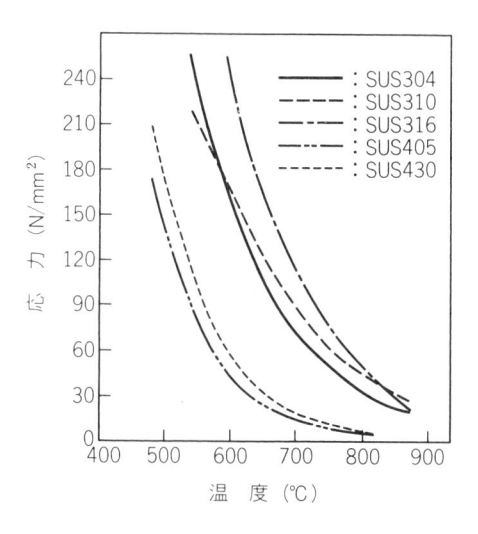

図 2.3.11 1000時間クリープ破断強さ[94),95)]

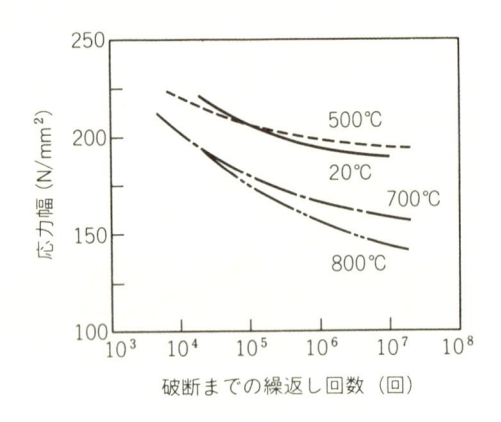

図 2.3.12　SUS347 の高温疲れ[96]

ので，実操業に合わせて試験する必要がある．

　機械部品が加熱・冷却の繰返しを受け，熱膨張係数の関係で膨張・収縮をしようとしても，それを支持するところで拘束されると，材料内部に応力が発生する．このような熱サイクル（heat cycle）に伴う応力の繰返しで損傷する現象を熱疲れ（thermal fatigue）という．この応力は膨張・収縮を拘束することによって発生するため，熱膨張係数が小さいフェライト系は熱疲れに対し優れた性質を示し，熱膨張係数の大きいオーステナイト系の寿命は短い．

(4) 長時間加熱による変化

　ステンレス鋼を長時間高温で使用すると，酸化や窒化により Cr が選択的に消費され，母相の耐酸化性や組織の安定性が劣化する．さらに炭・窒化物やσ相などの金属間化合物の析出や粗大化により，じん性が低下する．耐熱材料として使用されるオーステナイト系ステンレス鋼でσぜい化はしばしば問題となる．σ相は，δフェライト相があれば比較的短時間で生成し，オーステナイト単相であっても長時間加熱すると生成する．σ相の生成を促進する合金成分は Cr, Mo, Si などで，抑制する元素は Ni, N, C である．したがって，Ni/Cr 比の高い材料はσぜい化の危険は少ない．

2.4 ステンレス鋼の物理的性質

ステンレス鋼はその成分や組織によって，オーステナイト系，フェライト系などの5種類に分類されることは前章で述べられているが，それらの物理的性質は，結晶構造（面心立方，体心立方など）および合金量（Fe中への合金元素添加量）などでほぼ決まる．Cr系のフェライト系およびマルテンサイト系ステンレス鋼の物理的性質は互いに類似しているが，Cr–Ni(–Mo)系オーステナイト系ステンレス鋼はこれらと性質を異にし，特に磁気的性質と熱的性質で大きな差がある．二相系は組織的にこの両者からなるので，これらの中間の性質を示す．析出硬化系の主成分はCr–Ni系であるが，その硬化処理材はマルテンサイト組織を呈するので，上記のCr系に近似している．各系ステンレス鋼の物理的性質を軟鋼，Cu，Al，Tiなど[97)~99)]他の金属材料とともに表2.4.1に示す．

2.4.1 密　度

密度（density）はFe中の合金元素の種類と添加量でほぼ決まり，Cr系のフェライト系およびマルテンサイト系ステンレス鋼は軟鋼よりやや小さく，Cr–Ni(–Mo)系のオーステナイト系ステンレス鋼はこれよりやや大きい．オーステナイト系でもNi量の少ない高Mn組成の200系鋼種は，Cr系とほぼ同等となる．二相系はこれら両者の中間である．非鉄材との比較では，いずれのステンレス鋼もCuよりやや小さいが，AlやTiなどよりは大きく，それぞれの約3倍および2倍である．

2.4.2 弾性係数（ヤング率，剛性率）

ステンレス鋼の弾性係数（Young's modulus）は軟鋼とほとんど同じである．非鉄材との比較ではCuの1.8倍，Ti，Alの2倍および2.8倍である．ステンレス鋼は弾性係数が高いので，冷間圧延（オーステナイト系）や焼入れ（マルテンサイト系）などにより弾性限を高め，強力ばねとしても使用される．たとえば，

168   2. ステンレス鋼の性質

表 2.4.1 ステンレス鋼の物理的性質[100]

鋼種(SUS)	組織[1]	密度 (10³kg/m³)	ヤング率 (MPa)	剛性率 (MPa)	比抵抗 (10⁻⁹ Ω·m)	比熱 (kJ/kg·K) (0〜100℃)	熱伝導 (W/m·K) (100℃)	(500℃)	熱膨張係数 (10⁻⁶ K⁻¹) (0〜100℃)	(0〜315℃)	(0〜538℃)	磁性[2]
SUS201	A	7.75	197 000	—	690	0.50	16.3	—	15.7	17.5	19.6	なしᴹ
SUS202		7.75	—	—	690	0.50	16.3	—	—	18.4	—	なしˢ
AISI205		7.75	197 000	—	780	0.50	20.9	—	16.8	17.8	19.3	なしᴺ
SUS301		8.03	193 000	86 200	720	0.50	16.3	21.5	17.0	17.2	18.2	なしᴹ
SUS302		8.03	193 000	86 200	720	0.50	16.3	21.5	17.2	17.8	18.4	なしˢ
SUS304		8.03	193 000	86 200	720	0.50	16.3	21.5	17.2	17.8	18.4	なしˢ
SUS305		8.03	193 000	86 200	720	0.50	16.3	21.5	17.2	17.8	18.4	なしˢ
SUS309S		8.03	200 000	—	780	0.50	15.6	18.7	15.6	16.6	17.2	なしˢ
SUS310S		8.03	193 000	—	780	0.50	14.2	18.7	15.9	16.2	17.0	なしˢ
SUS316		8.03	193 000	—	740	0.50	16.3	21.5	15.9	16.2	17.5	なしˢ
SUS317		8.03	193 000	—	740	0.50	16.3	21.5	16.0	16.2	17.5	なしˢ
SUS321		8.03	193 000	—	720	0.50	16.1	22.2	16.6	17.2	18.6	なしˢ
SUS347		8.03	193 000	—	720	0.50	16.1	22.2	16.6	18.2	18.6	なしˢ
SUS405	F	7.75	200 000	—	600	0.46	27.0	—	10.8	11.6	12.1	あり
SUS409		7.75	200 000	—	—	0.46	24.9	—	11.7	—	—	あり
SUS430		7.75	200 000	—	600	0.46	23.9	26.9	10.4	11.0	11.4	あり
SUS434		7.75	200 000	—	720	0.46	23.9	26.9	10.4	11.0	11.4	あり
SUS436		7.75	200 000	—	600	0.46	23.9	26.9	10.4	—	—	あり
SUS444		7.75	200 000	—	620	0.43	26.8	—	11.0	—	—	あり
SUS446		7.47	200 000	—	670	0.50	20.9	24.4	10.4	10.8	11.2	あり
SUS403	M	7.75	200 000	—	570	0.46	24.9	28.7	9.9	11.4	11.6	あり
SUS410		7.75	200 000	—	570	0.46	24.9	28.7	9.9	11.4	11.6	あり
SUS420		7.75	200 000	80 300	550	0.46	24.9	—	10.3	10.8	11.7	あり
SUS440A		7.75	200 000	—	600	0.46	24.2	—	10.3	—	—	あり
SUS329J1	A+F	7.75	186 000	—	750	0.46	12.5	—	10.1	—	—	あり
SUS329J3L		7.82	189 000	—	850	0.40	12.5	—	13.7	—	—	あり
SUS630	M	7.75	196 000	—	800	0.46	18.4	22.7	10.8	11.6	11.6	あり
SUS631		7.75	203 000	—	830	0.46	16.4	21.8	15.0	17.5	11.7	あり
軟鋼		7.86	206 000	79.400	120	0.46	79.0	—	11.6	—	—	あり
銅		8.93	110.100	44.800	17.2	0.37	395	—	16.7	—	—	なし
アルミニウム		2.71	69.100	25.300	29.3	0.97	212	—	23.5	—	—	なし
チタン		4.51	102 900	38.700	610	0.54	16.4	—	11.6	—	—	なし

注[1] 組織：A (オーステナイト), F (フェライト), M (マルテンサイト)　(固溶化熱処理状態，ただし析出硬化系 630, 631 はそれぞれ CH および CH900 処理状態)
[2] 磁性：冷間加工により，ᴹは磁性をもつ，ˢはわずかに磁性をもつ，ᴺは非磁性のままである．

航空機やカメラ用のスプリング，自動車エンジンのガスケットなどの材料として用いられる．

2.4.3 比抵抗

電気の通りにくさは次の式で表され，R は電気抵抗であり，ρ はこの金属の種類と状態によって決まる定数で比抵抗（specific resistance）と呼ばれ，電気の通りにくさを示す指標である．

$$R = \rho(L/A)$$

R：電気抵抗，ρ：比抵抗

L：長さ，A：断面積

電気抵抗は金属中の自由電子の移動に関連するものと考えられ，同種類の材料に関してはその運動を阻害する要因，例えば鉄鋼材料では添加元素の多いものほど，比抵抗は大きくなる傾向がある．ステンレス鋼では，Cr系のフェライト鋼やマルテンサイト鋼より，Cr–Ni(–Mo)系のオーステナイト鋼や二相系材料の方が大きい．軟鋼に比較し，Cr系ステンレスは5倍，Cr–Ni(–Mo)系は6～7倍である．非鉄材料との比較では，Tiに対しては1～1.5倍程度であるが，Alに対しては20～30倍，またCuに対しては35～50倍に達する．ステンレス鋼は電気抵抗が大きいと同時に耐熱性も有しているので，導電材料ではなく，むしろ発熱体（ヒータ）として利用される．

2.4.4 比 熱

金属材料の加熱において入熱量が同じであっても，その温度上昇は材料によって異なり，それぞれの材料のもつ比熱（specific heat）によって決まる．材料の比熱は，同種の材料では密度に比例する傾向がある．ステンレス鋼では，Cr系よりCr–Ni(–Mo)系の方が大きい．軟鋼との比較では，Cr系ステンレス鋼はほぼこれと同等，Cr–Ni(–Mo)系でも1.1倍程度である．非鉄材料との比較では，Cuの1.2～1.3倍，Alの0.5倍，Tiの0.85～0.90倍である．

2.4.5 熱伝導率

熱伝導率（thermal conductivity）は電気抵抗と同様，金属中の自由電子の移動に関係するもので，したがってステンレス鋼では合金元素量の多い鋼種ほど熱伝導率は小さく，Cr–Ni(–Mo)系材料はCr系の0.7倍である．軟鋼に比較し，Cr系ステンレス鋼は約1/3，オーステナイト系，二相系は1/5～1/6である．非鉄材料との比較では，Tiとはほぼ同等であるが，Alの1/8～1/16，Cuの1/15～1/30である．

このような熱を通しにくいというステンレス鋼の性質は，実用的にはむしろ不利となることが多い．一方，ステンレス鋼は優れた耐熱性をもっているので，これが要求され，かつ熱伝導率の大きいことも求められるような用途では，Cuなど良好な熱伝導材料との合わせ材（クラッド鋼）がしばしば使用される．

2.4.6 熱膨張係数

温度上昇に伴って物体の体積が増大する現象を熱膨張といい，金属材料では結晶構造の違いによって差異を生じる．ステンレス鋼では，体心立方晶のフェライト系，マルテンサイト系，体心立方晶＋面心立方晶混合の二相系および面心立方晶系のオーステナイト系へと順次，熱膨張係数（thermal expansion coefficient）が増加する．非鉄材料との比較では，チタンは軟鋼，フェライト，マルテンサイト系ステンレス鋼と同程度であり，これらよりオーステナイト系ステンレス鋼は約1.5倍である．アルミニウムの熱膨張係数は大きく，フェライト，マルテンサイト系の約2倍，オーステナイト系の1.5倍程度である．銅はオーステナイト系ステンレス鋼と同程度である．

熱膨張係数の大小が関係する用途の代表例には，自動車エンジン回りのステンレス鋼製エキゾーストマニホールドがある．ここでは，その寿命延長対策として耐酸化性のほかに，優れた耐熱疲労性が要求されるので，熱膨張係数の小さいフェライト系ステンレス鋼が使用されている．

2.4.7 磁　性

磁気的性質（magnetic properties）は結晶構造の差異に関係し，面心立方晶のオーステナイト系ステンレス鋼では非鉄材料のCu，Al，Tiなどと同様に非磁性（non-magnetic）であるが，体心立方晶のフェライト系，マルテンサイト系またはこれを含む二相系ステンレス鋼では軟鋼と同様，強磁性（ferromagnetism）を示す．オーステナイト系鋼種でも準安定系のSUS301やSUS304などは，固溶化熱処理状態では非磁性であるが，冷間加工により加工誘起マルテンサイトを生成すると磁性を帯びるようになる．これに対して，完全オーステナイト系のSUS310SやAISI 205（17Cr–15Mn–0.35N）などは，強い冷間加工を行ってもほとんど磁性を帯びない．図2.4.1に示すようにAISI205はこの特性に優れており，これと加工硬化による強度上昇とを利用し高強度非磁性材料として，特に電気，電子機器部品などの広い用途（例えば，携帯電話のカバー材など）に向けられる．

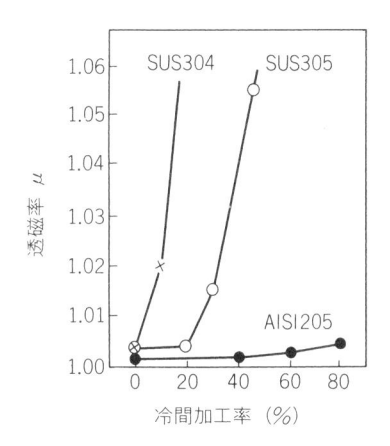

図 **2.4.1**　ステンレス鋼の透磁率に及ぼす冷間加工の影響[101]

引用文献

1) ASM (1971): *Metals Handbook*, 8 th Ed., Vol. 8, p. 291
2) R. O. Williams (1958): *Trans. AIME*, Vol. 212, p. 497
3) K. Bungardt et al. (1958): *Arch. Eisenhüttenwes.*, Vol. 29, p. 193
4) M. Hasebe, T. Nishizawa (1978): *Applications of phase diagrams metallurgy and ceramics*, Vol. 2, NBS, p. 910
5) V. G. Rivlin, G. V. Raynor (1980): *Int. Met. Rev.*, Vol. 25, p. 21
6) P. E. Price, N. J. Grant (1959): *Trans. AIME*, Vol. 215, p. 215
7) P. Marshall (1984): *Austenitic Stainless Steels*, Elsevier Science Publishers, p. 7
8) 長谷川正義編 (1973):ステンレス鋼便覧, p. 55, 日刊工業新聞社
9) K. J. Irvine et al. (1959): *J. Iron Steel Inst.*, Vol. 192, p. 218
10) B. Hattersley, W. Hume-Rothery (1966): *J. Iron Steel Inst.*, Vol. 204, p. 683
11) K. J. Irvine et al. (1960): *J. Iron Steel Inst.*, Vol. 195, p. 386
12) E. Baerlecken et al. (1961): *Stahl u. Eisen*, Vol. 81, p. 768
13) 菅原英夫 (1974):フェライト系ステンレス鋼の粒界腐食, 日本金属学会会報, Vol. 13, p. 723
14) 安保秀雄, 細井祐三 (1979):高純度フェライトステンレス鋼の最近の進歩, 防食技術, Vol. 28, p. 584
15) A. L. Schaeffler (1949): *Metal Prog.*, Vol. 56, p. 680
16) W. T. Delong (1960): *Metal Prog.*, Vol. 77, No. 2, p. 68
17) L. Pryce, K. W. Andrews (1960): *J. Iron Steel Inst.*, Vol. 195, p. 415
18) F. C. Hull (1973): *Weld. J.*, Vol. 52, p. 193
19) N. Suutala (1982): *Metall. Trans. A*, Vol. 13A, p. 2121
20) E. B. Pickering (1984): *Stainless Steel '84*, The Inst. of Metals, London, p. 2
21) 野原清彦ほか (1977):準安定オーステナイトステンレス鋼における加工誘起マルテンサイト変態の組成および結晶粒度依存性, 鉄と鋼, Vol. 63, p. 772
22) 日本鉄鋼協会 (1990):非磁性鋼における最近の進歩 (高 Mn 鋼, ステンレス鋼, 超合金)
23) 新井宏, 竹田誠一 (1986):ステンレス鋼における炭化物粒界析出の理論解析, 鉄と鋼, Vol. 72, p. 831
24) 増本健, 今井勇之進 (1969):18% Cr-Fe-Ni-N 4元系合金の組織図および引張特性, 日本金属学会誌, Vol. 33, p. 1364
25) 文献7), p. 5
26) H. J. Schüller, H. Henneke (1968): Gefüge und mechanische Eigenschaften eines ferritisch-austenitischen Stahles mit rd. 25% Chrom und 4% Nickel, *Arch Eisenhüttenwes.*, Vol. 39, p. 843
27) 渡辺正紀編 (1988):ステンレス鋼溶接施工基準, p. 123, ステンレス協会
28) 荒木透編 (1975):金属工学講座7, 鉄鋼材料, p. 227, 朝倉書店

29) 横田孝三，江波戸和男（1971）：析出硬化ステンレス鋼，日本金属学会会報，Vol.10, No.4, p.226
30) 日本金属学会編（1990）：金属便覧改訂 第5版，p.575，丸善
31) 今井勇之進，増本健（1964）：PHステンレス鋼，日本金属学会会報，Vol.3, p.581
32) H. H. Uhlig（1971）：*Corrosion and Corrosion Control*, John Willey & Sons Inc., p.8
33) たとえば，日本化学会（1975）：化学便覧 基礎編，p.1203，丸善
34) M. G. Fontana（1986）：*Corrosion Engineering*, McGraw-Hill, p.43
35) M. Pourbaix（1971）：*Atlas of Electrochemical Equilibria in Aqueous Solutions*, Pergamon Press
36) 久松敬弘（1981）：Fe-Ni-Cr合金の局部腐食について，日本金属学会報，Vol.20, p.3
37) R. Oliver（1956）：*Passivierende Film u. Dickschichten*, Springer Verlag, p.32
38) M. Prazak et al.（1958）：*Z. Elektrochem.*, Vol.62, Nr.6/7, p.639
39) 柴田俊夫（1969）：岡本剛教授退官記念論文集，p.65
40) K. Sugimoto, S. Matsuda（1980）：*Mater. Sci. Eng.*, Vol.42, p.181
41) 岡本剛ほか（1957）：腐食現象の電気化学的研究（第5報）酸性溶液中の鉄の分極測定に対する迅速法の適用と意義，電気化学，Vol.25, p.166
42) U. Blom（1973）：*Molybdenum*, p.35
43) 塩原国男ほか（1964）：Fe-Ni合金の陽極的挙動の定電位法による研究，日本金属学会誌，Vol.28, p.1
44) K. Sugimoto, Y. Sawada（1976）：*Corrosion*, Vol.32, p.347
45) K. Osozawa et al.（1975）：Effects of Alloying Elements on the Pitting Corrosion of Stainless Steels, 防食技術, Vol.24, p.1
46) 小野山征生，辻正宣，志谷健才（1979）：温水中のステンレス鋼隙間内液の濃縮挙動と腐食性，防食技術，Vol.28, p.532
47) 藤井哲雄（1984）：腐食防食工学概論，p.23，腐食防食協会
48) NACE（1974）：*Corrosion Data Survey*, National Association of Corrosion Engineers
49) N. Pessal, J. I. Nurminen（1974）：*Corrosion*, Vol.30, p.381
50) 西野，藤咲（1970）：化学装置におけるオーステナイトステンレス鋼溶接部の損傷，石油学会誌，Vol.13, p.555
51) M. O. Speidel（1978）：日米軽水炉シンポジウム
52) H. R. Copson（1959）：*Physical Metallurgy of Stress Corrosion Fracture*, p.247
53) 腐食防食協会編（1986）：防食技術便覧，p.104，日刊工業新聞社
54) 佐藤義和ほか（1990）：10年間の大気暴露試験によるステンレス鋼の耐候性評価，材料とプロセス，Vol.3, p.1980
55) ステンレス協会（1988）：水道用ステンレス鋼管土壌腐食試験5年間調査報告書，結果報告書
56) 都竹克二，金子智（1988）：水環境におけるSUS304/異種金属のガルバニック腐食，腐食防食'88, p.270

57) 腐食防食協会編（1982）：金属材料の高温酸化と高温腐食，丸善
58) F. D. Richardson, J. H. E. Jaffee (1948)：*J. Iron Steel Inst.*, Vol. 160, p. 126
59) G. C. Wood, T. Hodgkiess, D. P. Whittle (1966)：*Corrosion Science*, Vol. 6, p. 129
60) C. A. Barret and C. E. Lowell (1977)：Resistance of Ni–Cr–Al alloys to cyclic oxidation at 1100 and 1200 ℃, *Oxid. Met.*, Vol.11, p.199
61) 斉藤安俊，阿竹 徹，丸山俊夫訳（1986）：金属の高温酸化，p.102（内田老鶴圃）
62) M. G. Fontana, N. D. Greene (1967)：*Corrosion Engineering*, McGraw-Hill
63) 冨士川尚男（1984）：フェライトステンレス鋼の高温酸化，鉄と鋼，Vol. 70, p. 1541
64) 冨士川尚男，村山順一郎，藤野允克，諸石大司，庄司雄次（1981）：高Si含有オーステナイトステンレス鋼の耐高温酸化性，鉄と鋼，Vol. 67, p. 159
65) 冨士川尚男，村山順一郎，藤野允克，諸石大司（1981）：高Si含有オーステナイトステンレス鋼の高温酸化機構，鉄と鋼，Vol. 67, p. 169
66) 冨士川尚男，志田善明，藤野允克，村山順一郎（1982）：湿潤雰囲気下でのSi含有11%Crステンレス鋼の高温酸化挙動，防食技術，Vol. 31, No. 3, p. 164
67) D. Mortimer, W. B. A. Sharp, D. R. Holmes (1969)：*Proc. IIIrd. International Conf. on Metallic Corrosion*, IV, p. 382
68) T. Moroishi, H. Fujikawa, H. Makiura (1979)：*J. Electrochem. Soc.*, Vol. 126, p. 2173
69) P. J. Grobner (1980)：*Corrosion/80*, paper No. 172
70) W. Baukloh, P. Funke (1942)：*Korros. Metallschutz.*, Vol. 18, No. 4, p. 126
71) "The Spalling of Steam-Grown Oxide from S/H and R/H Tube Steels", EPRI FP-686 TPS 76-655 Final Report February 1978
72) 諸石大司（1976）：ボイラ過熱器ステンレス管の水蒸気酸化，防食技術，Vol. 25, p. 97
73) 小若正倫，永田三郎（1972）：オーステナイト系ステンレス鋼の水蒸気酸化におよぼす結晶粒度の影響，日本金属学会誌，Vol. 36, p. 486
74) たとえば，S. Glastone, D. Lewis (1960)：*Elements of Physical Chemistry*, 2nd. Ed., D. Van Nostrand
75) 根本力男（1997）：ステンレス鋼の高温腐食，日本冶金技報，No.6, p.40
76) 西山佳孝（2007）：浸炭性ガスにおける金属材料のメタルダスティング，材料と環境，Vol.56, No.3, p.84
77) J. K. Stanley (1970)：*J. Materials*, Vol. 5, No. 4, p. 957
78) 藤田邦昭，尾上英夫，崎山和孝（1970）：塩化水素ガスおよび塩素ガス雰囲気中におけるクロム鋼の腐食について，防食技術，Vol. 19, p. 340
79) 冨士川尚男，椹木義淳（1992）：超々臨界圧ボイラ過熱器管用複合鋼管，Part 3, 日本材料学会腐食防食部門委員会資料，Vol. 31, No. 168, p. 19
80) Von S. Pollman (1965)：*V. G. B.*, Vol. 94, p. 7
81) 牧浦宏文，冨士川尚男，湯沢浩（1986）：クロマイズドオーステナイトステンレス鋼の高温腐食特性，鉄と鋼，Vol. 72, No. 11, p. 1714
82) 日本材料学会腐食防食部門委員会（1990）：金属腐食の現地試験と評価，p. 75, さんえい出版

83) 吉葉正行 (2005):高温腐食試験方法の標準化動向—学振法からJIS, そしてISOへのシナリオ, 学振耐熱金属材料123委員会研究報告, Vol.46, No.1, p.77 ; JIS Z 2290 (2004)〜2294 (2004)
84) 日本学術振興会耐熱金属材料第123委員会 (1973):V_2O_5-Na_2SO_4 合成灰塗布高温腐食試験学振法, 同委員会研究報告, Vol.14, p.255
85) C. A. Zapffe (1949): *Stainless Steel*
86) AISI (1963): *Stainless and Heat Resisting Steels*
87) G. P. Sanderson, D. T. Llewellyn (1969): *J. Iron Steel Inst.*, Vol. 207, p. 1129
88) 今井勇之進, 泉山昌夫 (1963):Fe–Ni–Cr系およびFe–Ni–Mn系の固相平衡と恒温マルテンサイト変態の関係, 日本金属学会誌, Vol. 27, p. 170
89) M. McClintock (1964): *Cryogenics*, Reinhold, New York
90) E. H. Schmidt (1948): *Metal Prog.*, Vol. 54, p. 698
91) Chromium-Nickel Stainless Steel Data, Section I, Wrought Stainless Steels, Bulletin C, "Mechanical Properties of Austenitic Chromium-Nickel Stainless Steel at Subzero Temperatures", The International Nickel Company, Inc., 1963
92) 長谷川正義編 (1973):ステンレス鋼便覧, p. 174, 日本工業新聞社
93) 篠田隆之, 耳野亨, 木下和久, 峰岸功 (1968):微量のTiとNb添加による304型ステンレス鋼の高温強度の改善, 鉄と鋼, Vol. 54, p. 1472
94) Armco Steel Corporation, Advanced Materials Div. (1972):Armco Stainless Steels
95) T. Parker (1968): Strength of Stainless Steels at Elevated Temperatures, in "*Section of Stainless Steels*", American Society for Metals
96) J. H. Driver, R. W. K. Honeycombe (1971): *J. Iron steel Inst.*, Vol. 209, p. 729
97) 橋口隆吉編 (1963):金属学ハンドブック, 朝倉書店
98) 日本金属学会編 (1965):新制金属講座 新版材料篇 非鉄材料, 日本金属学会
99) 美馬源次郎, 村上陽太郎 (1959):金属工学講座 材料編II 非鉄金属材料, 朝倉書店
100) AISI (1990): *Steel Product Manual, Stainless and Heat Resisting Steels*, Iron and Steel Society, Inc.
101) T. Sekiguchi, H. Haga, H. Arai (1991):17 Cr-15 Mn Austenitic Stainless Steel for Elevated Temperature Spring Use, *Proceeding of International Conference on Stainless Steel 1991*, Vol. 2, p. 1256

3. ステンレス鋼の加工

3.1 鋼板の成形加工

3.1.1 成形試験方法とその意味
(1) プレス成形の基礎
一口にプレス成形といってもその変形様式は一様でなく，各種の変形要素に分類され，その各々の要素に影響する材料特性は異なる．したがって，材料特性を理解するためには，プレス成形における変形要素を知っておかなければならない．図3.1.1に基本的な変形モードの4分類を示す．実際のプレスにおいてはこれらの変形モードが単独，あるいは多くの場合複合して現れる．成形性試験（formability test）はこれら個々の変形様式に対し，破断限界を求める形で行われるものが多い．主要な成形性試験の分類と得られる成形性指標を表3.1.1に示す．

(2) 引張試験[3]
材料試験として最も基本的なものは引張試験である．引張試験からは図

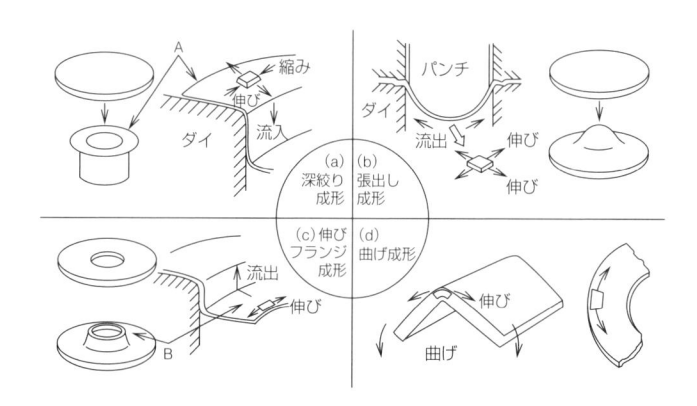

図3.1.1 プレス成形における変形の基本要素[1]

表 3.1.1 主要な成形性試験の分類と得られる成形性評価指標[2)]
(破断を対象とした小形成形性試験)

試験の種類	変形様式	成形性試験	評価指標
深絞り性試験	縮みフランジ領域：引張り・圧縮変形 パンチ底：二軸引張変形	スウィフト深絞り試験 TZP 試験	LDR T 値（エンゲルハルト値）
張出し性試験	ほとんどが張出し変形領域	エリクセン試験 純粋パンチ張出し試験 LDH 試験	Er 値 限界張出し深さ LDH
複合成形性試験	深絞り・張出し複合成形	コニカルカップ試験	CCV
伸びフランジ性試験	伸びフランジ領域では一軸から二軸引張変形で，破断発生がフランジ縁（一軸引張り）とフランジ内部（二軸引張り）の場合がある	穴広げ試験	穴広がり率 穴広げ比
曲げ性試験	板厚方向にひずみこう配が存在．板面内では近似的に平面ひずみ状態	曲げ試験	最小曲げ半径

3.1.2 に示すように単軸の応力－ひずみ曲線が得られる．その曲線を解析することによって多くの材料特性値が得られる．その代表的なものは降伏点（耐力，Yp），引張強度（TS），全伸び（El），一様伸び（UEl），局部伸び，n 値などである．また，応力－ひずみ曲線からではないが，図 3.1.2 の左上にあるように，引張試験片の幅方向のひずみと厚さ方向のひずみとから，塑性ひずみ比 r 値（ランクフォード値，r-value，Lankford value）が得られる．図 3.1.1 の変形要素のうち，縮みフランジ，絞り変形能は r 値，n 値が高いほど良く，張出し変形能は全伸び，n 値が高いほどよい．曲げ変形能は伸び，特に局部伸びが影響するといわれている．伸びフランジ変形については別の要因があるので，本節(6)で述べる．

図 3.1.3 にはオーステナイト系ステンレスの代表鋼種である SUS304 と，フェライト系ステンレスの代表鋼種である SUS430 の応力－ひずみ曲線を示したが，両者には大きな差がある．SUS304 などのオーステナイト系ステンレス鋼は加工硬化が大きいことから全伸び，一様伸び，n 値が高く，張出し加工において優れた加工性を示す．一方，SUS430 などのフェライト系ステンレス鋼は

伸び値が低いので，一般に張出し加工性は劣るが，極低C，N化し安定化元素を添加したフェライト系鋼種はオーステナイト系よりr値を高くでき，深絞り加工性はオーステナイト系よりも優れるものもある．

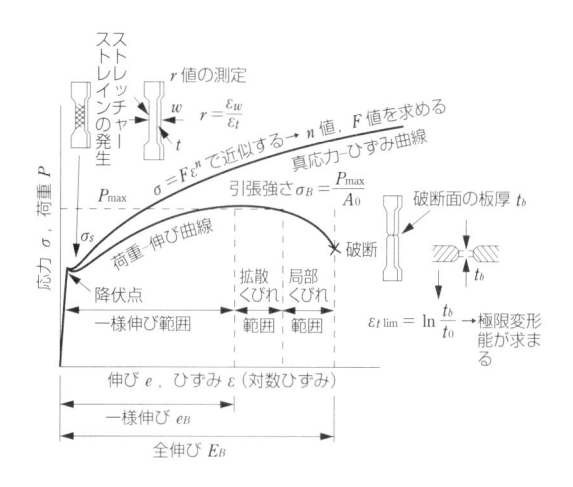

図3.1.2 引張試験から求められる材料特性値[4]

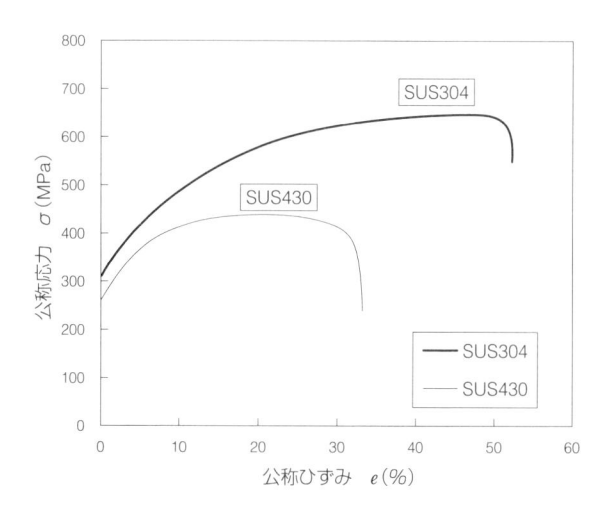

図3.1.3 SUS304とSUS430の引張試験結果（0.8 mm厚冷延板）

(3) 円筒深絞り試験

深絞り性を評価する試験方法であり，図3.1.4に示すような平底円筒深絞りにおいて破断することなく絞り抜ける最大素板径Dとパンチ径d_pの比から限界絞り比LDR($=D/d_p$)を求める．この値が大きいほど深絞り性に優れているとされる．$d_p=50$ mmの場合を特にスウィフト深絞り試験と呼ぶこともある[6]．

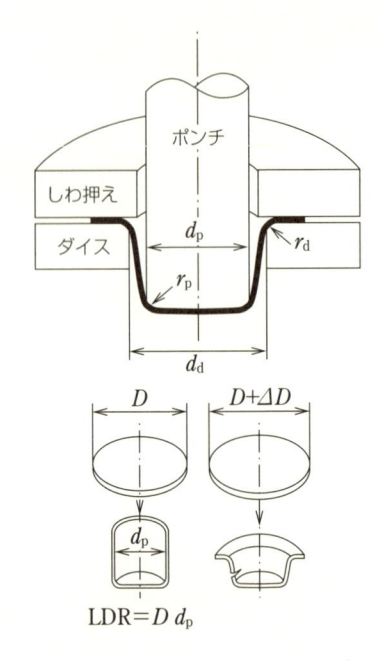

図3.1.4 円筒深絞り試験法[5]

(4) エリクセン試験[7]

図3.1.5に示すような球頭工具を用いて破断するまでの最大成形深さをエリクセン値(mm)とする方法である．この試験は，材料の張出し性を評価できるとされているが，しわ押さえの加減によっては材料の絞込みも発生するので，純粋な張出し試験ではないことに注意が必要である．

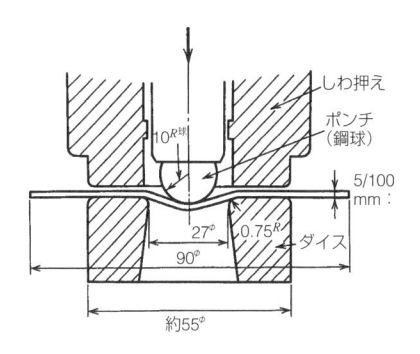

図 3.1.5 エリクセン試験工具（単位 mm）[8]

（5）コニカルカップ試験[9]

板厚 0.5～1.6 mm の薄鋼板の成形性を評価する試験法で，図 3.1.6 のような円すい台工具を用い，規定の直径に打ち抜いた円板試験片をコニカルカップ状に成形し，破断時のカップ上縁の外径の最大値と最小値の平均をコニカルカップ値（conical cup value，C.C.V.値）とする．この値が小さいほど成形性が良いとされる．この方法は深絞り，張出しなどの複合成形性（combined formability）を評価できるとされているが，最近ではあまり利用されない．

（6）穴広げ試験[10]

材料の伸びフランジ性を評価する方法である．図 3.1.7 に示すような穴あき素板を円筒平底あるいは円錐パンチで成形し，穴縁に破断を生じさせ，初期穴径 d_0 と穴縁が破断したときの穴径 d_f から穴広がり率 λ を求める．

$$\lambda = \frac{d_f - d_0}{d_0} \cdot 100 \quad (\%) \tag{3.1.1}$$

λ が大きいほど伸びフランジ性が優れているとされる．穴広がり率は純粋な材料固有の特性ではなく，穴あけ加工条件にも大きく依存することに注意が必要である．

穴広がり率 λ は一般的には伸びの高い材料ほど良いと考えられるのであるが，

3. ステンレス鋼の加工

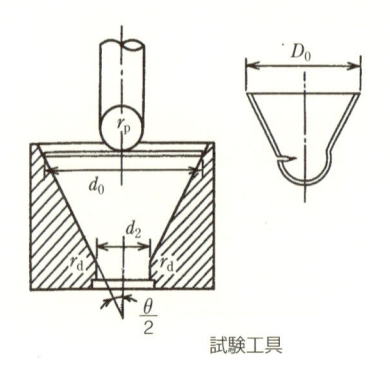

試験工具

型別	13型	17型	21型	27型
公称板厚　mm	0.5以上 0.8未満	0.8以上 1.0未満	1.0以上 1.3未満	1.3以上 1.6以下
ダイス開き角度　$\theta°$	60	60	60	60
ダイス穴直径　d_2 mm	14.60	19.95	24.40	32.00
ダイス肩半径　r_d mm	3.0	4.0	6.0	8.0
ポンチ直径　d_1 mm	12.70	17.46	20.64	26.99
鋼球半径　r_p mm	$d\,1/2$	$d\,1/2$	$d\,1/2$	$d\,1/2$
試験片直径　d_0 mm	36	50	60	78

備考　表記のダイス肩半径は，標準寸法とする

図 3.1.6　コニカルカップ試験方法[9)]

実際には材料の金属組織により，必ずしもそうでない場合もある．たとえば図3.1.8に，一般的な準安定オーステナイト系ステンレス鋼のSUS304，一般的なフェライト系ステンレス鋼のSUS430，極低Cフェライト系の21％Cr系ステンレス鋼の3種類について，穴あけ条件（打抜きクリアランス）とλの比較を示す．打抜きクリアランスが変わるとλは変化するが，材料別の優劣は維持されており，El≒60％のSUS304が最も劣位であり，次いでSUS430（El≒31％）が良く，21％Crステンレス鋼（El≒33％）が最も優位にあり，Elの優劣と

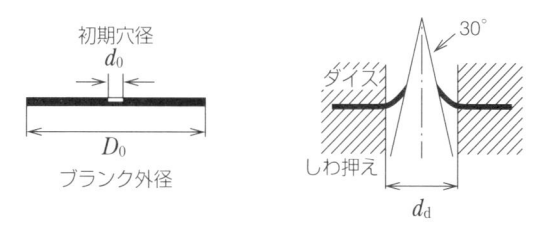

(a) 円錐ポンチ法

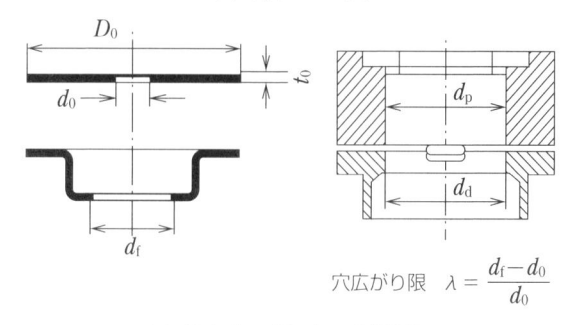

素板直径 $D_0 = 80$ mm
初期穴径 $d_0 = 10$ mm
破断時穴径 $d_f =$ mm
ダイス穴径 $d_d = 50$ mm
ポンチ肩半径 $r_p = 2$ mm

穴広がり限 $\lambda = \dfrac{d_f - d_0}{d_0}$

(b) 平底ポンチ法（KWI試験法）

ポンチ直径 d_p (mm)	初期穴径 d_0 (mm)	ダイス穴径 d_d (mm)	素板直径 D_0 (mm)	素板厚さ t_0 (mm)
55	16.5	61	>90	>2
40	12.0	44	>70	<2
25	7.5	27	<50	0.2〜1.0
12	4.0	14	>25	0.2〜1.0

図 3.1.7 穴広げ試験法[11]

は対応していない．SUS304は加工誘起変態によってオーステナイト＋マルテンサイトの二相組織になることが原因で穴広げ性が劣化するといわれている．一方，21％Crステンレス鋼の場合はこのような加工誘起変態は起こらず，かつ極低C化による効果で優れた穴広げ性を示す．

（7）曲げ試験

曲げ特性の評価法はJIS Z 2248に規定されている．規定の内側半径 r で規定の角度 θ まで曲げ，クラック発生の有無で判定される．

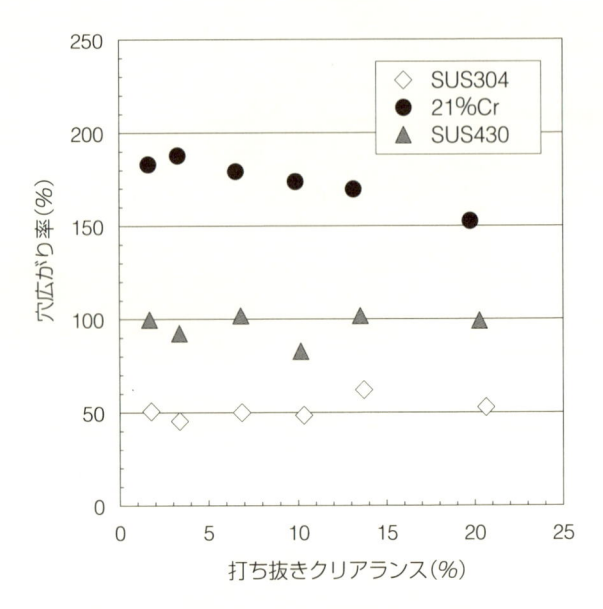

図 3.1.8　各種ステンレス鋼の穴広げ特性 [12]

(8) 成形限界線図（FLD）

　実際のプレス部品がもつ複雑な形状の成形はいくつかの変形要素の複合であり，成形の可否を判断するにはこれまでに示した単純な指標値では困難である．その場合に利用できる方法として成形限界曲線（forming limit diagram, FLD）がある．これは図 3.1.9 に示すように，変形後の最小主ひずみ－最大主ひずみ空間において破断に関する成形限界線を表現するものである．このFLDを求める方法としては中島の方法 [13] がある．ただし多量の材料と手間を要する問題がある．そこで簡易的な方法として，FLDは連続体力学的には材料の降伏条件，加工硬化特性と板厚が決まれば決定できるという理論 [14] があり，実験的にも古くから n 値と板厚で求める手段もある [15]．図 3.1.10 にオーステナイト系ステンレス鋼の代表であるSUS304と，フェライト系ステンレス鋼の代表であるSUS430においてFLDを求めた図を示す．ところでFLDは，過去に日本では

3.1 鋼板の成形加工　　185

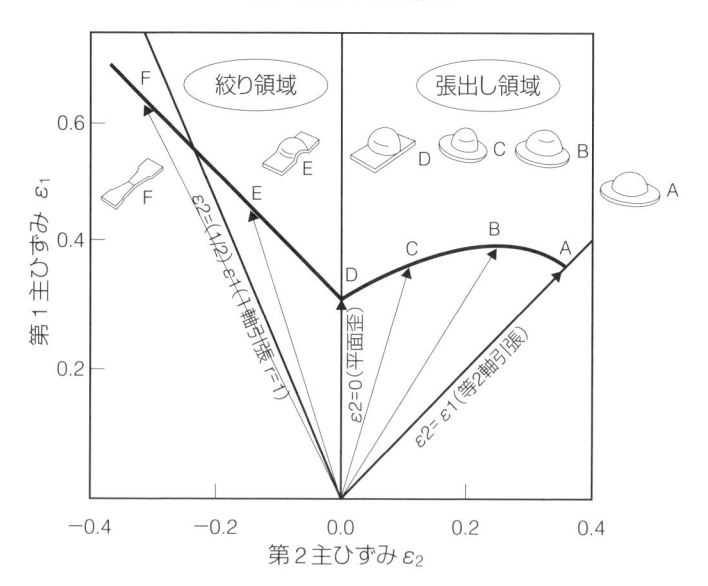

図 3.1.9 成形限界曲線（FLD）

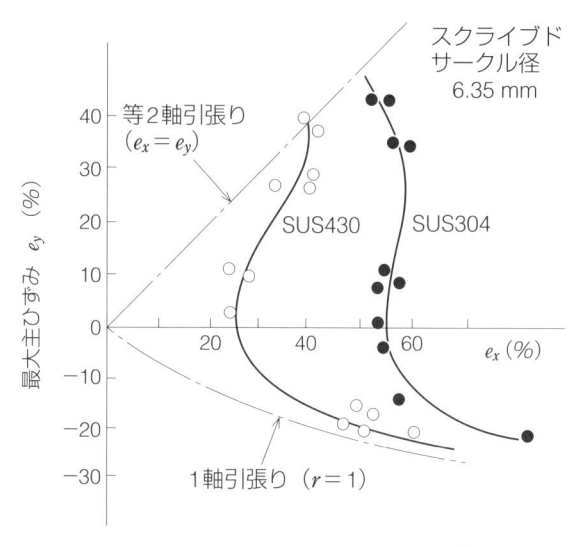

図 3.1.10 ステンレス鋼板のFLD[16]

図 3.1.10 のように横軸に最大主ひずみを取る形を用いていたが,現在では図 3.1.9 のように国際的な主流である縦軸に最大主ひずみを取る形に統一されつつある.

実際にプレス時に FLD を利用するには,成形時に素板に図 3.1.11 のような円模様を描いておき,変形後の円の長径,短径を測定すれば主ひずみが測定でき,これを FLD と比較すればよい.これをスクライブドサークル法(scribed circle test)と呼んでいる.しかしこの方法では実際に型を製作してプレスしてみるまで評価ができず,型を新作するときの設計には使えない難点がある.そこで最近は計算機シミュレーションが活用され,型設計の合理化に役立っている.

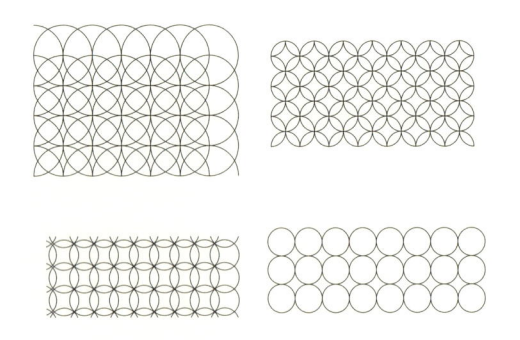

図 3.1.11 スクライブドサークルのパターン例[17]

FLD についての注意事項を以下に示す.
① 線形負荷を前提とした限界線[13]であるので,基本的には初段のプレス加工のみに適用でき,多段工程では使用できない.
② r 値の影響は基本的には FLD には現れず,材料内のひずみの差となって成形の可否に影響する.
③ 伸びフランジ割れの有無は判定できない.
④ しわの有無は判定できない.

3.1.2 各種ステンレスの材料特性

表 3.1.2 に各種ステンレス鋼板の成形性指標の例を示す．

表 3.1.2 機械的性質と成形性指標の一例[18), 49)] (1.0 mm)

種類の記号	0.2%耐力 (N/mm²)	引張強さ (N/mm²)	伸び (%)	硬さ (HV)	加工硬化指数 (n値)	ランクフォード値 (r値)	エリクセン値 (mm)	コニカルカップ値 (C.C.V.)	限界絞り比 (LDR)
SUS301L	274	725	55	171	0.42	1.0	13.0	38.0	2.10
SUS304	314	618	59	170	0.44	1.0	13.2	38.0	2.10
SUS304L	275	598	58	161	0.37	1.0	12.3	38.4	2.08
SUS305	262	586	50	158	0.40	1.0	12.1	38.2	2.08
SUS310S	314	598	49	162	0.37	1.0	11.7	38.5	2.06
SUS316	275	588	58	170	0.38	1.0	12.7	38.4	2.10
SUS316L	255	549	56	151	0.37	1.0	12.3	38.4	2.08
SUS410L	245	480	30	154	0.20	1.3	9.0	39.5	2.14
SUS430	274	519	30	154	0.20	1.2	9.0	40.0	2.04
SUS430J1L	360	530	31	177	0.20	1.4	9.3	39.5	2.06
SUS436L	343	530	32	160	0.20	1.4	9.3	39.5	2.16
SUS436J1L	343	530	32	160	0.20	1.4	9.3	39.5	2.16
SUS444	358	533	29	172	0.20	1.4	9.3	39.5	2.16
SUSXM27	402	519	32	165	0.18	1.22	8.5	28.7	—

3.1.3 プレス成形不良と対策

プレス不良として多く発生するものは割れやしわ，形状不良などであるが，これらはいずれの金属でも発生するものであるので説明は別に譲り，ここではステンレス鋼に特徴的なものの例を説明する．

(1) 置割れ（遅れ破壊，時期割れ）

SUS304 のような準安定オーステナイト鋼を絞り成形して置いておくと図

3.1.12のように，成形後に時間をおいてから自然と割れる場合がある．これは遅れ破壊（delayed fracture）あるいは時期割れ（season cracking）とも呼ばれる現象である．

割れの特徴は，絞り縦壁において絞り方向に平行で，顕微鏡的には粒界，粒内を問わず稲妻状に進展する．引張残留応力のある部分で発生するが，プレス後の放置温度や潤滑剤の拭き取りの有無が割れ発生やその時間に影響するといわれている．加工量の大きいほど，加工誘起マルテンサイト変態の多いほど起こりやすく，またBA材でよく問題になるので，鋼中の水素が関係していると考えられている．不明な点も残されているが，鋼中水素の固溶限がマルテンサイト変態によって減少し，水素が高圧のガスになるというものである．したがって，できるだけマルテンサイトの生成し難い材料，すなわち，3.1.4(2)で後述するように，Md_{30}点の低いものを用いるか，同じ材料でも加工温度を高めにするといった方法が割れの発生を抑制する．BA材でなく2B材を用いることや，あらかじめ脱水素処理を行っておくことも一つの方法である．

図 3.1.12 オーステナイト系ステンレス鋼板の絞り品に発生した置割れ[19]

(2) 縦割れ

フェライト系ステンレス鋼では図3.1.13のような割れの起こることがある．置割れと形態的に似ているが，こちらはプレス直後に割れるもので原因を異にする．この割れは縮みフランジ変形によるひずみの蓄積による加工ぜい化割れ

である．絞り方向に平行に発生し，素材の異方性には関係しない．また縮みフランジ変形の大きい部分，角筒絞りのコーナーなどで起こりやすく，絞りに連続した二次加工時，たとえばトリミングやプレス後のノックアウト時に割れることが多い．

この割れを防ぐには絞り壁に入るひずみを小さくすること，たとえばしわ押さえ圧を上げることや，材料のr値を大きくすることとともに，割れの起点となるプレスきずをなくしたり，鋼中の介在物を減らすことが有効である．極低C材は粒界破壊を起こしやすいので，これを防ぐために少量のB（ほう素）を添加して粒界を強化する方法もとられる．

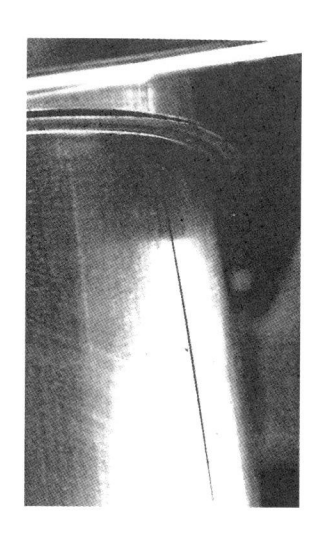

図3.1.13 SUS430製シンクのコーナー部に発生した縦割れ[20]

（3）イヤリング（耳形状・耳残り）

円筒の深絞り成形においてフランジを残さずに絞り抜くと円筒の上端部に高い部分と低い部分が生じることがあり，これをイヤリング（earring）と呼ぶ．イヤリングが大きいと製品の歩留り低下を招く．

イヤリングについては，r値の異方性（面内異方性）を表すΔrと関係があ

る．Δr は以下の式で表される．

$$\Delta r = \frac{r_0 + r_{90} - 2\,r_{45}}{2} \tag{3.1.2}$$

ここで，r_0：圧延方向の r 値，
　　　　r_{90}：圧延に直交方向の r 値，
　　　　r_{45}：圧延に 45°方向の r 値

Δr の小さい材料を選ぶことによりイヤリングを軽減できる．ステンレス鋼では結晶構造の関係から SUS304 などのオーステナイト系ステンレス鋼ではほとんど起こらず，フェライト系ステンレス鋼で問題になりやすい．

(4) リジング

リジング（ridging）はローピング（roping）ともいわれ，板を加工した際に圧延方向に平行なしわとして現れる畝状の凹凸である．代表的な例を図 3.1.14 に示す．

図 3.1.15 は 17％ Cr 鋼のリジング部分の表面プロフィールを示したものである．リジングによるしわは，板厚の表裏を貫通しており，表面の凸部は裏面の凹部に対応していることがわかる．リジングは，プレス部品では図 3.1.14 のような模様となって現れ，表面の美麗さを損ない，研磨工程で時間がかかるなどの問題がある．また大きなリジングは，しわや割れの起点になるものもある．

図 3.1.14　フェライト系ステンレス鋼に発生するリジング[20]

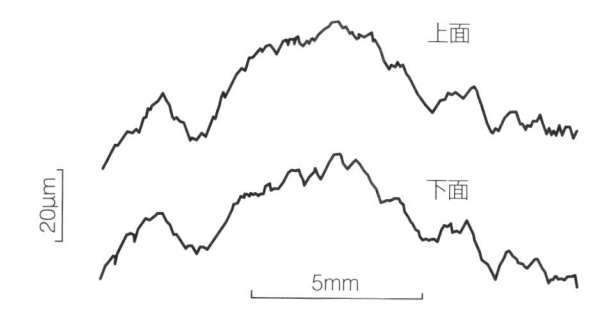

図 3.1.15　17％Cr 鋼で発生したリジングの表面プロフィール[21]

リジングはフェライト系ステンレス鋼に起こる代表的な欠陥で，その原因は集合組織のマクロに不均一な部分（コロニー）での変形モードの差が，自由表面の変形において形状差として増幅され，畝状のしわになるといわれている．ステンレス鋼の製造工程と密接に関係しており，ステンレスメーカではその軽減策も開発しているが，完全に無くすことは原理的に難しい．

(5) オレンジピール

素材の結晶粒が大きい場合に変形を受けると図 3.1.16 に示すような梨地状の肌荒れを起こすことがある．これをオレンジピール（orange peel）という．材料の成形性を向上させるために結晶粒を大きくすると，逆にオレンジピールの問題が起こりやすくなる．結晶粒度番号[22]で 6 を下回らないようにすべきである．

(6) ストレッチャーストレイン

2D 仕上げのフェライト系材料をプレス加工すると，変形量の少ない部分でストレッチャーストレイン（stretcher strain）と呼ばれるしわ模様の出ることがある．引張試験片での一例を図 3.1.17 に示す．模様として見えるのはリューダース帯（Lüders band）による凹凸の模様である．焼なましされた軟鋼などの降伏点の出る材料はすべて変形の初期，降伏伸びの段階でこの模様を生じるが，加工の進行に伴い均一変形となって消滅する．よって，これを防ぐにはし

わ押さえを強めたり，パンチ頭部の潤滑を効かせてこの部分の変形を大きく採るようにする．鉄鋼メーカでは材料にスキンパス圧延などであらかじめ僅かな塑性加工を施し，リューダース変形を素材の段階で起こさせていることが多く，そのような材料ではこのような欠陥の発生は防止できる．

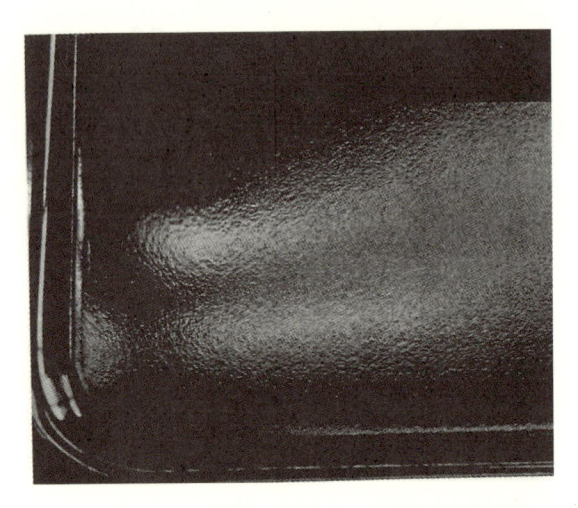

図3.1.16 オレンジピールの例[48]（SUS304張出し成形品）

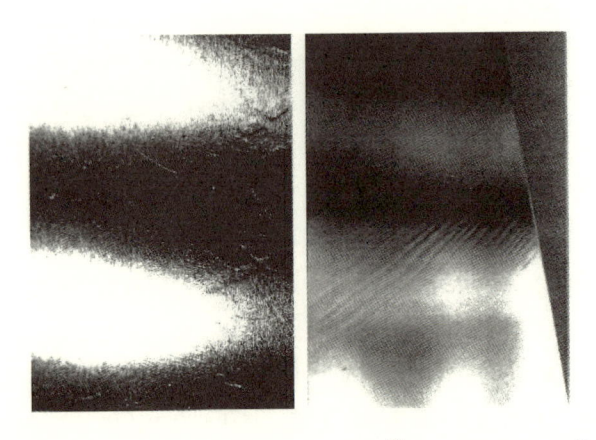

図3.1.17 ストレッチャーストレインの例[48]（SUS430 No.2D仕上げ）

3.1.4 成形限界を向上させる方法

(1) 温度勾配付与成形(温間絞り)

絞り加工において絞り限界を向上させるには,フランジ部およびダイ型部にある材料の流入抵抗を低減し,一方で変形が停止しているが荷重がかかり,破断しやすい縦壁部やパンチ肩部は材料の破断抵抗を高める必要がある.このような目的で図 3.1.18 に示すように材料に温度差を与えるような型構造を用いた成形方法が行われている[23].図 3.1.19 に本方法の絞り限界の向上効果を示す.図のように,この方法は特にオーステナイト系ステンレス鋼において効果が大きい.それは図 3.1.20 に示すように,オーステナイト系ステンレス鋼の方がフェライト系ステンレス鋼に比べ,温度に対する材料強度の変化が大きいためである.

このような加工は一般に温間絞りなどと呼ばれるが,通常のステンレス鋼は温度が上昇しても材料伸びはむしろ低下し,材料を均一に温度上昇させても絞り成形性は向上しない.フランジの加熱とともにパンチの冷却を併用して,温度勾配による材料強度の変化を利用した加工法であることに注意する必要がある.

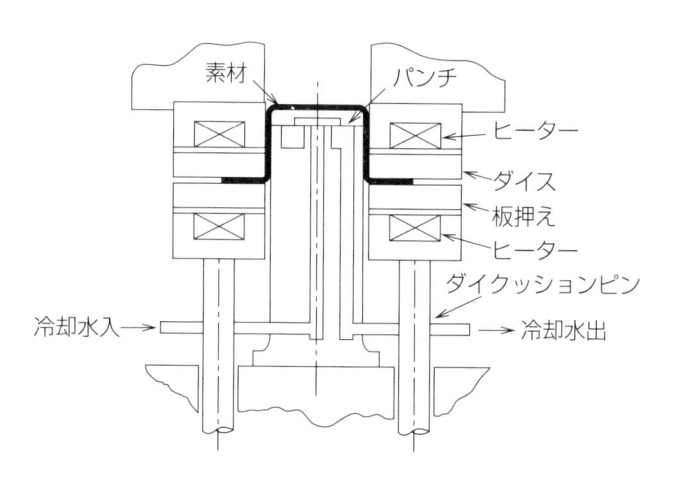

図 3.1.18 温間絞り用の金型の構成図[23]

図中:

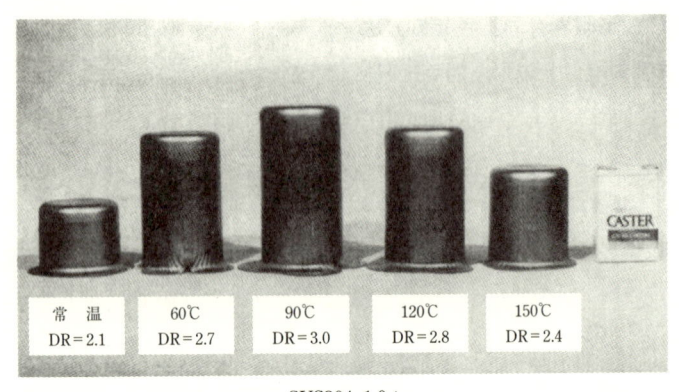

| 常温 | 60℃ | 90℃ | 120℃ | 150℃ |
| DR=2.1 | DR=2.7 | DR=3.0 | DR=2.8 | DR=2.4 |

SUS304, 1.0 t

| 常温 | 60℃ | 90℃ | 120℃ | 150℃ |
| DR=2.2 | DR=2.6 | DR=2.5 | DR=2.4 | DR=2.2 |

SUS430, 0.7 t

図 3.1.19　温度勾配付与成形の効果[23]

(2) 材料特性の向上[20]

(a) オーステナイト系ステンレス鋼　準安定オーステナイト系材料は，変形中に起こる加工誘起マルテンサイト変態を調節すれば n 値を変えることができる． n 値が向上すると一般に成形性が向上する．オーステナイト安定度を表す指標としてはT. Angelが導いた Md_{30}[24] が比較的よく用いられる．

$$Md_{30}(℃) = 413 - 462(C+N) - 9.2\,Si - 8.1\,Mn - 13.7\,Cr \\ - 9.5\,Ni - 18.5\,Mo \quad (3.1.3)$$

元素の単位は質量百分率，Md_{30} はオーステナイト単相の材料に30％の引張

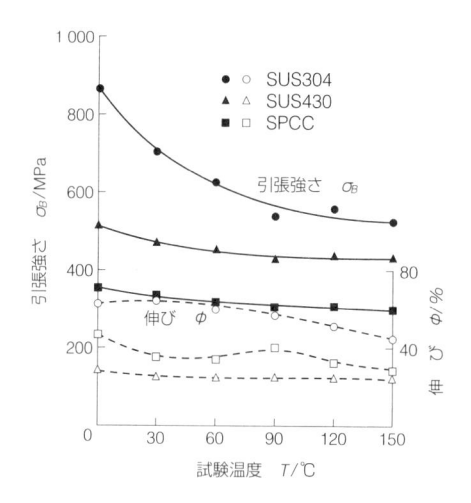

図 3.1.20 温度と引張強度，伸びの関係[23]

変形を与えたとき，組織の50％がマルテンサイトに変態する温度を表す．Md_{30}が大きいほど相が不安定で変態しやすい．Md_{30}と各種成形性指標の比較を図3.1.21に示す．加工時にマルテンサイトが適量発生する条件で伸びが大きくなり，成形性が向上する．またそのような温度を選定して加工しても成形性を向上させることができる．

（b）フェライト系ステンレス鋼　フェライト系ステンレス鋼の場合にはn値を大きくすることは困難である．しかしr値は集合組織により変化し，集合組織は化学組成や製造工程，特に冷間圧延時の圧延量と焼なまし条件の組み合わせによって影響を受ける．

例えば，図3.1.22は17Cr鋼（SUS430）のr値を添加Ti量とC＋Nとの比の関係で整理したものである．Ti/(C＋N)(mass％比)が20程度まではr値は増加するが，それ以降は飽和している．同じような効果はNbやZrでも認められるが，r値を改善する効果の点でTiの効果が最も大きい．図3.1.23は冷間圧延率の影響の例であるが，圧延率が大きいほどr値は高くなるが，Δrも高くなりがちである．このほか，圧延の途中に焼なましを入れることもr値の向上に効果がある．

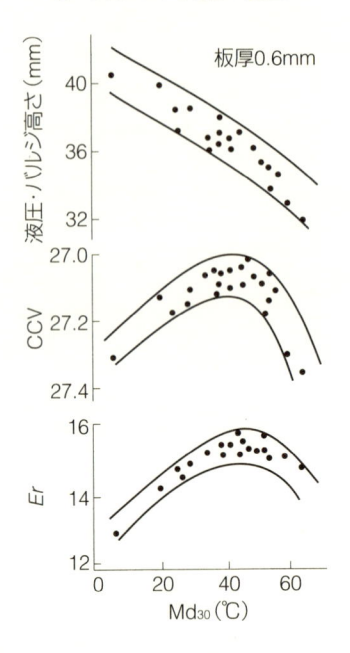

図 3.1.21 Md_{30} と成形性因子の関係 [25]

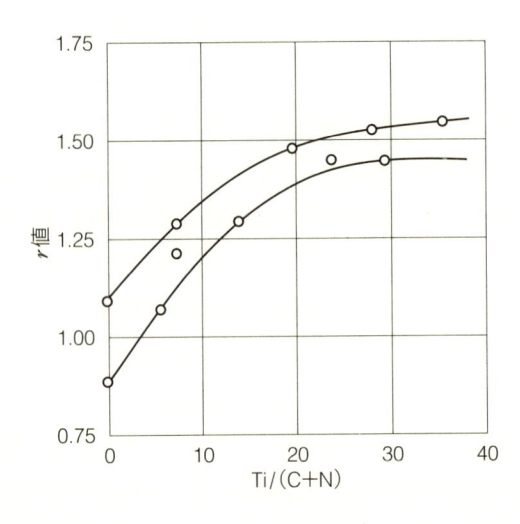

図 3.1.22 r 値に及ぼす $Ti/(C+N)$ 比の影響 [26]（17% Cr 鋼，板厚 0.8 mm）

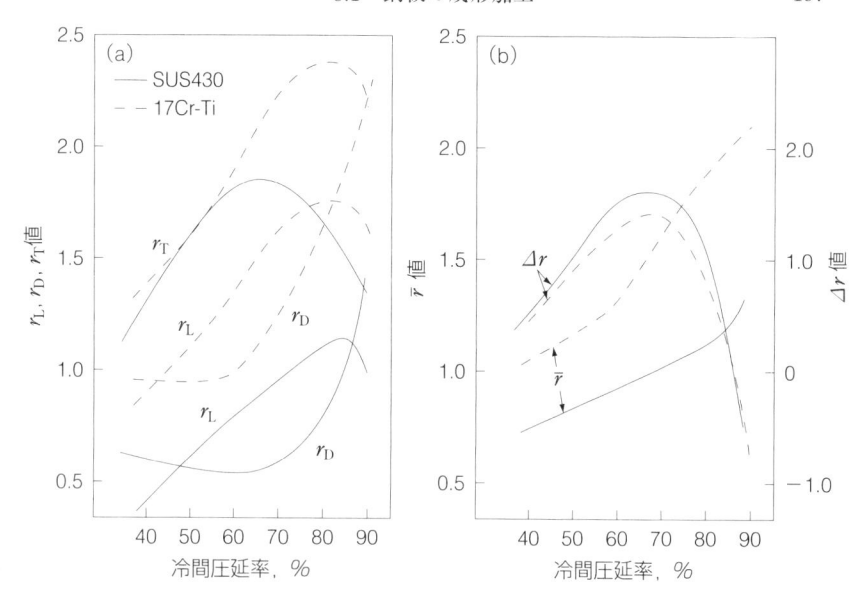

図 3.1.23 SUS430 および 17％Cr 鋼の r 値に及ぼす冷間圧延率の影響[27]

3.1.5 曲げ加工

ステンレス鋼の曲げ加工には，軟鋼板などと同様にプレス曲げ，ロール曲げ，曲げ専用のベンダーを用いた曲げなどが用いられる．ステンレス鋼の材料特性により，曲げ特性は大きく異なるので，その特性を理解しておく必要がある．

(1) 伸び（展開長計算）

曲げ加工を行う場合，その素材の寸法設計には曲げ加工による伸び量（外面），または縮み量（内面）を知る必要がある．そのための方法にはいくつかあるが，図 3.1.24 に示す方法では曲げによる伸び補正値 c を用いて展開長を計算する．ここで用いる c は材質や曲げ半径，曲げ方法などによって変化するから，その値をあらかじめ求めておく必要がある．一例として，代表的なオーステナイト系ステンレス鋼とフェライト系ステンレス鋼による c 値の比較を表 3.1.3 に示す．加工硬化の大きいオーステナイト系ステンレス鋼は，フェライト系ステンレス鋼に比べ一般に展開長は短くなる．

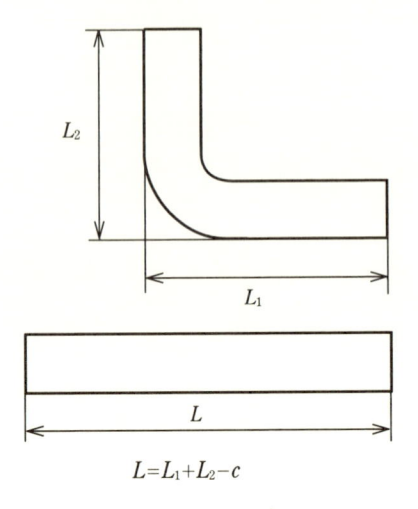

図 **3.1.24** 展開計算の方法

$L = L_1 + L_2 - c$

表 **3.1.3** ステンレス鋼の曲げ伸び補正値 c の例
（プレス曲げ　曲げ型内 R = 0.2 mm）

鋼種	板厚（mm）		
	1.0	1.5	2.0
SUS304	1.9	2.8	3.7
SUS430	1.7	2.4	3.2

(2) スプリングバック

　曲げ加工などで，材料が工具の拘束を離れたときに，残留応力のために変形が弾性分だけ逆戻りする現象をスプリングバック（spring back）という．ステンレス鋼はスプリングバックが大きいので，加工時の曲げ角度はあらかじめスプリングバックを見込んで設定する必要がある．一般的にオーステナイト系ステンレス鋼はフェライト系ステンレス鋼に比べて加工硬化が大きいので，スプリングバック量も大きい．ただし，曲げ R が $100R$ 以上などと大きい場合，鋼

種によってはフェライト系ステンレス鋼の方がスプリングバックが大きい場合もある[12]ので注意が必要である.

また,小 R の曲げや,折返し曲げを行うとき,オーステナイト系ステンレス鋼の場合は,スプリングバックを抑えるためとシャープな曲げ角を出すために,内側にあらかじめノッチを入れることがよくある.しかし,フェライト系ステンレス鋼の場合はその必要性は少ない.これも加工硬化特性の差によるものである.

3.1.6 せん断加工,打抜き加工

せん断加工の概念図を図3.1.25に示す.上刃(パンチ)と下刃(ダイ)の間に置かれた材料は,上刃の下降によって塑性変形を生じ,まず,だれ,次いでせん断面を生成する.変形が進むと両刃間の材料に大きなひずみが蓄積し,上刃および下刃の刃先近傍からクラックが生成,成長を開始し,やがてそのクラックが会合して破断に至る.このとき,クラックの開始点と刃先の位置のずれ

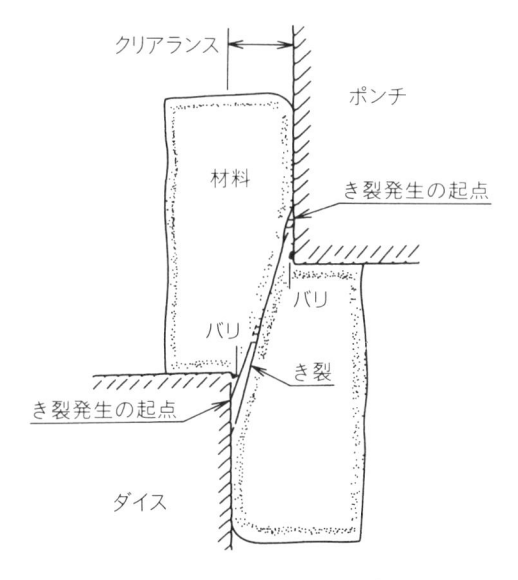

図3.1.25 せん断工程[28]

が原因でかえり（バリ，burr）が生ずる．図3.1.26にこれらの工程で生成した切り口面の構成を示す．これらの構成で上刃と下刃のクリアランスが不適正であると図3.1.27に示すように過大なだれやかえり，二次せん断面などが生ずるので，材料に応じた適切なクリアランスを設定することが重要である．

ステンレス鋼のせん断加工の場合は，一般に材料強度が高いため，クリアランスを適切に調整したつもりでも，機械や刃型の変形，摩耗や損傷，また材料のせん断姿勢の変化などによって結果的にクリアランスが不適切となり，良好なせん断面が得られないこともある．よって十分な能力をもった機器の選定や，刃型の維持管理がより重要である．

適切なクリアランスはステンレス鋼の種類によって大きく異なる．SUS304

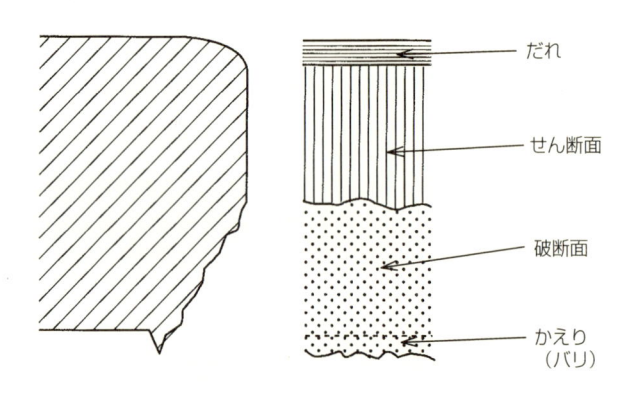

図3.1.26 せん断切り口面[29]

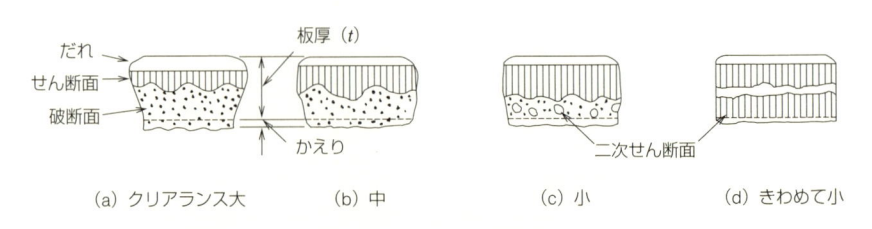

図3.1.27 クリアランスとせん断切り口面の関係[30]

のような加工硬化の大きいオーステナイト系ステンレス鋼は，一般にクリアランスは板厚の10％くらいと大きめにすると，破断面比率は50％程度と大きいものの，かえりが少なく，せん断負荷も少なくて良好なせん断ができる．一方，SUS430のようなフェライト系ステンレス鋼は，軟鋼などと同様に5％くらいのクリアランスが適切である．また，一部の極低炭素のフェライト系鋼種では，加工硬化が少なくて粘りがあり，かえりが大きくなるため，1％程度の非常に小さなクリアランスとすることが必要な場合がある[12]．

また，せん断面率を極力大きくするための各種精密せん断方法[31]も開発されているが，これはステンレス鋼に対しても有効である．

3.1.7 スピニング加工

スピニング（spinning, spin forming）加工はへら絞りと呼ばれることもあり，旋盤で材料を回転させながら工具（へらまたはロール）を材料に押し付けて所望の形状を徐々に成形していく方法である．従来の方法では材料は一般に円板であり，工具は手動で操作して職人の技量に頼りながら家庭用の器物を少量生産するのに使用されていた．しかし最近はNC制御を用いた自動加工機が発達し，個人の技量に頼らず，しかも大量生産する技術が発達してきており，その用途が広がってきている．

スピニングの形態は，図3.1.28に示すような絞り，しごきのほか，口すぼめ，バルジング，カーリング等の加工がある．NC制御による絞りスピニングにお

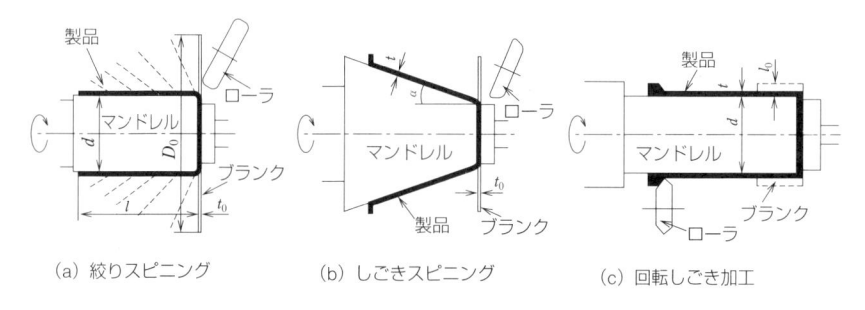

(a) 絞りスピニング　　(b) しごきスピニング　　(c) 回転しごき加工

図3.1.28　スピニングの基本加工法[32]

いてはマンドレルを不要とすることもでき，生産の柔軟性を高めることもできる．

　ステンレス鋼のスピニング加工の分野で近年特に著しい発展を遂げたのは，自動車の排気ガス浄化触媒ケースやマフラーの円すい成形への適用例である[33]．図3.1.29はその加工例を示す．素材はステンレス鋼の溶接管を用い，内部構造物を封入した状態で前後を円すい形に絞り加工を行う．板成形による円すいプレス部品や，パイプの型縮管成形に比較して絞り率が大きく取れることと，溶接が不要なことが利点である．しかも偏心傾斜スピニング[34]の採用によって非軸対象形状の成形も可能となった．最近ではNC制御に精密同期制御を採用することにより，楕円や角形断面も成形可能となり[35]，成形自由度は大きく向上している．

　スピニング加工では成形の自由度が高い分，加工ひずみがプレス成形より大きく入ることが多いので，ステンレス鋼の加工の際には注意が必要である．すなわち，オーステナイト系ステンレス鋼は加工誘起マルテンサイト変態による加工硬化が著しいので，加工が進むにつれて加工荷重の増大やそれに起因する割れなどが原因で成形不能となり，中間焼なましが必要となる．これを避けるためにはオーステナイト安定形の鋼種を用いるのがよい．一方でフェライト系ステンレス鋼の場合は，加工硬化は小さいが延性は低いので，張出し形状では成形限界は低い．ただし絞り成形では加工限界は高いので，高度の絞り加工で

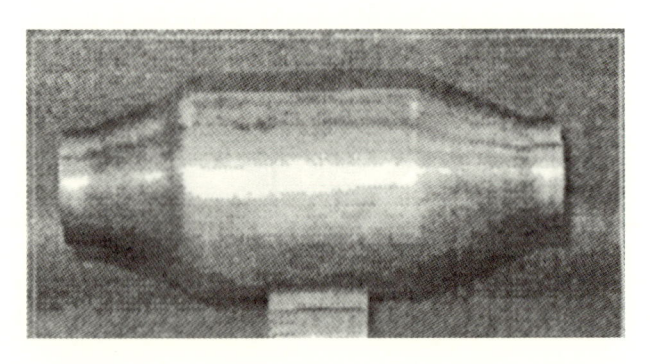

図3.1.29　自動車排気系部品のスピニング加工品[34]

はフェライト系の鋼種が向いていることがある．

3.1.8 ロール成形

帯状の材料を図3.1.30に示すように上下が対になるロールを用いて材料の長手方向を軸とした曲げ加工を施し，一様な断面形状を有する成形体を連続して加工する方法をロール成形（roll forming）あるいはロールフォーミングと呼んでいる．ロール対は一対でもよいが，通常は成形機を数台直列に並べて多段加工する連続ロール成形を用いる場合が多い．ステンレス鋼では建材に用いるアングル材，サッシ，カーテンレール，階段のすべり止めレールや，近年では鉄道車両の構造体等が成形されている．また，パイプ材を連続して生産する設備にもこの方法が用いられている．図3.1.31は電縫管製造ラインにおけるロール成形機の例である．

ステンレス鋼をロール成形する場合には，材料強度が軟鋼などと比較して高いことからくる加工荷重とスプリングバックの大きさに注意を払う必要がある．またロールと材料の潤滑も強化しなければならない．特に加工硬化の大きなSUS304のようなオーステナイト系鋼種でその傾向が大きい．特にオーステナイト系鋼種を小Rに曲げ加工する場合には，あらかじめ内側にノッチを入れることが望ましい．しかしフェライト系鋼種では比較的曲がりやすいことと，ノッチを入れると折れこみになりやすいため，ノッチは入れないほうがよい．こ

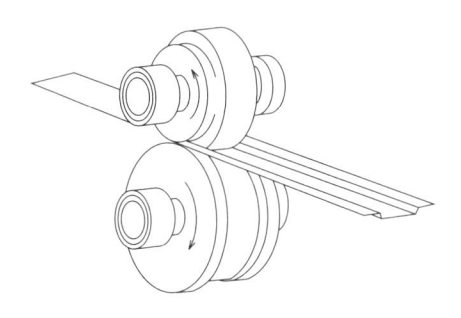

図3.1.30 一対のロールでの成形[36]

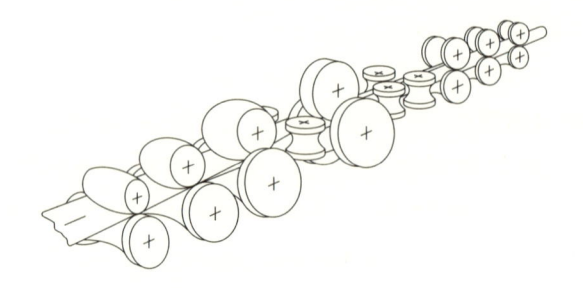

図 3.1.31 電縫管のロール成形プロセスの例[37]

のようにステンレス鋼でも種類によって適した加工条件は大きく異なる.

3.1.9 型材料と表面処理

ステンレス鋼は普通鋼などに比べると一般的に強度が高く,加工負荷が大きいために型かじり,焼付きなどが発生しやすく,金型材料,表面処理,潤滑油などに対してよりきびしい条件が求められる.また,普通鋼などでは金型損傷を防止することを主眼にして金型材料を選定することも多いが,ステンレス鋼の場合は製品そのものの表面の美麗さを商品価値とするものが多く,製品材料側に損傷を与えないという観点での金型材料選択が必要という,異なる事情もあるので,より複雑である.

一般的にステンレス鋼の加工に用いられる金型は,中小形の絞り用では高C,高Crの合金工具鋼SKD[38]が用いられることが多い.SKD11はその代表例である.SKD11は焼入焼戻しをして使われるが,硬さはHRC58以上確保できる.しかし,SKDは高Cr鋼であることから成分的にステンレス鋼に近く,金属的な親和性の大きさから材料との凝着が起こりやすいという面がある.そこで,型の負荷の大きい部分には後述の表面処理を施すことが多い.

鍛造などの超高圧の荷重が作用する加工や精密切断加工ではWC-Co系焼結材である超硬合金が使われる.

一方で,摩擦をより低減したり,製品の表面きずを防止するために,軟らか

く，表面が滑らかで，かつ異種な金属を用いる考え方もある．Al青銅はこのような目的で用いられ，ステンレス鋼用の金型としてよく用いられる．この金型は金型自身が摩耗することにより，材料をきず付きや摩擦から守っているので，金型寿命としては短くなる．

金型の表面処理は代表的なものとして以下のものがある．

① PVD（physical vapor deposition，物理蒸着）：TiC，TiNなどをイオンプレーティング（プラズマ法）で蒸発させ，型表面に蒸着させる．HV2000程度の表面硬さが得られる．イオンを直線的に蒸着させるため，型形状に凹部などがあると，むらや処理残りを生ずることがある．

② CVD（chemical vapor deposition，化学蒸着）：TiC，TiNなどを揮発性の金属塩の蒸気，CH_4，H_2などのキャリアガスによって高温の金型の周辺に導き，化学反応によって表面硬化層を得る．3000～4000 HVの表面硬さが得られ，寿命は優れる．しかし処理温度が900～1 000 ℃と高いので，金型の再熱処理が必要なほか，熱ひずみによる金型の変形が問題になることもある．一般的にPVDより高価となる．

③ TD処理：浸透拡散表面硬化法の一つである．液体浴中にVなどの炭化物を添加し，800～1 200 ℃の温度で金型表面内に浸透拡散させる方法である．表面硬さはHV3000程度で比較的低いコストで高性能が得られる．

3.2　鋼管の加工

鋼管の加工としては，曲げ，口絞り，口広げ，バルジなどが一般的な加工であり，そのほかにはカーリング，異形，変肉厚，機械的接合などの加工がある．これらの加工は，熱間で加工されることは少なく，ほとんどが冷間で行われており，必要に応じて加工途中での中間熱処理や加工後の熱処理も行われる．したがって，ステンレス鋼で発生しやすい問題点は，冷間加工時の加工硬化による加工力の増加と，加工時の加工工具と材料の焼付き現象があげられる．以下に，主な加工方法の特徴と注意すべき点を述べる．

3.2.1 曲げ加工

曲げ加工方法としては，プレスを使用した3点曲げであるプレス曲げ（図3.2.1），固定曲げ型に押し付けながら曲げを行う押付け曲げ（図3.2.2），管の両端を引張りながら曲げ型に押し付けて曲げを行う引張曲げ（図3.2.3），管を引きながら回転する曲げ型に巻き付ける引曲げ（図3.2.4），3個のロールで曲げを行うロール曲げ（図3.2.5）などが代表的な方法である．このほかにも，曲げ形状をもつ貫通穴工具に管を押し込んで曲げる押通し曲げ，曲がったマンドレルに押し込んで拡管しながら曲げるハンブルグ曲げ，ハンブルグ曲げと同様の原理で曲げる偏心プラグ曲げ，工具を使わずに局部加熱を利用して曲げる高周波誘導加熱曲げなどの曲げ加工方法がある．

これらの曲げ加工方法の中で，曲げが可能である範囲が広く，高能率，高寸法精度で曲げ加工が可能な引曲げが一般的な曲げ方法となっている（図3.2.4）．

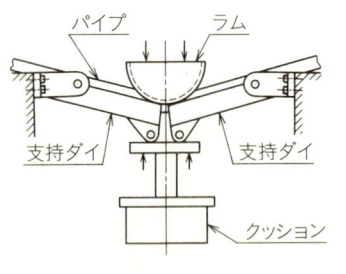

図3.2.1 プレス曲げ

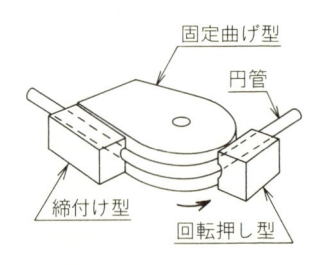

図3.2.2 押付け曲げ

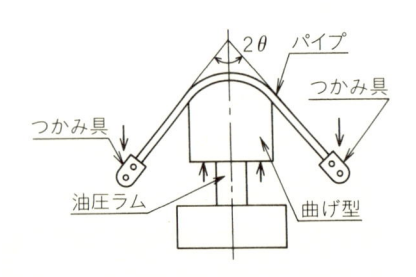

図3.2.3 引張曲げ

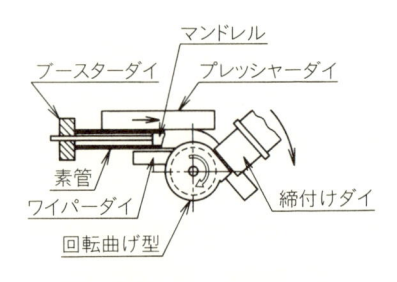

図3.2.4 引曲げ

3.2 鋼管の加工

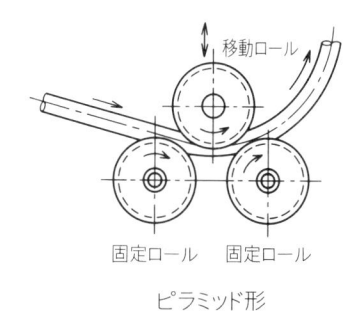

図中ラベル: 移動ロール / 固定ロール / 固定ロール / ピラミッド形

図3.2.5 ロール曲げ

引曲げでは，引張応力状態とワイパーダイで曲げ内側のしわ発生を抑え，さらに移動押え型で管外側に圧縮力を加えて管の破断を防止している．管内面には心金が挿入されて管の偏平化を防止しており，これらの対策により小曲げ半径，高寸法精度の曲げが可能となっている．表3.2.1と表3.2.2に各種曲げ加工方法の最小曲げ半径を示す．

曲げ加工の加工限界は，

① 破断
② 塑性屈服
③ しわ

表3.2.1 曲げ加工方式と最小曲げ半径[39]

曲げ方式	工具	最小曲げ半径 r_0/D_0
プレス曲げ	半月状ダイス	6
プレス曲げ	半月枠状ダイス	3
圧縮曲げ	心金なし	2½
圧縮曲げ	心金入り	2
ロール曲げ	3個のロール	6
引曲げ	表3.2.2参照	表3.2.2参照

備考 D_0：素管外径

表 3.2.2 引曲げにおける最小曲げ半径[39]

外径 (mm)	肉厚 (mm)	最小曲げ半径 r_0/D_0			
		心金なし	心金入り 円筒状心金	心金入り 球状心金	金型 (shoe) と球状心金を併用
12.7〜22.225	0.89	6 ½	2 ½	3	1 ½
	1.25	5 ½	2	2 ½	1 ¼
	1.65	4	1 ½	1 ¾	1
25.4〜38.1	0.89	9	3	4 ½	2
	1.25	7 ½	2 ½	3	1 ¾
	1.65	6	2	2 ½	1 ½
41.275〜53.975	1.25	8 ½	3 ½	4 ½	2 ¼
	1.65	7	3	3 ½	1 ¾
	2.11	6	2 ½	3	1 ½
57.15〜76.2	1.65	9	3 ½	4	2 ½
	2.11	8	3	3 ½	2 ¼
	2.77	7	2 ½	3	2
88.9〜101.6	2.11	9	3 ½	4 ½	3
	2.77	8	3	4	2 ½

の三つの現象で決定されるが，それ以外にも破断に至る前の肉厚減少，塑性屈服に至る前の断面形状の偏平化の点で，使用条件から加工限界が決定される場合がある．

(1) 破 断[40]

曲げ割れは曲げ外側の伸びひずみが材料の延性破断限界を超えたときに発生する．

管の曲げにおける最外側の伸びひずみ ε_0（公称ひずみ）は，へん平が無いとすると次式となる．

$$\varepsilon_0 = \frac{0.5\,d_0 + \Delta}{\rho_c - \Delta} \tag{3.2.1}$$

ここで，d_0：管の外径，ρ_c：管の中心軸の曲がり半径，Δ：曲げの中立軸と管中心軸管の距離（中心軸から曲げ内側方向が正）である．

Δは，曲げ寸法条件以外に軸押しができる曲げ加工ではその押し力にも影響される．一般的な引曲げではΔ＝(0.13〜0.17)d_0程度となる．引張試験による材料の一様伸び限界をδとすると，破断による限界曲率半径ρ_1は次式で表される．

$$\rho_1 = \frac{0.5\,d_0 + \Delta}{\lambda \cdot \delta} + \Delta \tag{3.2.2}$$

ここで，λ ($\geqq 1$)は定数である．曲げ加工ではひずみ勾配によって材料の一様伸び限界以上のひずみが現れることがあり，その効果をこのλで調整する．

(2) 塑性屈服[40,41]

円筒の曲げによるへん平化が局部的に集中して生じる塑性不安定現象である．均等曲げによる理論解析から得られた結果によれば，限界曲率半径ρ_bは次の近似式で表される．

$$\frac{r_m}{\rho_b} = 4.8\,H_m^{2.0}\,n^{-(0.3H_m^{-0.21})} \tag{3.2.3}$$

ここで，r_m：管の平均半径，$H_m = t_0/r_m$：肉厚比，t_0：肉厚，n：加工硬化指数である．

式(3.2.3)によれば薄肉の管ほど，加工硬化指数の大きな材料ほど屈服が生じやすい．

(3) し わ[40,42]

曲げの内側で生じる座屈現象で，均等曲げを仮定した理論解析によると，しわが発生し始める曲率半径ρ_wは次の式で表される．

$$\frac{r_m}{\rho_w} = K \cdot H_m^{2.0} \cdot n^{-0.46} \tag{3.2.4}$$

ここで，$H_m = 2t_0/r_m$：肉厚比，n：加工硬化指数，K：定数である．式(3.2.4)によれば肉厚が薄いほど，また加工硬化指数の大きな材料ほどしわの発生する曲率が小さい．

実際には,曲げには均等なモーメントだけでなく,軸力やせん断力を加えることが可能であり,それらによってしわ限界は変化する.

3.2.2 口絞り加工

口絞り加工は,管外面から円周方向の圧縮力を作用させて管端部の外径を減少,またはテーパ状に加工するものである.加工方法としては,
① プレスにより管をダイスに押込むプレス成形
② ロールまたは管材を回転させながら縮径する回転成形
③ 回転する工具で断続的に縮径する方法

の三つに分けられる.これらの加工方法の中でプレス成形は,高能率でしかも特殊な機械を必要としないなどの利点があり,比較的単純な形状の管端加工には多用されている.

プレス成形法では,圧縮応力で加工を行うので破断による加工限界は発生しない.しかし,縮径部での円周方向の座屈,円筒部の軸対称の座屈により加工限界が決定され,特に薄肉管ではこれらの座屈現象が発生しやすい.さらに薄肉管では,縮径部の管材がダイスに沿わずに内側にまくれ込むカーリングも発生しやすいために加工条件には注意が必要である.

プレス成形の押込力は,縮径する力,ダイス入り口部の管材の曲げ仕事およびダイスと管材の摩擦力によって決定される.したがって,円筒部の軸対称の座屈により加工限界が決定される場合には,ダイス形状の最適化,ダイスと管材間の潤滑が加工限界の向上に有効な手段である.図3.2.6はダイスを用いてテーパ加工を行った場合の押込量と成形荷重の関係を示したものである.縮径量 ΔD を一定とするとダイス半角が20°〜30°の間に成形荷重が極小値となる.このように目的の管端形状が得られる範囲内でダイス形状を最適化することにより成形荷重の減少が図られ,円筒部にかかる圧縮力が減少し座屈による加工限界が向上する.

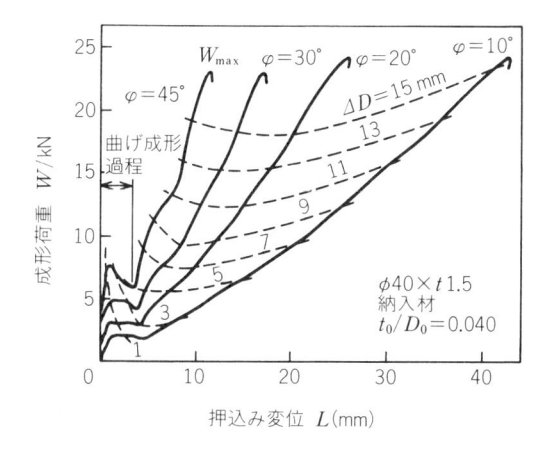

図 3.2.6　成形荷重−押込み変位線図に及ぼすダイス半角の影響 [43]

3.2.3　口広げ加工

口広げ加工は，管内面に工具を挿入して管外径を拡大し，テーパ加工，フランジ加工や平行部のある段付き加工などの加工を行うものである．加工方法としては，

① プレスにより所定の形状の工具を押し込むプレス成形
② 管内に挿入した工具で機械的に拡径する方法
③ 管端部だけをバルジ成形する方法

などがある．これらのうちプレス成形が加工能率，汎用性などの点で優れており，特殊な形状を除いてほとんどがプレス成形を使用している．

口広げ加工では，管端部での破断の発生，材料と工具がなじまないカーリングの発生および円筒部の座屈の発生が加工限界を決定する．プレス成形の場合の管端部の破断は，工具形状などにより多少の改善は可能であるが，素管の伸び，n値でほぼ決定される．図3.2.7はダイ形状とカーリングの関係を示したものであり，円錐状成形が継続できる最小曲げ半径 ρ_f が，管がダイに接触し始めるときの曲げ半径 ρ_m より小さい条件のダイ形状の場合にカーリングが発生す

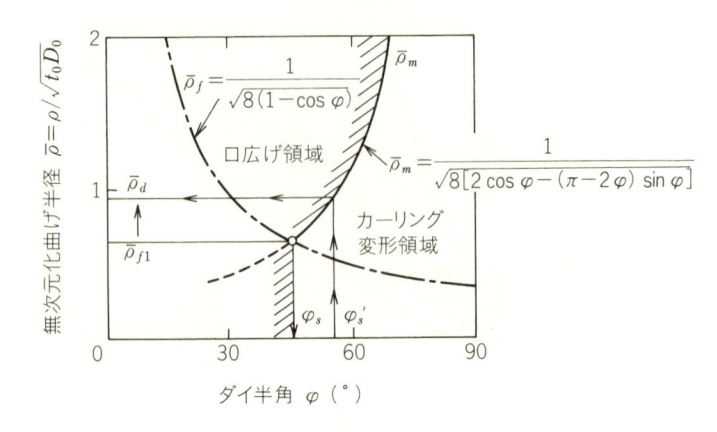

図 3.2.7 円錐口広げにおけるカーリング変形開始条件（理論）[44),45)]

る．したがって，カーリング発生防止には，

① 管とダイが接触し始める位置のダイ形状を，カーリングが発生しない条件を満たすように設定し，その後所定の形状とする方法
② カーリングが発生しない形状のダイで複数回の口広げ加工を行う

などの対策があげられる．

3.2.4 バルジ加工

バルジ加工は，管に内圧を加えて張出し成形を行う加工方法であり，内圧を加える方法として液圧による方法とゴムなどの弾性体を使用する方法とがある．バルジ加工では内圧が成形力となるので，加工後の形状の決定と，張出しが局部的に進行するのを防ぐために，外型と押さえ工具を使用する．図3.2.8にバルジ加工の一例を示す．

バルジ加工の加工限界は，管の張出し成形での破断によって決定される．この対策として内圧と同時に軸力を加えて成形部に管を押込み，肉厚減少を軽減させて加工限界や肉厚精度を向上させる方法が行われている．図3.2.9は限界張出し量と内圧，軸力による応力比との関係を表したものである．この結果は，

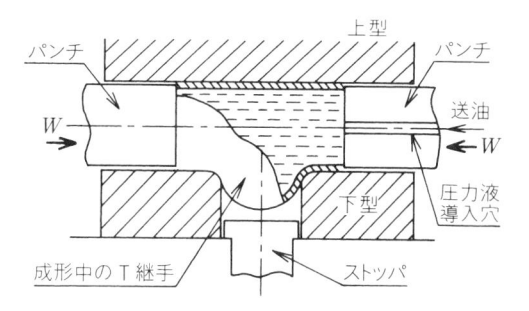

図 3.2.8 管継手(T継手)のバルジ加工[46] (図中の W は軸押し荷重)

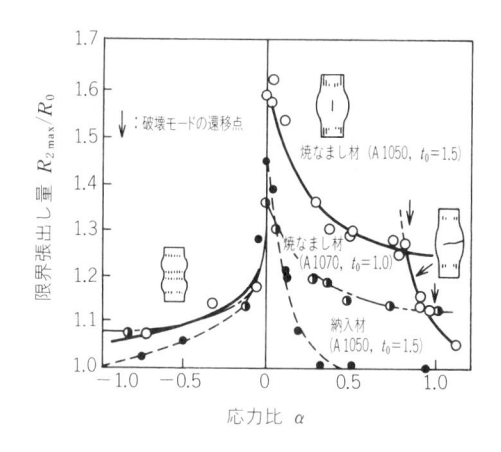

図 3.2.9 応力比による限界張出し量の変化[47]
(Al管, $\alpha = \sigma_\phi / \sigma_\theta$)

加工限界の向上には軸力を加えることが効果的であり,管に作用する子午線方向応力($=\sigma_\phi$)と円周方向応力($=\sigma_\theta$)の比が常に0となるように軸力を加えると最大張出し量が得られることを示している.また,内圧を加えることにより小さな波形を付けた後に軸力と内圧を加えながら加工を行い,管壁を折り曲げるようにして張出し高さの大きいベローズを製造する方法もある.

3.2.5 素管製造方法による加工上の留意点

ステンレス鋼管の製造方法は，継目無鋼管（seamless pipe）と溶接鋼管（welded pipe）に分けられ，さらに溶接鋼管は溶接方法により細分化される．主な溶接方法は，①電気抵抗溶接（electric resistance welded steel tube，ERW），②ティグ溶接，③プラズマ溶接，④レーザー溶接などである．

継目無鋼管は，溶接鋼管に比べると溶接部がないため，その後の加工を行う場合は有利であるが，薄肉鋼管は製造しにくいこと，肉厚の変動が大きいという欠点があり，一般的な機械構造用としてはあまり用いられない．

これに対して溶接鋼管は，肉厚精度が良好であり，薄肉製品も容易に製造できる利点がある．しかし溶接部が後加工や最終製品の品質に影響を及ぼす問題を考慮しなければならない．

ERW鋼管（電縫鋼管とも呼ばれる）は継目部を誘導電流加熱により半溶融状態にしながら突合せ力を加えて圧接することにより，製造される．高速で製造できるため，3.1.8節で述べた連続ロール成形と組み合わせた造管が前提で，量産品に向く製造法である．反面，設備が大きく，少ロット生産では非定常部切捨てロスが大きくなる．溶接ビードの盛り上がりを表裏面ともにカッターで除去できるため，内面突起が問題となるマンドレルを用いた曲げ加工に有利である．しかし，半溶融接合であるために溶接部に酸化物などの欠陥が残りやすく，また突合せが大きいとビード部の加工硬化が大きく残留するなどの問題がある．

ティグ溶接鋼管やプラズマ溶接鋼管は，溶接部の入熱量が大きく，ビード幅も大きくなるため，溶接品質としては強固な接着が得られ，ビード周辺の硬さ不均一も比較的ゆるやかであるが，その分生産速度が遅く，少量多品種向きといえる．またビード部の上がりが生ずるので，マンドレルを用いた曲げ加工などでは障害になる場合がある．

レーザ溶接鋼管は，溶接部の品質に優れるので，後加工の厳しい用途などに用いられる．しかし，溶接設備が高価で，溶接時の突合せやトーチ位置決めに高精度が要求されるなど，高い生産技術が必要なことから，一般に高価となる．溶接ビード幅は非常に狭く，ビード周辺の硬さ偏差は大きい．

また，溶接以前の板巻き方法によっても管特性の違いが出る．ロール成形による連続造管方法では，巻加工時に材料内に長手方向の伸縮が発生し，そのひずみで加工硬化している状態になるので，延性が低下する．条件にもよるが，伸びが数％～10％程度も低下する．これが問題になる場合は造管後に焼なましをしなければならない．これに対して短板をベンダーなどで曲げ加工して作る，いわゆる板巻き管の場合はひずみが小さいので，加工性は優れる．

3.3 冷間鍛造

　冷間鍛造（cold forging）に使用されるステンレス鋼線（stainless steel wires）は，主にオーステナイト系，フェライト系およびマルテンサイト系の鋼種（表3.3.1）であり，JIS G 4315で規定される冷間圧造用ステンレス鋼線に加え，各メーカで開発された鋼種も利用されている．これらのステンレス鋼線から冷間または温間鍛造（warm forging）され，必要に応じてさらに機械加工が施されてボルト，ナット，ねじ，釘，各種機械部品等に製品となる．これらの鍛造製品には，主に耐食性，鍛造性，強度，耐熱性等が求められ，要求特性により鋼種選定が実施される．各冷間鍛造用ステンレス鋼の特性と位置づけを図3.3.1に示す．

　オーステナイト系鋼種には，主に耐食性が求められ簡単な形状への鍛造にはSUS304が使用される．しかしながら，オーステナイト系鋼種は加工硬化が大きく冷間鍛造時の加工割れや工具寿命に問題が生じることがあり，加工硬化を抑制するために，NiやCuを添加し，さらに，極低C，N化した軟質なSUS304J3，SUS305J1，SUSXM7などの利用が多い．最近の精錬技術の発達で効率よく極低C，N化されており，SUSXM7がねじ用等の冷間鍛造用鋼の主流となっている．一方，高い耐食性が要求される製品には耐食性に有効なMoを添加したSUS316が使用される．海水環境用等，さらに高い耐食性が要求される場合には，高Cr，高Mo化したスーパーステンレス鋼が，また，耐熱性が要求される場合は，高Ni系のSUH660が用いられる．

表 3.3.1 主な冷間鍛造用ステンレス鋼

分類	鋼種	概略成分（mass%）
オーステナイト系	SUS304	18% Cr-8% Ni
	SUS304L	18% Cr-9% Ni-低 C
	SUS304J3	17% Cr-8% Ni-2% Cu
	SUS305	18% Cr-12% Ni
	SUS305J1	18% Cr-13% Ni
	SUS316	17% Cr-12% Ni-2.5% Mo
	SUS316L	17% Cr-12% Ni-2.5% Mo-低 C
	SUS384	16% Cr-18% Ni
	SUSXM7	18% Cr-9% Ni-3.5% Cu
	SUH660	14% Cr-25% Ni-1% Mo-Ti
	スーパーステンレス鋼*	例）20% Cr-22% Ni-6% Mo-低 C
フェライト系	SUS430	17% Cr
	SUS434	17% Cr-1% Mo
	高純度フェライト鋼*	例）16% Cr-Nb-極低 C, N
		例）20% Cr-Nb-極低 C, N
マルテンサイト系	SUS403	12% Cr-0.3% Si-0.1% C
	SUS410	12% Cr-0.1% C
	13Cr-Mo 系*	例）13% Cr-2% Mo-1% Ni-N

注* JIS G 4315 冷間圧造用ステンレス鋼線で規定されていない鋼種

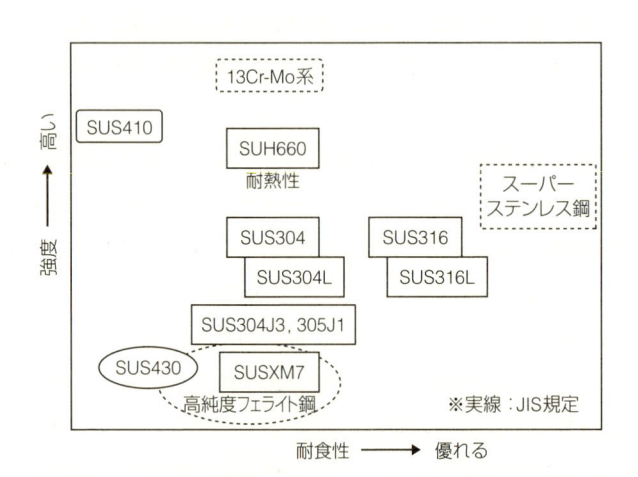

図 3.3.1 主な冷間鍛造用ステンレス鋼の特性と位置づけ

フェライト系鋼種は，高価な Ni を含有しないため安価材として活用されるが，一般に耐食性がオーステナイト系よりも劣る．そのため，耐食性改善を目的に極低 C, N 化して Nb 添加した高純度フェライト系ステンレス鋼が開発[50),51)]されている．高純度フェライト鋼は，冷間鍛造性や耐熱性にも優れ，熱膨張率も低いことから自動車用等の部品にも適用されている．

マルテンサイト系鋼種は，強度を求められることが多く，一般に焼なまし状態で冷間鍛造し，その後，焼入焼戻し（quenching and tempering）を施して高強度部材として使用される．製品表層の酸化を防止するため焼入れは真空または窒素ガス雰囲気中で実施され，耐食性に有効な Cr 量が低いため最終工程で硝酸浸せき（漬）などの不動態化処理（passivation treatment）を施して仕上げることが多い．マルテンサイト系鋼種の耐食性を改善するために Mo や N を添加した 13％ Cr–Mo 系鋼種が開発[52)]されている．

冷間鍛造用素材として，ステンレス鋼メーカで熱間圧延にてステンレス鋼線材が製造され，その後，伸線メーカでダイス引きの冷間伸線加工（cold wire drawing）でステンレス鋼線が製造される．ステンレス鋼は普通鋼に比べ冷間鍛造時に工具との焼付き（seizure）が生じやすいため，ステンレス鋼線にはしゅう酸塩皮膜等，密着性，潤滑性の高い皮膜が施される．

3.4 表面仕上げ

ステンレス鋼の表面仕上げ（surface finishing）には，ベルト研磨，バフ研磨，バレル研磨，電解研磨，電解複合研磨，化学研磨，酸洗・不動態化処理などがある．これらの概要について，以下で説明したい．

3.4.1 ベルト研磨

ベルト研磨（belt polishing）は，後述のバフ研磨やバレル研磨とともに機械研磨（mechanical polishing）の一つで，研磨ベルト（abrasive band）を装着したベルト研磨機（belt polishing machine）を用いて研磨する方法のことであ

り,研磨後の表面は後述のバフ研磨のような鏡面にはならず,研磨番手によって異なるが,比較的粗い研磨目をもった光沢のある仕上がり面となる.表3.4.1に示すステンレス鋼板および鋼帯の表面仕上げのうち,No.3,No.4,およびHL (hair line) で表記される表面仕上げがベルト研磨によるものである[53].研磨ベルトは綿布やクラフト紙で作られた帯状の基材に,にかわなどの接着剤を用いて,アルミナ質や炭化けい素質の種々の粒度をもつ研磨材 (abrasive) を塗装したものである[54].ステンレス鋼の研磨仕上げには耐摩耗性に優れるアルミナの研磨材を用いることが一般的である.研磨ベルトは,通常,両端を接着剤で接合し,エンドレスの形でベルト研磨機に装着されるが,継目のない袋織りの布を基材とするエンドレス研磨ベルトもある.

ベルト研磨は乾式や湿式で行うこともできるが,研磨効率を高め,ベルトの損耗を少なくするために,適切な研磨油 (研削油, grinding oil) を研磨面に供給しながら行うことが多い.研磨油としては,鉱油系潤滑油 (パラフィン系鉱油など) をベースとする非水溶性油剤が多く用いられるようである.実用に供される研磨油には,各種の添加剤 (additive) が油剤性能向上のために添加されている[55].たとえば,硫化鉱油,二硫化ベンジルなどの硫黄系化合物は研

表3.4.1 ステンレス鋼板および鋼帯の表面仕上げ

仕上げ記号	仕上げの状態	仕上げの方法
No.1	白色の粗い仕上げ	熱間圧延後,熱処理,酸洗したもの
No.2 D	銀白色の仕上げ	冷間圧延後,熱処理,酸洗したもの
No.2 B	銀白色の光沢のある仕上げ	No.2 D仕上げ後,調質圧延したもの
No.3	粗い研磨目の光沢のある仕上げ	100~120番の研磨ベルトで研磨したもの
No.4	細かい研磨目の光沢のある仕上げ	150~180番の研磨ベルトで研磨したもの
HL	長く連続した研磨目をもった仕上げ	適度な粒度の研磨ベルトで長く連続した研磨目をつけたもの
No.7	高度の反射率をもつ準鏡面仕上げ	600番バフにより研磨仕上げしたもの
No.8	最も反射率の高い鏡面仕上げ	鏡面用バフにより研磨仕上げしたもの

磨速度を大きくしたり，研磨ベルトの損耗を少なくしたりするのに有効であるが，反面，研磨後の耐食性が劣化することもあるので注意を要する[56]．この理由は，研磨の過程でステンレス鋼表面に硫化物が生成し，これが腐食の起点になるためと考えられている．

近年，建築物の外装材やエクステリア（フェンス，門扉など）の用途に，ベルト研磨仕上げしたステンレス鋼板が多く用いられるようになったが，一般に，研磨目が粗いほど耐食性が劣る傾向があるので，必要に応じて定期的な水洗などの手入れを行う必要がある．

3.4.2 バフ研磨

バフ研磨（buffing）は布，皮革などの柔らかい材料を重ねて作られたバフ（buff．通常は，厚さ10～20 mm程度の円盤状で，中心部を円板または円環に固定する形のものが多い）の外面に研磨材を接着剤で固定するか，適当なバフ研磨材を塗布または供給しながら高速で回転しつつ，被研磨金属に押し当てて研磨する方法である．No.7，No.8と表記される表面仕上げがバフ研磨によるものである[57]．バフ研磨は本来つや出し（brightening）のために行われるもので，この意味では琢磨という言葉が適している．研磨前の素材は光輝熱処理仕上げで供給されることも多いが，研磨される素材の表面が粗い場合，あるいは深いきずがある場合には，これを取り除くために粗研磨や中研磨の工程を経て，最後につや出しのための仕上げ研磨を行う[58]．それぞれの段階では適切なバフやバフ研磨材が選定される．

バフ研磨材は棒状バフ研磨材（固形バフ研磨材）と液状バフ研磨材に大別される[59]．棒状バフ研磨材には油脂性と非油脂性があり，液状バフ研磨剤にはエマルジョン型，液状油・油脂型，非油脂型がある．これらのうち，油脂性の棒状バフ研磨材は古くから中研磨や仕上げ研磨用として用いられてきたものであり，その成分はステアリン酸，硬化油，界面活性剤などと研磨材（アルミナ，酸化クロム，酸化鉄，トリポリなど）である．回転するバフにこれらの研磨材を圧着しながら塗布して用いる．また，エマルジョンタイプの液状バフ研磨材

は近年,広く普及している自動バフ研磨機に用いられることが多い.エマルジョンタイプのバフ研磨材は油脂類,水および乳化剤からなるエマルジョンに研磨材を分散させたものであり,スプレーガンを用いてこれらの研磨材を回転バフ面に自動供給する方式が高能率法として多く用いられる.

3.4.3 バレル研磨

バレル研磨(barrel finishing)はバレル(樽)の中に研磨しようとする品物,研磨材(研磨石,金属片など),コンパウンド,水などを入れ回転して流動層を形成し,流動層内での研磨材と被研磨金属の衝突,摩擦などによって研磨する方法である[58),60)].バレルの形は水平式,傾斜式,および垂直式に大別されるが,これらのうち水平式はバレルの回転軸が水平なもので,最も普通に用いられる.バレルへの品物と研磨材の装入量および比率,バレルの回転速度などの作業条件は,研磨速度や研磨仕上がり状態(光沢,角の丸みなど)に複雑な影響をおよぼすので,品物の種類や研磨の目的に応じた作業条件を設定する必要がある.

3.4.4 電解研磨

電解研磨法(electrolytic polishing)は1931年フランスのジャケ(P. Jacquet)によって発見された方法で,ある特定の電解浴(電解液,electrolyte)中で被研磨金属を陽極として電解することにより鏡面を得る方法である.陰極は電気抵抗の小さいものが望ましく,鉛,黒鉛,ステンレス鋼などが用いられる.ステンレス鋼の電解研磨用電解浴としては過塩素酸系浴と,りん酸-硫酸-クロム酸系浴が代表的なものである[61)].過塩素酸系浴は古くから提案され,この研磨効果はきわめて良好であるが,過塩素酸塩が爆発性であるなどの欠点をもつために,工業的にはほとんど使われていない.この系の浴を用いる場合には,過塩素酸の割合を20%以下とし,浴温を30℃以下に保つ必要がある[58)].抑制剤(inhibitor)として酢酸,無水酢酸を加えるものとアルコールを加えるものがある.

3.4 表面仕上げ

酢酸を加えるタイプの浴組成および条件の例を下記に示す.

過塩素酸	5%	電流密度	$10 \sim 30 \, \text{A/dm}^2$
氷酢酸	95%	浴温	20 ℃

一方,次のりん酸-硫酸-クロム酸系浴は,光輝作用は劣るが平滑化作用は優れているとされている.

りん酸	40〜45%	比重	1.65
硫酸	37〜34%	電流密度	$30 \sim 100 \, \text{A/dm}^2$
クロム酸	3〜4%	浴温	40〜80 ℃

りん酸は金属イオンと可溶性金属錯体を形成しやすく,金属表面に高粘度な液体皮膜を形成する働きをする.図3.4.1に示すように,金属と研磨液の間で起こるイオンの移動は,この液体皮膜を通して行われるが,凸部の上を覆っている液体皮膜は薄く,イオンの移動距離が短いために,凹部より溶解速度が大きくなり金属表面は平滑化される[62].

以上の電解浴のほかに,りん酸浴,硫酸浴,硝酸浴などもステンレス鋼の電解研磨浴として推奨されている.電解研磨したステンレス鋼表面にはCrが濃縮しており,機械研磨に比べて耐食性が優れている.

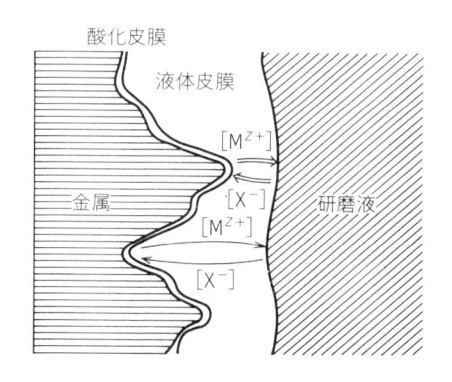

図3.4.1 電解研磨における金属表面の溶解の模式図[62]
([M^{z+}]:金属の陽イオン,[X^-]:陰イオン

3.4.5 電解複合研磨

電解複合研磨（electrolytic and abrasive polishing）は電解と，と粒研磨（abrasive polishing）の複合作用により鏡面に仕上げる方法である．円板状の陰極で研磨材を被研磨金属（陽極）に押し付けながら回転させ，同時に電解を行うことにより研磨が行われる．研磨材としては，粘弾性不織布（ナイロン製）にと粒を接着したものなどが用いられるが，と粒を接着せずに，電解液中に懸濁させて用いる方法（遊離と粒式）もある[63]．電解液としては，通常，20％程度の硝酸ナトリウム溶液が用いられる．電流密度は1 A/cm^2 未満なので，電流のほとんどが不動態皮膜の形成と NO_x の発生に費やされる[64]．と粒によって皮膜が破壊されて新表面が露出すると，その部分での電解溶出量が急増した後，再び不動態になる過程が繰り返される．ここで，表面の凸部にと粒が衝突する確率は凹部よりはるかに大きいため，凸部の選択的溶解が進み，平滑化が行われる．

電解複合研磨は前述の電解研磨に比べて，より平滑な表面に仕上げることができる方法であり，たとえば，前述の遊離と粒方式の電解複合研磨により，SUS304を表面粗さ 0.002 μmR_{max} の鏡面に仕上げることができる[63]．

電解複合研磨や電解研磨で鏡面仕上げ（mirror finishing）されたステンレス鋼はガス吸着が少なく，かつ，ガスの放出速度も大きいので，超LSI製造用の純ガス供給配管や真空槽の内面の仕上げ方法として適している．

3.4.6 化学研磨

化学研磨（chemical polishing）は，研磨液中に被研磨金属を浸せき（漬）することにより表面を溶解し，前述の電解研磨と同様な鏡面に仕上げる方法である[58]．化学研磨の場合には，金属表面の溶解反応（金属イオンと電子が生じる反応）と酸化剤による電子の消費反応のバランスを維持し，かつ，金属光沢を付与するための適正な条件範囲は非常に狭いので，ステンレス鋼の種類などに応じた液の選択や管理が特に重要である．

ステンレス鋼の化学研磨液（chemical polishing fluid）が市販されており，

オーステナイト系ステンレス鋼用の化学研磨液としてはりん酸－硝酸－塩酸（－酢酸）系＋有機光沢剤，フェライト系ステンレス鋼には硝ふっ酸（硝酸＋ふっ化水素酸）系が使用されている[62]．りん酸系の化学研磨液としては，例えば，りん酸＋塩化第一すず＋硝酸マンガン系などが推奨されている[65]．

3.4.7 酸洗・不動態化処理

酸洗（pickling）は酸溶液に被処理材を浸せき（漬）して表面を溶解することにより，酸化スケールやスケール直下に生じたCr欠乏層（chromium depleted zone）などを除去する方法であり，酸洗後の表面は必ずしも鏡面にはならない．酸洗まま，あるいは，酸洗後に調質圧延を行った表面仕上げとしては，熱延鋼板のNo.1仕上げ[66]，冷延鋼板の2B，2D仕上げ[53]がある．ステンレス鋼の酸洗液として，一般的に最も多く用いられているのは硝ふっ酸（硝酸5～15％，ふっ化水素酸1～5％）や硫酸（10～50％）であるが，王水系（硝酸＋塩酸）や塩酸系の酸洗液が使用されることもある．ステンレス鋼はスケールに化学的に安定なCr酸化物が存在するため，主にスケール直下の素地の溶解と発生する水素ガスによるスケールはく離によって酸洗が行われる．

ステンレス鋼の不動態化処理方法として最も多く行われているのは，20～30％程度の硝酸水溶液中での浸せき（漬）または電解処理を行う方法である．工業的には，酸洗と不動態化処理を同じラインで行うため，硝ふっ酸浸せき（漬）処理＋硝酸電解などの方法も取られている．機械研磨（乾式研磨）したステンレス鋼に硝酸浸せき（漬）などの不動態化処理を行うと，表面のCr濃度が高くなり，耐酸性や耐食性が向上する．

3.5 溶　接

3.5.1 溶接法の分類

現在，実用されている多数の溶接法を接合機構により分類すると，図3.5.1のようになる．ステンレス鋼の溶接においても図3.5.1の溶接方法を使用する

224   3. ステンレス鋼の加工

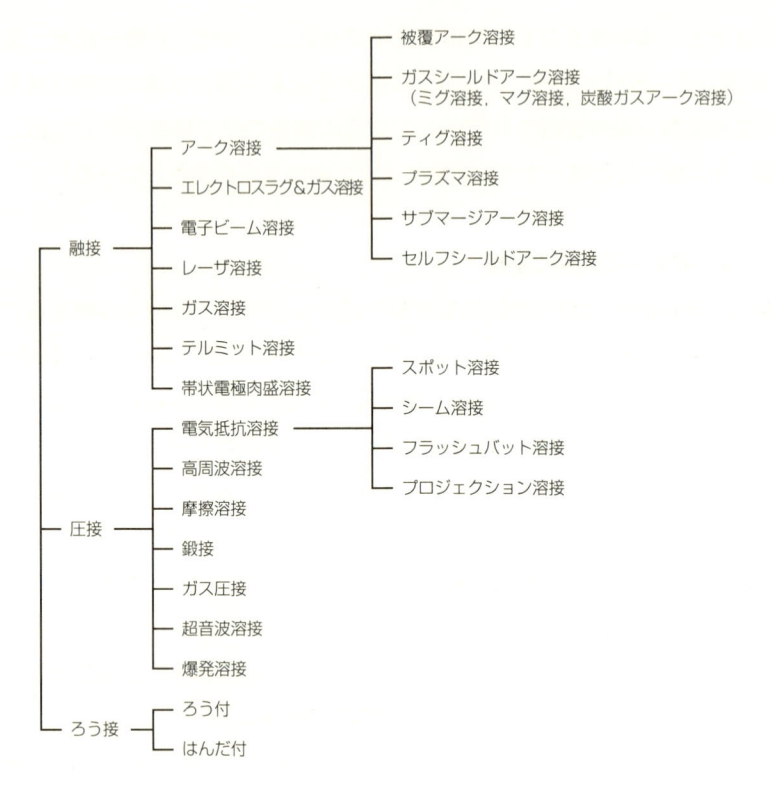

```
┌ 融接 ┬ アーク溶接 ─────┬ 被覆アーク溶接
│      │                  ├ ガスシールドアーク溶接
│      │                  │  （ミグ溶接，マグ溶接，炭酸ガスアーク溶接）
│      │                  ├ ティグ溶接
│      │                  ├ プラズマ溶接
│      │                  ├ サブマージアーク溶接
│      │                  └ セルフシールドアーク溶接
│      ├ エレクトロスラグ&ガス溶接
│      ├ 電子ビーム溶接
│      ├ レーザ溶接
│      ├ ガス溶接
│      ├ テルミット溶接
│      └ 帯状電極肉盛溶接
├ 圧接 ┬ 電気抵抗溶接 ──┬ スポット溶接
│      │                  ├ シーム溶接
│      │                  ├ フラッシュバット溶接
│      │                  └ プロジェクション溶接
│      ├ 高周波溶接
│      ├ 摩擦溶接
│      ├ 鍛接
│      ├ ガス圧接
│      ├ 超音波溶接
│      └ 爆発溶接
└ ろう接 ┬ ろう付
         └ はんだ付
```

図 3.5.1　溶接方法の種類

が，溶接対象物に要求される品質，施工能率などを考慮し，最適な溶接方法を選択する必要がある．ステンレス鋼の溶接に関連した JIS 規格を表 3.5.1 に示す．ステンレス鋼の溶接では，ステンレス鋼の種類，板厚ならびに適用溶接材料に応じて溶接施工条件を管理する．

3.5.2　融　　接

　融接（fusion welding）には，図 3.5.1 に示したように，アーク溶接法（arc welding）をはじめ，各種の方法がある．以下ではそれらについて簡潔に説明する．

3.5 溶　　接

表 3.5.1 ステンレス鋼の溶接に関連した JIS 規格

分類	規格番号・名称
溶接材料（被覆アーク溶接棒，溶接用ワイヤ，フラックス）	JIS Z 3221:2008　ステンレス鋼被覆アーク溶接棒
	JIS Z 3321:2010　溶接用ステンレス鋼加棒，ソリッドワイヤ及び鋼帯
	JIS Z 3322:2010　ステンレス鋼帯状電極肉盛溶接金属の品質区分及び試験方法
	JIS Z 3323:2007　ステンレス鋼アーク溶接フラックス入りワイヤ及び溶加棒
	JIS Z 3324:2010　サブマージアーク溶接によるステンレス鋼溶着金属の品質区分及び試験方法
ろう	JIS Z 3261:1998　銀ろう
	JIS Z 3262:1998　銅及び銅合金ろう
	JIS Z 3263:2002　アルミニウム合金ろう及びブレージングシート
	JIS Z 3264:1998　りん銅ろう
	JIS Z 3265:1998　ニッケルろう
	JIS Z 3266:1998　金ろう
	JIS Z 3267:1998　パラジウムろう
	JIS Z 3268:1998　真空用貴金属ろう
ガス	JIS Z 3253:2003　アーク溶接及びプラズマ切断用シールドガス
	JIS K 1105:2005　アルゴン
	JIS K 1106:2008　液化二酸化炭素（液化炭酸ガス）
その他	JIS Z 3233:2001　イナートガスアーク溶接並びにプラズマ切断及び溶接用タングステン電極
	JIS Z 3234:1999　抵抗溶接用銅合金電極材料

（1）アーク溶接法

（a）被覆アーク溶接法　被覆アーク溶接法（shielded metal arc welding）は図 3.5.2 に示すように，心線に被覆剤を塗布して電極に用いる被覆アーク溶接棒と母材との間に電圧をかけて，溶接棒と母材の間にアークを発生させ，その熱エネルギーを利用して溶接を行う方法である．アークの熱エネルギーにより母材と溶接棒を溶かして溶融池を形成する．溶接棒の先端は溶融して溶滴を形成し，溶融池に移行する．溶融池はアーク通過後に凝固し，溶接金属を形成する．溶接棒の被覆剤から発生するガスおよびスラグにより，溶融金属は大気から保護される．

被覆アーク溶接棒は JIS Z 3221 に規定されている溶接棒の中から選択して使用する．選択の基準は母材と同材質の共金溶接棒の使用を基本とするが，溶接

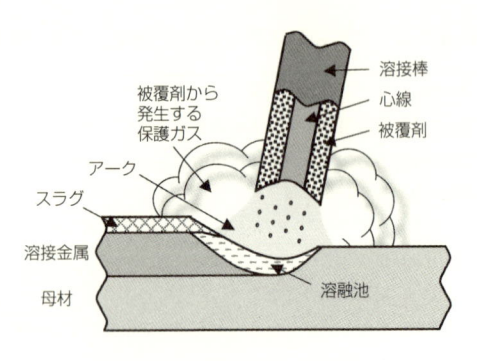

図 3.5.2 被覆アーク溶接法[67]

割れ，耐食性，熱処理の要否，使用条件などの観点から慎重に検討し，適切なものを選択する必要がある．溶接棒は湿気を帯びるとスパッタの増加，ブローホールなど溶接欠陥の原因となるので，十分に乾燥した溶接棒を使用する必要がある．長時間および高温での乾燥は溶接作業効率を低下させる原因となるので注意が必要である．溶接棒の乾燥条件は溶接棒の種類などにより異なり，メーカの推奨条件を適用するとよい．溶接電源は一般には交流電源を用いる場合も多いが，直流が用いられる場合もある．この場合，母材への入熱を低減するため，母材を電源のプラス側に接続する直流・棒プラス（DCEP）が用いられる．

(b) ガスシールドアーク溶接法 ガスシールドアーク溶接法（gas metal arc welding）は図 3.5.3 に示すように，消耗電極ワイヤ（溶接ワイヤ，welding wire）を電極チップ部で給電しながら送給し，溶接ワイヤと母材間でアークを発生させ，その熱エネルギーを利用して溶接を行う方法である．ガスシールドアーク溶接法はシールドガスの種類によりミグ溶接法，マグ溶接法，炭酸ガスアーク溶接法の三つに分類される．

(i) ミグ溶接法 ミグ溶接法（metal inert gas arc welding）は MIG 溶接法とも書かれ，不活性ガス（Ar，He など）をシールドガス（shielding gas）として用い，その雰囲気中でアークを発生させる溶接方法である．アークの熱エ

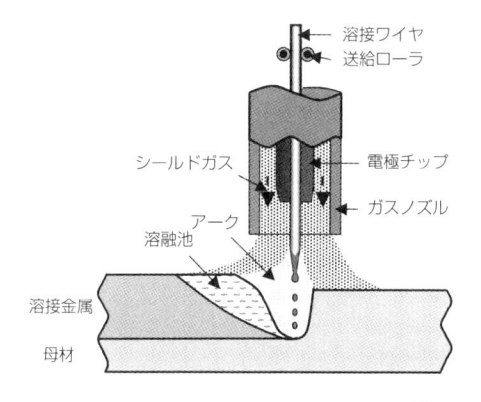

図 3.5.3 ガスシールドアーク溶接法[67]

ネルギーにより母材と溶接ワイヤを溶かして溶融池を形成する．溶接ワイヤの先端が溶融して溶滴を形成し，溶融池に移行する．アーク通過後に凝固し，溶接金属を形成する．溶融金属はシールドガスにより大気から保護される．

ステンレス鋼の場合，一般に溶接ワイヤにはソリッドワイヤが用いられ JIS Z 3321（溶接用ステンレス鋼溶加棒，ソリッドワイヤ及び鋼帯）の中から選択して使用するが，その選択基準は被覆アーク溶接法の場合とほぼ同様である．シールドガスには，Ar または混合ガス［少量の O_2（1〜5％程度）もしくは CO_2（5％程度まで）を混合した Ar］を用いる．溶接電源は直流定電圧特性をもつ直流電源を用い，通常，直流・棒プラスで溶接を行う．

（ii）マグ溶接法　マグ溶接法（metal active gas arc welding）は混合ガス（O_2 または CO_2 などを混合した Ar）雰囲気中でアークを発生させる溶接方法である．溶接材料は一般に単純な丸棒状のソリッドワイヤ，または金属外皮の内部にフラックスを充てんしたフラックス入りワイヤが用いられる．ステンレス鋼の場合，フラックス入りワイヤが主に用いられ，JIS Z 3323 に規定されている中から選択して使用するが，その選択基準は被覆アーク溶接法や他の溶接方法の場合とほぼ同様である．溶接金属はシールドガスとフラックス入りワイヤではスラグ（溶接ワイヤ中のフラックスがアーク熱によりスラグとなる）に

より大気から保護される．溶接電源は，主として定電圧特性をもつ直流電源を用い，通常，直流・棒プラスで溶接を行う．

(iii) 炭酸ガスアーク溶接法 炭酸ガスアーク溶接法（carbon-dioxide arc welding）は炭酸ガスまたは炭酸ガスを主とするガス雰囲気中でアークを発生させる溶接方法である．溶接金属はシールドガスにより大気から保護されるとともに，溶接ワイヤ中に含まれる脱酸性元素により溶接金属の品質が高められる．ステンレス鋼の場合，溶接ワイヤには主にフラックス入りワイヤが使用され，その選択基準は被覆アーク溶接法や他の溶接方法の場合とほぼ同様である．

(c) ティグ溶接法 ティグ溶接法（tungsten inert gas arc welding）はTIG溶接法とも書かれ，図3.5.4に示すように，不活性ガス（Ar, He など）雰囲気中で，電極（純W, W合金など）と母材間でアークを発生させ，その熱エネルギーを利用して溶接を行う方法である．アークの熱エネルギーにより母材と溶加材（使用しない場合もある）を溶かして，溶融池を形成する．溶融池はアーク通過後凝固し，溶接金属を形成する．溶接金属はシールドガスである不活性ガスにより大気から保護される．不活性ガス雰囲気中で溶接するため，高品質の溶接金属が確保でき，しかも溶接品質が安定していることから，ステンレスの溶接，薄板の溶接，裏波溶接，各種姿勢溶接などに広く用いられている．薄板の溶接では溶加材を用いない場合が多い．

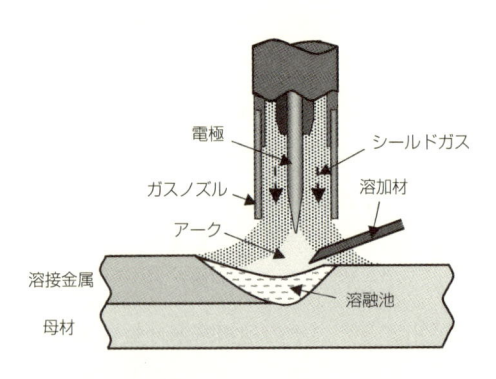

図3.5.4 ティグ溶接法[67]

ティグ溶接に用いる溶加材は JIS Z 3321 に規定されている中から選択し，電極は JIS Z 3233 のタングステン電極棒の中から選択して使用する．溶接電源は交流，直流ともに垂下特性を持つ電源を用いる．一般的に棒をマイナス側に接続する直流・棒マイナス（DCEN）で溶接を行う．アルミニウム合金などの母材表面が酸化膜で覆われている場合には，クリーニング作用を活用するために直流・棒プラスや交流で溶接する場合が多い．

（**d**）**プラズマ溶接法**　プラズマ溶接法（plasma welding）は図 3.5.5 に示すように，プラズマガス（Ar）と拘束ノズルでアークに熱的ピンチ力を与え，得られた高温プラズマ流の熱エネルギーを利用して溶接を行う方法である．プラズマアークの熱エネルギーにより母材と溶加材（使用しない場合もある）を溶かして，溶融池を形成する．溶融池はプラズマアーク通過後凝固し，溶接金属を形成する．溶接金属はシールドガス（H_2，Ar または He を混合した Ar など）により大気から保護される．プラズマの発生方式に移行式と非移行式がある．移行式は高周波電圧によって電極―ノズル間に起動される小電流のパイロットアークを介して，電極―母材間にプラズマアークを発生させる方式である．非移行式は電極―ノズル間にプラズマアークを発生させる方式である．

プラズマ溶接に用いる溶加材はティグ溶接と同様の JIS Z 3321 に規定される溶加棒かワイヤの中から選択して使用するが，その選択基準は被覆アーク溶接法や他の溶接法の場合とほぼ同様である．溶接電源には一般的に直流電源を用

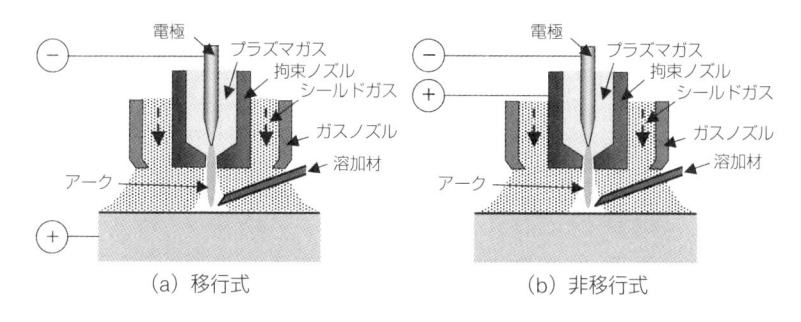

図 **3.5.5**　プラズマ溶接法[67)]

い，直流・棒マイナスで溶接を行う．

（e）**サブマージアーク溶接法** サブマージアーク溶接法（submerged arc welding）は図3.5.6に示すように，溶接部に散布したフラックスの中に溶接ワイヤを電極チップ部で給電しながら送給し，フラックス中で溶接ワイヤと母材間でアークを発生させ，その熱エネルギーを利用して溶接を行う方法である．アークの熱エネルギーにより母材，フラックスおよび溶接ワイヤを溶かして溶融池を形成する．フラックスが溶融してスラグとなり，そのスラグが溶接金属を覆って大気から保護する．また，スラグは溶接金属との反応により溶接金属の品質を高めるとともに，滑らかな溶接ビード面を形成する．

サブマージアーク溶接に用いる溶接ワイヤとフラックスは，JIS Z 3324のソリッドワイヤとフラックスをセットで使用する．その選択基準は被覆アーク溶接法や他の溶接法の場合とほぼ同様である．溶接電源には交流および直流電源が用いられる．

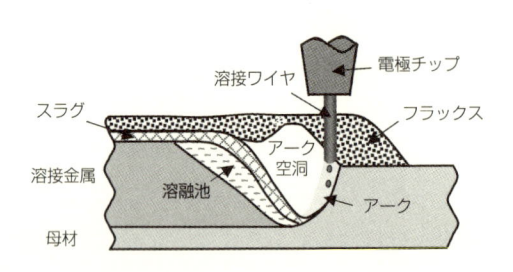

図3.5.6 サブマージアーク溶接法[68]

（f）**セルフシールドアーク溶接法** セルフシールドアーク溶接法（selfshielded arc welding）は，溶接ワイヤを電極チップ部で給電しながら送給し，溶接ワイヤと母材間でアークを発生させ，その熱エネルギーを利用して溶接を行う方法である．溶接ワイヤにはフラックス入りワイヤまたはソリッドワイヤを用いる．ステンレス鋼の場合，フラックス入りワイヤが主に使用され，その選択基準は被覆アーク溶接法や他の溶接方法の場合とほぼ同様である．フラックス入りワイヤでは，ワイヤ中のフラックスがアーク熱により分解あるいはスラグ

化し,溶接金属を大気より保護する.また,ワイヤ中に特殊な合金元素を含有させることにより溶接金属の品質を高める.

(2) エレクトロスラグ溶接法

エレクトロスラグ溶接法(electroslag welding)は図3.5.7に示すように,立向継手の溶接部の溶融したスラグ中に溶接ワイヤを電極チップ部で給電しながら送給し,溶融スラグ内を流れる電流のジュール熱を利用して溶接を行う方法である.溶接開始時には溶接ワイヤと底部タブ板間でアークを発生させ,その熱エネルギーを利用してスラグ浴を形成する.溶接時の溶融金属が流出しないように母材の両側(片側のものもある)に水冷された銅製の当て金を設ける場合がある.

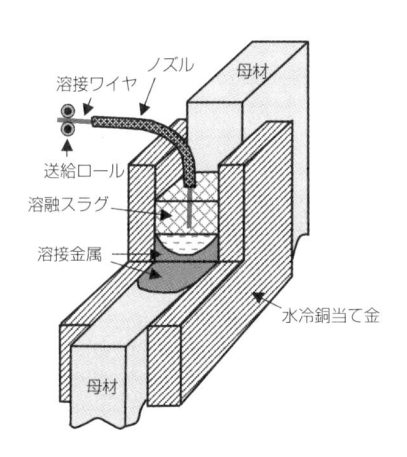

図3.5.7　エレクトロスラグ溶接法[67]

(3) エレクトロガスアーク溶接法

エレクトロガス溶接法(electrogas arc welding)は図3.5.8に示すように,マグ溶接の一種で,立向継手の溶接部にシールドガス(炭酸ガスなど)を流したガス雰囲気の中で,ワイヤガイドノズルトーチを通して溶接ワイヤを供給し,溶接ワイヤの先端部で溶接部にアークを発生させ,その熱エネルギーを利用し

232   3. ステンレス鋼の加工

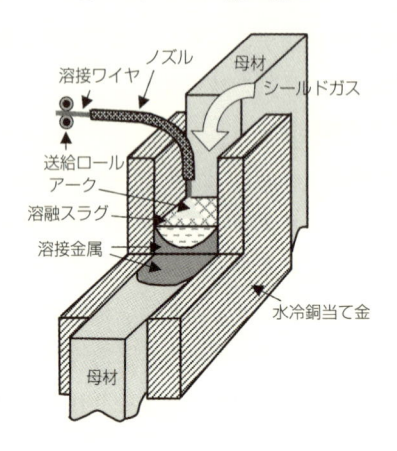

図 3.5.8 エレクトロガスアーク溶接法[67]

て溶接を行う方法である．溶接時の溶融金属が流出しないように母材の両側（片側のものもある）に水冷された銅製の当て金を設け，溶接の進行（溶融池の上昇）とともに母材に沿って当て金を上方へしゅう動させ，溶融池は当て金に支えられながら凝固し，溶接金属を形成する．エレクトロスラグ溶接法と同様の立向上進溶接である．

エレクトロガス溶接に用いる溶接ワイヤはJIS Z 3321に規定される溶加棒とソリッドワイヤ，JIS Z 3323のフラックス入りワイヤ，およびJIS Z 3319のフラックス入りワイヤの中から選択して使用するが，その選択基準は被覆アーク溶接法や他の溶接法の場合とほぼ同様である．

(4) 電子ビーム溶接法

電子ビーム溶接法（electron beam welding）は，真空中（$1\sim10^{-2}$ Pa）で陰極のタングステンフィラメントを交流電流で加熱し熱電子が放出させ，フィラメントと陽極間に高電圧（60～150 kV）を印加して電子を加速し，これを収束コイルで収束させ，電子ビームとして母材に衝突させて，その電子の運動エネルギーを利用して，溶接を行う方法である．

(5) レーザ溶接法

レーザ溶接 (laser welding) は，レーザ媒質を励起し，それから放出される単一で位相のそろった光を共振器で増幅し，反射鏡で取り出したレーザビームを放物面や集光用レンズを用いて収束し，これを母材に照射して溶接を行う方法である．レーザの媒質として，固体レーザ（希土類元素をドープしたYAG，ルビーなど），気体レーザ（CO_2, I_2 など），半導体レーザなどがある．

レーザ溶接とアーク溶接を組み合わせたレーザ・アークハイブリッド溶接は，レーザ溶接の短所をアーク溶接で補い，レーザ溶接とアーク溶接の長所を活かした溶接方法である．組み合わせるアーク溶接法としては，ティグ溶接，ガスシールドアーク溶接などがある．

(6) 帯状電極肉盛溶接法

帯状電極溶接法 (surfacing with strip electrode) は，サブマージアーク溶接法と同様に，散布されたフラックスの中に，溶接ワイヤの代わりに帯状電極を連続的に供給して溶接する方法である．溶接現象にサブマージアーク式とエレクトロスラグ式がある．サブマージアーク式は帯状電極と母材間に発生したアーク熱によりフープを溶融する方式であり，エレクトロスラグ式は溶融スラグ内を流れる電流のジュール熱によりフープを溶融する方式である．帯状電極肉盛溶接法の溶接ビードはほぼ電極の幅に形成され，溶込みが少なく，へん平な溶接金属となる．

帯状電極肉盛溶接法に用いる溶接材料はJIS Z 3322（ステンレス鋼帯状電極肉盛溶接金属の品質区分及び試験方法）の中から選択して使用するが，その選択基準は被覆アーク溶接法や他の溶接法の場合とほぼ同様である．

3.5.3　圧接およびろう接

圧接 (pressure welding) とろう接 (brazing and soldering) にも，以下に説明するように各種の方法がある．

(1) 電気抵抗溶接法

圧接法の代表的な手法は電気抵抗溶接法 (electric resistance welding) であ

る．この方法は，板材を重ね合わせて点状に溶接するスポット溶接と，線状に溶接するシーム溶接がある．

スポット溶接法（spot welding）は図3.5.9に示すように，重ねた板を電極（銅合金製など）で加圧しながら通電し，板材接合面での抵抗発熱による熱エネルギーを利用する溶接方法である．抵抗発熱により点状の溶接部（ナゲット，nugget）が形成する．

シーム溶接法（seam welding）は，重ねた板を円板電極で加圧しながら通電し，板材接合部を連続的に加熱・溶融して，溶接部を形成（連続的にスポット溶接のナゲットを形成）させ，接合する溶接方法である．

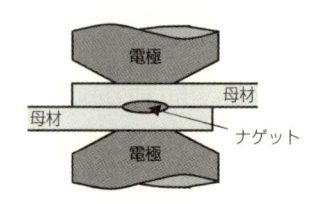

図 3.5.9　スポット溶接法[67]

(2) ろう接

ろう接（brazing and soldering）は，母材よりも融点の低い合金（ろう，またははんだ）を熱源（電気炉，ガストーチ炎など）を用いて溶融し，接合部に溶融した合金を流し込み，冷却・凝固させて接合する手法で，母材をほとんど溶融せずに接合する方法である．450℃以上の融点をもつろう（brazing filler metal）を用いる場合をろう付（brazing），450℃未満のはんだ（solder）を用いる場合をはんだ付（soldering）という．ステンレス鋼のろう接には，これらの中から使用目的に合うろう，またははんだを選ぶ必要がある．

ろう付部の品質は，ろう付の雰囲気に影響されることが知られており，目的に応じて，大気ろう付，真空ろう付および雰囲気ろう付が行われる．

3.5.4 予熱および溶接後熱処理

ステンレス鋼では，割れおよび変形の防止などの観点で予熱（preheating）を，また残留応力の除去および組織改善などの観点で溶接後熱処理（post weld heat treatment）を行う．ステンレス鋼はオーステナイト系，マルテンサイト系，フェライト系および二相系などに分類され，それぞれの溶接金属の品質に適正な予熱と溶接後熱処理を行う必要がある．予熱や溶接後熱処理が不適当な場合，Cr炭化物やσ相などの析出により溶接部がぜい化したり，溶接部の耐食性が劣化することもあるので注意が必要である．

引用文献

1) 薄鋼板成形技術研究会編（1987）：プレス成形難易ハンドブック，p.1，日刊工業新聞社
2) 林央（1993）：連載「板の成形限界の向上」VIII，板成形限界の評価方法，塑性と加工，Vol.34，No.385，p.116
3) JIS Z 2241: 1998 金属材料引張試験方法
4) 日本塑性加工学会編（1975）：プレス加工便覧，p.311，丸善
5) ステンレス協会編（1995）：ステンレス便覧 第3版，p.940，日刊工業新聞社
6) H. W. Swift（1954）：The mechanism of a simple deep-drawing operation, *Sheet Metal Industries*, Vol.31, p.817
7) JIS Z 2247: 2006 エリクセン試験方法
8) JIS B 7729: 2005 エリクセン試験機
9) JIS Z 2249: 1963 コニカルカップ試験方法
10) 日本鉄鋼連盟規格 JFS T1001-1996 穴広げ試験方法
11) ステンレス協会編（1995）：ステンレス便覧 第3版，p.944，日刊工業新聞社
12) 井口貴朗，尾崎芳弘（2008）：JFE443CTステンレス鋼板の最適成形技術，JFE技報，Vol.20，p.16
13) 中島浩衛（1970）：薄鋼板の破断ひずみへの変形経路の影響，塑性と加工，Vol.11，No.109，p.112
14) たとえば，M. Kuroda and Tvergaard（2000）：Effect of strain path change on limits to ductility of anisotropic metal sheets, *Int. J. Mech. Sci.*, Vol.42, p.1297
15) S. P. Keeler（1966）：Determination of forming limits in automotive stampings, *Trans. SAE*, Vol.74, Paper No.650355
16) 沢谷精，清水邦彦，中山正，平井卓（1977）：Ti添加低C, N–17％Crステンレス鋼薄板の加工性，鉄と鋼，Vol.63，p.832

17) 日本塑性加工学会編（1994）：プレス絞り加工（塑性加工技術シリーズ13），コロナ社，p.16
18) ステンレス協会編（1995）：ステンレス鋼データブック―建材編―，p.p.15-16，ステンレス協会
19) ステンレス協会編（1995）：ステンレス鋼便覧 第3版，p.927，日刊工業新聞社
20) 川崎龍夫（1992）：ステンレス鋼の加工―プレス加工―，ステンレス，平4-10，p.1
21) 武智弘，加藤弘，角南達也，中山正（1967）：17％Crステンレス鋼のリヂング現象の発生機構，日本金属学会誌，Vol.31，p.717
22) JIS G 0551: 2005　鋼―結晶粒度の顕微鏡試験方法
23) 渡部豊臣（1993）：ステンレス鋼板の温間絞り加工法，塑性と加工，Vol.33，No.375，p.396
24) T. Angel（1954）： Formation of martensite in austenitic stainless steels. Effects of deformation, temperature, and composition, *J. Iron Steel Inst.*, Vol.177，p.165
25) 伊藤尚也，鋸屋正喜，横山堅治，石山成志（1977）：準安定オーステナイトステンレス鋼のプレス成形性および時期割れにおよぼす化学成分の影響，日本ステンレス技報，No.13，p.1
26) 小野寛（1977）：極深絞り用ステンレス鋼板，金属材料，Vol.17，No.6，p.18
27) 星野和夫，金刺久義，沢重洸介（1976）：フェライト系ステンレス鋼の異方性におよぼす冷延条件の影響，日新製鋼技報，Vol.34，p.38
28) 倉橋速生（1992）：ステンレス鋼の加工―剪断加工―，ステンレス，平4-9，p.1
29) （社）日本金属プレス工業協会編（2002）：基礎から学ぶ実践プレス加工シリーズ「プレス打ち抜き加工」，日刊工業新聞社
30) 日本塑性加工学会編：塑性加工技術シリーズ12「せん断加工」（1992），p.25，コロナ社
31) 日本塑性加工学会編（1999）：最新塑性加工要覧 第2版，p.228，コロナ社
32) ステンレス協会編（1995）：ステンレス鋼便覧 第3版，p.964，日刊工業新聞社
33) 新藤健二，石垣賢三，加藤和明，入江徹（1999）：管材の新しいスピニング加工技術の開発（偏心，傾斜可能なスピニング技術 第1報），第50回塑性加工連合講演会，p.173
34) 入江徹（2001）：特殊スピニング加工開発，日本塑性加工学会チューブフォーミング分科会第97回研究例会，p.8
35) 荒井裕彦（2009）：楕円や多角形も作れるスピニング加工法，自動車技術，Vol.63，No.6，p.98
36) 木下昇（1992）：ステンレス鋼の加工－ロール成形－，ステンレス，（1992-12），p.1
37) 日本塑性加工学会編（1990）：塑性加工技術シリーズ9，ロール成形，p.1，コロナ社
38) JIS G 4404: 2006　合金工具鋼鋼材
39) 生田目裕（1965）：八幡鋼管，No.3，p.49
40) 日本塑性加工学会編（1992）：塑性加工技術シリーズ10，チューブフォーミング，p.47，コロナ社
41) 遠藤順一，室田忠雄（1982）：円管の均等塑性曲げにおけるへん平化，塑性と加工，Vol.23，No.258，p.708

引用文献

42) 遠藤順一，室田忠雄（1977）：円管の均等塑性曲げにおけるしわの発生，塑性と加工，Vol.18，No.202，p.930
43) 真鍋健一，西村尚（1982）：円すい状口絞り成形の成形荷重と成形限界の実験的検討，塑性と加工，Vol.23，No.255，p.335
44) 北澤君義，小林勝，山下修市（1988）：円管端末カーリング変形の初等的エネルギー解析，塑性と加工，Vol.29，No.331，p.845
45) 真鍋健一（1989）：管材の端末成形に関する研究動向，塑性と加工，Vol.30，No.339，p.481
46) 日本塑性加工学会（1992）：チューブフォーミング，p.82，コロナ社
47) 森茂樹，真鍋健一，西村尚（1988）：管材の液圧バルジ加工シミュレータの開発と負荷経路制御の実験，塑性と加工，Vol.29，No.325，p.131
48) ステンレス協会編（2003）：ステンレスの初歩 2003，p.194，ステンレス協会
49) 文献 48)，p.189
50) 高野光司，森祐司，天藤雅之，多田好宣，柘植信二（2009）：高純フェライト系ステンレス鋼線材：NSSC 160R の開発，新日鐵技報，No.389，p.56
51) 藤田義雄（1990）：新冷間鍛造用ステンレス鋼，特殊鋼，Vol.39，No.3，p.29
52) 高野光司，榊原瑞夫，村田亘，松井孝至，吉村公一（1996）：建材用高強度マルテンサイト系ステンレス鋼 YUS550 の開発，新日鐵技報，No.361，p.43
53) JIS G 4305:2005 冷間圧延ステンレス鋼板及び鋼帯
54) JIS R 6256:2006 研磨ベルト
55) 中山守，工藤勝久，広瀬敏光（1984）：ステンレス鋼用ベルト研削油剤に関する実験的研究（第2報），潤滑，Vol.29，No.4，p.p.301–306
56) 木谷滋，御所窪賢一（1989）：ステンレス鋼の耐食性に及ぼす研削油の影響について，第36回腐食防食討論会講演予稿集，p.p.465–468
57) ASTM A480/A480M-06b（2008）：Standard Specification for General Requirements for Flat-Rolled Stainless and Heat-Resisting Steel Plate, Sheet, and Strip
58) 金属表面技術協会編（1976）：金属表面技術便覧（改訂新版），p.p.71–155，日刊工業新聞社
59) 遠藤幸雄，高澤恂（1964）：液状バフ研磨剤，金属表面技術，Vol.15，No.1，p.p.30–35
60) 木下直治監修，高沢孝哉編著（1984）：表面研磨・仕上技術集成，p.p.275–289，日経技術図書
61) ステンレス協会編（1995）：ステンレス鋼便覧 第3版，p.p.1143–1146，日刊工業新聞社
62) 金子智，佐藤義和（1990）：ステンレス鋼の化学的な研磨法の現状，表面技術，Vol.41，No.3，p.p.203–206
63) 田宮勝恒，本田正一，前畑英彦，釜田浩（1982）：電解複合加工による金属表面の創成，実務表面技術，Vol.29，No.10，p.p.466–471
64) 清宮紘一（1989）：電解砥粒研磨法による鏡面仕上げ，防食技術，Vol.38，No.2，p.p.126–129
65) 呂戊辰（1962）：電解研磨・化学研磨，p.p.327–329，日刊工業新聞社
66) JIS G 4304:2005　熱間圧延ステンレス鋼板及び鋼帯

67) (社)溶接学会編（2003）：溶接・接合便覧 第2版, p.223, p.238, p.252, p.257, p.300, p.309, p.353, 丸善
68) 佐藤邦彦編（1990）：溶接強度ハンドブック, p.p.1-17, 理工学社

4. ステンレス鋼の主な用途と鋼種の選び方

4.1 ステンレス鋼の鋼種の選び方

　ステンレス鋼は，さびにくいという最大の特長を活かして，建設用，産業機械，電機機器，家庭用・業務用機器，船舶用，自動車用，鉄道車両用，容器用など多様な用途に幅広く使用されている．

　最近約20年間における世界のステンレス鋼（粗鋼）の生産量（world annual production of stainless steel）推移を図4.1.1に示す．生産量は1990年代半ばから増加の一途をたどり，2007年にはほぼ倍増の約2 800万トンに達した．この

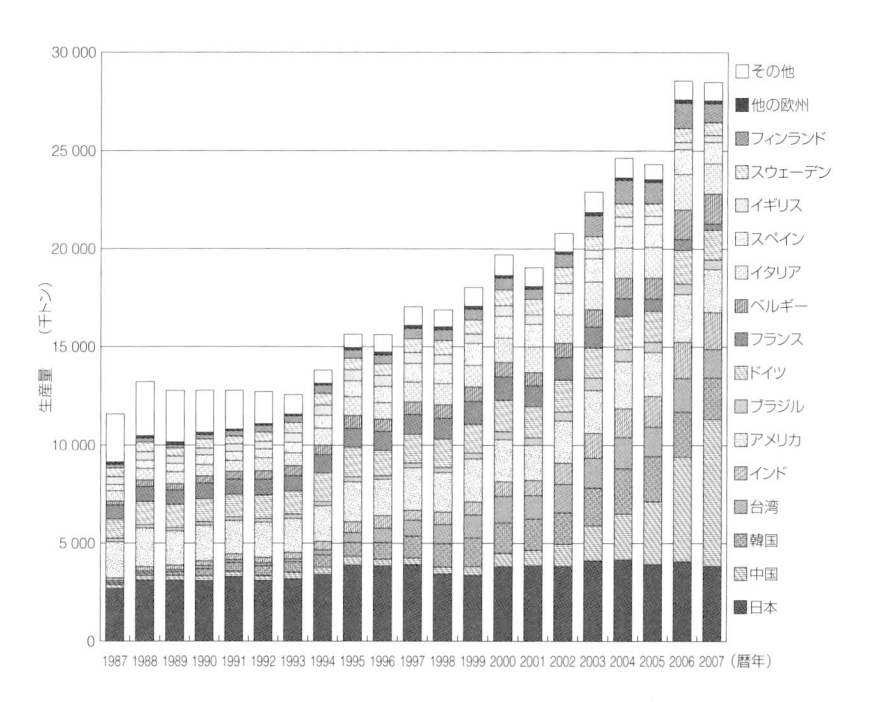

図4.1.1　世界のステンレス鋼生産量（粗鋼）[1]

240   4. ステンレス鋼の主な用途と鋼種の選び方

間,大きく数量を伸ばしたのは,中国,韓国,台湾,インドのアジア勢とベルギー,フィンランドの欧州勢である.特に中国は,この10年間でほぼ20倍に拡大した.日本は,1970年代初頭にアメリカを抜き世界一の生産国となり,最近では年産約380万トンの水準を維持しているが,2006年には中国が日本を抜き世界一の生産国となっている.

日本でのステンレス鋼の主な用途を,鋼板類の用途別受注量(Japanese annual order booking by applications of stainless steel flat products)の推移の形で図4.1.2に示す.例えばJIS G 4304の熱間圧延ステンレス鋼板及び鋼帯には62に及ぶ多くの種類が規格化されており,目的の用途に応じた適切な特性を持つステンレス鋼を選択し使用することが必要である.

ステンレス鋼は,約10.5％以上のCrを含有するFe基の合金であり,さら

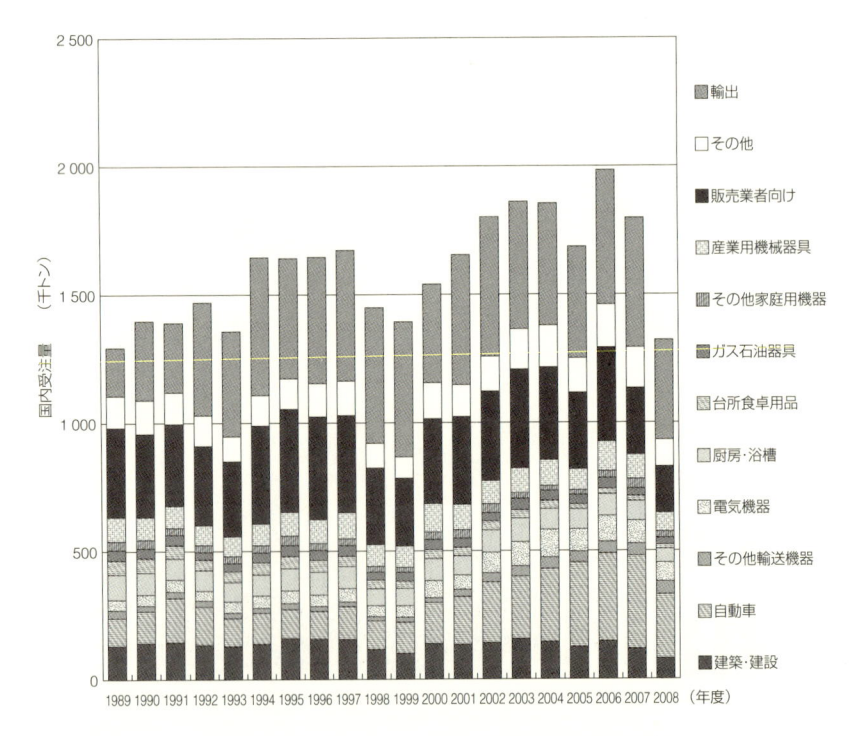

図 4.1.2　ステンレス鋼の用途別受注量推移[2]

4.1 ステンレス鋼の鋼種の選び方

にNi, Moなどを添加して耐食性などの機能を改善した鉄鋼材料である．これらの添加元素の役割は，元素同士の相互影響，金属組織の影響などもあって簡単に説明することは難しいが，要点を表4.1.1に示す．

また最も簡明に整理したJISステンレス鋼，耐熱鋼の性質・用途を表4.1.2に示す．まず，この表で，目的の用途，環境を考慮して鋼種選定の検討をすることができる．たとえば，耐食性，非磁性，高強度，高耐熱性，低温強度，あるいは低温じん性が必要なときはオーステナイト系およびオーステナイト・フェライト系，焼入硬化性が必要なときはマルテンサイト系，耐食性，耐応力腐食割れ性，低熱膨張率が必要なときはフェライト系の分類の鋼種を参照するとよい．

次に，代表的な用途におけるステンレス鋼の使用例と鋼種選定の考え方を具体的に紹介するが，ステンレス鋼メーカの新鋼種については，『ステンレスの初歩』（ステンレス協会，2007年）の巻末を参照されたい．

表 4.1.1 ステンレス鋼における添加元素の主な影響（アルファベット順）

元素	改善される特性	低下する特性
Al	耐熱・耐酸化性，焼入硬化小，析出硬化	じん性
B	中性子吸収，粒界強化	じん性
C	高強度化，耐摩耗性，硬さ	耐粒界腐食性，加工性，溶接性，じん性
Cr	耐食性，耐熱・耐酸化性	じん性，加工性
Cu	耐食性，低加工硬化（Ni代替）	
Mn	非磁性（Ni代替）	
Mo	耐食性，じん性，高温強度・クリープ	加工性
N	高強度化，耐孔食性	溶接性
Nb	耐粒界腐食性，耐孔食性，溶接性，高温強度・クリープ	
Ni	耐食性，低加工硬化，じん性，耐浸炭性，非磁性	
Pb	被削性	耐食性
S	被削性	耐食性
Se	被削性	耐食性
Si	耐熱・耐酸化性，耐応力腐食割れ性	加工性，じん性
Ti	耐粒界腐食性，加工性，耐孔食性，溶接性，高温強度・クリープ	
V	高温強度，じん性	
W	耐食性，高温強度	

4. ステンレス鋼の主な用途と鋼種の選び方

表4.1.2 ステンレス鋼の主要用途一覧[3]

分類	種類の記号	概略組成	性質と用途
オーステナイト系	SUS201	17Cr-4.5Ni-6Mn-N	Ni節約種類，301の代替鋼，冷間加工によって磁性をもつ．
	SUS202	18Cr-5Ni-8Mn-N	Ni節約種類，302の代替鋼，料理器具．
	SUS301	17Cr-7Ni	冷間加工によって高強度を得られる．鉄道車両，ベルトコンベヤ，ボルト・ナット，ばね．
	SUS301L	17Cr-7Ni-低C-N	SUS301の低炭素鋼で，耐粒界腐食性，溶接性に優れる．鉄道車両など．
	SUS301J1	17Cr-7.5Ni-0.1C	304よりストレッチ加工および曲げ加工性に優れ，加工硬化は，304と301の中間，ばね，ちゅう(厨)房用品，器物，建築，車両など．
	SUS302	18Cr-8Ni-0.1C	冷間加工によって高強度を得られるが，伸びは301よりやや劣る．建築物外装材．
	SUS302B	18Cr-8Ni-2.5Si-0.1C	302より耐酸化性が優れ，900℃以下では310Sと同等の耐酸化性および強度をもつ．自動車排ガス浄化装置，工業炉など高温装置材料．
	SUS303	18Cr-8Ni-高S	被削性，耐焼付性向上．自動盤用として最適．ボルト・ナット．
	SUS303Se	18Cr-8Ni-Se	被削性，耐焼付性向上．自動盤用として最適．リベット・ねじ．
	SUS303Cu	18Cr-8Ni-2.5Cu	被削性，冷間加工性向上．シャフト類．
	SUS304	18Cr-8Ni	ステンレス鋼・耐熱鋼として最も広く使用，食品設備，一般化学設備，原子力用．870℃までの繰り返し加熱に耐える．
	SUS304A	18Cr-8Ni	建築構造用ステンレス鋼材として制定された鋼種で，SUS304と同じ組成であるが，0.1%耐力および降伏比が規定されている．
	SUS304Cu	18Cr-8Ni-1Cu	304に約1%のCuを添加し加工硬化を防ぎ，良好なプレス成形性を付与した．深絞り，へら絞り用途，フラットバー，建材用途等に適し，304と同等の耐食性をもつ．
	SUS304L	18Cr-9Ni-低C	304の極低炭素鋼，耐粒界腐食性に優れ，溶接後熱処理できない部品類．
	SUS304N1	18Cr-8Ni-N	304にNを添加し，延性の低下を抑えながら強度を高め，材料の厚さ減少の効果がある．構造用強度部材．
	SUS304N2	18Cr-8Ni-N-Nb	304にNおよびNbを添加し，同上の特性をもたせた．用途は304N1と同じ．
	SUS304N2A	18Cr-8Ni-N-Nb	建築構造用ステンレス鋼材として制定された鋼種で，SUS304N2と同じ組成であるが，0.1%耐力および降伏比が規定されている．
	SUS304LN	18Cr-8Ni-N-低C	304LにNを添加し，同上の特性をもたせた．用途は304N1に準じるが，耐粒界腐食性に優れる．
	SUS304J1	17Cr-7Ni-2Cu	SUS304のNiを低め，Cuを添加．冷間成形性，特に深絞り性に優れる．シンク，温水タンクなど．
	SUS304J2	17Cr-7Ni-4Mn-2Cu	SUS304より深絞り成形性に優れる．風呂がま，ドアノブなど．
	SUS304J3	18Cr-8Ni-2Cu	304にCuを添加し，冷間加工性と非磁性を改善．SUS304とSUSXM7との中間成分で，冷間加工用ボルト，ナットなど．

4.1 ステンレス鋼の鋼種の選び方

表 4.1.2 (続き)

分類	種類の記号	概略組成	性質と用途
オーステナイト系	SUS305	18Cr-12Ni-0.1C	304に比べ,加工硬化性が低い.へら絞り,特殊引抜き,冷間圧造用.
	SUS305J1	18Cr-13Ni-0.1C	305の低炭素鋼で,加工硬化性が低い.305と用途は同じ.
	SUS309S	22Cr-12Ni	耐食性が304より優れている.耐熱鋼として使われることが多い.980℃までの繰り返し加熱に耐える.炉材.
	SUS310S	25Cr-20Ni	耐酸化性が309Sより優れており,耐熱鋼として使われることが多い.1035℃まで耐える.炉材,自動車排ガス浄化装置用材料.
	SUS312L	20Cr-18Ni-6Mo-0.7Cu-0.2N-低C	海水および各種酸類に対する腐食抵抗に極めて優れ,海水使用各種機器,塩害地区外装建材,硫酸プラント,排煙脱硫設備用機器などに使用.
	SUS315J1	18Cr-9Ni-1.5Si-2Cu-1Mo	304に対し,高Siとし,Cu,Moを添加.耐応力腐食割れ性,耐孔食性を向上,温水機器用.
	SUS315J2	18Cr-12Ni-3Si-2Cu-1Mo	304に対し,高Ni,高Siとし,Cu,Moを添加.耐応力腐食割れ性,耐孔食性を向上,温水器用.
	SUS316	18Cr-12Ni-2.5Mo	海水をはじめ各種媒質に304より優れた耐食性がある.耐孔食材料.
	SUS316A	18Cr-12Ni-2.5Mo	建築構造用ステンレス鋼材として制定された鋼種で,SUS316と同じ組成であるが,0.1%耐力及び降伏比が規定されている.
	SUS316L	18Cr-12Ni-2.5Mo-低C	316の極低炭素鋼,316の性質に耐粒界腐食性をもたせたもの.
	SUS316N	18Cr-12Ni-2.5Mo-N	316にNを添加し,延性の低下を抑えながら強度を高め,材料の厚さ減少効果がある.耐食性の優れた強度部材.
	SUS316LN	18Cr-12Ni-2.5Mo-N-低C	316LにNを添加し,同上の特性をもたせた.用途は,316Nに準じるが,耐粒界腐食性に優れる.
	SUS316Ti	18Cr-12Ni-2.5Mo-Ti	SUS316にTiを添加して耐粒界腐食性を改善.熱交部品.
	SUS316J1	18Cr-12Ni-2Mo-2Cu	耐食性,耐孔食性が316より優れている.耐硫酸用材料.
	SUS316J1L	18Cr-12Ni-2Mo-2Cu-低C	316J1の低炭素鋼,316J1に耐粒界腐食性をもたせたもの.
	SUS316F	18Cr-12Ni-2.5Mo-S	耐食性,被削性.時計用バンドなど.
	SUS317	18Cr-12Ni-3.5Mo	耐孔食性が316より優れている.染色設備材料など.高温において優れたクリープ強度をもつ.熱交換器部品.
	SUS317L	18Cr-12Ni-3.5Mo-低C	317の極低炭素鋼,317に耐粒界腐食性をもたせたもの.
	SUS317LN	18Cr-13Ni-3.5Mo-N-低C	SUS317LにNを添加,高強度,かつ,高耐食性をもつ.各種タンク,容器など.
	SUS317J1	18Cr-16Ni-5Mo	塩素イオンを含む液を取り扱う熱交換器,酢酸プラント,りん酸プラント,漂白装置など,316L,317Lが耐えられない環境用.
	SUS317J2	25Cr-14Ni-1Mo-0.3N	SUS317に対し,高Cr,低MoとしNを添加.高強度,かつ耐食性に優れる.
	SUS836L	22Cr-25Ni-6Mo-0.2N-低C	SUS317Lより耐孔食性が優れ,パルプ製紙工業,海水熱交換器など.
	SUS890L	21Cr-24.5Ni-4.5Mo-1.5Cu-極低C	耐海水性に優れ,各種海水用機器などに使用.

表 4.1.2 （続き）

分類	種類の記号	概略組成	性質と用途
オーステナイト系	SUS321	18Cr-9Ni-Ti	Ti を添加し，耐粒界腐食性を高めたもの．装飾部品には推奨できない．400～900℃の腐食条件で使われる部品，高温用溶接構造品．
	SUS347	18Cr-9Ni-Nb	Nb を含み，耐粒界腐食性を高めたもの．400～900℃の腐食条件で使われる部品，高温用溶接構造品．
	SUS384	16Cr-18Ni	305 より加工硬化性が低く，厳しい冷間圧造，冷間成形品用材．
	SUSXM7	18Cr-9Ni-3.5Cu	304 に Cu を添加して冷間加工性の向上を図った鋼種，冷間圧造用．
	SUSXM15J1	18Cr-13Ni-4Si	304 の Ni を増し，Si を添加し，耐応力腐食割れ性を向上．塩素イオンを含む環境用．SUS310S に匹敵する耐酸化性をもつ．自動車排ガス浄化装置用材料．
フェライト系・オーステナイト系	SUS329J1	25Cr-4.5Ni-2Mo	二相組織をもち，耐酸性，耐孔食性に優れ，かつ，高強度をもつ．排煙脱硫装置など．
	SUS329J3L	22Cr-5Ni-3Mo-N-低 C	硫化水素，炭酸ガス，塩化物などを含む環境に抵抗性がある．油井管，ケミカル・タンカー用材，各種化学装置用など．
	SUS329J4L	25Cr-6Ni-3Mo-N-低 C	海水など，高濃度塩化物環境において，優れた耐孔食性，耐 SCC 性がある．海水熱交換器，製塩プラントなど．
フェライト系	SUS405	13Cr-Al	高温からの冷却で著しい硬化を生じない，タービン材，焼入用部品，クラッド材．
	SUS410L	13Cr-低 C	410S より C を低くし，溶接部曲げ性，加工性，耐高温酸化性に優れる．自動車排ガス処理装置，ボイラ燃焼室，バーナーなど．
	SUS429	16Cr	430 の溶接性改良種類．
	SUS430	18Cr	耐食性の優れたはん（汎）用種類．建築内装用，オイルバーナー部品，家庭用器具，家電部品．850℃以下の耐酸化用部品，放熱器，炉部品，オイルバーナ．
	SUS430F	18Cr-高 S	430 に被削性を与えたもの．自動盤用，ボルト・ナット類．
	SUS430LX	18Cr-Ti 又は Nb-低 C	430 に Ti または Nb を添加，C を低下し，加工性，溶接性改良．温水タンク，給湯用，衛生器具，家庭用耐久機器，自転車リムなど．
	SUS430J1L	18Cr-0.5Cu-Nb-極低（C, N）	430 に Cu，Nb を添加し，極低 C，N としたもの．耐食性，成形性，溶接性を改善し，自動車の外装材，排ガス材，放熱器，炉部品などに使用される．
	SUS434	18Cr-1Mo	430 の改良鋼の一種．430 より塩分に対して強く，自動車外装用として使用．
	SUS436L	18Cr-1Mo-Ti, Nb, Zr-極低(C, N)	434 の C と N を低下し，Ti，Nb または Zr を単独または複合添加し，加工性，溶接性を改良した．建築内外装材，車両部品，ちゅう(厨)房器具，給湯・給水器具．
	SUS436J1L	19Cr-0.5Mo-Nb-極低(C, N)	430 に Mo，Cu，Nb を添加し，極低 C，N としたもの．耐食性，成形性，溶接性を改善し，ちゅう房機器，建築内外装材，自動車外装材，家電製品，放熱器，バーナーなど．
	SUS444	19Cr-2Mo-Ti, Nb, Zr-極低(C, N)	436L より Mo を多くし，更に耐食性を高めた．貯湯槽，貯水槽，太陽熱温水器，熱交換器，食品機器，染色機械など，耐応力腐食割れ用．

4.1 ステンレス鋼の鋼種の選び方

表 4.1.2（続き）

分類	種類の記号	概略組成	性質と用途
フェライト系	SUS445J1	22Cr-1Mo-極低(C, N)	436LよりCrを増やし，更に耐食性を高めた．自動車モール，電子ジャーポット，屋根材．
	SUS445J2	22Cr-2Mo-極低(C, N)	444よりCrを増やし，更に耐食性，耐候性を高めた．温水機器，屋根材．
	SUS447J1	30Cr-2Mo-極低(C, N)	高Cr-Mo で，C，Nを極度に低下し，耐食性に優れる．酢酸，乳酸などの有機酸関係プラント，か性ソーダ製造プラント，ハロゲンイオンによる耐応力腐食割れ性，耐孔食性用途，公害防止機器．
	SUSXM27	26Cr-1Mo-極低(C, N)	447J1に類似の性質，用途．耐食性と軟磁性の両方が必要とされる用途．
マルテンサイト系	SUS403	13Cr-低Si	タービンブレードなど高温高応力部品として良好なステンレス鋼・耐熱鋼．
	SUS410	13Cr	良好な耐食性，機械加工性をもつ．一般用途用，刃物類．
	SUS410S	13Cr-0.08C	410の耐食性，成形性を向上させた種類．
	SUS410F2	13Cr-0.1C-Pb	410の耐食性を劣化させないPb快削鋼．
	SUS410J1	13Cr-Mo	410の耐食性をより向上させた高力種類．タービンブレード，高温用部品．
	SUS416	13Cr-0.1C-高S	被削性がステンレス鋼中最良の種類．自動盤用．
	SUS420J1	13Cr-0.2C	焼入れ状態での硬さが高く，13Crより耐食性が良好．タービンブレード．
	SUS420J2	13Cr-0.3C	420J1より焼入れ後の硬さが高い種類．刃物，ノズル，弁座，バルブ，直尺など．
	SUS420F	13Cr-0.3C-高S	420J2の被削性改良種類．
	SUS420F2	13Cr-0.2C-Pb	420J1の耐食性を劣化させないPb快削鋼．
	SUS431	16Cr-2Ni	Niを含むCr鋼．熱処理で高い機械的性質をもつ．410，430より耐食性良．Alの添加で析出硬化性をもたせた種類．スプリング，ワッシャー，計器部品．
	SUS440A	18Cr-0.7C	焼入硬化性に優れ，硬く，440B，440Cよりじん性が大きい．刃物，ゲージ，ベアリング．
	SUS440B	18Cr-0.8C	440Aより硬く，440Cよりじん性が大きい．刃物，弁．
	SUS440C	18Cr-1C	すべてのステンレス鋼・耐熱鋼中最高の硬さをもつ．ノズル，ベアリング．
	SUS440F	18Cr-1C-高S	440Cの被削性を向上．自動盤用．
析出硬化系	SUS630	17Cr-4Ni-4Cu-Nb	Cuの添加で析出硬化性をもたせた種類．シャフト類，タービン部品，積層板の押板，スチールベルト．
	SUS631	17Cr-7Ni-1Al	Alの添加で析出硬化性をもたせた種類．スプリング，ワッシャー，計器部品，高温ばね．
	SUS631J1	17Cr-8Ni-1Al	631の伸線加工性を向上させた種類．線用，スプリングワイヤ．
	SUS632J1	15Cr-7Ni-1.5Si-Cu-Ti	Ni, Si, Tiからなる金属間化合物による析出硬化性をもたせた種類．スプリング，ワッシャー，スチールベルト．

4.2 ステンレス鋼の主な用途

4.2.1 化学工業装置

　化学肥料，石油化学，合成繊維，合成樹脂および化学薬品などの諸工業で用いられるプラントは，腐食性の強い化学薬品の存在下で高温高圧，高速流動，結晶粒子の衝撃などの過酷な条件下で操業されるので，装置材料には耐食性の優れたステンレス鋼が多用されている．また食品・醸造工業の装置には衛生面の保持のためステンレス鋼が欠くべからざる材料として広く用いられている．

　以下，化学工業で広く扱われる酸，アルカリなどの化学薬品に対するステンレス鋼の耐食性を中心にし，石油精製・石油化学工業における耐熱ステンレス鋳鋼と，食品工業，醸造工業，および製紙工業におけるステンレス鋼の使用状況について述べる．

(1) 化学工業

　(a) 硫酸，硫安　硫酸の化学工業における用途は広く，肥料，爆薬，染料，合成繊維，化学薬品，金属精錬，鋼材酸洗などに使用されており，また，脱水や乾燥にも用いられている．硫酸の酸化力は高濃度域を除けばステンレス鋼を不動態化するほど高くはなく，硫酸中ではステンレス鋼の使用範囲は限られる．硫酸に対するステンレス鋼の耐食性は，溶液中の不純物や共存物質の有無によ

表4.2.1　各種ステンレス鋼の硫酸に対する完全耐食性範囲[4]

（侵食度≦ 0.125 mm/y）

温度（℃）	ステンレス鋼	硫酸濃度
室　温	SUS304, 321, 347	0.5％以下，90％以上
	SUS309, 310, 446	5％以下，90％以上
	SUS316, 317	20％以下，90％以上
66℃以下	SUS304, 321, 347	0.1％以下，95％以上
	SUS309, 310, 446	1％以下，95％以上
	SUS316, 317	5％以下，95％以上
93℃	SUS309, 310, 446	0.01％以下
	SUS316, 317	0.5％以下

り著しく変わる．不純物を含まない硫酸溶液に対しては表 4.2.1 に示すように，室温においてもステンレス鋼の使用可能範囲は低濃度側および 90％以上の高濃度側に限られている[4]．しかし，低濃度やこれよりやや高い濃度の硫酸水溶液中に Fe^{3+}，Cu^{2+}，NO_3^-，$Cr_2O_7^{2-}$ などの酸化性イオンや溶存酸素が十分に存在すると腐食性は緩和され，ステンレス鋼の適用可能範囲が拡大する[5]．たとえば，硫酸浴クロムめっきではクロム塩の共存で SUS304 のタンクやポンプが使用できる．逆に，H_2，H_2S，SO_2 あるいはチオ硫酸塩などの還元性物質が共存すると腐食が増大する．また，Cl^- の存在で，孔食，すきま腐食あるいは応力腐食割れなどの局部腐食を併発する場合もある．

耐硫酸性を向上させる合金元素としては Mo あるいは Cu の添加，さらに Ni の増量が有効であり，このほかに，これらの諸元素と共存の条件で有効な方法として，Si の添加および Cr の増量があげられる．JIS 鋼種の中では Mo 添加鋼で SUS316，316L，316LN，317，317L，317LN，317J1，317J2，836L などの鋼種があり，Mo および Cu の複合添加鋼では SUS316J1，316J1L，890L，312L などが耐硫酸性ステンレス鋼として用いられている．JIS 鋼種以外では SUS890L（20Cr–20Ni–4.5Mo–1.5Cu）よりさらに Ni，Cu を増量したカーペンタ 20Cb–3（20Cr–33Ni–2.5Mo–3.5Cu–Nb）が耐硫酸性合金鋼として知られている．

硫酸を含有する水溶液中ではステンレス鋼は溶接熱影響部（二番）の粒界腐食を受けやすいので低炭素ステンレス鋼の使用が望ましく，また溶接施工後のスケールやスパッタの残存は早期腐食の原因となるので，グラインダによる研削除去と硝ふっ酸酸洗によるグラインダくい込み異物の溶解除去を行う必要がある．操業後，接液表面に付着する有機物，炭素物質，Ca 塩などを定期点検時に除去することも防食上有効である．

硫安製造プロセスの結晶缶には SUS316 が用いられるが，この場合，遊離硫酸の腐食作用が共存する硫酸アンモニウム［$(NH_4)_2SO_4$］により緩和されている．この環境中に SO_2 が加わると，ある量までは SUS316 の腐食を加速するが，その量以上では SUS316 は不動態化し腐食は停止することが明らかにされている[6]．SO_2 は硫酸溶液の腐食性を高めることも知られているが，還元性の化学

物質でもステンレス鋼を不動態化させやすくする例もあることが注目される.

中間濃度 30〜70％の硫酸の腐食性は激しいが，75％以上では次第に腐食性は弱まり，プロセスによっては常温でステンレス鋼が使用できるようになる.

95％以上の硫酸は酸化性をもつため，常温では炭素鋼もかなりの耐食性を示す．これに比べ同条件下で SUS304，316 はほぼ完全な耐食性を示すが，30℃以上で流速がある場合には使用できない．100％以上の濃度の発煙硫酸に対しては，炭素鋼は常温でも腐食されるが SUS304，SUS316 は約 60℃まで抵抗性を有する.

(b) 亜硫酸，湿亜硫酸ガス 亜硫酸および湿った亜硫酸ガスに対し SUS316 は 100℃以下では完全に耐える．SUS304 は常温では耐えるが高温では耐食性が劣化する．工業の分野で，硫化鉱のばい焼，重油燃焼，硫黄燃焼による SO_2 生成などのプロセスでは SO_2 と同時に SO_3 も生じるため[7]，冷却段階のガスクーラでは SO_3 が露点に達し激しい硫酸露点腐食を生ずる．SUS316，SUS317 に比較して Mo，Cu の両者を含有する SUS316J1，SUS890L は優れるが，耐酸性が十分とはいえない．重油燃焼ガスの脱硫後の煙突放出部では SO_2 濃度は規制値以下で希薄であるため，腐食作用は前述のガスクーラほどきびしくなく，SUS316 あるいは SUS317L などがライニング材として実用されている.

(c) 硝　　　酸 硝酸の用途は肥料，合成繊維，染料，火薬および合成樹脂などの原料，使用済み核燃料の再処理あるいは鋼材酸洗など多岐にわたる．これらの硝酸を扱うプロセスや硝酸製造プラントではステンレス鋼が設備材として広く使用されている.

硝酸は酸化性であり，不動態を安定に維持するため，ステンレス鋼は優れた耐食性を示す．硝酸環境で多く用いられる鋼種は SUS304L であり，40％以下の硝酸に対しては常圧沸点まで，40〜70％硝酸に対しては 80℃まで，70〜90％硝酸に対しては 50℃まで完全耐食性を有する[4]．しかし，40％以上の沸点硝酸および常温以上の 98％硝酸に対して SUS304L の耐硝酸性は不十分である.

40〜70％沸点硝酸のような中高濃度の高温硝酸環境において SUS304L は粒界腐食を生じやすくなり，特に溶接部の粒界腐食が顕著となる．SUS304（C

0.03％）よりさらにC量を低減（C≦0.02％）した極低炭素ステンレス鋼（一般に304ULCと称される）は硝酸中の耐粒界腐食性が向上する．このような中高濃度の沸点硝酸中ではC量の低減のほかにCrの増量も耐硝酸性の向上に有効であり，SUS310SのC量を0.02％以下に低減した極低Cの25Cr–20Ni鋼（一般に310ULCと称される）などが使用されている．中高濃度の高温硝酸環境においてクロム炭化物の粒界析出のない固溶化組織状態のSUS304Lあるいは310ULCは，結晶粒界が優先侵食されるため長期使用の場合には重大な影響を与える．これに対しては$\alpha+\gamma$の微細二相組織をもつ極低Cの高Cr二相ステンレス鋼（27Cr–8Ni–0.1N）が優れた耐食性を示し実用されている[8]．

98％硝酸のような濃硝酸環境においては，従来，Al合金，Ti合金，高Si鋳鉄，がい子，グラスライニングなどが使用されてきた．しかし，Al合金は強度が低く，大形構造材としては制約がある上に，希硝酸による腐食が著しく大きいという欠点がある．また，Ti合金は発煙硝酸に対して応力腐食割れおよび発火の危険性がある．さらに，高Si鋳鉄，がい子，グラスライニングはもろくて衝撃に弱く，大形化が困難であるなどの問題がある．このような背景から強度，じん性，耐硝酸性の優れたステンレス鋼の適用が検討されてきた．しかし，濃硝酸環境では，その著しく強い酸化力のためにSUS304Lなどの汎用ステンレス鋼は過不動態となり，激しい粒界腐食を生じる．98％硝酸に対してはSiの添加が有効であり，極低CでかつNb，Ti，などの安定化元素を添加した高Si（4～6％Si）含有ステンレス鋼が実用されている[8]．これらのステンレス鋼は高Siの耐熱ステンレス鋼SUSXM15J1（C≦0.08–17Cr–13Ni–3～5Si）に類似した化学組成であるが，極低Cであり安定化元素を添加したJIS規格にはない鋼種である．常圧沸点以下の硝酸全濃度に対するこれらの耐食ステンレス鋼の適用可能範囲を図4.2.1に示す[8]．

石油化学のニトロ化プロセスでは濃硝酸＋濃硫酸の混酸が使用される．しかし，混酸の気相部における硝酸蒸気凝縮による腐食に対してSUS 304L，316Lの耐食性は不十分である．この環境に対しては前述の4％Si含有極低Cステンレス鋼が優れており，混酸の貯蔵タンク用材として用いられる．

250   4. ステンレス鋼の主な用途と鋼種の選び方

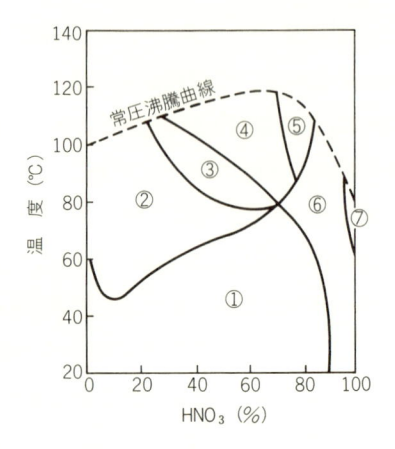

領域①	領域②	領域③	領域④	領域⑤	領域⑥	領域⑦
304L	304L	304L	SN-5	SN-3	SN-1	SN-3
304ELC	304ELC	304ELC	310ELC		SN-3	
SN-1	SN-1	SN-5	310Nb			
SN-3	SN-5	310ELC				
SN-5	310ELC	310Nb				
310ELC	310Nb					
310Nb						

試 験 材：650℃×2h 鋭敏化処理材
試験時間：20h×5回浸せき(漬)
適用区分：腐食度 0.1 mm/y 以下の領域．ただし，領域⑤は 0.3 mm/y 以下．

図中鋼種　NAR-SN-1　　：0.01C-17Cr-14Ni-4Si-Nb
　　　　　NAR-SN-3　　：0.01C-11Cr-16.5Ni-6Si-Ti, Zr
　　　　　NAR-SN-5　　：0.01C-27Cr-8Ni-0.1N
　　　　　NAR-310ELC　：0.01C-25Cr-20Ni
　　　　　NAR-310Nb　 ：0.01C-25Cr-20Ni-Nb
　　　　　NAR-304ELC　：0.01C-18Cr-10Ni

図 4.2.1　硝酸溶液中における各種ステンレス鋼の適用可能範囲[8)]

(d) りん酸　りん酸は化学肥料，合成洗剤，医薬品などの原料として使用される重要な無機酸であり，その腐食性は硫酸に類似するが，それより弱いためステンレス鋼が使用可能な条件は広い．しかし，共存する不純物により，りん酸の腐食性は著しく影響される．りん酸は工業的には乾式および湿式の二つの製造方法がある．乾式りん酸はりん鉱石を電気炉で還元して得られる元素状

りんを空気中で燃焼してP_2O_5とし，これを水で吸収してH_3PO_4を得るものである．高濃度のりん酸まで純度よく製造でき，不純物の少ないりん酸が得られる乾式法製造プロセスではSUS316を使用することができる．一方，湿式りん酸はりん鉱石を硫酸で抽出し，得られた希りん酸を濃縮して所定濃度のりん酸を得る方法である．得られるりん酸は不純物を含有し，また，高濃度への濃縮は共存不純物が影響して腐食性が高くなる．粗製りん酸に含まれる不純物含有量は鉱石の産地に大きく依存する．不純物としてはH_2SO_4，SiO_2，MgO，CaO，Fe_2O_3，Al_2O_3，Cl^-，F^-などがある．このうち腐食に悪影響を及ぼすものはCl^-，F^-，SO_4^{2-}であり，腐食を抑制するものはFe^{3+}，Al^{3+}，Ca^{2+}，Mg^{2+}とされている[9]．図4.2.2にSUS316LNのりん酸中の耐食性に及ぼすCl^-およびF^-含有量の影響を示す[10]．りん酸に共存する不純物としてのCl^-およびF^-含有量が多くなるほどSUS316LNの腐食度は高くなる．

Cl^-，F^-，SO_4^{2-}などの腐食加速成分を不純物として含有する湿式法のりん

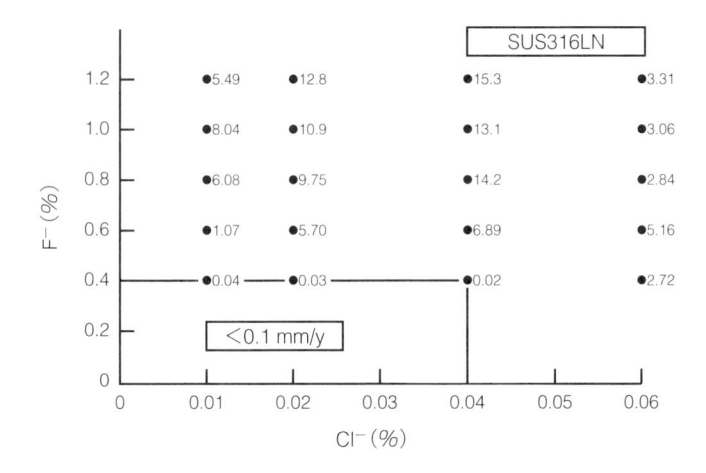

図4.2.2 SUS316LNのりん酸中の耐食性に及ぼすCl^-およびF^-含有量の影響[10]

図中の数字は腐食度（mm/y）
試験溶液の基本組成：P_2O_5 53.3％，H_2SO_4 4.0％，SiO_2 0.4％，
  MgO 0.7％，CaO 0.4％，Al_2O_3 1.2％，Fe_2O_3 0.8％
試験条件：50℃，6h

酸製造プロセスの中で，りん鉱石溶解槽およびりん酸濃縮缶における腐食は激しく，装置・機器材料としては少なくとも SUS316L 以上，SUS317L，890L，312L，836L などの高 Cr 高 Mo 系の高耐食性ステンレス鋼を使い分ける必要がある．このプロセスで副生する石膏が付着堆積する部位ではすきま部分の活性腐食を，また流速のある場合にはエロージョンを起こすため，ハステロイ C-276 などの Ni 基耐食合金が必要とされる場合もある．

(e) 塩酸，塩化ビニル 塩酸は還元性強酸であるためステンレス鋼の不動態は破壊されやすい．高濃度の塩酸中ではステンレス鋼は活性溶解する．したがって塩酸を扱うプロセスの設備材としてステンレス鋼は使用できず，ゴム，ガラス，あるいはハステロイ B，B2 などの Ni 基合金によらざるをえない．

しかし，pH 3～5 程度の弱酸性で塩分を含む環境は数多く存在するが，この条件は希薄塩酸系溶液とみなされ，ここではステンレス鋼が広く使用されている．この場合，溶液の蒸発乾固による塩分の濃縮や堆積物があると，応力腐食割れやすき間腐食を生じる．SUS304 の不動態が維持できるのは約 0.5～1％以下の常温塩酸のみである．一般に Ni および Mo 含有量の多いステンレス鋼ほど塩酸中の腐食度が小さくなる．

塩ビモノマやトリクロロエチレンなどの有機塩素化合物は，それ自体はステンレス鋼に対し腐食性はないが，微量の Cl_2，Cl^- や水分が不純物として含まれる場合があり，これらが気相部に集積して腐食を引き起こす．塩ビモノマ重合缶はこれらの不純物により SCC を受ける場合もあるが，SUS304 に比較して SUS316 ははるかに抵抗性が高く，標準の設備材として使用される．

(f) 酢　酸 酢酸は有機酸の中では最も用途が広く，合成樹脂，繊維，薬品および食品などの諸工業にわたる．精製純酢酸に対し SUS304 は 80℃以下の全濃度に耐えるが，沸点では腐食を生じる場合がある．表 4.2.2 に 40～100％の沸点酢酸に対する各種ステンレス鋼の腐食度を示す[11]．SUS304 は 60％あるいは 80％の沸点酢酸によってかなり腐食され，100％沸点酢酸ではかえって腐食量が大きく減少する．SUS316 は 60％以下の沸点酢酸に十分耐えるが，80％の沸点酢酸では若干腐食する．Cr，Mo の増量によりオーステナイ

4.2 ステンレス鋼の主な用途

表 4.2.2 酢酸中における各種ステンレス鋼の腐食度[11]
(試験条件:沸点,24 h)

(mm/y)

酢酸濃度(%)	SUS304	SUS316	SUS317L	SUS317J2
40	0.70	0	0	0
60	2.25	0.05	0	0
80	2.35	0.20	0.14	0
100	0.43	0.08	0.01	0.08

ト系ステンレス鋼の耐酢酸性は向上する.Cr量の高いSUS317J2は80%の沸点酢酸にも耐える.

実プロセスでは純粋な酢酸だけの例は少なく,種々の共存成分や不純物を含むのが普通であり,これらがおおむね腐食を促進する.特にぎ酸と塩分の悪影響は著しく全面腐食の増大やSCC,孔食の発生の原因となる.表4.2.3は酢酸蒸発缶原液による試験結果であり,SUS316L,317Lおよびカーペンタ20Cbは孔食を生じたがMo含有量の高いASTM N08320 (20 Cr–25 Ni–5 Mo–Ti) は完全耐食性を示した例である[12].しかし,同種の機器でもプラントごとに腐食特性は異なり,他の例ではMo単独の合金化は効果がなくSi,Moの複合添加で良好な耐食性を示した[13].酢酸実環境におけるステンレス鋼の腐食は複雑であり,十分な実地試験に基づいて材質を選定する必要がある.

表 4.2.3 酢酸回収缶液による腐食試験結果[12]
(試験温度:沸点,試験時間:16 h)

($g/m^2 \cdot h$)

鋼 種	母 材	溶接まま材
SUS316L	0.184	0.149
SUS317L	0.094	0.072
NAR–20–25 MTi *	0.016	0.030
カーペンタ 20 Cb	0.184	0.179
ハステロイ C	0.021	0.019

* ASTM N08320 相当材

(g) 尿　　素　尿素は高温高圧下における NH_3 および CO_2 のガス反応により，中間生成物カルバミン酸アンモニウムを生成しこれを脱水して製造するが，150～200℃，9.8～14.7 MPa の合成条件の腐食性はかなり激しく，設備材としては SUS316L が主に使用される．溶接ビード部の δ フェライトが選択腐食されやすいため，δ 相の析出量を低目に調整する必要がある．このほか SUS329J4L も耐食性が優れており実用されている．

(2) ソーダ工業

　アルカリの中で最も用途の広いか性ソーダは食塩電解により副生する塩素とともに生産される．従来は水銀法によりまず Na アマルガムをつくり，これを分解させると直ちに高純度の 50％ NaOH 溶液が得られた．しかし，現在はイオン交換膜法に変わり，電解で得られる約 30％ NaOH カソード液を蒸発濃縮して 50％ NaOH を得ている．か性ソーダに対して SUS304 および SUS316 は濃度 50％以下，80℃以下では耐えるが，これ以上の条件では全面腐食が増大し，また沸点では低濃度までの広い濃度範囲でアルカリ SCC を生ずる．これらの腐食に対しては Ni が有効であり，カーペンタ 20 Cb 級は 50％濃度，沸点まで耐え，これ以上では NCF600（インコネル 600）および工業用純 Ni が優れた耐食性を示す．か性ソーダの濃縮プロセスでは設備材として上記の合金が使用されている．

　か性ソーダ製造が水銀法からイオン交換膜法に転換するまでの過渡期には隔膜法が用いられた．この方法では NaOH 中に NaCl，$NaClO_3$ がかなりの量混入するため，NaOH の濃縮過程では全面腐食の増加および SCC の発生が懸念され，数多くの腐食試験が行われた．その結果，この条件では極低 C 高 Cr フェライト鋼 SUSXM27 が優れることが確認され，SUS316L および工業用純 Ni とともに使用された[14]．

　か性カリはか性ソーダに類似の化学的性質をもっているが，ステンレス鋼に対する腐食作用もか性ソーダのそれと同等と考えられる．その他の弱アルカリは腐食性が弱く SUS304 が十分な耐食性を示す．

(3) 石油精製・石油化学工業

石油精製の水素化脱硫装置の加熱炉管,配管,熱交換器管にはSUS321およびSUS347が使用されている.水素化脱硫プロセスで使用されるH_2は,LPGまたはガソリンと水蒸気を750〜900℃,1〜3 MPaで高温反応させるいわゆる水蒸気改質反応で得られる.この水素製造装置の改質反応管(reformer tube)は,管外部より重油の直火で加熱し,管内部で改質反応を行わせるもので,耐熱ステンレス鋼の遠心鋳造管(centrifugal cast tube)SCH22(HK40,25 Cr–20 Ni)が多く用いられてきた.数年の使用後でのSCH22のσ相析出によるじん性とクリープ強度の低下の問題から最近ではσ化しにくい安定な成分のIN 519(0.35C–25Cr–25Ni–1.5Nb)やSCH24(HP 0.45C–25Cr–35Ni)遠心鋳造管が用いられてきている.

石油化学プラントの基幹設備であるエチレンプラントではナフサを700〜900℃で水蒸気で分解させてエチレン,プロピレンなどのオレフィンを得るが,この熱分解は耐熱ステンレス遠心鋳造管内のナフサが外部から加熱されて起こる.初期のプラントでは遠心鋳造管にSCH22(HK40)が多く用いられたが,数年後,内面浸炭,管内のコーキング(coking)および硫化による損傷トラブルが発生した.その対策としてSi添加HP(1.5〜2.0％Si)の選定および定期的なデコーキング(decoking)が行われ,安定操業がなされている.また管内面の鋳巣,砂かみなどの欠陥部で浸炭,硫化が起こりやすいため,これらを除去する内面のボーリング(切削加工)仕上げが遠心鋳造管の標準仕様となっている.

(4) 食品工業および醸造工業

飲食品を生産する諸工業においては,衛生法の規制,製品の着色・着臭防止の点から装置材料の選定が重要であり,耐食性とともにサニタリー性も優れるステンレス鋼,主としてSUS304が広く用いられている.

食品機械では,製粉・製めん・製菓・製パン機械にSUS304が多用されている.ただし,ステンレス鋼は熱伝導率が小さいため,製菓工業における焼上げ工程では焼むらができやすく使用できない[15].

飲料機器としては,果汁,清涼飲料水用にSUS304が広く用いられているが,鋼中のSが0.02％以上では,有機酸含有の飲料水や,機器殺菌に使用するNaClO洗浄液により腐食を生じて変色あるいは孔食状となる場合があり[16],低SのSUS304あるいは316の使用が対策としてあげられる.

乳製品工業の機器はステンレス鋼製が多く,主にSUS304が使用されている.タンク類および配管の接液面は400番バフ仕上げが標準であるが,最近はNo.2B仕上げも用いられる.プレート式熱交換器が多用されるが,SUS316でもすきま腐食を起こす場合がある.チーズ製造時に生ずるホエーと称する残液は食塩飽和の乳酸溶液で腐食性が強く,SUS316以上の耐食性を必要とする.

ビール製造設備にはSUS304,304Lなどが多く使用されており,塔槽類および配管はSUS304製で,接液面は300〜800番バフ仕上げが施される.特定機器は定期的に殺菌のため薬品洗浄されるが,NaClO数十ppm溶液使用の場合,すきま腐食を起こす例があり,現状は2〜5％NaOH洗浄が主流となっている[17].SUS304L製の貯湯タンクが長期間の使用後SCCを起こすことも経験されている.

酒は有機酸を少量含みpH4.5程度を示すが,SUS304は完全な耐食性を有しており,火入れした酒を熟成貯蔵するタンク用材に使用されている.このほか原料米の水洗,水吸収および水蒸気蒸米などの工程でもSUS304製の機器が用いられる.焼酎の製造では,蒸留器にSUS304が用いられる.

醤油は高濃度の食塩を含むため腐食性は強いが,SUS317J1以上の高Mo含有ステンレス鋼を使用すれば塩分による局部腐食を抑制することができる[18].最近では醤油のもろみタンクにSUS836L,SUS312Lなどのスーパーオーステナイトステンレス鋼およびASTM UNS S32750などのスーパー二相ステンレス鋼が使用されている.また醸造工程では溶存酸素が少ないためSUS316も良好な耐食性を示すことが知られている[19].

(5) 製紙・パルプ工業

わが国のパルプ生産は大部分がクラフトパルプ法(KP法)によっている.KP法では木片チップを白液(NaOH＋Na_2S水溶液)170℃で蒸解するが,蒸解

釜は以前の炭素鋼製から現在ではSUS304Lクラッド製が使用されている．

蒸解によって分離されたパルプは多段式漂白装置で漂白される．この装置は従来の塩素を使用する漂白方式では，塩素段（C段），アルカリ段（E段），ハイポ段（H段）および二酸化塩素段（D段）の組合せからなっている．各段とも反応塔，洗浄機および配管で構成されており，パルプは連続的に流れながら漂白される．洗浄機と配管はステンレス鋼製であり，E段はSUS304L，H段はSUS316Lが用いられる．C段，D段は腐食性が激しいためSUS317L，317J1，890L，836Lなどが使用されてきた．

近年，環境問題から塩素の代わりに二酸化塩素（ClO_2）などを使用するECF（elemental chlorine free）漂白方式や，元素レベルでも塩素を使わず酸素，オゾン，過酸化水素などで漂白するTCF（total chlorine free）方式が導入されてきている．酸素段は塔および洗浄機ともSUS316Lまたは317Lが用いられる．

抄紙工程では，パルプスラリ液をpH 4～6に調整して抄紙機に供給する．抄紙機の走行速度は最高1 000 m/minにも達する高速であり，スラリ注入のヘッドボックスには完全耐食性のSUS316Lが，また抄紙ライン中のサクションロールは，従来の13 Cr鋼よりも耐腐食疲労性の優れる二相ステンレス鋼遠心鋳造管（25Cr–5Ni–2Mo，18Cr–5Ni–2Mo）がそれぞれ用いられている[20]．

薬品回収工程では，蒸解廃液（黒液）をSUS304または304L製の多重効用缶で約60％まで濃縮し，これをボイラ燃料として投入し熱回収する．また燃焼残渣からアルカリ薬品を回収する．この残渣を溶解する緑液タンク（Na_2CO_3＋Na_2S水溶液），緑液をか性化処理した後のクラリファイヤまたは白液タンクはSUS304L製あるいはクラッド製が多い．

製紙工場では大量の水を使用するが，環境保全のためクローズドシステムをとり，繰返し循環使用するようになってきた．この結果，用水のCl^-濃度が次第に上昇し，この用水を使用する白液，白水および緑液などの腐食性は従来よりも高まって炭素鋼では耐食性が不十分となり，ステンレス鋼に転換されてきた背景がある．

さらに設備メンテナンス全体の軽減のため，耐食性の優れたステンレス鋼を

使用する傾向も強まっている．

4.2.2　交通運輸関連機器
(1) 自動車，二輪自動車，自転車

(a) 自　動　車　自動車の生産台数は年々増加し，2008年時点では全世界で約7千万台に達している．自動車には，環境改善の観点から，排出ガス規制や燃費への対応，部品耐久性の向上などが求められており，材料への要求特性の厳格化と軽量化の観点からステンレス鋼の使用が増加してきた．このうちの主な部品について，選定される鋼種を以下に記す．

現在，自動車で最もステンレス鋼が使用されている部位は排気系部品（exhaust system parts）である．乗用車の排気系を主体とした代表的なステンレス鋼使用部位を図4.2.3に示す．

排気系部品では，排出ガス規制に伴い三元触媒を搭載し，また部品によっては最長15年，15万マイルまで保証期間延長が要望されるようになった．1970年代以前で主に使用されていた普通鋼Alめっき材や鋳鉄材では限界があることから，ステンレス鋼が適用されるようになった．また，排気系部品材料では使用部位により要求される性能・機能（耐食性，高温強度，高温疲労寿命，耐

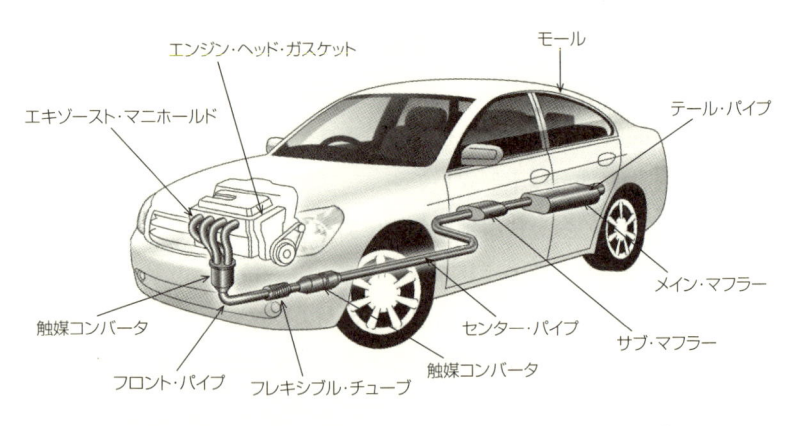

図4.2.3　乗用車の排気系を主としたステンレス部品[21]

酸化性，成形加工性など）が異なる．排気系は，高温かつ各種耐食性が求められる部位であることから，熱膨張率が低くかつコストの比較的安い高純度フェライト系ステンレス鋼を主体に，それぞれの部位に最適な鋼種の開発が進められている．以下では，使用鋼種をJIS鋼種体系で表記するが，そのうちで末尾に系と付記したものは，性能最適化のため成分元素含有量を調整してある鋼種である．

ガソリン乗用車の排気系における代表的部品へのステンレス鋼の使用状況を表4.2.4に整理して示す．

排気上流側では，耐酸化性，高温強度，高温疲れ強度などいわゆる耐熱性（heat resistance）が主に求められる．各種規制対応に伴いシリンダー内燃焼制御が工夫され，排出ガス温度は逐次上昇してきた．最も上流側のエンジン直後にあるエキゾースト・マニホールド（exhaust manifold）では，排出ガス温度により使用されるステンレス鋼が選択され，800℃まではSUH409L系，900℃まではSUS429系，950℃ではSUS444系が主に使用される．また，エキゾースト・マニホールドの形式には，単管形，二重管形，プレス成形（クラブ・シ

表4.2.4 排気系部品とステンレス鋼

部品名	温度域	要求特性	代表的な使用鋼種
エキゾースト・マニホールド	800〜950℃	耐熱性	SUH409L系 SUS429系 SUS444系　など
フロント・パイプ	700〜850℃	耐熱性	〃
触媒コンバータ　担体	〃	耐熱性	20Cr－5Al系
〃　　　　　ケース	〃	耐熱性	SUH409L系 SUS429系　など
フレキシブル・チューブ	500〜700℃	耐高温塩害性成形性，溶接性	SUS304 SUSXM15J1 SUS316L　など
センター・パイプ	400〜600℃	耐食性	SUH409L系
マフラー（サイレンサー）	〃	耐食性	SUH409L系 SUS436J1L SUS436L系　など
テール・パイプ	100〜400℃	耐食性	SUS304 SUS430J1L系　など

ェル)形がある．二重管形は，内管の板厚を薄くし温度の上昇を速めることにより，触媒を早期に活性化するよう工夫したものである．内管材料は単管形より高い耐熱性が求められ，高温強度の観点から，フェライト系ステンレス鋼のみならずSUSXM15J1などのオーステナイト系ステンレス鋼が使用される場合がある．プレス成形形では，加工性が求められることはいうまでもないが，熱疲れ寿命（thermal fatigue life）も重要となってくることから，フェライト系ステンレス鋼では適正な鋼種選定と設計技術対応が求められる．

フロント・パイプは，エキゾースト・マニホールドで使用される鋼種と同等のものを用いることが多い．

排出ガス浄化装置（触媒コンバータ）の担体は，セラミックが主体ではあるが，耐久性，浄化性能向上のため，耐酸化性に優れた20Cr–5Al系ステンレス鋼も使用されることがある．またコンバータ・ケースとしては，耐熱性の点からエキゾースト・マニホールド用ステンレス鋼が使用される．図4.2.4には，エキゾースト・マニホールドと，その直後に触媒コンバータを搭載した一例を示す．

エンジン稼働時の振動を遮断するために，エキゾースト・マニホールドの後

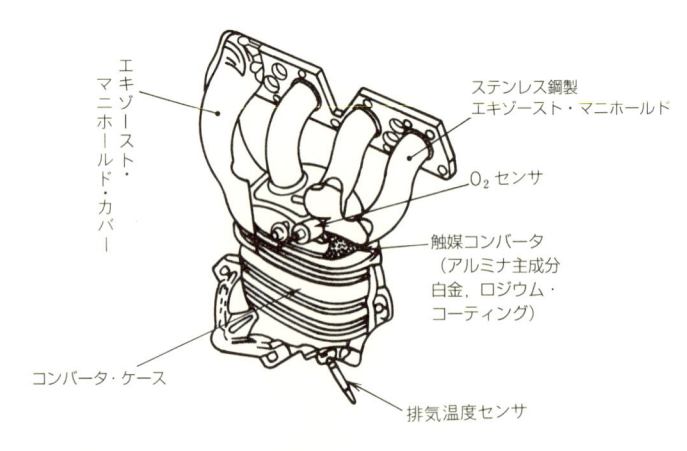

図4.2.4　ステンレス鋼製エキゾースト・マニホールドおよび触媒コンバータの例[22]

にフレキシブル・チューブ（flexible tube）が搭載される．フレキシブル・チューブには，凍結防止のため散布される融雪塩（anti-freezing agents）などに対する耐高温塩害性（chloride induced high temperature corrosion resistance）と，溶接部の耐粒界腐食性および張出し成形性が要求され，600℃まではSUS304，SUS316L，SUS315J1，SUSXM15J1などの，オーステナイト系ステンレス鋼が使用される．近年では，触媒の早期活性化のため触媒コンバータはより上流側に設置されてきており，それに伴いフレキシブル・チューブも上流側に移り，700℃までのきびしい耐高温塩害性が要求されるようになってきている．この場合には，15〜17Cr-3〜15Ni-3〜4Si-Mo系のステンレス鋼が使用される．小形エンジン車では振動が少ないことから，球面ジョイント（フレキシブル・ジョイント，flexible joint）が使用されることが多い．ここではSUS304などが主として使用されている．

センター・パイプには，SUH409L系が主に使用される．

排気系下流側では，耐熱性より耐食性が求められる．

サブおよびメイン・マフラーの外面側では，融雪塩などに対する耐塩害性が求められる．一方，マフラー内側には，低速，近距離走行時やマフラー容量が大きく温度の上がらない場合，排出ガス凝縮水（exhaust gas condensate）がたまる．凝縮水には燃焼生成物からのSO_4^{2-}，SO_3^{2-}，NO_2^-，NO_3^-，NH_4^+，CO_3^{2+}，NH_4^+，HCO_3^{2+}などのほか，Cl^-，アルデヒド類，有機酸類が含まれる．マフラー用材料にはこれらに対する耐食性が求められる．そのため，SUH409L系，SUS430LX系，SUS430J1L系，SUS436J1L，SUS436L系，およびそれらにAlめっきを施したものが組み合わされて使用される．排気系の最後にあたるテール・パイプには，耐塩害性と意匠性が求められるため，SUS436L系，SUS430J1L，SUS304などが，場合によって光輝焼なまし仕上げで使用される．

以上述べた以外の排気系部品として，ターボ・チャージャーには高温強度の観点からSUS310Sなどが使用される．また，酸素濃度，温度などの測定のためにセンサー類が搭載されている．設置場所での耐熱性や耐食性の要求に従い，SUS304，SUS430J1L，SUS310Sなどの各種のステンレス鋼が使用される．

ディーゼル車でも排出ガス規制対応が求められる．窒素酸化物低減のため搭載されるEGR（exhaust gas recirculation）システムのクーラーには，SUS304L，SUS316Lを主として，SUS430J1L系，SUS444系などが使用される．また，浮遊粒子状物質（PM；particulate matter）対策として搭載されるDPF（diesel particulate filter）には，乗用車マフラーと同様にSUS436L系などが主として使用される．

次に，排気系以外の各種部品に関して述べる．

エンジン・ヘッド・ガスケットでは，過去に使用されていたアスベストが公害防止のため禁じられた．代替材料としてアラミド繊維やカーボン樹脂なども使用されてきたが，現在は，ばね特性（property for spring）に優れたステンレス鋼が使用されている．SUS304，SUS301の調質圧延材やSUS430が主に使用されている．

燃料系部品には，燃料給油管（fuel filler pipe）やサクション・チューブ，燃料噴射装置などがある．燃料給油管は，従来から普通鋼にめっきと塗装を組み合わせたものを使用しているが，耐食性の観点から，SUS436L系などが採用される場合もある．サクション・チューブではSUS304Lなどが使用されている．

外装材として代表的な部品には，モール類がある．金属光沢を求められるモールには，主としてSUS430J1L系の光輝焼なまし材が使用される．自動車の意匠変化に伴い主流となっている表面に樹脂コートしたいわゆる黒モールでは，心金としてSUS430などが使用される．

これ以外に，耐食性が要求される外装部位の各種留金やヒンジ類には，SUS304やSUS430が主として使用される．

(b) 二輪自動車　自動車と並行して，二輪自動車（motor bicycle）でも排出ガス規制が強化されてきている．そのため，触媒搭載が進んでいる．二輪自動車では転倒時の耐衝撃性の観点から，20Cr-5Al系の担体が使用される．マフラーでは，触媒搭載に伴い温度が上昇し，従来使用されてきたCrめっきまたは耐熱塗装を施した普通鋼の代わりに，ステンレス鋼が使用されてきている．

使用される鋼種は，SUH409L系，SUS436L系などを主体に，一部SUS304が使用される．

ブレーキ・ディスク（brake disk）には，最も多くステンレス鋼が使用されている．要求される特性としては，耐摩耗性（abrasion resistance），耐熱性，耐食性のほかに耐高温軟化性がある．そのため，SUS410系のマルテンサイト系ステンレス鋼が使用される．そのほかにSUS420J2などが使用される場合もある．

(c) 自転車 自転車（bicycle）では，耐食性向上の観点から，車輪のリムやスポーク，ハンドル，泥よけなどにステンレス鋼が使用される．リムでは，フラッシュバット溶接性，耐食性からNb添加したSUS430LX系が，スポークでは加工のままのSUS304系などが用いられる．

安全面から高い制動性を要求されるマウンテン・バイクには，ディスク・ブレーキが装着される．使用される鋼種はSUS410系である．

(2) 鉄道車両

1960年代に，軽量化と保守性のためオールステンレス製の車両（railway car）が開発され，現在，新規製造通勤用車両のほとんどがステンレス製となっている．車両材には，高強度，耐食性および溶接性が要求される．そのため，表4.2.5に示す冷間加工度の違いによる5種類の強度レベルのSUS301Lが主に使用される．成形性を必要とする部位にはLT，DLTを使用し，高強度が必要な部位にはMT，HTが使用される．高強度および成形性ともに必要な部位には，中間的なSTが使用される．また外側の幕板（membrane）では，防げん性（anti-reflection property），保守性（property for maintenance）の点から，スキンパス圧延による表面ダル仕上げ材が使用される．車両構造体での使用例を図4.2.5に示す．

(3) 船　　舶

(a) ケミカルタンカー ケミカルタンカー（chemical tanker）は，可燃性，毒性，あるいは腐食性をもつ常温で液体の物質をばら積みで輸送する船舶であり，その構造および設備は安全性および汚染防止（pollution control）の観点

4. ステンレス鋼の主な用途と鋼種の選び方

表 4.2.5 鉄道車両用ステンレス鋼の機械的性質

区 分*	JIS による区分	0.2％耐力 (N/mm^2)	引張強さ (N/mm^2)	伸 び (％)
LT	2B	≧ 215	≧ 550	≧ 45
DLT	1/4 H	≧ 345	≧ 690	≧ 40
ST	1/2 H	≧ 410	≧ 760	≧ 35
MT	3/4 H	≧ 480	≧ 820	≧ 25
HT	H	≧ 685	≧ 930	≧ 20

注* LT：low tensile, DLT：deadlight tensile, ST：special tensile
　　 MT：midium tensile, HT：high tensile

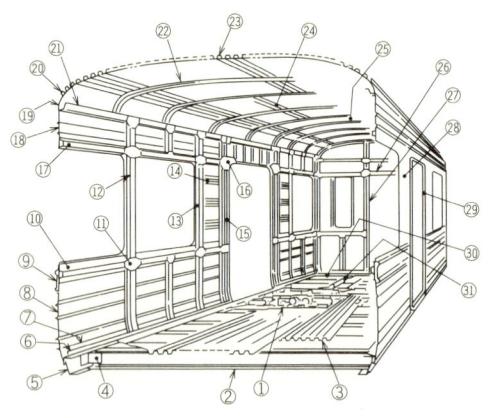

①	まくらはり	SPA-H	$t=8〜4.5$	⑰	幕おび	301L-HT	$t=1.5$
②	横はり	301L-HT	$t=3$	⑱	幕板	301L-DLT	$t=1.5$
③	床板	301L-MT	$t=0.6$	⑲	屋根つなぎ	301L-HT	$t=1.5$
④	ガセット	301L-HT	$t=3$	⑳	雨どい	304	$t=1.2$
⑤	側はり	301L-HT	$t=4.5$	㉑	長けた	301L-HT	$t=2$
⑥	長土台	301L-HT	$t=1.5$	㉒	たるき	301L-ST	$t=1.0$
⑦	すそ板	301L-HT	$t=1.5$	㉓	屋根板	301L-ST	$t=1.0$
⑧	腰外板	301L-HT	$t=1.5$	㉔	縦けた	301L-ST	$t=1.5$
⑨	腰外帯	301L-LT	$t=1.5$	㉕	妻外板	301L-DLT	$t=1.5$
⑩	腰おび	301L-HT	$t=1.5$	㉖	軒けた	301L-ST	$t=1.5$
⑪	ガセット	301L-HT	$t=0.8$	㉗	妻柱	301L-ST	$t=1.5$
⑫	間柱	301L-HT	$t=1.2$	㉘	側外板	301L-DLT	$t=4.0$
⑬	戸尻柱	301L-HT	$t=1.5$	㉙	出入フレーム	304	$t=4.0$
⑭	外板補強	301L-HT	$t=0.8$	㉚	端はり	301L-LT	$t=4.0$
⑮	外柱	301L-HT	$t=2.2$	㉛	中はり	SPA-H	$t=8〜4.5$
⑯	ガセット	301L-HT	$t=2.5$				

図 4.2.5 ステンレス鋼製車両構造体に使用される主要材料[23]

からIMO (International Maritime Organization) で採択された"1974年の海上における人命の安全のための国際条約（SOLAS 1974）"に含まれるIBCコードに詳細に規定されている（図4.2.6）．このIMOルール改定で日本海事協会も1986年からタンク用材としてステンレス鋼を推奨し，硝酸アンモニウム，ぎ酸など，一部の化学薬品（chemicals）にはステンレス鋼の使用を義務づけた．最もよく使用される鋼種は，国内ではSUS316LやこれにNを添加したSUS316LNで，比較的マイルドなカーゴの場合にはSUS304が使用される．一方海外では，UNS S31803などの二相鋼が使用されるケースも多い．

船体は二重構造となっており，内側のタンク外壁材は普通鋼と溶接する必要があるため，日本ではステンレスクラッド鋼が使用され，隔壁材はクラッド鋼ではなくステンレスソリッド鋼が使用される．海外の二相鋼タイプは全量ステンレスソリッド鋼が使用される．

（b）**LNGタンカー**　LNGタンカーは冷却して液化させた天然ガス（LNG）を輸送する船舶であり，船形により（i）球形タンク方式（モス形と略称される），（ii）メンブレン形，（iii）SPB形に大別される（表4.2.6参照）．タンク部材には−160℃以下での低温特性に優れた鋼材が使用される．

図**4.2.6**　ケミカルタンカー[24]

（i）モス形は軽量化のためにタンクにはAl合金が主として使用され，ステンレス鋼はほとんど使用されない．ステンレス鋼が使用される部位はタンクスカート材のみであり，SUS304のTMCP*鋼厚板が使用される．これは高強度でかつ熱伝導率が小さいためにAlと普通鋼の間の遮熱材として使用されるものである．

（ii）メンブレン形は普通鋼タンクの内面に防熱材を取り付け，その上をインバー合金（36％Ni）もしくはSUS304の薄板で覆った構造となっている．インバー合金は熱膨張が極めて小さいためフラットなままで使用できるが，SUS304は熱収縮を吸収するためにしわ付きの特殊な構造となっている．

（iii）SPB（self-supporting prismatic-shape IMO type B）形は自立式の角形タ

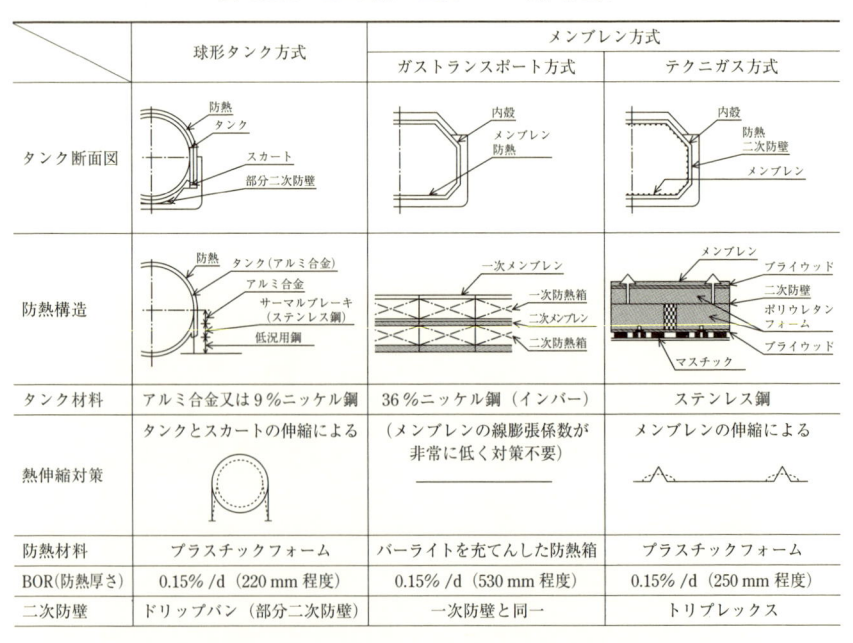

表4.2.6 LNG船の主要タンク方式比較[25)]

	球形タンク方式	メンブレン方式	
		ガストランスポート方式	テクニガス方式
タンク断面図	防熱タンク／スカート／部分二次防壁	内殻／メンブレン／防熱	内殻／防熱／二次防壁／メンブレン
防熱構造	防熱／タンク(アルミ合金)／アルミ合金／サーマルブレーキ(ステンレス鋼)／低温鋼	一次メンブレン／一次防熱箱／二次メンブレン／二次防熱箱	メンブレン／プライウッド／二次防壁／ポリウレタンフォーム／プライウッド／マスチック
タンク材料	アルミ合金又は9％ニッケル鋼	36％ニッケル鋼（インバー）	ステンレス鋼
熱伸縮対策	タンクとスカートの伸縮による	（メンブレンの線膨張係数が非常に低く対策不要）	メンブレンの伸縮による
防熱材料	プラスチックフォーム	パーライトを充てんした防熱箱	プラスチックフォーム
BOR(防熱厚さ)	0.15％／d（220 mm 程度）	0.15％／d（530 mm 程度）	0.15％／d（250 mm 程度）
二次防壁	ドリップパン（部分二次防壁）	一次防壁と同一	トリプレックス

---

* 熱加工制御（thermo-mechanical controlled process）：熱間圧延を基本に，その後空冷また強制的な冷却制御を行う製造法の総称

ンクで，SUS304，9％NiもしくはAl合金の厚板が使用される．北海などの気象条件の悪い海域での運航が可能なため，今後の需要増加が期待されている．

またLPGなどのLNGより若干温度の高いカーゴの場合，円筒形のタンクが使用され，ここにはSUS304厚板が使用される．

4.2.3 火力発電設備
(1) ボイラ

ボイラ (boiler) の主要耐圧部にステンレス鋼が使用されるようになるのは，その蒸気温度が538℃あるいは566℃以上になった場合である．この場合，蒸気圧力は亜臨界圧（subcritical pressure）の16.6 MPaあるいは超臨界圧（supercritical pressure, SC）の24.1 MPaとなる．しかし，最近では温度を566℃以上の593℃あるいは621℃と上昇させ，さらに圧力を超々臨界圧（ultra-supercritical pressure, USC）の31.0 MPaとすることもある．このようになるとステンレス鋼の使用量は大幅に増大するとともに，材料の種類も高温強度，耐食性などに優れた高級材へと移行することになる．

ボイラにおいてステンレス鋼は，高温高圧機器の過熱器（superheater）や再熱器（reheater）に熱交換器（heat exchanger）管材として使用されるとともに，高温の燃焼ガスにさらされる非耐圧部材の支持金物などとしても使用される．過熱器管や再熱器管に要求される特性は一般に次のとおりである．

① 設計温度，圧力条件および耐久寿命に対して十分な引張強さおよび降伏強さがあり，かつ十分なクリープ強さおよびクリープ破断強さをもつ．
② 炉内燃焼ガスによる酸化，腐食あるいは摩耗に耐える．
③ 熱間，冷間における曲げ，押し広げ，据め，絞り，およびその他の加工性がよい．
④ 同種材料および異種材料との溶接性がよい．
⑤ 熱膨張，熱伝導および弾性係数などについて適当な物理的性質をもつ．

また，ボイラ管材質の選定は図4.2.7のように行うが，管厚が大きくなると管内圧損が大きくなるので，管厚/外径が一定の値を超えないように材料選定

を行う必要がある．したがって，経済性を考慮しながら強度の高い材料を使用することになるが，一般に設計温度（メタル温度）が約600℃まではCr–Mo鋼が，またそれ以上の温度ではステンレス鋼が有利になる．

最近のボイラで使用されている鋼管材の主要成分と名称を表4.2.7に示す．JIS規格材と火力発電技術基準として規格化されている材料（名称の前に"火"が付いている）があり，発電用ボイラの過熱器，再熱器管には，火力発電技術基準材料が広く使用されている．材料記号にJが付いてるものは，日本で開発され，規格化された材料である．また，ボイラ用には通常Hグレードと呼ばれる，高温強度を保証するために最低C量を規定した材料が通常多く使用されている．

一般にボイラの設計では，設計基準の中に定められる各材料の温度ごとの許容応力（allowable stress）を基に管の設計（肉厚計算など）がなされる．多くの材料の高温における許容応力は，10^5時間クリープ破断強さの平均値の2/3の値で決まる．ボイラの設計基準となる火力発電技術基準におけるステンレス鋼管の各温度における許容引張応力を表4.2.8に示す．

蒸気温度 （アンバランスを考慮した温度）

↓

燃焼ガスからの放射伝熱を計算に入れる

↓

管の平均メタル温度

↓

$$\sigma_t = P\left(\frac{D-T_h}{2T_h}\right) < \sigma_{allow}$$

σ_t ：管の円周方向に働く応力
P ：蒸気内圧
D ：外径
T_h ：管厚
σ_{allow} ：許容引張応力

↓

ボイラ管材質と寸法

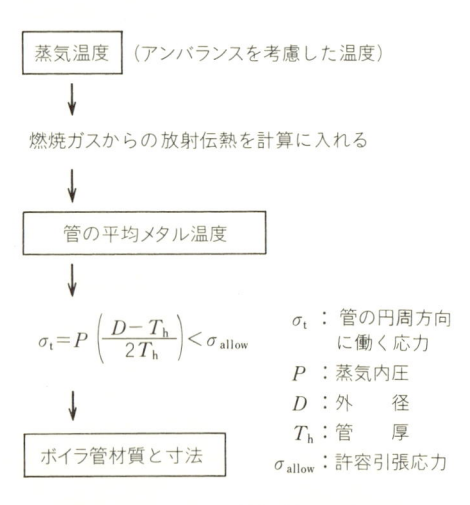

図4.2.7 ボイラ管材質の選定要領

4.2 ステンレス鋼の主な用途

表 4.2.7 ボイラ鋼管用材料の名称と主要成分

規格	記号	主要成分
JIS	SUS304HTB	(0.04–0.1) C–18Cr–8Ni
	SUS309TB	< 0.15C–23Cr–12Ni
	SUS310TB	< 0.15C–25Cr–20Ni
	SUS316HTB	(0.04–0.1) C–16Cr–12NI–2Mo
	SUS321HTB	(0.04–0.1) C–18Cr–10Ni–Ti
	SUS347HTB	(0.04–0.1) C–18Cr–10Ni–Nb
火力発電技術基準	火 SUS304J1HTB	(0.07–0.13) C–18Cr–9Ni–3Cu–Nb–N
	火 SUS309J1TB	< 0.06C–24Cr–15Ni–1Mo–N
	火 SUS309J2TB	< 0.04C–22Cr–14Ni–1.5Mo–N
	火 SUS309J3TB	< 0.025C–25Cr–14Ni–0.8Mo–N–0.25Si
	火 SUS309J4TB	(0.03–0.1) C–22Cr–15Ni–Nb
	火 SUS310J1TB	< 0.1C–25Cr–20Ni–Nb
	火 SUS310J2TB	< 0.1C–25Cr–20Ni–1.5Mo
	火 SUS310J3TB	(0.05–0.12) C–22.5Cr–18.5Ni–1.8W–3Cu–0.45Nb–0.2N
	火 SUS321J1HTB	(0.07–0.14) C–18Cr–10Ni–Ti–Nb
	火 SUS321J2HTB	(0.07–0.14) C–18Cr–10Ni–3Cu–Ti–Nb
	火 SUS347HTB	(0.04–0.1) C–18Cr–10Ni–Nb
	火 SUS347J1HTB	(0.04–0.1) C–18Cr–9Ni–W–Nb–V
	火 SUS410J2TB	< 0.14C–12Cr–1Mo–W–V–Nb
	火 SUS410J3TB	(0.07–0.14) C–11Cr–2W–0.4Mo–1Cu–Nb–V
	火 SUS410J3DTB	(0.07–0.14) C–12Cr–2W–0.4Mo–1Cu–Nb–V

JIS 規格材では，ボイラ鋼管としての使用温度域である 600～700℃の範囲で SUS347H が最も許容応力が高く，有利な材料となる．

火力発電技術基準材料は，従来の JIS 規格材料に少量の強化元素を加えて高温強度を高くした材料である．SUS347HTB に W，V を添加した火 SUS347J1HTB が 600～700℃の範囲で許容応力が高く有利であることが分かる．

550℃では 9Cr 鋼（火 STBA28）の許容応力がかなり高く，ステンレス鋼よりも低価格であり，利用価値の高いことが示唆される．

通常，各材料の使用最高温度は，耐酸化性で決められており，許容応力が示されている温度まで使用可能とされている．火力発電技術基準では，25Cr を含有する火 SUS310J2TB に最も高い 850℃までの許容応力が設定されている．

高温腐食と水蒸気酸化に対しては一般に Cr 含有量の高い材料が有利である

表4.2.8 材料の各温度における許容引張応力

材料名	各温度（℃）における許容引張応力（N/mm²）						
	550	600	650	700	750	800	850
火 STBA28*	94	66	29				
SUS304HTB	71	64	42	27	17	11	
SUS309TB	60	32	17	6	3	2	
SUS310TB	60	32	17	6	3	2	
SUS316HTB	78	74	50	30	18	11	
SUS321HTB	82	59	37	23	15	9	
SUS347HTB	92	87	54	32	19	11	
火 SUS304J1HTB	90	89	80	47	23		
火 SUS309J1TB	97	68	38				
火 SUS309J2TB	75	73					
火 SUS309J3TB	106	86	42				
火 SUS309J4TB	96	93	67	44	27	17	
火 SUS310J1TB	103	102	76	44	25	17	
火 SUS310J2TB	109	107	83	57	40	26	17
火 SUS310J3TB	117	116	92	60	37	23	
火 SUS321J1HTB	80	79	62	39	23	13	
火 SUS321J2HTB	110	105	81	51	35		
火 SUS347HTB	86	80	54	32	19	11	
火 SUS347J1HTB	123	118	81	52			
火 SUS410J2TB	99	69	34				
火 SUS410J3TB	111	83	42				
火 SUS410J3DTB	111	72	33				

* 9Cr-1Mo 鋼

が，水蒸気酸化に対しては内表面に冷間加工層を付与する方法や細粒材を使用することが有効な対策となりうる．応力腐食割れは，材料，引張残留応力および塩化物イオン，酸素などの腐食環境の3条件が重なって発生するので，このうちの一つを除くことによって防止できる．オーステナイト系ステンレス鋼の溶接ではフェライト系ステンレス鋼と異なり焼入硬化しないので冷間割れは生じにくいが，高温割れ（cracking at elevated temperature）（再熱割れ，溶接金属の凝固割れ）を生じることがあるので，溶接時の入熱の管理などが必要となる．異種金属溶接の問題は，フェライト系ステンレス鋼との継手において熱膨張係数の違いに基づく熱応力（thermal stress）によってフェライト系ステン

レス鋼側にクリープき烈が発生することであり，これの防止には熱膨張係数の差をできるだけ小さくする目的から，溶接材料にインコネルを選定するなどの対策が講じられる．

非耐圧部の支持金物などとして用いられるステンレス鋼には13Cr，18Cr–8Ni，22Cr–12Ni，25Cr–20Ni，45Cr–30Niなど各種の材料があり，これらは板材あるいは鋳鋼である．支持金物あるいはスペーサは管に溶接して取り付けられるが，その目的は過熱器管および再熱器管を整列して配置させることである．したがって，取り付けられる位置の燃焼ガス温度によって材料を使い分けることになるので，その選定にあたっては各材料の耐酸化性，耐高温腐食性について十分なデータと知識が必要とされる．

(2) タービン・発電機

高温・高圧の蒸気あるいは燃焼ガスを駆動流体とする蒸気タービン（steam turbine），ガスタービン（gas turbine）に代表される原動機とそれにより得た動力で発電する発電機は，高速回転下で，しかも常温から1500℃を超える超高温までの非常に広範な温度域の過酷な環境下で用いられている．このため，種々のステンレス鋼，耐熱鋼あるいは超合金を，その製造技術面も考慮し用いている．ここでは各々の機器に用いているこれらの材料の主な用途と材料の選び方について述べる．

(a) 蒸気タービン　図4.2.8に蒸気タービンの構造の一例を示す．静翼（ノズルともいう．stationary blade, nozzle）と動翼（rotating blade, bucket）から構成されるタービンの各段落は，ここでは高圧部，中圧部，低圧部の三つのセクションから構成されており，蒸気はこれらを順次流れ，後流側に行くに従い圧力・温度は下がるが体積は増加し，静翼，動翼，ロータ（rotor）も大きくなる．各段落の材料はそれぞれの段落の蒸気状態に見合うように配慮し選定を行う．

表4.2.9に主要部品の材料適用例を示す．動翼は高温部から低温部までのほとんどすべての材料にCrを10～13％含有したマルテンサイト系の12％Cr系鋼を用いている．高温の乾き蒸気中および低温の湿り蒸気中で優れた耐食性を

有し，350℃〜400℃以上の高温では高速回転下での遠心力に耐えるクリープ強さ，クリープ破断強さ，低温では長翼となることから延・じん性が，引張強さ，疲れ強さ，振動減衰能(damping)とともに求められている．前者は600℃までは12Cr鋼にV，Mo，WやNb，Nを添加し，Wで固溶強化あるいはNb炭窒化物を微細析出させた析出強化によるSUH600，SUH616，またはそれらの複合強化による10CrMoVWNbN鋼，600℃超級ではWやMoの添加量を増

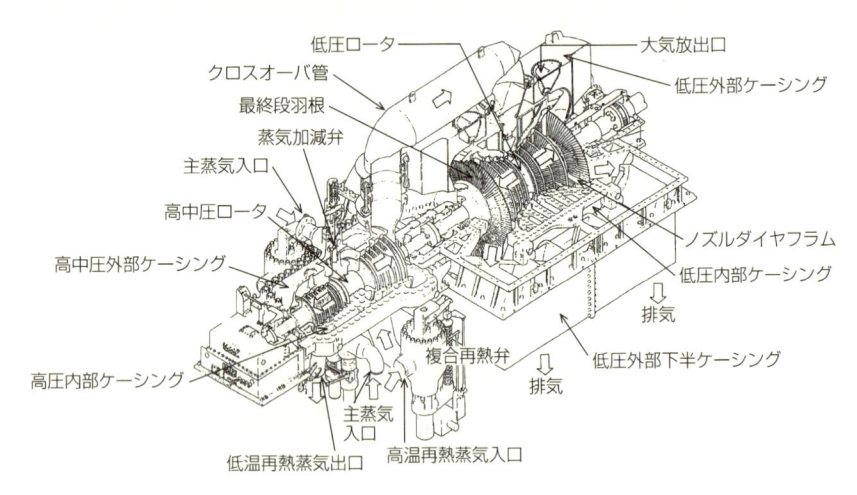

図4.2.8 蒸気タービンの構造の一例

表4.2.9 蒸気タービン主要部品の材料適用例

部　品	高　温　部	低　温　部
動翼 静翼	SUH616，SUH600，11CrMoVWNbN鋼 11CrMoVNbBReCo鋼，Refractaloy 26 (Ni基)	12CrNbN鋼，12CrMoV鋼，12Cr2.5NiMoV鋼，SUS630，Custom450（GTD450），Ti-6Al-4V合金，SUS403，SUS405
ロータ	1.25Cr1.25Mo0.25V鋼（ASTMA470Cl.8）， 12CrMoVNbN鋼，11CrMoVWNbN鋼， 11CrMoVWCoNbB鋼	2-4NiCrMoV鋼
ケーシング	SCPH11，SCPH21-23，SCPH32， 9Cr1Mo鋼，SUH616，10Cr1MoVNbN鋼， 11CrMoVWNbN鋼	SCPH12，SS400，SMA400AW，SS400，SM400A，FC250，FCD450，SC450，SCPH2

しCoやB，Reで強化した11CrMoVWCoNbReB鋼，あるいは12％Cr系鋼に比較し線膨張係数は高くなるがオーステナイト系Ni基超合金のRefractalloy 26などを用いている．これに対して低温部では長翼となることから12CrMoV鋼，11CrMoVNbN鋼に加え，Niを添加し常温での延性・じん性を増した12Cr2.5NiMoVN鋼，SUH630やCustom 450等の15〜18％のCrを含有する析出硬化系ステンレス鋼，あるいは比強度（引張強さ/密度）を増しロータへの負荷を軽減したTi–6Al–4V合金等を用いている．なお，これらのステンレス鋼は鍛造または圧延角材から削り出し，または型入れ鍛造等で製作しているが，その素材は疲労強さ向上のため一次溶解で成分調整と不純物の除去を行った後，さらにVAR（vacuum-arc-remelting）あるいはESR（electro-slag remelting）にて再溶解を行い，不純物や非金属介在物および偏析の低減を図っている．

　静翼は遠心力こそ受けないが，耐食性とともに圧力差と静翼から噴出する蒸気の反力に耐える強度は求められる．このため動翼と同様12％Cr系鋼を用いている．ダイアフラム内外輪と溶接組立する静翼の場合は溶接性も必要とされ，AlあるいはNbを添加したフェライト系あるいはフェライト・マルテンサイト系の12％Cr系鋼を多く用いている．

　ロータは現在も高温部も含め低合金鋼が主体であるが，ステンレス鋼は538℃以上の蒸気条件下で用いている．大形ロータとして高温強度以外に，鋼塊・鍛造品としての化学成分，組織，機械的性質上の健全性と均質性が求められる．600℃程度までは12Cr鋼にMo，W，V，Nb，Nを添加した11CrMoVNbN鋼，10CrMoVNbNW鋼，これ以上の温度ではWの添加量を増しCo，Bを添加し，さらに高温強度を改善させた10CrMoVNbWCoB鋼を開発している．ここでは，偏析あるいは鍛造性を考慮しNbやBの添加量は動翼に比較し低い値に制限している．

　ケーシング（casing）は，高・中温域では複雑な構造を有することから鋳鋼品が使われている．通常は低合金鋼を用いているが，566℃を超える高温域ではステンレス鋼を用いている．ここでは，ロータと同様，クリープ強さ，クリープ破断強さ，熱疲れ強さ，長時間の組織安定性に加え，鋳造欠陥の補修あ

いは蒸気管との構造溶接を行う必要があることから，溶接性も配慮した材料選定・開発を行っている．

（b）ガスタービン ガスタービンは外気から吸引した空気を圧縮機（compressor）で連続的に圧縮し，燃焼器（combustor）で高温・高圧の燃焼ガスにし，タービンで連続的に膨張させ動力を取り出している．近年，燃焼ガス温度は耐熱材料の融点以上となっていることから，圧縮空気の一部はタービンのケーシング，静翼（ノズルともいう．stator vane, nozzle），動翼（rotor blade, bucket）の冷却空気として用いている．図4.2.9にその構造の一例を，表4.2.10に主要部品の材料適用例を示す．

圧縮機の動翼（rotor blade）は前段落では翼のサイズが大きくより高い遠心力を生じるが，後段落になるに従い翼のサイズは小さくなり温度は上昇する．このため，前段落では引張強さ，疲れ強さ，延性・じん性に加えて，運転の過程で結露が生じ腐食性成分の濃縮による孔食が生じることから，SUS403等のマルテンサイト系の12％Cr系鋼に犠牲防食コーティング（sacrificial protection

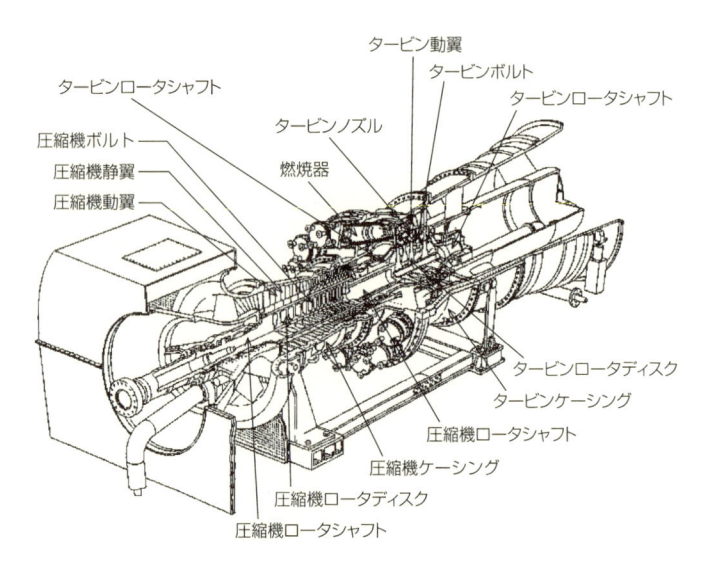

図4.2.9 ガスタービンの構造の一例

4.2 ステンレス鋼の主な用途

表4.2.10 ガスタービン主要部品の材料適用例

部　品		材　料　名
タービン	動翼	Ni 基鍛造合金：Udimet 520，NCF 750 Ni 基鋳造合金：Mar-M 247，GTD-111，MGA 1400，René 80 Ni 基鋳造合金（DS）：CM-247 LC，GTD-111，MGA 1400 Ni 基鋳造合金（SC）：CMSX-4，René N5，PWA 1483
	静翼	Co 基鋳造合金：FSX-414，Mar-M 509，ECY-769 Ni 基鋳造合金：IN-939，IN-738 LC，GTD-222，MGA 2400
	ロータシャフト・ディスク	Fe 基鍛造合金：1Cr 1.25 Mo 0.25 V 鋼，3-3.5 Ni 1.7 Cr 0.5 Mo 0.1 V 鋼，M152 Ni-Fe 基鍛造合金：IN-706，NCF718（IN-718），Waspaloy，SUH660（A286）
燃焼器		Hastelloy X，Nimonic 263，Tomilloy，HA-188，HA-230
圧縮機	ロータシャフト・ディスク	1Cr 0.5Mo0.3V鋼，2.8-3.5 Ni 1.5-1.8 Cr 0.35 MoV 鋼
	動・静翼	SUS403，12CrNb 鋼，Custom 450（GTD 450），SUS630（17-4 PH 鋼）

coating）を施すか，Crを15〜18％含有し耐食性に優れるSUH630，Custom 450等の析出硬化系ステンレス鋼をコーティングせずに用いている．後段では高温強度が求められることから，12 Cr鋼にMo，V，W，Nbを添加した材料を用いている．静翼（stator vane）も動翼と同様の特性が求められており，ほぼ類似の材料を用いている．これに対してロータあるいはディスク（disk）は，主に後段落側で12％Cr系鋼を用いる場合もあるが，主として蒸気タービンと同じく低合金鋼を用いている．

燃焼器（combustor）の材料は，高温の引張強さ，クリープ強さ，耐高温腐食・酸化（hot corrosion and oxidation resistance），熱疲れ強さ（thermal fatigue strength），高サイクル疲れ強さ（high-cycle fatigue strength）を具備するとともに，その構造から板金加工性，溶接性も要求される．このため，Ni基超合金のHastelloy X，Nimonic 263，IN-617などの圧延材を多く用いている．これらの材料を用いたライナ（combustion liner）あるいはタイル（tile）にセラミ

ックス(ceramics)の遮熱コーティング(TBC, thermal barrier coating)を施し用いているが，タイルそのものをセラミックスとして用いている場合もある．

タービン動翼は，高温の燃焼ガス下で用いていることからクリープ強さ，クリープ破断強さに加え，耐高温腐食・酸化，起動停止の際に生じる熱ひずみによる熱疲れ強さ，加えて燃焼ガスの励振力に耐える高サイクル疲れ強さが求められる．このため，γ'相[$Ni_3(Al,Ti)$]で析出強化し，Crを12％以上添加し耐高温腐食性を付与したNi基超合金を用いている．この代表的な材料がIN-738LC，GTD-111である．これらの翼は高温強度に優れることから鍛造が難しく，また，近年複雑な内部冷却構造が要求されることから精密鋳造(investment casting)で製造する．燃焼ガス温度が1 300℃を超えるガスタービンでは，従来の対流冷却を強化するとともに，フイルム冷却および大気プラズマ溶射(atmospheric plasma spray)あるいはEB-PVD(electron-beam physical vapor deposition)でセラミックスを被覆するTBCにより基材温度を下げるとともに，航空機で用いている一方向凝固(DS: directionally solidified)や単結晶(SC: single crystal)の翼を積極的に用いている．DS翼は，翼長方向(遠心応力方向)に垂直な結晶粒界をなくすことでクリープ強さの向上を図っている．SC翼は結晶粒界が全くなくなることから，粒界強化元素の添加量を制限し耐熱温度をさらに向上させることが可能であり，また，翼長に垂直な方向の強度も改善されることから熱疲労強さも向上する．代表的な材料としてはCMSX-4があり，このほか，René N5，PWA 1483などがある．

タービン静翼は，圧力差とガス流による応力，冷却に伴う翼内外温度差および構造的な拘束に起因する熱応力が作用することから，クリープや熱疲れ強さが求められている．また，耐高温腐食・耐酸化性に加えて，製造・補修の観点からは溶接性と鋳造性が求められる．このため鋳造性，補修性を重視したCo基超合金と強度を重視した動翼と同じNi基超合金の二つの選択肢がある．前者はFSX-414，ECY-768などが，後者はIN-738LC，IN-939，GTD-222などが挙げられる．なお，近年の高温化により第2段静翼以降のクリープ変形の問題だけでなく，初段静翼も冷却の強化により発生する熱応力はかなり高くなって

きており，動翼と同じNi基のSC翼を用いる場合もある．

　タービンディスクは，大形のガスタービンでは主として低合金鋼か12％Cr系鋼を用いている．小形のガスタービンではWaspaloy，A286，IN–718等のNi–Fe基超合金を用いていたが，近年の溶解・造塊技術の進歩により大形ガスタービンにおいてもIN–706，IN–718を用いるようになってきている．ここでは，均質で健全なインゴットを製造するため真空誘導溶解（VIM，vacuum induction melting）により製作した電極棒をESRで再溶解し，その後VARで再再溶解するトリプルメルトプロセスを用いている．

（c）発電機　タービン発電機は，大きくステータ（stator）とロータ（rotor）から構成されている．その構造例を図4.2.10に，また，ステンレス鋼の適用部品および材料例を表4.2.11に示す．材料選定の中に電磁気的な性質を考慮する必要があることが他の原動機とは異にしている．ステータは，鉄心を支え機内冷媒ガスを封入して循環させる通路を形成する圧延鋼板の溶接構造からなるフレームと，ステータコイルを組み込み固定しコイルと鎖交する交番磁界の磁路を形成する鉄心とからなる．鉄心は，けい素鋼板の積層構造であり，適当な積み厚間隔で隔片を配置し冷媒ガスの半径方向の通風ダクトを形成している．

　ロータは，ロータコイルとこれを収納し回転するロータシャフト（shaft），このコイルを遠心力に対し保持するエンドリング（retaining ring）とロータ楔（wedge），界磁電流を供給するコレクタリング，機内冷媒ガスを循環させるファンなどから構成されている．

　ステンレス鋼の適用は耐食性と漏れ磁束と渦電流損低減のため，非磁性材であるオーステナイト系鋼を用いている．この中でも特に回転中に大きな遠心応力を受けるロータコイルを保持するエンドリングは，シャフト材とともに発電機容量の限界を決める重要な部材であり，発電機固有の材料を用いている．かつて18 Mn–5 Cr鋼を用いてきたが，1990年前後から停止中の結露により生じるSCCを考慮し耐食性に優れた18 Mn–18 CrN鋼を用いている．ESRによる再溶解で製造した高い清浄度の鋼塊をリング鍛造後に冷間で拡管し，その加工硬化とN添加による固溶強化で高い耐力を付与している．このほかロータ楔に

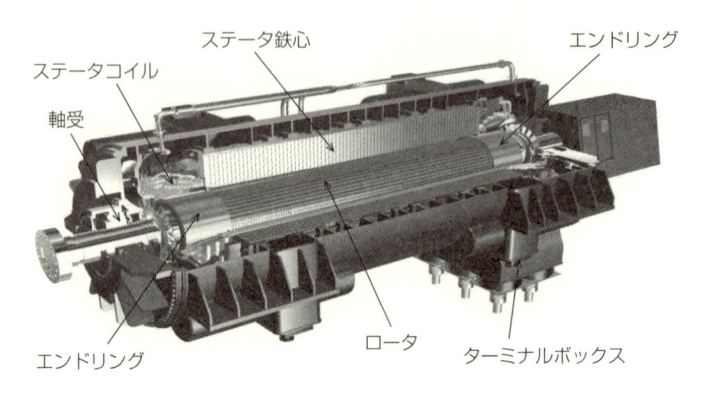

図 4.2.10 発電機の構造の一例

表 4.2.11 タービン発電機に用いるステンレス鋼の材料適用例

部　品		材　料
ステータ	ターミナルボックス, 鉄心内外間隔片	SUS304
	ヘッダーパイプ, 接続管	SUS304
ロータ	楔	SUS304, SUS316
	エンドリング	18Mn-5Cr 鋼, 18Mn-18CrN 鋼
	シャフト	3Ni0.5Mo0.1V 鋼, 3.5Ni1.7Cr0.5Mo0.1V 鋼

は SUS304, SUS316, あるいは Al 合金が, また, ステータ鉄心の間隔片, ターミナルボックスには SUS304 が用いられる場合もある.

なお, シャフト材は, 大形鍛造品として優れた製造性と高い透磁率を有する低合金鋼を用いている.

4.2.4　原子力設備

1942 年の暮れにエンリコ・フェルミ (Enrico Fermi) のグループが最初の原子炉 (nuclear reactor, または単に reactor) で, 核分裂の連鎖反応に成功, およそ 10 年後の 1956 年には英国のコールダーホール 1 号炉が初の商用発電炉として運転を開始. それから半世紀たった現在, 世界では 438 プラントが, また

わが国では 55 プラントの多くの原子力発電所が運転されるようになり，現在の日本での総発電量の 30 % をまかなうまでになってきている．

原子力プラント（nuclear power plant）は巨大産業といわれるだけに，大量の機器や部品から構成されており，これらのほとんどが金属材料でつくられている．これらの金属材料の中でオーステナイト系ステンレス鋼は，高温強度部材用の構造材料として，また冷却材（coolant）である軽水の品質維持と耐食性を目的とする主要構造材料として大量に使用されている．本項では，商用軽水炉と呼ばれている沸騰水型と加圧水型の原子力プラント，高温ガス炉，高速増殖炉および再処理施設でのステンレス鋼の使用状況を紹介する．

（1）沸騰水型原子力発電プラント

図 4.2.11 に沸騰水型原子炉（boiling water reactor．以下，BWR という．）を用いる発電プラントの主要な構成を示す．大別して原子炉系設備，タービン・発電機設備，放射性廃棄物設備とから成り立っている．この中で構造材としてのオーステナイト系ステンレス鋼は，表 4.2.12 に示すように炉水環境系の設備に多く使用されている．そこで，ここでは原子炉系を中心にステンレス鋼がどのように使われているかを説明する．

図 4.2.12 に BWR-5 および改良型 BWR の原子炉圧力容器（reactor pressure vessel．以下，RPV という．）および原子炉内機器と制御棒（control rod）についてそれぞれの使用材料を示す．RPV は，この BWR-5 の 1 100 MWe（電気出力 1 100 MW）級では内径 6.4 m，高さ 22 m で約 280 ℃，7.2 MPa の原子炉水を内包する圧力バウンダリーの役割を果たしている．RPV 鋼材は，当初，圧力容器用鋼材として使用実績の多かったボイラ用鋼材が採用されたが，商業化に伴う大形化とともに低温じん性の改良などがはかられ，現在の JIS G 3120（圧力容器用調質形 Mn-Mo 鋼および Mn-Mo-Ni 鋼鋼板）の SQV2A および JIS G 3204（圧力容器用調質型合金鋼鍛鋼品）の SFVQ1A が使用されている．なお，原子炉水に接触する RPV 内面には，炉水の品質保持という耐食性の観点からステンレス鋼（E-308）で内張り（肉盛溶接）されている．

炉内機器は，図 4.2.12 に示すように後述の炉心燃料と一部の締結部品を除い

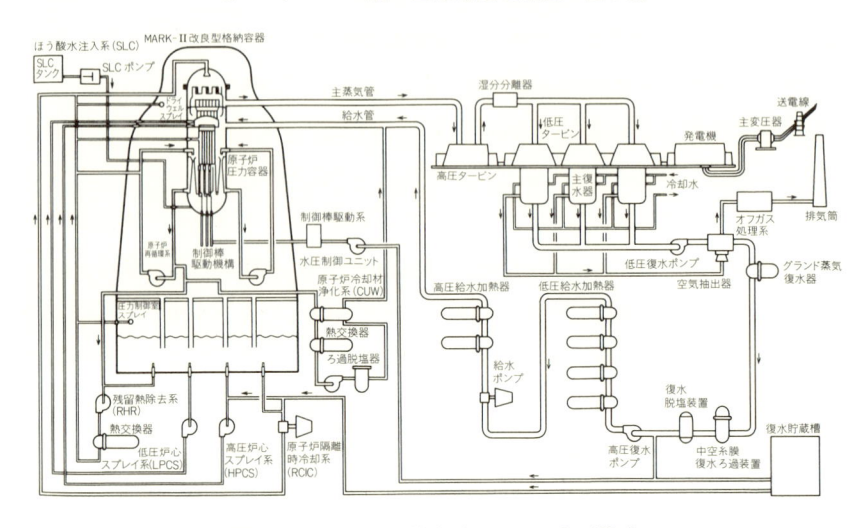

280   4. ステンレス鋼の主な用途と鋼種の選び方

図 4.2.11　BWR 型発電プラント主要構成

表 4.2.12　BWR の主要系統の材料例とその選定理由[26]

環　境	適用機器	材　質	材料選定理由
炉　水 (PLR, CUW, RHR)	— PLR — CUW/RHR	オーステナイト系ステンレス鋼 ステンレス鋼→炭素鋼	耐食性 耐 SCC 性
蒸気系/給復水系	機器・配管	炭素鋼 炭素鋼→低合金鋼	耐エロージョン性
海　水　系	機器・配管	鋳鉄/炭素鋼→ステンレス鋼/ 炭素鋼+ライニング	海水に対する耐食性の 観点から変更
	コンデンサチューブ	黄銅管→Ti 管	耐食性の観点から変更 (グレードアップ)
ラ　ド　系	— 濃縮器 — 濃縮器まわりの配管・タンク — その他	ステンレス鋼→Ni 基合金 ステンレス鋼→ライニング材 ステンレス鋼	耐食性(Cl^-濃度管理)

備考　PLR：原子炉再循環系，CUW：原子炉冷却材浄化系，RHR：残留熱除去系

てオーステナイト系ステンレス鋼を構造材料としている．これらの炉内機器用材は，RPV 内において前述の高温・高圧（設計温度：302 ℃，設計圧力：8.6 MPa）の原子炉水の流動条件や放射線環境下で使用されることを考慮して，以

4.2 ステンレス鋼の主な用途　　281

下に示すような材料特性と対策が要求される．
① 原子炉水の品質維持：耐食性とSCC発生防止
② 耐中性子照射特性：ぜい化防止としての微量元素添加などによる改善
③ 製作性：加工性，溶接性に優れること
④ 作業者の被ばく低減：誘導放射能低減のための不純物元素の制限

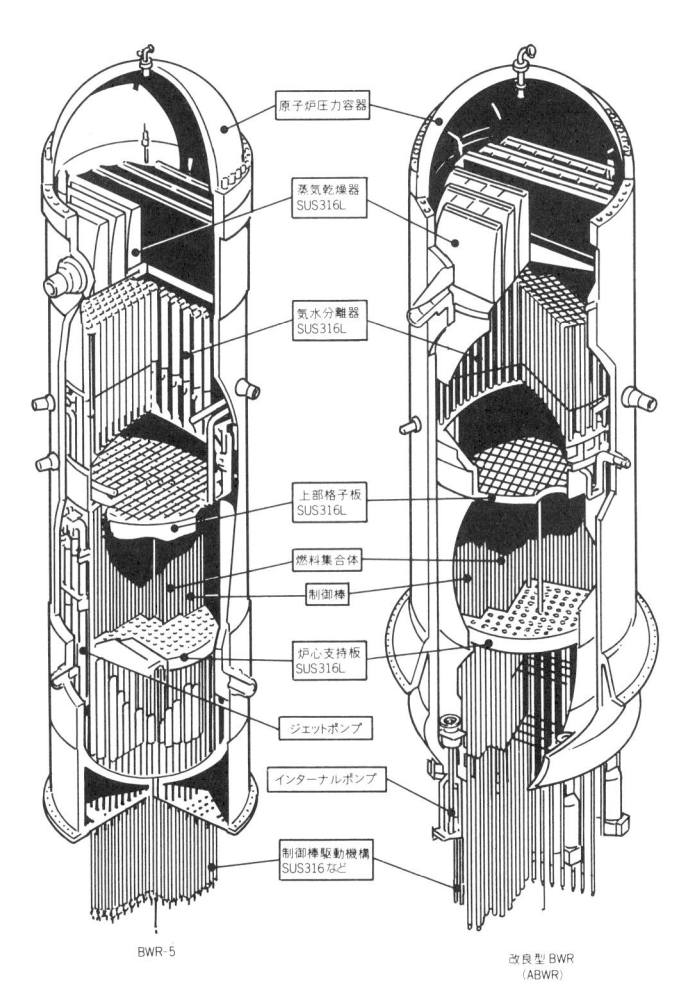

図4.2.12　BWRの圧力容器と炉内機器

282   4. ステンレス鋼の主な用途と鋼種の選び方

以上の要求から，現在までに材料の改善が進められ，耐SCCとして鋭敏化を抑えるためのC量制限（0.02％以下），誘導放射能低減のためのCo含有量制限（0.05％以下）など，ステンレス鋼の原子力材料仕様が固まってきている．

図4.2.13に炉心機器の制御棒とその使用材料を示す．この炉心材料もほぼ上記の原子力材料仕様と同じである．炉心燃料は，燃料被覆管（fuel cladding tube），スペーサ，チャンネルなどの使用材料として熱中性子吸収断面積が小

つり上げハンドル
SUS316L

ローラ

中性子吸収棒
（B_4C粉末入りチューブ）

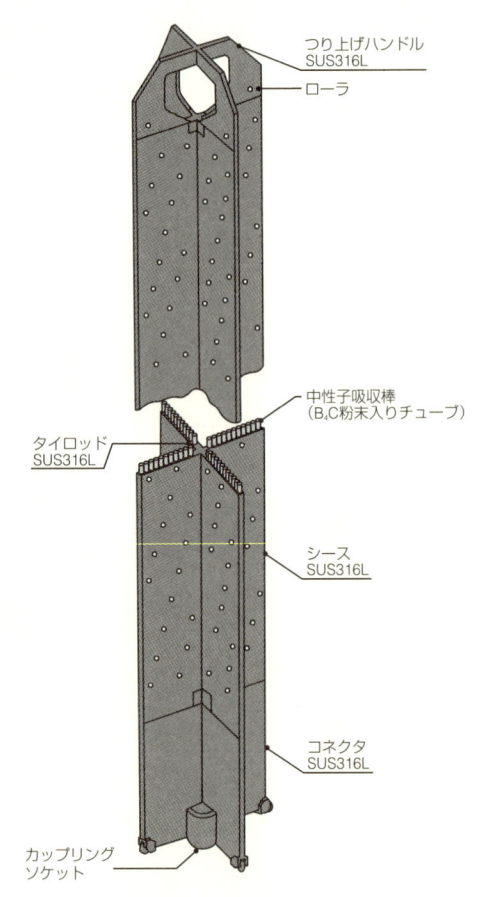

タイロッド
SUS316L

シース
SUS316L

コネクタ
SUS316L

カップリング
ソケット

図4.2.13 改良型制御棒の構造図（B_4C形の場合）

さい Zr 合金を，またチャンネルファスナには，JIS による耐食耐熱超合金の NCF750 または ASTM の Ni 基超合金 XM–19 を用いている．

次に，原子炉系以外でのステンレス鋼材の活用状況を以下に示そう．まず発電所の定期点検時に使用する原子炉系のサービス機器では，燃料自動交換機と燃料つかみ具，制御棒自動分解装置など，原子炉水に接する機器あるいは炉内での取扱い時の炉水品質維持のため，これらの構造材としてオーステナイト系ステンレス鋼を使用している．使用済み燃料貯蔵ラックとそれを収納する燃料貯蔵プールを図 4.2.14 に示す．最近では，ラックには使用済みの燃料集合体（fuel assembly）の収納効率をできるかぎり大きくとれるよう 1.1％程度の B（ほう素．普通ボロンという）を添加したステンレス鋼（SUS304）を使用するようになってきている．また燃料貯蔵プールの壁面には，オーステナイト系ステンレス鋼板（SUS304）をライニングし水密構造として使用している．同じように，放射性廃棄物処理系でも多量の放射性液体廃棄物を効率よく貯蔵するライニング槽にステンレス鋼板を使用している．

図 4.2.14　燃料貯蔵プール

(2) 加圧水型原子力発電プラント

加圧水型原子炉（pressurized water reactor, 以下 PWR という.）を用いる原子力発電プラントにおけるステンレス鋼の活用状況は, 前述した BWR 原子力発電プラントと大差はないが, 原子炉システムの違いによる材料の使用条件も若干異なるので簡単な説明をしておくことにする.

BWR 発電プラントは炉心で発生させた蒸気で直接タービンを回すという直接サイクルであるが, PWR 発電プラントは, 炉心で加熱された高温高圧水から蒸気発生器を介して発生させた蒸気でタービンを回すという間接サイクルとなっていて, 原子炉とその関連設備から構成される1次冷却系設備と, 1次系とは隔離された2次冷却系設備のタービン, 発電機等から構成されている. 原子炉および1次冷却系機器, 配管の構成材料は, 1次冷却材中への放射性腐食生成物の生成をできる限り抑えるために, 直接冷却材に接する部位にはステンレス鋼, またはステンレス鋼を肉盛したクラッド材を使用している. PWR 特有機器である蒸気発生器（steam generator, SG）の水室および加圧器の材料には, 上記のクラッド材を, SG の伝熱管材にはインコネル600（最近は特殊熱処理を施した TT インコネル690）を使用している. また, PWR の1次系機器で使用されているステンレス鋼は, BWR の冷却材条件と若干異なることや, これまで大きな応力腐食割れの問題がほとんど生じていないこともあって, ほとんどが応力腐食割れ対策により SUS316L に変更されてきた BWR と異なり, SUS304 鋼も使用されている.

(3) 液体金属冷却高速増殖炉

炉心燃料として天然 U（ウラン）のみならず, Pu（プルトニウム）をも使用でき, 核燃料が増殖できる液体金属冷却高速増殖炉（liquid-metal cooled fast breeder reactor. 以下, LMFBR という.）は, 次世代の原子炉として世界の主要国で開発されてきたが, 順調な軽水炉の延長活用と, 開発された LMFBR の経済性がいま一歩であることから実用化が21世紀の前半へとずれこんできている. LMFBR 発電プラントの構成は図4.2.11の格納容器以降はほぼ商用軽水炉と同じであるが, 冷却材に液体金属 Na を使用していることから, 蒸気発生

器までの構成は原子炉容器，1次中間熱交換器，2次系蒸気発生器とやや複雑で異なっている．しかし液体Naを冷却材に使用しているので軽水炉のように加圧する必要がなく，ほぼ常圧でかつ効率を上げるために約550℃近辺の高温で運転される．このため，LMFBR用の構造材料は，冷却材Naとの共存性（耐食性，質量移行）と高温強度特性の観点から蒸気発生器の一部の構造材を除きほとんどオーステナイト系ステンレス鋼が用いられている．表4.2.13に世界のLMFBR構造材料の一覧を示す．構造部材として304系と316系を主に使用しているが，最近の研究で長時間のクリープ・疲れ特性を改良した低C–中N形のSUS316–FRなどが有力候補となっている．

(4) 高温ガス炉

黒鉛で被覆したウランの炭化物あるいは酸化物を燃料とし，高温でも不活性なヘリウムガスを冷却材とした高温ガス炉（high temperature gas-cooled reactor）は，1 000℃近辺の超高温が得られるので発電のみならず多目的利用に適した原子炉として注目されてきたが，残念ながらまだ実用化には至っていない．構造材料の選定では，1 000℃に近い高温で使用されるため，構造材のクリープ特性や材質劣化特性がポイントとなり，ハステロイX（JIS H 4551のNW6002に相当）系の超耐熱合金が中心で，オーステナイト系ステンレス鋼の使用は少ない．

(5) 再処理施設

原子力エネルギーを恒常的かつ安定的に確保するため，使用済み核燃料からUおよびPuを分離・回収し，再び核燃料として有効利用するシステムが再処理（fuel reprocessing）である．わが国でも青森県に日本原燃（株）（JNFL）により六ケ所事業所再処理施設の建設が進められており，国内外で実績のある湿式方式（PUREX）が採用されている．この方法は使用済み核燃料を硝酸に溶解し，U，Puおよび核燃料生成物をそれらの化学的な性質の違いにより抽出分離するものである．プラントの寿命期間（大半の機器が40年間）にわたり健全性を維持するために，硝酸に対する耐食性のよい材料を使用するとともに腐食しろを考慮して設計し，溶接についても十分な配慮が必要である．

4. ステンレス鋼の主な用途と鋼種の選び方

表 4.2.13 世界各国の高速増殖炉構造材料の一覧[27]

国名	日本		アメリカ	旧西ドイツ	フランス		イギリス	欧州統一	旧ソ連	
プラント名 項目	もんじゅ	実証炉	CRBRP	SNR300	Phenix	Super-Phenix	PFR	EFR	BN350	BN600
出力 (MW)	280	約600	380	300	250	1200	270	未定	150	600
温度条件 (℃) IHX 1次入口 出口 2次入口 出口 SG 蒸気出口	529 397 325 505 487	550 395 335 520 495	535 390 344 502 482	546 375 335 520 500	560 397 350 550 512	542 392 345 525 487	552 400 370 532 516	検討中	500 300 273 453 436	580 410 320 520 505
炉容器	SUS304	SUS316FR	SUS304	SUS304	SUS316	SUS316LN	SUS321	SUS316LN	SUS304 相当	SUS304 相当
1次系配管	SUS304	HLSUS316 CLSUS304	HLSUS316 CLSUS304	SUS304	なし	なし	なし	なし	SUS304 相当	なし
中間熱交換器 (IHX)	SUS304	SUS316	SUS304	SUS304	SUS316	SUS316LN	SUS321	316LN	SUS304 相当	SUS304 相当
2次系配管	SUS304	SUS304	HLSUS316 CLSUS304	SUS304	HLSUS321 CLSUS304	316LN	SUS321	316LN	不明	HLSUS304相当 CL2¼Cr- 1Mo相当
蒸気発生器 (SG) 蒸発器	2¼Cr-1Mo	Mod9Cr-1Mo	2¼Cr-1Mo	2¼Cr- 1MoNbNi	2¼Cr- 1MoNb	Alloy800*	2¼Cr- 1MoNb	Mod9Cr-1Mo または 9Cr-1Mo	2¼Cr-1Mo 相当	2¼Cr-1Mo 相当
加熱器	SUS321	その他 検討中	2¼Cr-1Mo	運転許可 待ち	SUS321		SUS316 9Cr-1Mo		2¼Cr-1Mo 相当	SUS304 相当
プラントの現状	建設中	概念設計 段階	建設段階 で中止	運転許可 待ち	運転中	運転中	運転中	概念設計 段階	運転中	運転中
炉形	ループ形	ループ形	ループ形	ループ形	タンク形	タンク形	ループ形	ループ形	タンク形

備考 HL：Hot leg 配管，CL：Cold leg 配管 *Alloy 800：JIS NCF800 相当

4.2 ステンレス鋼の主な用途

それぞれの機器の使用環境に応じた材料の選定の考え方を表 4.2.14 に示す．このようにして決められた材料選定について六ケ所再処理施設の主要工程ごとに海外の再処理施設と比較して表 4.2.15 に示す．内外の再処理施設は，いずれ

表 4.2.14 湿式再処理工程の材料選定の考え方[28]

硝酸溶液の運転条件			使用材料	対象機器
	温　度	圧　力		
状態 沸騰	60 ℃ 以上	常　圧	Zr 合金	溶解槽
	60 ℃ 以下	減　圧 (～13 kPa)	SUS304LC	酸回収蒸発缶
未沸騰	60 ℃ 以下	常　圧	SUS304LC SUS316LC	一般機器 孔食を考慮する機器

表 4.2.15 再処理工程の技術方式と使用材料[28]

工　程	JNFS 六ケ所	PNC 東海	ラ・アーグ UP3	セラフィールド THORP
せん断工程	集合体せん断水平式	集合体せん断水平式	集合体せん断水平式	集合体せん断水平式
溶解工程	連続式 本体：Zr 合金 ふた：ステンレス鋼 ホイール：ステンレス鋼	回分式 ステンレス鋼	連続式 本体：Zr 合金 ふた：ステンレス鋼 ホイール：ステンレス鋼	回分式 ステンレス鋼
清澄工程	遠心清澄 ケーシング：ステンレス鋼 ボール容器：Ti	パルスフィルタ ステンレス鋼	遠心清澄 ケーシング：ステンレス鋼 ボール容器：Ti	遠心清澄 ケーシング：ステンレス鋼 ボール容器：Ti
抽出　分離	パルスカラム ステンレス鋼	ミキサセトラ ステンレス鋼	パルスカラム ステンレス鋼	パルスカラム ステンレス鋼
抽出　ū精製	ミキサセトラ ステンレス鋼	ミキサセトラ ステンレス鋼	ミキサセトラ ステンレス鋼	ミキサセトラ ステンレス鋼
抽出　Pu 精製	パルスカラム ステンレス鋼	ミキサセトラ ステンレス鋼	パルスカラム ステンレス鋼	パルスカラム ステンレス鋼
ū 濃縮	常圧蒸発缶 ステンレス鋼	常圧蒸発缶 ステンレス鋼および Ti	常圧蒸発缶 ステンレス鋼	常圧蒸発缶 ステンレス鋼
Pu 濃縮	常圧蒸発缶： Zr 合金	常圧蒸発缶： Ti および Ti-5Ta	Pu 転換工程にしゅう酸沈殿法を採用しており濃縮せず	常圧蒸発缶： Zr 合金
酸回収	減圧蒸発缶： ステンレス鋼	減圧蒸発缶： Ti-5Ta	常圧蒸発缶： Zr 合金	減圧蒸発缶： ステンレス鋼
高レベル廃液濃縮	減圧蒸発缶： ステンレス鋼	常圧蒸発缶 ステンレス鋼	常圧蒸発缶： ステンレス鋼	減圧蒸発缶： ステンレス鋼
廃ガス処理 (よう素除去)	乾式法： ステンレス鋼および Zr 合金	湿式法： ステンレス鋼	湿式法： ステンレス鋼	湿式法： ステンレス鋼

もこれまでSUS304Lを中心に使用してきており,六ケ所再処理施設ではこれらの経験をもとにさらに改良を重ね,表4.2.16に示すステンレス鋼が使用される予定である.これらの施設はぼう大なもので,施設全体のオーステナイト系ステンレス鋼の使用量はおよそ30 000 t,配管長は数百 km と推定されている.

表4.2.16 再処理施設で使用されるオーステナイト系ステンレス鋼[28]

材 料	組 成 (%)									
	C	Si	Mn	P	S	Ni	Cr	Mo	Ti	Nb
R-SUS304ULC	≦0.020	≦1.00	≦2.00	≦0.045	≦0.030	9.00 13.00	18.00 20.00			
SUS304L (JIS材)	≦0.030	≦1.00	≦2.00	≦0.045	≦0.030	9.00 13.00	18.00 20.00			
R-SUS316ULC	≦0.020	≦1.00	≦2.00	≦0.045	≦0.030	12.00 15.00	16.00 18.00	2.00 3.00		
SUS316L (JIS材)	≦0.030	≦1.00	≦2.00	≦0.045	≦0.030	12.00 15.00	16.00 18.00	2.00 3.00		
R-SUS310Nb	≦0.020	≦0.30	≦1.00	≦0.020	≦0.020	19.00 22.00	24.00 26.00			0.15 0.30
高Cr-高Mo系 ステンレス鋼	≦0.050	≦1.00	≦2.00	≦0.040	≦0.030	25.00 27.00	21.00 23.00	4.00 6.00	≧C×4	

備考 R-......は再処理用を示す.

4.2.5 容 器

(1) 水道機器

(a) 温 水 器 温水器の熱源は,電気,ガスおよび石油が主要なものであったが,最近はヒートポンプ式給湯器(図4.2.15)や燃料電池の出現によって,よりエコロジーなタイプに変化しつつある.それらを含めた温水器の貯湯タンクに必要な特性と使用鋼種を述べる.

安価な深夜電力を有効利用するために,1964年から小形電気温水器の普及が始まった.約85℃の高温水を蓄える貯湯タンク用材料に要求される特性は,耐食性,溶接性,加工性,耐SCC性などである.当初のタンクはSUS304のようなオーステナイト系ステンレス鋼でつくられたが,SCCを起こして少なからず水漏れ事故を起こした.その後,鋼製タンクの内面にガラス質の皮膜を焼

4.2 ステンレス鋼の主な用途

図 **4.2.15** ヒートポンプ式給湯器外観とステンレス製貯湯タンク

付けたグラスライニングタンクに移行したが，皮膜に生じるピンホールのためどうしても防食装置を必要とした．この両者の欠点を解決する材料として高純度フェライト系ステンレス鋼のSUS444（実際の材料は耐食性や溶接性の向上のため，Nb，Tiの複合添加を図るなど，成分設計に各社独自の工夫がなされている）が開発され，ステンレス製電気温水器の缶体にはほとんどすべてこの材質が使われてきた．最近，地球温暖化対策としてヒートポンプ式給湯器の更なる普及を図るべく，合金価格変動の大きいMoの使用量を低減しつつSUS444と同様の耐食性能を持つSUS445J1タイプの材料が開発され，採用されている．これによりCr，Moなどの合金価格変動に応じて，随時低コストの材料を選ぶことが可能となっている．

　温水器では，その他の部材としてタンク内熱交蛇管，給排水口，給排水管，シーズヒーターなどにステンレスが使用され，SUS444，SUS445J1に加え，オーステナイト系ステンレス鋼であるSUS316LやSi，Cu，Moを添加し耐食性向上とSCC対策を施したSUS315J1，SUS315J2なども使用されている．

(b) 貯水槽 貯水槽とは飲料用，工業用，消火用など上水または井戸水を貯水する水槽のことで，受水槽，高置水槽，圧力水槽などがある．貯水槽に使用される材料としては，FRP，鋼板，ステンレス鋼板，木，コンクリートなどがある．ステンレス貯水槽は，耐食性が高くかつ強度に優れるため耐震性が高く，大形の水槽（図 4.2.16）や配水池（図 4.2.17）が可能であり，美観を損なうことがない点が特徴である．

ステンレス鋼板製貯水槽に使用される材料として要求される主な特性は，耐食性（孔食，SCC）と溶接性である．水質として滅菌用の残留 Cl^- イオン濃度

図 4.2.16　大形貯水槽

図 4.2.17　配水池

が規制されており,近年は濃縮塩素濃度も高くなる傾向にある.このため貯水槽下部の液相部分では腐食はほとんど問題にならないが,気相部分ではオーステナイト系ステンレス鋼であるSUS304でさび発生の事例があり,主として高純度フェライト系ステンレス鋼であるSUS444が使用されてきた.しかし,SUS444でも気相部腐食が見られるようになったため,SUS444をタンク液相部に使用し,気相部には更に高耐食性の二相ステンレス鋼であるSUS329J4Lが採用されている.

(2) 極低温貯蔵容器

(a) LNGタンク LNG(液化天然ガス:liquefied natural gas)は,近年クリーンエネルギーとして注目されており,日本は世界最大のLNG輸入国である.LNGは-162℃という極低温の液体であるため,その貯蔵タンクは低温じん性に優れていることが必要であり,更に加工性,溶接性,耐食性,低熱膨張性などが要求される.

LNGを貯蔵するために陸上に設置されるLNGタンクは大きく分けて地上式と地下式に分けられる.地上式の金属二重殻式タンクでは内槽材に主として9%Ni鋼や,Al合金が使われている.一方,地下式タンク(図4.2.18)の内面にはコルゲーションと呼ばれる波形加工を施したステンレス鋼板のメンブレン

図4.2.18 LNG受入れ基地の全景

が用いられている．この形式は日本で開発され，液が漏洩しても地表に流出しないため本質的に安全性が高く，防液堤が不要である．また土地の有効利用が可能で周囲景観との調和の点からも優れるため，海外からも注目が寄せられている．タンク材および配管類（図4.2.19）などにオーステナイト系ステンレス鋼であるSUS304が使用されている．

図4.2.19 LNG基地におけるステンレス鋼配管

(b) **タンクローリー** 腐食性化学物質，低温物質などを運搬するタンクローリーのタンクにはオーステナイト系ステンレス鋼を使用することが多い．運搬する物質によって鋼種を選定する必要はあるが，通常はSUS304，SUS316，SUS317およびこれらの低C鋼種が使用される．

(3) **真空機器**

オーステナイト系ステンレス鋼のSUS304は最も代表的な真空容器用材料である．これは優れた耐食性，強度，加工性，溶接性などが真空容器に適しているためである．用途例としては，スパッタリング装置（図4.2.20）やCVD（chemical vapor deposition）装置などの真空蒸着装置，真空ポンプおよび付帯部品，電子顕微鏡，オージェ分光などの表面分析装置，真空引張試験装置など

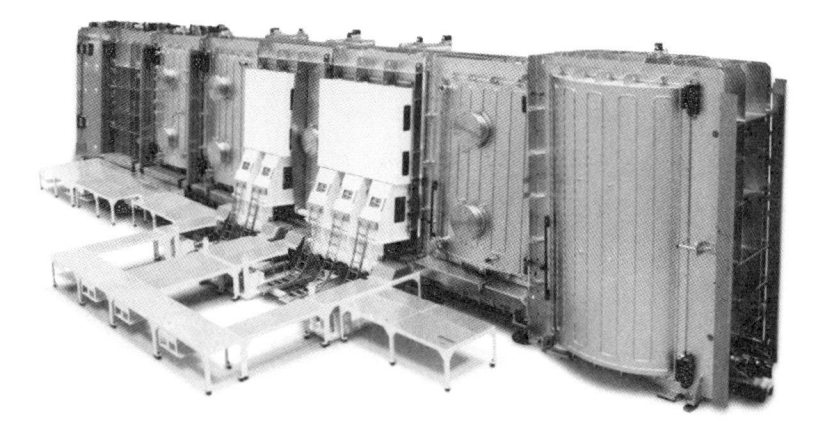

図 4.2.20　スパッタリング装置

がある．近年は太陽電池製造装置などの需要が膨らむ一方，FPD（flat panel display）製造装置や半導体製造装置に代表されるように更に装置の大形化が進む傾向にある．

今後は真空機器の高真空化，大形化に対応すべく，ガス放出の少ない材料や表面仕上げ，また大形であっても高強度化により材料使用量の削減や軽量化が図れる素材の要求が高まっていくであろう．

4.2.6　海水淡水化設備

海水淡水化装置（desalination plant）でも，ステンレス鋼は耐食材料として使用されている．環境条件は Cl^- イオンを多量に含有する水溶液である海水と接して使用されることが多く，ステンレス鋼にとっては好ましい環境ではないが，ステンレス鋼特有の耐食性を利用し，安価な装置を製作するために有効に使用されている．

海水淡水化装置は，大別して海水を蒸発して淡水を得る方法と，海水を逆浸透膜（reverse osmosis membrane）に供給して淡水を得る方法がある．海水を蒸発して淡水をつくる蒸発式海水淡水化方式には，多段フラッシュ式（multi-stage flash type), 多重効用式 (multi-effect stack type), 蒸気再加熱式 (reheat thermo-compression type), 蒸気圧縮式 (vapour compression type) などがあり, 主に規模の大きさや用途によって使い分けられている. これらの装置は腐食環境の観点からみると類似した状況にあるが, 装置を構成する機器によって腐食環境は大きく異なる.

一方, 逆浸透膜を使用した方式では常温海水を取り扱うものであるため腐食環境としてはほぼ同じである. それでも使用する逆浸透膜によって微妙に腐食環境に差異があり, 高圧側の配管に使用されるステンレス鋼の鋼種を使い分けている.

以下に多段フラッシュ式と逆浸透膜式を例にとり, ステンレス鋼が使われる用途とその環境を説明するとともに, 近年における船舶用海水淡水化装置についても少し触れることとする.

(1) 多段フラッシュ式海水淡水化装置 図4.2.21に多段フラッシュ式海水淡水化装置のフローチャートを示す.

海水は, 先ず熱放出部のコンデンサに供給されて蒸発室内で発生した蒸気により予熱された後, その一部は脱気器へ入り海水中の溶存酸素が除去される. その後, 循環ブライン (濃縮海水) と混合され熱回収部のコンデンサに供給されて加熱される. さらに, この循環ブラインはブラインヒータで所定の温度まで加熱された後, 第1段蒸発室に流入しフラッシュ蒸発を生じる. その後, 各蒸発室内で次々とフラッシュ蒸発を繰り返して濃縮されながら最終段に達し, 最終段より循環ポンプで抜き出されて一部は排出ブラインとして系外に排出され, 残りは脱気された海水と混合されて前記のサイクルを繰り返す.

各蒸発室でフラッシュ蒸発を生じさせるために抽気装置が設けられているが, このフラッシュ蒸発により非凝縮性ガスが海水 (ブライン) 中から蒸気側に移動し, 抽気装置により系外に排出されるようになっている.

(a) ブラインヒータ ブラインヒータ (brine heater) は, 普通, シェル・アンド・チューブ式熱交換器が用いられるが, 被加熱液がCl^-イオンを多量に含有するブラインであることから, ブラインと接する箇所にステンレス鋼が使

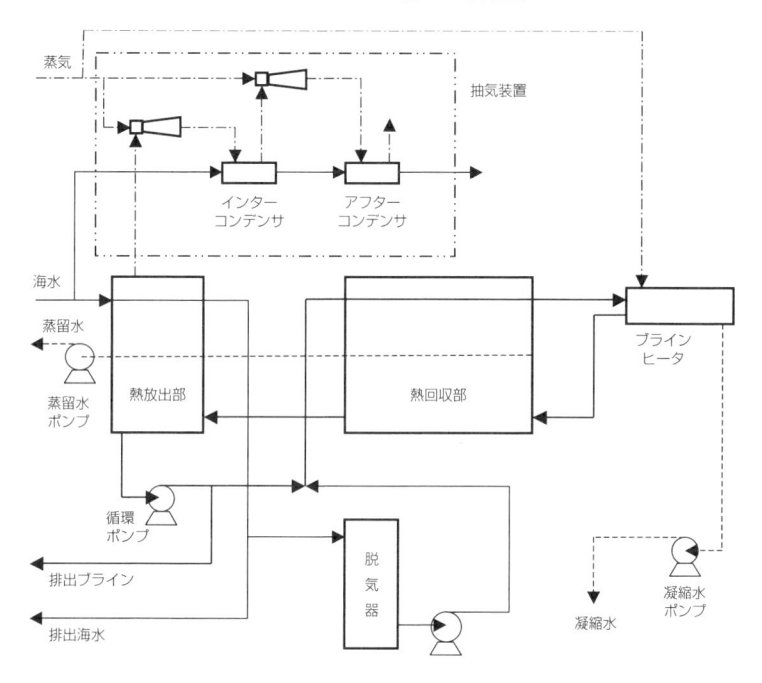

図 4.2.21 多段フラッシュ式海水淡水化装置のフローチャート

われることはほとんどない．しかし，伝熱管にチタンが使用される場合には，蒸気側からの水素吸収を防止するため管支持板にステンレス鋼が使われることがある．この場合，凝縮水に対する耐食性と軟鋼製胴体との溶接性の点からSUS304程度のステンレス鋼が使用されている．

（b）**フラッシュ室** フラッシュ室 (flash chamber) は図4.2.22に示すような構造になっている．古い装置では，伝熱管（銅合金），デミスタ（ステンレス鋼）以外は軟鋼が使用されていたが，省エネ化，コンパクト化により高温段でのフラッシュ蒸発現象が激しくなるとともにフラッシュ室構成材料にもステンレス鋼が使用されるようになってきた．すなわち，高温部では，フラッシュ蒸発現象が激しく，軟鋼ではエロージョン・コロージョンに対する耐食性が不足するため，仕切り板，床板および蒸留水トレイはステンレス鋼が使用されている．

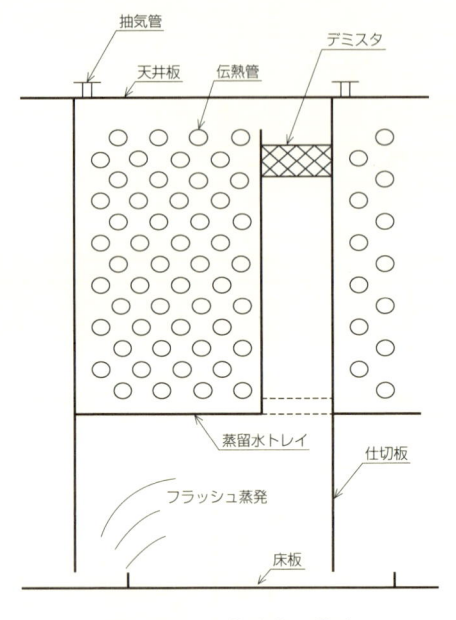

図 4.2.22 蒸発室の構造

　高温部のフラッシュ室の環境は，普通の海水の1.3～1.7倍に濃縮されたCl⁻イオンを含有し，100℃を超える温度のブラインと接する状態となる．しかし，酸化剤となる溶存酸素濃度が極めて低いことと，すきま構造がないことからSUS316L鋼が使用可能である．ただし，装置の運転停止時には完全にドレンを排出することが困難な構造であるために内部にブラインが残留し，しかも抽気装置が停止すると器内の真空状態が維持できなくなり，大気と接触するため残留ブライン中の溶存酸素濃度が高くなり，ステンレス鋼にとってきびしい腐食環境となる．したがって，停止時のステンレス鋼の腐食を防止するためには内部を清水で洗浄する（長期停止時），停止時にも内部の真空を維持する（短期停止時），あるいは床面に犠牲陽極を設置したうえで停止時にも一定のブラインレベルを維持するなどの対策を講じている．

　蒸留水トレイは，蒸留水中にブラインから発生した非凝縮性ガス（特に，CO_2）

を再吸収してpH 6～6.5程度の酸性の水になるため，軟鋼では腐食速度が比較的大きく，蒸留水中への鉄イオンの混入を避ける必要のある場合はステンレス鋼が使用される．また，前記したとおり蒸発室内のフラッシュ蒸発現象が激しくなり，ブラインによるエロージョン・コロージョンの発生を防止する必要がある場合にもステンレス鋼が使用されるようになってきた．床や仕切板が軟鋼であったときはSUS304鋼も使用されていたが，これらがステンレス鋼になるとともにSUS316L鋼が使用されるようになってきた．

　天井板は，蒸発器外部の保温が不足する場合には蒸気の一部が凝縮して蒸留水トレイと類似した腐食環境となるが，凝縮水の流動がないため軟鋼を使用した場合にはさびがブリスタのようになって発生する状況となる．保温が極端に不足する場合を除くと実害はあまりないものの，このような状況が好まれない場合にはSUS304L鋼レベルのステンレス鋼が使用される．

　(c) 脱 気 器　脱気器（deaerator）は，普通，充てん槽が使用される．海水（溶存酸素として6～8 ppm含有）は槽上部よりスプレーされ，充てん層で物質移動により脱気されて槽下部では溶存酸素濃度は0.1 ppm以下となる．したがって，脱気器にステンレス鋼を使用したとき，槽下部では腐食の発生しにくい環境であるが，上部ではきびしい腐食環境となる．このため，普通は構成材料としてラバーライニングが好まれるが，ラバーのはく離などのトラブルが生じた場合の補修が厄介であること，大形の装置ではラバーを定着させるための加硫に使用できる大きな加熱炉がないことなどによりステンレス鋼が使われる場合がある．

　ステンレス鋼を使用する場合には，設計および使用上，孔食，すきま腐食の発生をできるだけ少なくするよう考慮したうえでSUS316L鋼を使用し，必要に応じてメンテナンスをしながら使用している．孔食，すきま腐食の発生を防止するためには，可能なかぎりすきまのない構造とすること，部分的な有機材コーティングの施工，運転および停止時の十分な注意などによるが，犠牲陽極の設置も部分的に有効である．

(d) 抽気装置 抽気装置（venting system）は，いくつかのエゼクタとエゼクタコンデンサの組み合わせにより構成される．エゼクタは，空気室，エゼクタノズルおよびディフューザで構成されるが，このうち後の二者は蒸気が高速で通過するために耐エロージョン性を考慮してSUS304もしくはSUS316程度の鋼種が使用されている．

一方，エゼクタコンデンサは，バロメトリック式のものが使用された事例もあるが，ほとんどはブラインヒータと同様にシェル・アンド・チューブ式熱交換器が使用されており，管内を海水が流れ，胴側は海水およびブラインより発生した非凝縮性ガスと蒸気との混合ガスが流入する．海水またはブラインから発生してくる非凝縮性ガスのうち腐食性を持つものがO_2ガスやCO_2ガスである場合には，胴体と管支持板の材質にはSUS304鋼あるいは軟鋼が使用できる．しかし，海水中に含まれるBr^-イオンが酸化されてBr_2ガスとして発生し，エゼクタコンデンサに吸引されてくる場合には，温度およびBr_2ガス濃度が高くなるアフターコンデンサでは軟鋼はもちろん，SUS304鋼およびSUS316鋼でも急速な全面腐食や応力腐食割れが発生する．このような場合には現在904L鋼（20Cr–25Ni–4.5Mo–1.5Cu）を使用することによりほぼ腐食を防止することができている．

(2) 逆浸透膜式海水淡水化装置 逆浸透膜式海水淡水化装置は，大きく分けて逆浸透膜本体，前処理装置，ポンプおよび配管からなっている．

配管のうち，前処理装置より上流側ではステンレス鋼管が使われることもあるが，ラバーライニング管やプラスチック管を使用することができる．しかし，前処理装置よりも下流側では高圧となる（使用時5〜6 MPa，耐圧テスト時10 MPa程度）ためプラスチック管は使用できず，また逆浸透膜が金属イオンを嫌うため普通はステンレス鋼管が使用される．

この高圧配管中の環境は，同じように見えてもステンレス鋼を使用する上では逆浸透膜の種類によって多少の差がある．すなわち，逆浸透膜の種類によっては残留Cl_2が流入しても問題ないものもあれば残留Cl_2を嫌うものもあり，さらには溶存O_2もある一定レベル以下にする必要のあるものもある．また，

逆浸透膜表面でのスケール付着を防止する方法として硫酸などの酸を添加する場合とスケール抑制剤を使用する場合とでは海水のpHに差が生じる．これらの逆浸透膜側の条件を満足しようとすれば必然的に腐食的観点からみた環境条件は異なってくることとなる．

前処理装置よりも下流側（高圧配管）では微生物やスライムの付着が全くなく，自然海水中で見られるような微生物付着に伴うステンレス鋼の腐食トラブルはない．このため，この高圧配管にはSUS316L鋼を使用することも多いが，前述したように使用する逆浸透膜によって環境側の条件が変化するため，それに合わせた対策を講じることが必要となる場合もある．特に，溶存O_2濃度，残留Cl_2や硫酸添加量の多少により海水のredox電位が変化し，それに合わせてステンレス鋼の腐食電位が異なるため，孔食やすきま腐食の発生状況に差異が生じるので十分留意する必要がある．

どのような逆浸透膜を使用しても特別な工夫なしに高圧配管のすきま腐食を避けるためには，現在ではMoを6％含む254 SMO鋼（UNS S31254）を使用している．

（3）**船舶用海水淡水化装置**　従来，船舶用の海水淡水化装置は船内の余剰熱を利用し比較的低温（60〜80℃以下）で蒸発させる浸管方式またはフラッシュ方式が主流であったことから，銅合金および軟鋼にラバーライニングまたは有機材コーティングを施した材料を組み合わせて使用することが多かった．近年，船舶用の海水淡水化装置についてもコンパクト化やメンテナンス性が要求されるようになり，図4.2.23に示すプレート式熱交換器を利用する浸管方式の海水淡水化装置が出現するようになってきた．このタイプでは加熱器および予熱器はTi製のプレート式熱交換器が使用されているが，予熱器で予熱された海水が加熱器でさらに加熱されることによりその一部が蒸発し，気液二相流の状態で蒸発器に流入する．したがって，加熱器から蒸発器までの配管および蒸発器は高速の海水が流動することとなり，銅合金はもちろん，ラバーライニングや有機材コーティングでも耐えられない環境となっており，ステンレス鋼（SUS316L）が使用されている．ちょうど，多段フラッシュ蒸発方式における

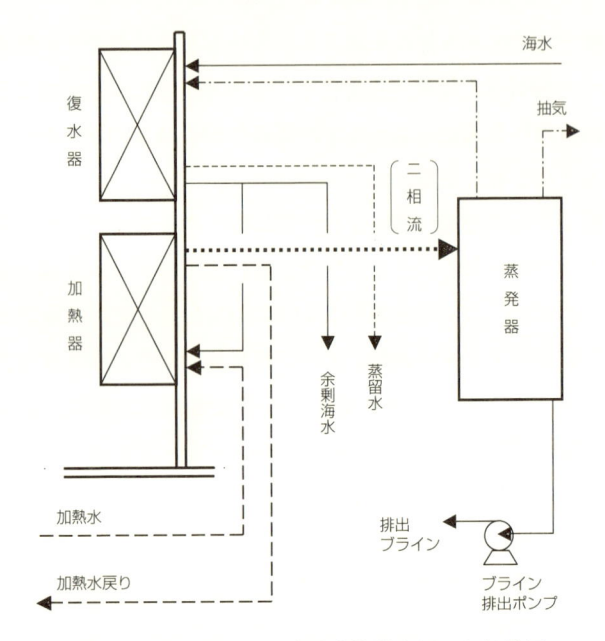

図4.2.23　プレート式熱交換器を用いた船舶用
　　　　　海水淡水化装置のフローチャート

高温段の状況と類似する環境となっており，適切な防食対策を講じた上でステンレス鋼が有効に利用できる環境となっている．

4.2.7　大気汚染防止機器
（1）排煙脱硫装置

排煙脱硫法は湿式法と半乾式法に大別される．日本では湿式法が主流をなし，欧米では半乾式法の実績が多い[29]．

排煙脱硫プロセスでは，ガス中にSO_2のほかに少量のSO_3が含まれる．したがって，再加熱器内での硫酸露点腐食や，吸収液中に生じた硫酸によるpH低下に起因したスクラバの腐食を生じることがある．ほかに，排煙脱硫装置の主たる腐食要因としてCl^-，Fe^{3+}，NO_xおよび温度などがあげられる．

排煙脱硫装置の構成材料として，SUS316L，SUS317Lなどのステンレス鋼が

冷却器，吸収塔などに使用されている[30]．また，二相ステンレス鋳鋼が吸収塔循環ポンプ，バルブなどに使用されている．なお，高温（120℃）乾きガス（SO_3）と接する部材として軟鋼，耐硫酸鋼が，また低温部材としてFRP，樹脂ライニングが使用されている．

適正ステンレス鋼種選定の参考までに，ステンレス鋼の腐食速度に及ぼすH_2SO_4，Cl^- および Fe^{3+} の影響について，それぞれ図4.2.24，図4.2.25および図4.2.26に示す．また，耐孔食性指標（PRE：pitting resistance equivalent）として PRE＝％Cr＋3.3％N＋30％N が提唱され，Cr，Mo とともに N の効果が強調されている[30]．

（2）排煙脱硝装置

排煙脱硝法は乾式法と湿式法に大別される．乾式法には分解法，接触還元法，吸着法および吸収法などもある[32]が，選択接触還元法が最も広く用いられている．一方，湿式法には酸化吸収法，吸収再生法および還元法もあるが，乾式法ほどには使用されていない[33]．

選択接触還元法は通常200〜450℃の高温プロセスを伴うので，脱硝装置で腐食が問題になることは少ない．しかしながら，排ガス中に存在する微量のSO_3

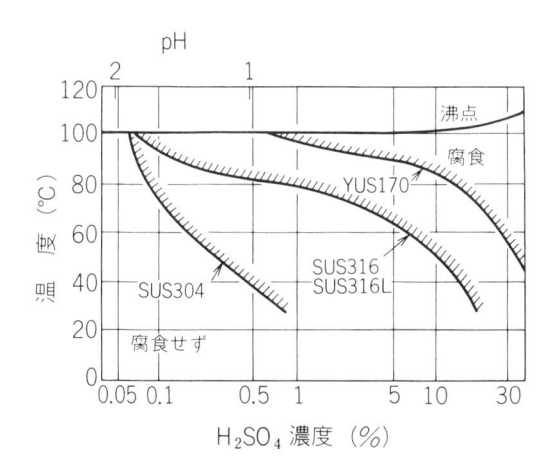

図 4.2.24 ステンレス鋼の耐硫酸性[31]

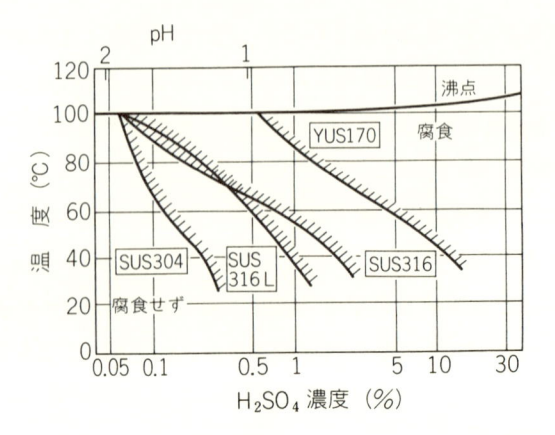

図 4.2.25 硫酸環境中における Cl^- 効果[31]
（Cl^- 濃度 10 000 ppm，NaCl で調整）

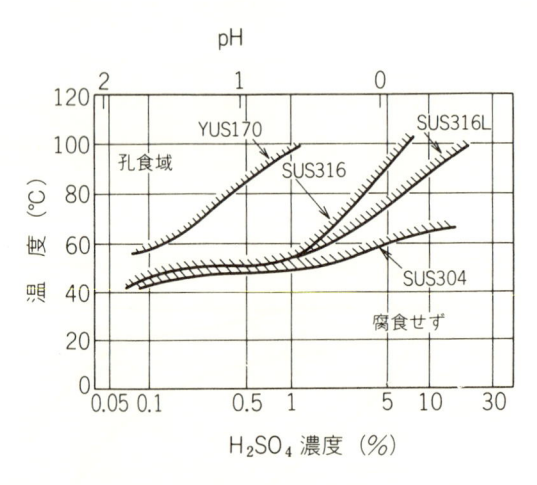

図 4.2.26 硫酸 – Cl^- 環境中における Fe^{3+} の効果[31]
（Cl^- 濃度：10 000 ppm，Fe^{3+} 濃度 500 ppm，$Fe_2(SO_4)_3$ で調整）

や触媒作用で生じた SO_3 と NH_3 がすばやく反応して，硫安または酸性硫安が生成し，触媒やダクトなどの部材の腐食を生じることがある[33]．

排煙脱硝装置用材料としては，触媒支持枠に普通鋼（SS材），アンモニア注入装置配管にSTPT材（高温配管用炭素鋼鋼管）およびノズルにSUS304鋼が用いられている．しかしステンレス鋼の適用例は少ない．

(3) 集じん(塵)装置

集じん装置は電気式集じん装置と機械式集じん装置に大別される．電気式集じん装置（electrostatic precipitator，EP）は主として，集じん極，放電極および高電圧発生装置などからなっている．ボイラ煙道排ガス用湿式EP装置においては内部品のすべてにSUS316Lが使用されている．また，ケーシング（SS材）の内張りには樹脂が使用されている．高炉ガス洗浄用EPでは，ダストの主成分が酸化鉄で，放電線にSUS304が使用される場合もある．また，排液焼却炉用EPでは，ダストの主成分が未燃カーボンで，内部品にSUS316Lが使用されている．さらに，タールを主成分とするEPに関しては，コークス炉ガス洗浄用EPでは，集じん板にSUS304あるいはSUS316，また，放電線にSUS310Sを，電極焼成炉用EPでは放電線にSUS310Sを使用している．

アルミニウム電解炉用EPでは，ダスト主成分がアルミナ（Al_2O_3）で，放電線にSUS304を使用している．なお，湿式EPの電極洗浄用ノズル材としては，環境に応じてSUS304とSUS316Lが使い分けられている．

また，一般に，400℃以下で腐食性のないガス環境下においては軟鋼が，高温および腐食性ガス環境下においては耐酸れんがなどを内張りしたコンクリート，鉛およびステンレス鋼が使用されている[34],[35]．

一方，機械式集じん装置にはベンチュリスクラバ（洗浄式），サイクロン（遠心分離法），ろ過法および慣性法による装置がある[34]．

高炉ガス洗浄用湿式EPの前に配置されるベンチュリスクラバにはSUS304が使用されている．また，サイクロンに関しては，腐食性を有する粉じん，ガスなどを取り扱う場合には接粉部および接ガス部に状況に応じてSUS304が適用されている[35]．

(4) 煙突・煙道設備

煙道内に導入される燃焼排ガスには SO_3, Cl_2 などの腐食性ガスと水分が混入している．腐食性ガスの濃度は，排煙脱硫装置の有無，処理率および処理後の再加熱の有無とその程度により異なる．排ガス温度は比較的低く，また，プラントの運転には起動，停止および部分負荷を伴うので，煙突内面はきびしい腐食環境にさらされている．したがって，筒身保護のため，煙突・煙道の内面に無機系，有機系および金属系ライニングが施されている．吹付けキャスタブルライニングでは表層劣化による飛散・脱落，ブロックライニングでは腐食，スポーリング飛散が生じる．金属系ライニング材としては，軟鋼，耐硫酸鋼，ステンレス鋼およびステンレスクラッド鋼が使用されている．

軟鋼では連続運転で壁面の乾燥状態が保持できない場合，あるいは保温が十分でない場合に硫酸露点腐食が生じる．また，耐硫酸鋼では，起動，停止の頻度が高い場合，あるいは長期停止の場合にさびが飛散することもある．ステンレス鋼もしくはステンレスクラッド鋼としては，SUS304，SUS304L，SUS316，SUS316L などが，壁面温度が水露点より低い場合に生じる低濃度硫酸ドレン（pH：2～4）環境下で使用される．しかし，排ガス温度が硫酸露点より低い場合に生じる高濃度硫酸環境，あるいは孔食を生じやすい HCl を含む排ガス環境下では高耐食ステンレス鋼の使用が不可欠である．図4.2.27に7種のステンレス鋼を含む各種鋼材製試験板を，各種煙源の煙突頂部，マンホールおよび煙道に暴露した実機腐食試験結果を示す．同図からフェライト系ステンレス鋼 YUS410W を除いて，オーステナイト系ステンレス鋼 SUS304, SUS316L, SUS317L, YUS170, YUS260, YUS270 および二相ステンレス鋼 YUSDX-1 の耐食性はいずれも良好であることが明らかである．また，各鋼の腐食速度は，およそ，頂部，マンホール，煙道の順に低下し，取り付け場所による腐食速度の差異がみられる[36]．

煙突・煙道用ステンレス鋼として適切な鋼種を選定するために，硫酸および火力ボイラ煙突内付着物の分析結果を模擬して調整した［硫酸＋Cl^-＋Fe^{3+}］水溶液中における全面腐食および局部腐食試験の結果，煙突・煙道用材料とし

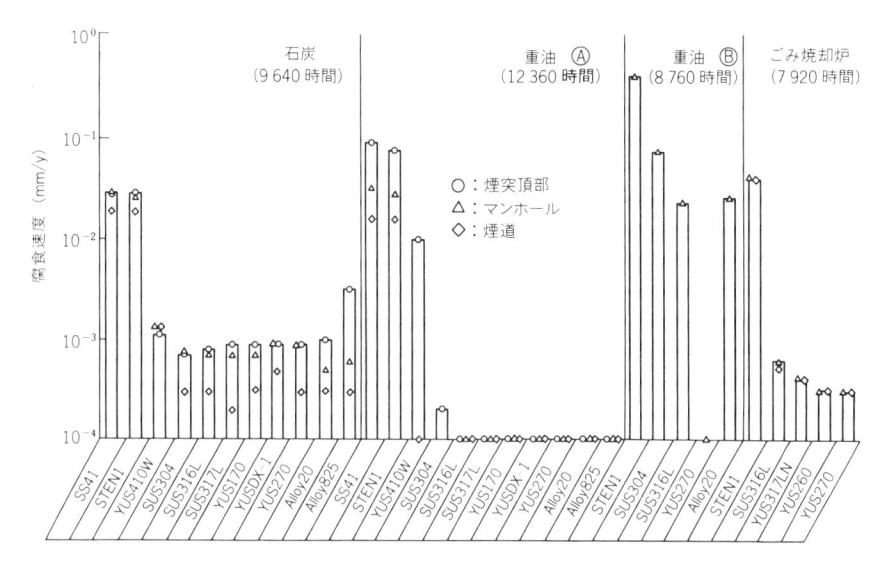

図 4.2.27 各種煙突における実機腐食試験結果[36]

ては，図4.2.28に示すように，耐全面腐食性指標GI (general corrosion index) 値が60以上，耐局部腐食性指標CI (crevice corrosion index) 値が36以上の値を有するステンレス鋼が望ましいと結論づけられている[37]．ここで，GIおよびCI値を合金元素量から計算する式は，それぞれ図4.2.28の縦軸および横軸に示している．なお，[Cr]，[Ni]，[Mo]，[Cu] および [N] はそれぞれの元素の含有量（%）を示す．

また，SO_2/水露点環境下においては，図4.2.29に示すように，耐食性指標SCI (SO_2/water dew point corrosion index) 値20以上のステンレス鋼の選定が望ましい[38]．ここで，SCI値の計算式は同図の横軸に示した．なお，実機煙突環境下における暴露試験の結果，図に示すように，腐食速度はSCIによりよく整理できることが明らかにされている[38]．

以上の条件を満足するステンレス鋼としてはYUS260，YUS270があり，図4.2.30に示したようにいずれの実機煙突環境下においても腐食速度は0.001

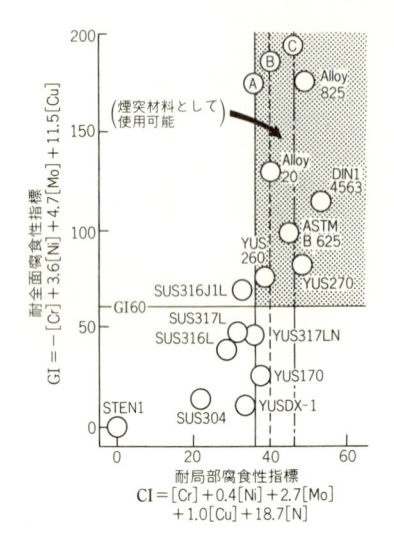

306   4. ステンレス鋼の主な用途と鋼種の選び方

図4.2.28 煙突材料として適用可能範囲[37]

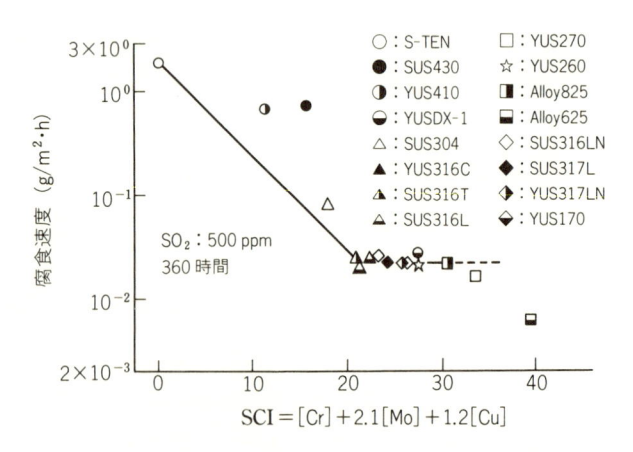

YUS170 (25Cr-13Ni-0.9Mo-0.3N)
YUS260 (20Cr-15Ni-3Mo-1.7Cu-0.2N)
YUS270 (20Cr-18Ni-6Mo-0.2N)
YUS410W (12Cr-LC)

縦軸: 耐全面腐食性指標 $GI = -[Cr] + 3.6[Ni] + 4.7[Mo] + 11.5[Cu]$
横軸: 耐局部腐食性指標 $CI = [Cr] + 0.4[Ni] + 2.7[Mo] + 1.0[Cu] + 18.7[N]$

SO_2：500 ppm
360 時間

$SCI = [Cr] + 2.1[Mo] + 1.2[Cu]$

図4.2.29 各種供試鋼の腐食速度と耐食性指標 SCI との関係[38]

4.2　ステンレス鋼の主な用途

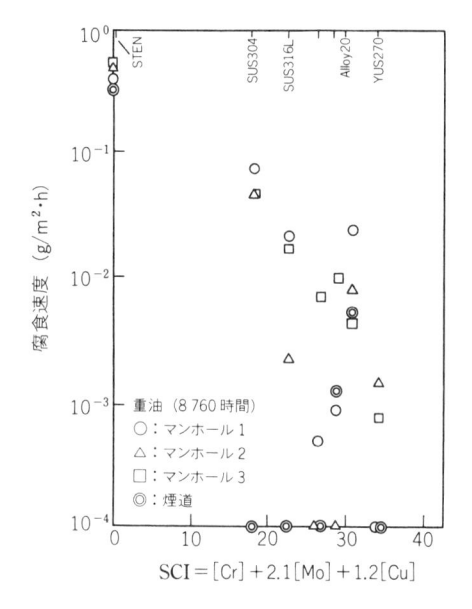

図 4.2.30　実機における供試鋼の腐食速度と耐食性指標 SCI との関係[39]

mm/年以下で，きわめて小さい．

　煙突・煙道設備は大気汚染防止機器の最後尾に位置するためにボイラ燃料の種類および排煙脱硫方式の変更などのより選定材料が異なる[40]．

　コンバインドサイクル火力発電設備においては煙突入口における排ガスの温度は定常運転時で 100～110 ℃，異常運転時で 135 ℃程度である．また，排ガスの代表的組成は H_2O：6～10 vol.%，CO_2：3 vol.%，O_2：14 vol.%，N_2：73～77 vol.%である．このような排ガス条件下で DSS（daily start and stop）運転などにより乾湿繰返しを伴う場合，主として CO_2 による腐食を考慮しなければならない[42]．耐 CO_2 腐食，さび飛散防止および経済性を考慮して開発された LNG 煙突用新耐食鋼として WELACC5（5 Cr–0.3 Cu–0.3 Ni）鋼が開発され LNG 煙突に多用されている．実機煙突における腐食速度は 0.000 7 mm/y と小さく，図 4.2.31 に示すように実験室腐食速度の 1/10 程度である[42), 43)]．

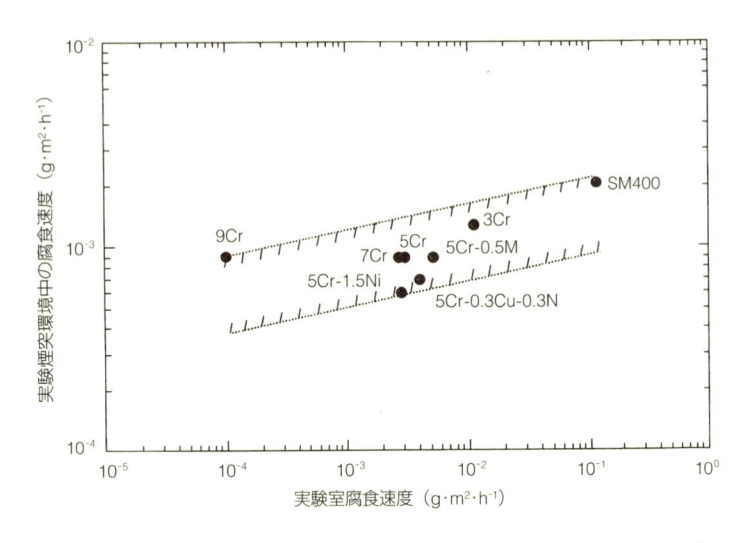

図 4.2.31　実機煙突における腐食速度と実験室腐食速度との関係[43]

　石炭燃焼発電プラントにおいては，コスト低減および節水対策の観点から，吸収塔に付設の冷却塔を省略したシングルループ式排煙脱硫装置が使用されている．この場合，石灰スラリー中のCl^-が吸収塔から煙突排ガス中に直接流れ込み，煙突内筒が20 000 ppmにも及ぶ高Cl^-を含んだ過酷な腐食環境にさらされることがあると言われている．また，海水利用の脱硫装置もあり，煙突内筒材としてハステロイC-276あるいはTiクラッド鋼が使用されている．しかしながら，これらの内筒材は高価で，溶接施工に手間がかかるなどの問題がある．そこで，耐局部腐食性改善元素Moに着目したオーステナイト系新耐食ステンレス鋼NSL310MoCu（25％Cr-22％Ni-4.5％Mo）が開発され，クラッド鋼として実機煙突に適用されている[44]．図4.2.32に50％H_2SO_4＋20 000 ppm Cl^-水溶液環境中におけるクラッド材の腐食速度を示す[45]．

　このように，開発された新耐食ステンレス鋼の煙突各部への適用可能例を図4.2.33に示す[41]．

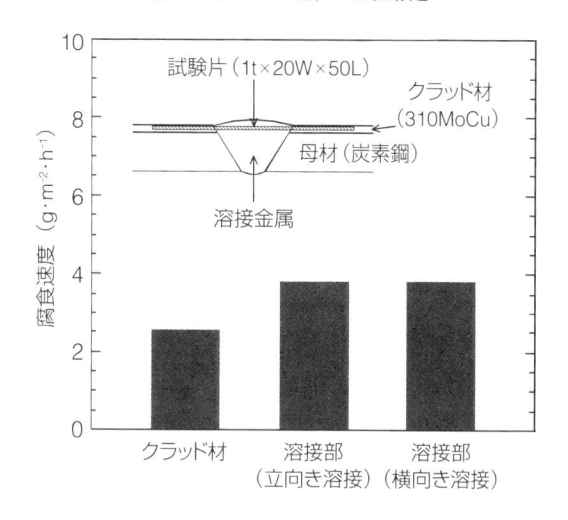

図4.2.32 クラッド鋼の腐食速度[45]
(50% H_2SO_4 + 20 000 ppm Cl^-), 353 K, 24 h

4.2.8 家電製品・エレクトロニクス機器

電気製品が具備すべき要件には，耐久性，耐食性，堅ろう性，機能性，経済性，安全性，意匠性などがある．また，近年特に重要な要件として地球的規模での環境保護の観点から，"地球にやさしく，リサイクル可能な材料"を使用した電気製品の開発が大きな課題となってきている．ステンレス鋼は，これらの多くの要件を満足させる優れた特性をもつ材料として位置づけられている．そのため，近年のユーザの高級化指向と相まって，電気製品の各種部品類へのステンレス鋼の使用量が増加の傾向にある．

電気製品に用いられているステンレス鋼は，電気湯沸器の缶体のように製品全体の大きな部分を占めるようなものから，ばねやねじのような小物部品類まできわめて幅広い．また，軽薄短小化の特に著しいエレクトロニクス機器では，使用されるステンレス鋼部品も小さくなる傾向がある．電気製品の部品にステンレス鋼が用いられる理由は，その優れた耐食性に加え，耐酸化性，高温強度，クリープ特性，低温じん性，高加工性，炭素鋼とは異なった電気特性，

310   4. ステンレス鋼の主な用途と鋼種の選び方

	適用場所	適用例		適用場所	適用例
(1) 煙突頂部	雨水の影響で,濃~希硫酸と幅広くきびしい腐食環境	クラウンプレート YUS260, YUS270 / 内筒 YUS260 YUS270 / 外筒 SS41 / 保温材 / 伸縮式	(4) 一般筒身部	特に酸露点以下のきびしい腐食環境のケース	保温材 / 支柱鉄塔 / 筒身 YUS260 YUS270 / RC外筒 / 内筒 YUS260 YUS270 / 保温材
(2) 煙突下部ドレンホッパ部	ドレン水によりきびしい腐食環境	ライニング / 筒身 SS41 / ホッパ YUS260 YUS270 / ドレン管 YUS260 YUS270	(5) RC煙突の二重筒化	内筒設置	内筒 YUS260 YUS270 / RC外筒 / れんが / 保温材 / RC外筒
(3) マンホール部	保温効果が低く腐食環境のきびしい箇所	筒身 SS41 / パッキン / 保温材 / 扉 YUS260 YUS270 / 保温押さえ YUS260 YUS270 / ライニング / コーミング タブリング } YUS260 YUS270			

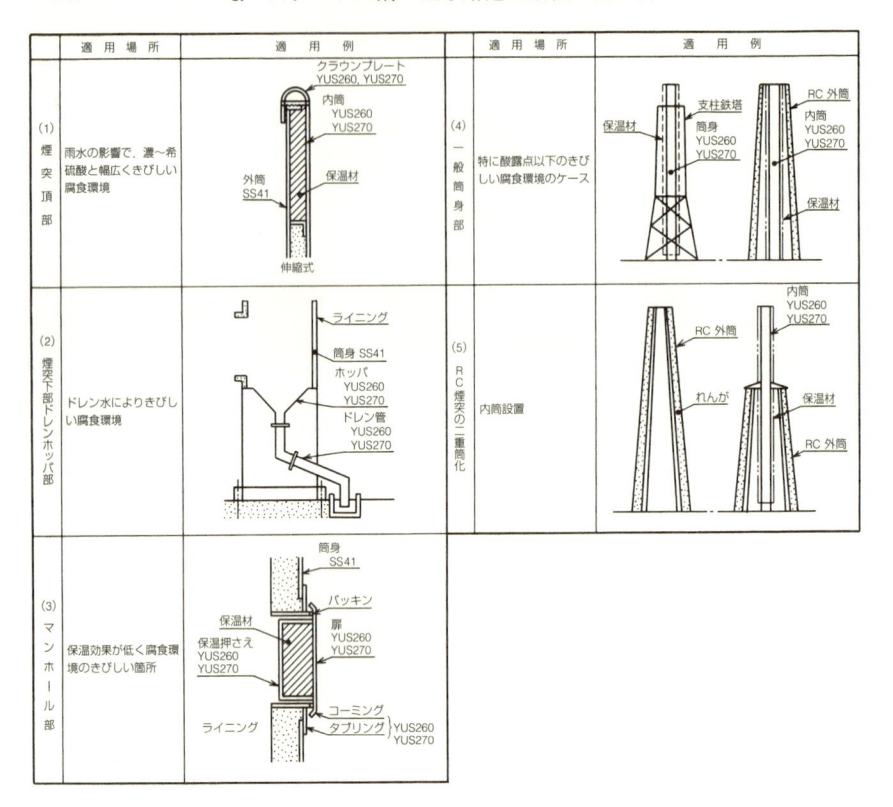

図 4.2.33 新耐食ステンレス鋼 YUS260, YUS270, NSL310MoCu の適用可能例[41]

外観の美しさ,食品衛生上の安全性,さらにはリサイクル率の高いことなどのためである.

家電製品では,過去においてステンレス鋼に対する素朴な過信から一部安易な使い方をされて,いくつかの製品では腐食トラブルが多発したこともあった.最近では,ステンレス鋼メーカの特性向上への大きな努力に加え,電気製品メーカによる優良製品製造への努力により,ステンレス鋼の腐食や機械的な強度に関係するトラブルは確実に減少傾向にある.しかし,電気製品の種類はきわ

めて多く，一般家庭で必需品になっている製品も数多い．また，使用される環境がきわめて多様性に富んでいるため，腐食の観点からみてもステンレス鋼のトラブルは完全に解消したわけではない[46)〜49)]．

電気製品におけるステンレス鋼のトラブルは，機械的な強度に起因するものは比較的少なく，多くの場合腐食に関連するものである．そのため，本項では主として腐食の観点から家電製品とエレクトロニクス製品に分けてステンレス鋼を取り上げてみたい．

(1) 家電製品

家電製品（home appliance）の種類はきわめて多く，また一つの製品でも多くの機種がある．しかし，最近メーカでは諸般の事情により機種を減らしたり，部品類をいくつかの機種に共通して使用できるようにしたり，あるいはモデルチェンジするサイクルを長くするなどの傾向がある．

ステンレス鋼が家電製品の部品として使用される事例は多いが，その高耐食性，機械特性，電気特性，外観の美しさなどの観点から使用される場合が多い．代表的なオーステナイト系SUS304とフェライト系SUS430の家電製品への使用例を示す．

① SUS304の使用例：貯湯タンク，湯沸器缶体，冷水タンク，水受け皿，配管，水缶，きょう（筐）体カバー，冷蔵庫内壁，調理機器内壁，バーナ，ヒータパイプ，飾り板，端子板，ばね，ねじ，ワイヤ，電極など．

② SUS430の使用例：貯湯タンク，湯沸器缶体，水槽，内装壁，業務用冷蔵庫（ドア，キャビネット，内箱），ふた，キャビネット，電極，シャフト，ロッド，磁性材料など．

1種類の小形の電気部品ユニットでも，複数の鋼種のステンレス鋼が用いられる場合もある．たとえば，ある種のサーモスタットでは，SUS430がシャフトレバー，スプリングホルダおよびロッドレバーに，SUS303がスクリューレバーピンとシャフトに，SUS304がスプリングに用いられている．これらはそれぞれのステンレス鋼の特性が慎重に検討され，その特性が最大に発揮できるように設計されている．

前述の2種類の代表的な鋼種に比較すると使用例は少ないが，オーステナイト系鋼種ではSUS303，316，321など，フェライト系鋼種ではSUS403，434，436，444などが用いられている．

家電製品に用いられているステンレス鋼では，機械的な応力が繰返し加わるような部品において疲れ破壊が発生した事例もあるが，発生頻度は比較的少なく，あまり問題とはなっていない．家電製品におけるステンレス鋼のトラブルで最も多いのは腐食が関与するものである．設計時点で十分な配慮がなされてはいるが，使用環境によっては予期しえない腐食が発生することもある．

パナソニックグループで調査した電気製品（主として家電製品）に発生した腐食の形態と発生比率を表4.2.17に示す．腐食トラブルで最も多いのは水使用家電製品に関係するものである．応力腐食割れ，粒界腐食，孔食，すきま腐食，全面腐食，高温腐食などのほか，変色によるトラブルもある．また水中において電気化学的に貴な電位をもつステンレス鋼部品が，ほかの卑な電位をもつ金属と接した場合に後者が早期に腐食した事例がある．腐食トラブル事例のいくつかを簡単にまとめて表4.2.18に示す．

過去にパナソニックグループにおいて，家電製品に用いるステンレス鋼に対する問題点やステンレス鋼メーカに対する要望事項を調査したことがあった[51]．

その結果，多くの部門で共通しているものも多かったが，問題点としては切断面の防食処理，溶接部の局部腐食と応力腐食割れ，種々の加工後の応力腐食割れ，接触腐食，石油燃焼ガスを溶解した結露水による腐食，電位極板の腐食，

表4.2.17 電気製品のステンレス鋼部品における腐食形態とその比率[50]

腐食形態	発生比率(%)
応力腐食割れ	28
粒界腐食	20
接触腐食	14
孔食	11
すきま腐食	11
その他	16

4.2 ステンレス鋼の主な用途

表 4.2.18 電気製品のステンレス鋼部品の腐食事例と内容の概要[50]

電気製品名	SUS 鋼種	腐食形態	原因，その他
湯沸器の容器	304	応力腐食割れ	水中 Cl^-，深絞りによる大きな残留応力（850 MPa）
スチーム発生容器	304	応力腐食割れ	水の蒸発による水中 Cl^- の濃縮，大きな残留応力
水缶	304	応力腐食割れ	純水器の陰イオン交換樹脂の寿命により Cl^- が除去されず水缶内に HCl が流入
温水タンク	304	応力腐食割れ，粒界腐食	溶接近傍に割れが発生．溶接時の熱による残留応力，水中の Cl^-
センサのリード線	301	粒界腐食	高温使用，無機セメントの腐食性，腐食断線発生
ヒータパイプ	304	粒界腐食	鋭敏化温度と一致する使用条件と調理中の煮こぼれ汁
飾り板	304	局部腐食	調味料の付着，高温多湿
湯沸器のふた	304	全面腐食	水道水中の Cl_2 が気化し，ふたの内側に入り，結露水に溶解して HCl を生成
換気扇の枠	304	全面腐食	プールの水を消毒するために加えていた Cl_2 が換気扇の結露水に溶解，HCl を生成
屋外きょう（筐）体	304	全面腐食	高温，多湿の地方の海岸近くで使用，塩害
灯油燃焼機器	430	全面腐食，高温腐食	高温と燃焼ガス中の SO_x，結晶の粗大化，スポット溶接時の熱による鋭敏化
貯湯槽	434	孔食	早期の孔食発生，鉄配管からの Fe^{3+} の混入
湯沸器容器	434	すきま腐食	狭いすきまをもつ構造
湯沸器容器	434	もらいさび	鉄を含むダストの付着
湯沸器容器	434	干渉色に変色	Cr 酸化物の薄膜形成と考えられるが，詳細は不明
灯油メッシュフィルタ	304	Zn めっき部品の接触腐食	灯油中の微量の水が関与した Zn めっきの接触腐食，メッシュの目詰り発生
温水器	304	Al 犠牲陽極の接触腐食	Al 犠牲陽極の腐食生成物が湯中に混入して白い水が流出
湯沸器	304	Al 容器とステンレス鋼製ヒータとの接触腐食	ステンレス鋼製水中ヒータと Al 容器とが接触した構造，ヒータ周辺部に著しい孔食が発生

塩害地における屋外使用機器部品の腐食，高温雰囲気で使用した場合のテンパーカラーによる着色などがあった．要望事項としては耐食性ステンレス鋼のいっそうのレベルアップ，800～1 000 ℃で耐食性のある鋼種の開発，高温における耐NaCl材の開発などがあげられた．また，各種の腐食環境と加工されたステンレス鋼の耐食性との相関性を，正確に把握できる寿命推定技術の確立を望む意見も多かった．表4.2.19にいくつかの家電機器におけるステンレス鋼部品と要求される性能を示す．

表4.2.19 家電機器に使用されるステンレス鋼部品とその要求性能

機器名	製品名	部品名	SUS鋼種	要求性能，その他
家電機器	洗濯機	ドラム	430	強度，耐食性
		ビス	430	耐食性，強度
		ビス	410	耐食性，強度
	電子レンジ	ドア	430	耐食性
		ドアばね	301	ばね性，耐食性
		ハイキガイド	430	耐食性
		ボデー	430	外観
		オーブン部材	430	耐食性
		オーブン部材	301	耐食性，溶接性
	電気ポット	ジャーポット内容器	436	高耐食性，溶接性
	食器洗浄機	ヒーターカバー	304	耐食性
		レバー他部材	430	強度，耐食性
		タンク	304	耐食性 （現在は樹脂製）
	生ごみ処理機	ボデー	304	外観
		フタウライタ	304	耐食性
		乾燥ファン	304	耐食性，耐熱性
		触媒ケース	304	耐食性，耐熱性
		かくはん羽根	304	耐食性，耐熱性
	電気給湯機	タンク	444	温水耐食性
		同上	445	温水耐食性

(2) エレクトロニクス機器

エレクトロニクス機器（electronic apparatus）の軽薄短小化の急速な進展に伴って，使用される部品類の小形化が著しく，ステンレス鋼部品もその例外ではない．そのため，多くの場合，小物部品であり，加工における寸法精度や繰返し応力の作用する部品では耐疲労強度が要求される．一般家庭やオフィスなど腐食性の低い環境で使用される場合が多いので，耐食性は家電製品の場合ほど問題となることは少ない．

しかし，一部の屋外で使用される通信機器では，たとえば海岸地帯で使用されるいくつかの機器のステンレス鋼部品で腐食が問題となることがある．完全には網羅されてはいないが，表4.2.20にいくつかのエレクトロニクス機器におけるステンレス鋼部品と，要求される性能を示す．

一部耐食性が問題とされる部品もあるが，電気・磁気特性，ばね性，機械的強度などが要求される場合も多い．

4.2.9 家庭用・業務用機器

家庭用・業務用機器（図4.1.2の「厨房・浴槽」「台所食卓用品」「ガス石油器具」「その他家庭用機器」）は，かつてステンレス鋼が最も多く使用された分野であり，1970年にはステンレス鋼板受注量の36％，約10万tがこの用途向けであった．近年は他の分野へのステンレス鋼の適用が拡大しているため，この分野向けの受注量は，絶対量としては1970年のほぼ倍増の20万t弱程度であるが，比率は16％程度にまで低下してきた．

この分野の用途をもう少し細分化すると，厨房設備（家庭用の流し台，業務用厨房など），台所食卓用品（鍋類，ケトル類，ボール，魔法瓶，調理用器具，テーブルウェアなど）などに分けられる．これら各種用途の主なものについて使われ方と使用鋼種の概要を以下に紹介する．

(1) 厨房設備

家庭用の厨房機器（kitchen equipment）は，流し台，調理台，ガス台，レンジフードやこれらを一括したいわゆるシステムキッチンが代表的なものであ

表 4.2.20 エレクトロニクス機器に使用されるステンレス鋼部品とその要求特性

機器名	製品名		部品名	SUS鋼種	要求性能,その他
AV機器	デジタル映像	デジタルカメラ	カメラフレーム	304	深絞り加工,打抜き加工
			ばね部品	301	ばね性,強度
			コイルばね部品	304	ばね性,強度
			特殊ボス部品	303	被削性,非磁性
			フック部品	301	耐摩耗,強度,高硬度
		ムービー	フレーム	430, 304	加工性,強度
			ばね部品	301, 304	ばね性,強度
			コイルばね部品	304	ばね性,強度
	DVD(BD)プレイヤ	ドライブ	ガイドシャフト	420	耐摩耗,高強度
			ガイドシャフト	303	弱磁性
			小部品フレーム	304	深絞り加工,打抜き加工
			ばね部品	301	ばね性,強度
			コイルばね部品	304	ばね性,強度
			特殊切削部品	303	被削性,弱磁性
		OPU	ACTカバー	304	ばね性,強度
			ACTスラストばね	301	ばね性,強度
			ACT主軸	420	耐摩耗,強度,高硬度
			ACT副軸	420	耐摩耗,強度,高硬度
			ACTナットピース	304	ばね性,強度
			ばね部品	301	ばね性,強度
			シールドケース1	304	ばね性,強度
			シールドケース2	301	ばね性,強度
事務機器	複写機	小形複写機	紙通過部の搬送ローラの押圧および保持用板ばね	304	ばね性
			紙通路部材	304	ばね性,表面平滑性が良好なこと,板厚:0.8〜1.0 mm
			高圧印加部の帯電器ケース用板	304	ばね性,表面を平滑にして汚れの付着による高圧リークを抑制
			各種機構部品のテンションとしてのコイルばね	304	ばね性
			高圧印加部回路接点用ばね	304	ばね性,耐食性
			定着ベルトスリーブ	304	加工性,耐繰返し応力
			現像剤規制ブレード	304	ばね性,耐食性,耐摩耗
		中形複写機	板ばね	303	ばね性
			線ばね	430	ばね性
			ローラシャフト	430	耐摩耗
			現像剤規制磁性ブレード	430	磁性,耐食性,耐摩耗
	ノートPC	モバイルPC	ヒンジ(アーム)	304	導通性,強度
			ヒンジ(シャフト)	303	強度
			補強プレート	304	導通性,強度
			コイルスプリング	304	ばね性,繰返し応力に強いこと
		堅牢PC	ヒンジ	304	耐久性
			補強プレート	304	耐久性
			コイルスプリング	304	高強度

る.使用環境は,水分と塩分が存在する中性の比較的マイルドなものであり,材料としては,SUS304,SUS430J1Lがほとんどの部材に適用できる.最近の家庭用シンクは,大形の皿や鍋も洗うことができるスペースを確保するために,間口形状が単純な長方形ではない,いわゆる異形シンクが主流になっており,プレス成形性に優れたSUS304J1系やSUS430LX系およびSUS430J1L系が使用されている.

業務用厨房機器は飲食店,レストラン,ホテルの厨房,病院や学校などの給食用の調理設備器具類であり,下調理器,加熱調理器,冷凍冷蔵機器,温蔵機器,サービング機器,作業・収納機器,ごみ処理機器,食器洗浄機器などがある.使用環境は家庭用厨房器具と類似であるが,多くの人々に食事などを供するため特に衛生上,外観上に留意する必要があり,結果的に,日々の手入れや掃除が行き届くことから,材料の選び方,使われ方が家庭用とは多少異なる場合がある.作業機器関係としては,シンク類,水切台,調理台,ワークテーブル,戸棚,パンラックなどがあり,またサービス機器関係として,サイロ,ウォーターステーション,アイス瓶,ディッシュカート類,ラックカート,トレーディスペンサーなどがあり,これらにはいずれも主にSUS430が使われている.

図4.2.34 ステンレス製各種厨房設備

特別な機能が要求される場合の例を2，3紹介する．業務用冷蔵・冷凍庫の外装材の中でもよく目に触れるフロントパネルや扉には，耐さび性のほか，特に耐指紋性が必要であり，このため研磨仕上げした表面の上にさらにクリヤー樹脂が塗装されたステンレス鋼が使用される．この場合のステンレス鋼は主としてSUS430であるが，加工性などの要求によってはSUS430LX系やSUS304なども使用される場合がある．加熱調理機器等に装備されているバーナー部品には，高温耐熱性に優れたSUS317J2が使われることもある．うどんやそばをゆでる釜やその近傍のダクト類は塩分が水蒸気で運ばれて付着し，赤さびや応力腐食割れを発生させることもあるので，フェライト系ステンレス鋼の中でも耐食性が良好なSUS444系が使用される場合もある．

(2) 台所食卓用品

台所食卓用品（kitchen and table ware）は，鍋類，ケトル類，ボール，魔法瓶などの器物，容器とフライパン，御玉杓子（お玉）などの調理用器具，ナイフ，フォーク，スプーンなどの洋食器類，および調理用ナイフ，包丁，はさみなどの刃物に分類される．

器物，調理用器具の中で浅底のものには，SUS410L系，SUS430系が使用されるが，底が深いものにはSUS304系，SUS305系，SUS304J1系やSUS430J1L系が使用されている．これは成形加工性，製品研磨性などの製造性，およびそれらを総合した一貫の製造コストを考慮して材料選定が行われた結果である．

最近は電磁（IH）調理器も一般的であるが，IH用の器物，調理器具類には，非磁性材よりも磁性材の方が有利であるため，フェライト系のSUS430LXやSUS430J1Lが多用されている．オーステナイト系ステンレス鋼のSUS304は，普通鋼と複合させたクラッドステンレス鋼がIH用材料として用いられている．

洋食器類および刃物用の材料は，最終的に焼入れして高硬度にする必要があるので，SUS410，SUS410S，SUS420J1，およびSUS420J2のマルテンサイト系ステンレスが主として用いられるが，非常に高硬度の特殊な刃物向けには，SUS440系（SUS440A等）が用いられる場合がある．一部にSUS430，SUS304が使用される場合もある．また，焼入性，耐食性などを改善するために，13

Cr 鋼や 17 Cr 鋼に Mo や V を添加し，さらに C を 0.7％まで高めた材料も使用されている．

(3) ガス・石油器具

ガス・石油器具（gas and kerosene appliances）には暖房器具，温水器具，炊事用燃焼器具などがある．

暖房器具は，ストーブとファンヒーターが代表例である．ストーブの反射板には熱を効率よく反射させるために光沢のある SUS430 の BA 仕上げ材が使用される．燃焼筒は温度が 800 ℃まで上昇するので SUS430 や 13Cr〜17Cr に Al や Si を添加して耐酸化性を向上させたフェライト系ステンレス鋼が使用される．耐震消火装置の部品にも長期耐久性の点から SUS430 が用いられる．

ファンヒーターでは給排気筒，燃焼リング，ポット，じゃま板，燃焼室部品にステンレス鋼が使用される．使用部位に必要な耐熱性，耐食性，加工性などの機能によって SUS304，SUS316，SUSXM15J1 またはフェライト系ステンレス鋼やオーステナイト系ステンレス鋼に Al や Si を添加した材料が使用される．

温水器具としては，ガス湯沸器，ガス風呂釜，温水給湯暖房器が代表的な用途である．これらのバーナーには加工性，耐熱性の優れたステンレス鋼の SUS304 が主として使用され，加工程度によっては SUS430LX，SUS430，SUH409L なども用いられる．ガス風呂釜は戸外に置かれる場合が多く，外箱にステンレス鋼が使用されるようになり，耐食性のよい SUS304 または SUS430J1L などが用いられている．最近では，徹底的な省エネを図った潜熱回収形のガス給湯器（エコジョーズ）や石油給湯器（エコフィール）が登場し，急速に普及，拡大しているが，この二次熱交換器部材には SUS316L，SUSXM15J1 や SUS444 が使用されている．

炊事用燃焼器具には，ガスこんろ，ガスオーブン，ガスレンジなど多くのものがある．これらのバーナーには上記の温水器具のバーナーと同材料が使用される．天板，汁受けなどには，従来 SUS430 の BA 仕上げが広く用いられてきたが，最近の天板は，SUS430 に耐熱塗装を施して外観や耐食品汚染性の改善を図ったものが一般的になっている．

(4) 浴　　槽

浴槽（bathtub）は木製，タイル製，鋳物ほうろう製，樹脂製などが使われていたが，1950年代からステンレス鋼が使用され始め，ピーク時の1980年代には50%近いシェアを占めていた．最近はデザイン性を重視したカラフルな樹脂製のものが主流となり，ステンレス鋼の浴槽は減少している．ステンレス鋼製浴槽が急速に普及した理由は，汚れやかびがつきにくく手入れが楽なこと，清潔感があること，耐久性に優れていること，熱伝導率が小さいために保温性が優れていることなどのほかに，軽量で運搬しやすく運搬中に割れたりしないこともあげられる．

材料は，ほとんどの場合SUS304であり，浴槽のエプロンには，エッチング，化学発色，エンボス仕上げおよび着色クリヤー塗装などの意匠化されたものが使用される．一部にはSUS304の代わりにSUS430J1Lが使われることもある．

(5) その他家庭用・業務用

その他の用途としてショーケース，太陽熱温水器などがある．ショーケースの枠にはSUS430，SUS304の研磨仕上げ材や塗装材が用いられる．太陽熱温水器では，外枠材は耐候性が必要なため，SUS304，SUS444などが使用され，内部の温水部材には耐応力腐食割れ性，耐すきま腐食性などからSUS444が用いられる．また，屋根面への取付け金具にはSUS304やSUS430J1Lなども使用されている．

4.2.10　建築・土木関連機器設備

建築・土木分野では，建築金物類，内外装材，建設設備用材，構造部材などとして使用されており，その各分野における利用状況について説明する．

(1) 建築金物類

防食処理を必要としない金物として，ボルト・ねじなどのファスナ類，ちょうつがい類，クレセント，ドアノブ・ハンドル類など非常に多くの形状のものが鋼板，棒線素材から加工されている．その一例を表4.2.21に示す．ほとんどが加工性良好で，各種形状の素材が入手しやすいSUS304系JIS規格鋼種を使

4.2 ステンレス鋼の主な用途

表 4.2.21 建築金物一覧表[52]

1. 錠前類 ノブハンドル（長座・中座・丸座付），レバーハンドル（長座・中座・丸座付），ホームハンドル，固定玉，ケースハンドル，ドアチェーン，ドアガード，シリンダ錠	6. ゲンコ・タオルバー・条鋼類・パイプ ゲンコ，ブラケット，ソケット，丸受，直受，半受，沓摺，角形タオルバー，二段角形タオルバー，丸棒，角棒，平鋼，アングル，チャンネル，H形鋼，角パイプ，丸パイプ，だ円パイプ，パイプ座金
2. ちょうつがい 厚口，中口，薄口ちょうつがい，フランスちょうつがい，旗ちょうつがい，オートヒンジ，フロアヒンジ	7. グループ 物干金物，マンホール，タラップ，ノンスリップ，ステップ，丸環，吊り金具，ポスターケース，表示板，ドア，グレーチング
3. ラバトリ金物 ラバトリヒンジ，アジャスタ，戸当たり帽子架，ストライク，戸当たりドアストッパ，フリーチャンネル，スライド表示器，ラッチ式表示器，ペーパーホルダ，笠木金物	8. グループ 各種キャップ，レジスタ，換気孔，ガラリ，ベンチレータ，ダンパ，窓枠，エキスパンションジョイント
4. 取っ手，引手，ドア付属品 座付取っ手，フランス取っ手，あげぶた取っ手，全回転取っ手，サッシ引手，サークルつまみ，床付戸当たり，ドアストッパ，フラッシュボルト，セキ金	9. グループ カーテンレール，吊束金物，バルコニー手すり，パイプ手すり，傘立，スモーキングスタンド，誘導避難口，レール，柱，柱コーナ，柱受，雨どい，トラッシュボックス
5. 付帯金物等 メールボックス，牛乳受箱，ポスト口，戸車，帽子掛け，コート掛け，房掛け，棚受け，流し台用ストレーナ，木ねじ等ファスナ	

用している．鋼板では曲げ・プレス加工性，棒線では冷間鍛造性（cold forgeability）などの優れた素材を加工メーカから求められている．インテリア・エクステリア部材として，フェンスなどの金網類，門扉，郵便ポスト，屋外ごみ箱，グレーチング，ステップ，エクスパンドジョイント，物干し竿，雨どい，バルコニー手すり，避難はしご収納箱など各種建築部品に利用されている．そのほとんどはSUS304であるが，最近では同等レベルの耐食性を有する高純度Cr系ステンレス鋼（SUS430J1L）使用の動きも見られる．

(2) 内・外装材

"メタルカラー"の意匠性を活かして建築物の内・外装材としても多用されている．内装で使用される鋼板はSUS304が一般的で，表面仕上げとしてはヘアライン仕上げ（HL）が多い．ビルのフロントあるいはエレベーター回りではアクセントとして鏡面研磨仕上げ材も使用されている．さらにデザイン性を

上げるため，圧延ロールにより幾何学的な凹凸を付与したエンボス，化学的処理で表面光沢を変化させたエッチング，化学的に発色させたインコカラー，塗装処理したステンレス鋼板が使用されるケースもある．

外装用としては古くは米国・クライスラービル頂上の六段尖塔の被覆材，エ

図4.2.35　ステンレス内装材

図4.2.36　ステンレス鋼外装材

ンパイヤステートビルのスパンドルパネル，国内では鉄鋼会館の外装パネル，日本経済新聞社ビルなどのカーテンウォールで使用され，現在も多用されている．その他の部位として柱カバー，出入口スクリーン，ルーバー，キャノピーなどでも利用されている．鋼種はSUS304がほとんどであったが，環境に応じてSUS316，最近では耐発しゅう（錆）性（rust resistance）を向上させた高Crのフェライト系ステンレス鋼（SUS445J1, J2）なども使用されている．

従来のアスファルト系，シート系，塗装系の防水工法に比べ，長期耐久性にすぐれたステンレスシート防水が開発され，屋根材へのステンレス鋼の適用が急速に進んだ．展示会会場，空港ターミナルビル，体育館，工場などで利用されている．これらの建物には臨海地区にあるものも多く，飛来する海塩粒子によりさびが発生しやすい環境条件となるため，適切な材料選定が必要である．特に，雨水による付着塩分の洗浄効果を期待できない軒下部などでは施工面での配慮も要する．屋根用ステンレス鋼板の選定例を表4.2.22に示す．マイルドな環境ではSUS304も適用可能であるが，海浜環境ではSUS316，高Crのフェライト系ステンレス鋼（SUS445J1,J2），さらにきびしい環境では塗装ステンレス鋼，高Cr–Moのスーパーステンレス鋼（SUS312L）の選定も必要である．

表4.2.22 屋根材料選定の例[53]

環境	田園環境				海浜環境			
部位	雨水洗浄される屋根面		雨水洗浄されない軒下，軒天		雨水洗浄される屋根面		雨水洗浄されない軒下，軒天	
構造	堆積物たまらない	堆積物たまる	堆積物たまらない	堆積物たまる	堆積物たまらない	堆積物たまる	堆積物たまらない	堆積物たまる
SUS304	○	△	△	×	×	×	×	×
SUS316	○	○	○	×	○	△	×	×
高耐食性ステンレス鋼	○	○	○	○	○	○	○	○
塗装	○	○	○	○	○	○	○	○

備考 ○：適用可
　　 △：適用可能であるが，腐食物質が濃縮する場合は適用不可
　　 ×：適用不可

光沢を抑えたダル仕上げが適用されている．図4.2.37に示すような大形建築物の長尺屋根では熱膨張係数が小さく，設計・施工面で有利なフェライト系ステンレス鋼（SUS445J1,J2）の適用が進んでいる．

図4.2.37 フェライト系ステンレス鋼製長尺屋根（幕張メッセ）

(3) 建設設備用材

ステンレス鋼管は一般配管用としてJIS G 3448，水道用として日本水道協会JWWA G 115の規格が制定され，給・排水設備の配管類に多用されている．使用されている鋼種はSUS304，SUS316である．耐食性，耐久性に加え，薄肉軽量，施工・メンテナンス性にも優れているため今後も使用量は増加するものと予想される．貯水槽のパネルあるいは配水池内張材としてもステンレス鋼が利用されている．水没部はSUS304あるいはSUS316が使用されるが，滅菌用に投入される塩素により気相部は発しゅう(錆)しやすいため高耐食二相系ステンレス鋼（SUS329J4L）が適用されている．ガス配管用のフレキシブルパイプ，空調ダクトカバーにもステンレス鋼が利用されている．建築物などの社会資本の長寿命化，メンテナンス低減の流れから取替え工事の大変なライフラインのステンレス化は今後も進むものと予想される．

橋りょう，道路橋では景観，耐久性の点から高欄，手すりなどにSUS304あるいはSUS316が使用されている．道路トンネルは自動車排ガスの影響で腐食環境が厳しく，飛散する石・砂により塗装が傷つきやすいため，照明カバーや内装板などにSUS304やSUS430J1Lを下地とした塗装ステンレス鋼が使用されている．

電力関係では配線を固定するバンド類（SUS304）のほかに，通信用設備のきょう（筐）体，柱上トランスのケースなどに耐久性向上のため塗装ステンレス鋼（下地はSUS430あるいはSUS410L系）の利用も進んでいる．

(4) 構造部材

2000年にSUS304，SUS304N2，SUS316，SCS13Aが建築構造用ステンレス鋼として規格化（JIS G 4321）され，その規格が改正建築基準法の告示にも反映されて，一般建築構造物にも利用可能となった．意匠性も活かしたアトリウム，キャノピー，プール上屋，外部階段などに利用されている．また，長寿命住宅の構造躯体（structural frame．構造体のこと）など使用環境がマイルドで，景観目的でなく高耐久鋼材としてSUS410L系のフェライト系ステンレス鋼の利用も検討されている．2008年にはSUS304，SUS316，SUS410Lの異形鉄筋（reinforcing bar）が規格化（JIS G 4322）され，塩害による鉄筋腐食で早期劣化が問題となる鉄筋コンクリート造の沿岸道路橋，港湾設備への適用が進められている．また，構造用の2次部材としてステンレス高力ボルト（SUS630），ステンレス製ターンバックル（SUS304）も利用されている．土木構造物ではダム・せき（堰）・水門分野での利用が進んでおり，メンテナンスの難しいダム取水・制水ゲート，導水管，水門扉体・戸当り金物にSUS304，SUS304N2，SUS316Lなどが利用されている．橋梁構造物での利用は少ないが，比較的規模の小さい水道橋，人道橋などに適用されるケースもある．港湾設備では桟橋鋼管杭の防食のため耐海水性に優れたSUS312L薄板をライニングし，長期耐久性を確保している（図4.2.38）．

欧米を中心に，ステンレス鋼を利用した建築・土木の社会資本の長寿命化，メンテナンス負荷低減の動きは先行しており，ストーンカッター橋（世界最長

の斜張橋）に多量の二相系ステンレス厚板，ステンレス鉄筋が使用されたことはその象徴である．今後，国内においても良質で長く使えるストック形社会資本の整備の流れから，建設分野でのステンレス鋼の利用はさらに進むものと予想される．

図4.2.38 ステンレス鋼ライニングによる桟橋防食（羽田空港）

引用文献

1) VALE INCO ： World Stainless Steel Statistics, 2008 Edition
2) ステンレス協会：ステンレス鋼板用途別受注統計年報（平成20年度）
3) 日本規格協会（2010）：JISハンドブック 鉄鋼I，p.1973
4) H. H. Uhlig（1948）：*Corrosion Handbook*，John Wiley & Sons，p.p.747-799
5) 木島茂（1973）：長谷川正義監修，ステンレス鋼便覧，p.268，日刊工業新聞社
6) 大久保勝夫，三木正義（1973）：還元性硫安水溶液中でのステンレス鋼の防食，防食技術，Vol.22，No.2，p.p.64-70
7) 原田良夫（1982）：金属材料の高温酸化と高温腐食，腐食防食協会編，p.236，丸善
8) 松田隆明（1988）：硝酸環境におけるステンレス鋼の使用，日本ステンレス技報，No.23，p.p.73-98
9) 大久保勝夫（1985）：適材選定と環境評価，防食技術，Vol.34，p.p.623-629
10) 稲垣博巳，坂本徹，末岡英利，斎藤正洋（1986）：製鉄研究，第323号，p.p.74-81
11) 新日鐵住金ステンレス（株）NSSC170（SUS317J2）カタログ技術資料

引用文献

12) 小林未子夫（1979）：各種腐食事例と最新防食設計・施工技術, p.p.234-247, 経営開発センター出版部編
13) 藤田輝夫, 今井彦太郎, 伊東直也（1966）：化学装置におけるステンレス鋼の使用, ケミカルエンジニヤリング, Vol.11, No.10, p.p.50-58
14) 倉田佳忠（1982）：か性ソーダ蒸発缶における E-Brite の使用実績, 日本材料学会, 腐食防食部門委員会資料, Number 106, Vol.21, No.1, p.p.79-88
15) （株）アイシーアール（1978）：食品加工機械におけるステンレス鋼の使用実態, ステンレス, Vol.22, No.8, p.p.1-8
16) 滝沢貴久男ほか（1978）：飲料機器に使用するステンレス鋼の腐食挙動, 金属表面技術, Vol.29, No.2, p.p.17-22
17) 山崎昌弘（1990）：ステンレスの主要用途を訪ねて―ビールその他食品, ステンレス, Vol.34, No.6, p.p.3-8
18) 島貢, 北村義治ほか（1989）：醤油醸造工程におけるステンレス鋼の耐食性, 防食技術, Vol.38, p.p.467-472
19) T. Suzuki, Y. Kitamura（1974）: Testing Method for Localized Corrosion of Stainless Steel Considering the Corrosion Potential in its Environment, 防食技術, Vol.23, p.331
20) 宮部範司（1988）：製紙プラント, 特殊鋼, Vol.37, No.12, p.12
21) 新日鐵住金ステンレス(株)資料
22) 特殊鋼倶楽部, ステンレス協会（1989）：ステンレス鋼の利用状況, p.181
23) 柿沼博彦, 神津啓時（1984）：ステンレス車両・軽合金車両の得失, ステンレス, Vol.28, No.8, p.p.2-6
24) 東京マリン殿ご提供
25) 湯浅和昭, 上床克哉, 石丸純史郎（2000）：三菱重工技報, Vol.37, No.5, p.236
26) 入門講座 IX 原子炉機器材料, 火力原子力発電, Vol.43, No.12, p.1644
27) 安保秀雄ほか（1992）：原子力用金属材料の材質特性, 原子力工業, Vol.38, No.12, p.33
28) 鈴木一弘（1992）：六ケ所再処理施設の金属材料について, 講演会資料, p.1
29) 篠田直晴, 瀬戸徹（1991）：脱硫・脱硝技術の展開, 日本機械学会誌, Vol.94, No.869, p.320
30) H. Kiesheyer（1991）: Present and future conditions of stainless steels for desulfurization plants, *Proc. of the Intern. Conf. on Stainless Steels*, ISIJ, p.1148
31) 林巨幸, 岡崎隆, 安保秀雄, 木戸儀昭（1975）：排煙脱硫装置におけるステンレス鋼の腐食（その1）, 腐食防食協会春季講演大会前刷集, p.194
32) 安藤淳平（1977）：窒素化合物とその低減方法概説, 窒素化合物防止技術, p.5, 化学工学社
33) 関西環境改善対策推進会議（1976）：煙脱硝技術, 窒素酸化物防除技術開発の現状, 大阪科学技術センター研究報告 76002, p.90
34) 臼井一男（1971）：集塵装置, プラント工学, p.263, 化学工学社
35) 藤村宏幸（1973）：長谷川正義監修, 公害防止機器, ステンレス鋼便覧, p.1121, 日刊工業新聞社

36) R. Ebara, H. Nakamoto, T. Matsumoto, E. Sato, R. Matsuhashi, H. Abo (1991): Corrosion behavior of stainless steels in smokestack environments, *Proc. of the Intern. Conf. on Stainless Steels*, ISIJ, p.1191
37) R. Matsuhashi, E. Sato, H. Abo, R. Ebara, H. Nakamoto, T. Matsumoto (1991): Corrosion behavior of stainless steels in sulfuric acid dew point environment, *Proc. of the Intern. Conf. on Stainless Steels*, ISIJ, p.1198
38) 江原隆一郎, 中本英雄, 松本竹二, 松橋亮, 佐藤栄次, 安保秀雄 (1991): 乾湿繰り返しをともなうSO$_2$ガス中におけるステンレス鋼の腐食挙動, 材料と環境, Vol.40, p.247
39) 江原隆一郎, 中本英雄, 松本竹二, 佐藤栄次, 松橋亮, 安保秀雄 (1992): 硫酸露点腐食と煙突・煙道用新耐食鋼の開発, 日本材料学会腐食防食部門委員会資料, Vol.32, No.170, p.54
40) R.Ebara (2007): Evaluation and development of corrosion resistant materials for smokestacks, *Corrosion Science and Technology* (*Journal of the Corrosion Science Society of Korea*), Vol.6, No.4, p.211
41) 江原隆一郎, 中本英雄, 松本竹二, 佐藤栄次, 松橋亮, 小関敏夫 (1990): 煙突用新耐食ステンレス鋼の開発, 三菱重工技報, Vol.27, No.5, p.431
42) 江原隆一郎, 山田義和, 近藤浩, 宇佐見明, 田辺康児 (1997): LNG煙突用新耐食鋼の開発, 三菱重工技報, Vol.34, No.1, p.46
43) 宇佐見明, 田辺康児, 山田義和, 羽鳥克利, 江原隆一郎 (2005): LNG焚き煙突環境における5Cr-0.3Cu-0.3Ni鋼の耐食性, *Zairyo-to-Kankyo*, Vol.54, p.569
44) 山田義和, 近藤浩, 江原隆一郎, 木村秀途 (1999): 石炭だき煙突用新耐食鋼NSL310MoCuの開発, 三菱重工技報, Vol.36, No.5, p.278
45) 諏訪稔, 木村秀途, 山田義和, 平尾克之, 江原隆一郎 (2005): 石炭焚き煙突用新ステンレスType310MoCuクラッド鋼の耐食性, *Zairyo-to-Kankyo*, Vol.54, No.11, p.538
46) 大黒紘 (1985): 電気製品の腐食問題, 防錆管理, Vol.29, No.12, p.p.1-9
47) 大黒紘 (1987): 電気製品の腐食, 科学と工業誌, Vol.61, No.11, p.p.1-8
48) 大黒紘 (1989): 電気製品の腐食事例と対策, 日本材料学会, 腐食防食部門委員会資料, Vol.28, p.p.47-61
49) H. Oguro (1989): Domestic Electrical Appliance, Corrosion-Mechanism and Control, *Corrosion Engineering*, Vol.38, p.p.469-479
50) 松下電器産業株式会社商品検査本部の集計したデータ
51) 大黒紘 (1989): ステンレス鋼の利用状況—家電機器 (電気製品—民生用), ステンレス鋼ワーキンググループ編, p.p.199-202
52) 特殊鋼倶楽部, ステンレス協会 (1989), ステンレス鋼の利用状況, p.137
53) ステンレス協会 (1991): ステンレス建材のメンテナンス, p.18

5. トラブル——その事例と対策

　ステンレス鋼の4大特徴である耐食性，高強度とじん性，優れた成形加工性および意匠性については各章ですでに詳しく述べられている．本章では実際に起こった腐食事例（化学的損傷）や破壊事例（物理的損傷）とその対策について述べ，ステンレス鋼の特性のさらなる理解に役立てたい．

　化学的損傷には，腐食に基づく変色，さび，穴あき，割れなどがあり，物理的損傷には材料本来のぜい化現象，浸炭，窒化，硫化など高温腐食に伴って生じる炭化物，窒化物，硫化物などの析出によるぜい化現象，σ相やχ相などの金属間化合物の析出によるぜい化，あるいは結晶粒粗大化による高温ぜい化によって生じる割れなどがあげられる．

　ステンレス鋼の性質を十分把握し，さらに実環境の温度，腐食媒体の性質，濃度などを理解して対応したにもかかわらず，短期間の腐食破壊事例にしばしば遭遇するのは，実際の環境が生きもののように常に複雑に変化しているからであろう．最近は，使用者側でのステンレス鋼に関する知識が豊富になり，明らかに誤った材料選択や間違った使い方は著しく減少している．それでも，ステンレス鋼は絶対にさびないとか，ぜい化することはありえないなどと過信して使用したため，トラブルの原因になる例は後を絶たない．また，明らかに誤った使い方や材料選択に起因している場合，対策は容易に引き出せるが，化学プラントのように，使用環境が刻々と変化している場合は，真の事故（腐食や割れの事例）原因が把握できないことも多い．そのうえ，実際の環境では酸化，還元反応などが同時に起こっている場合もあり，ステンレス鋼に含まれる主要合金元素のあるものは相反する挙動を示すこともあるので，適材選定をいっそう困難にしている．

　以下に，マイルドな環境（日常生活を取りまく環境）と過酷な環境に分けて

事例を紹介する.

5.1 事例の分類

1992～2000年に取扱った某社の腐食事故材の事例分類結果を図5.1.1に示す.腐食形態は応力腐食割れがもっとも多く,孔食,すきま腐食の順に減少するが,この3形態で8割を占めており,依然としてステンレス鋼に特徴的な局部腐食による腐食事例が圧倒的に多いことを示している.しかしながら最近では,過去に多く見られた粒界腐食の事例は極めて少なくなっており,ステンレス鋼に関する知識が向上し,腐食・防食の科学と技術が大きく進歩した結果と考えられる.一方,以前から発生はしていたはずであるが,最近腐食事例として認識され始めている微生物腐食の件数は増加傾向にある.腐食が発生したステンレス鋼の材質については,使用量の多いオーステナイト系ステンレス鋼,特にSUS304系やSUS316系が圧倒的に多いことが特徴である.

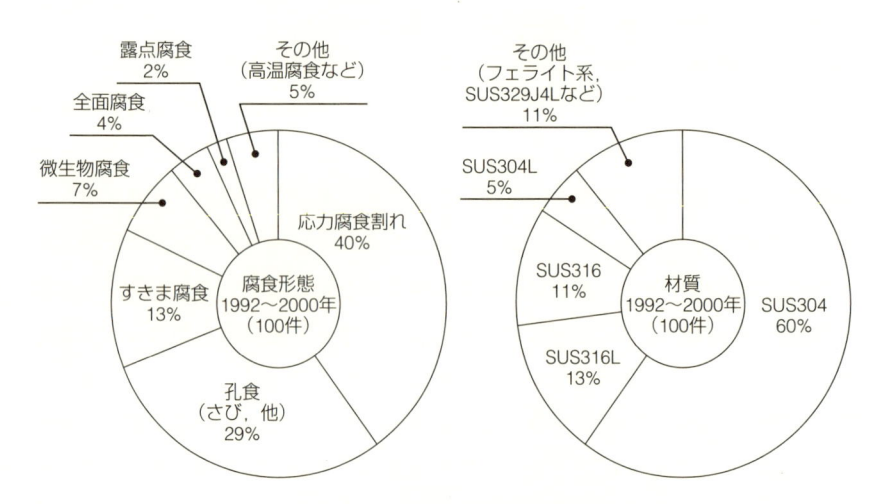

図5.1.1 腐食事故材の事例分析

5.2 腐食事例

5.2.1 なぜ腐食は予期せぬときに生じるのか

ステンレス鋼の腐食形態や現象については2章に詳述されているのでここでは詳細な説明は省く．ステンレス鋼の耐食性は，表面に形成される数ナノメートル（nm）のきわめて薄い水和オキシ酸化Crよりなる不動態皮膜によって維持されているため，何らかの原因でこの皮膜が破壊されたり薄くなったり溶解したりすると，この点が活性点（電気化学的にはアノード）となり，周囲は圧倒的広さの不動態皮膜がカソードとなって電気化学反応が生じ，局部腐食が急速に進展して，環境によっては孔食，すきま腐食，粒界腐食，あるいは応力腐食割れなどが促進される．不動態皮膜が弱くなったり破壊されやすい場所は，表面に何らかの欠陥が存在するところである（ミクロ欠陥，マクロ欠陥の両方が含まれる）．たとえば転位の発生，消失，凝集などによって生じる表面欠陥（キンク，ステップ，テラス），そこへの異元素の吸着，拡散，あるいは成分偏析，介在物や炭化物などの析出も考えられる．

金属表面構造の模型を図5.2.1に，また，主な欠陥の分類を表5.2.1に示す．欠陥は面欠陥や非金属介在物のような不連続な不均一組織と，粒界偏析や成分偏析のような連続的な不均一組織に大別される．また，材料科学で取り扱われる欠陥（点欠陥，面欠陥のようなミクロ欠陥と界面欠陥などのマクロ欠陥）の大きさが，そのまま腐食科学でも取り扱われ，腐食挙動に大きな影響を及ぼす．

ステンレス鋼の耐食性を左右する不動態皮膜の生成条件やその特性はこれらの欠陥構造と密接な関係にある．現存する物質は内外ともに無欠陥の完全性をもっているものはなく，大なり小なり何らかの欠陥が含まれている．これらの欠陥は，よい働き（有効性発揮）と悪い働き（悪さを助長）をする場合とがあるので，留意しなければならない．ステンレス鋼においても内外ともに種々の欠陥が存在するので，すべての欠陥を抽出，把握することは不可能で，どこが腐食の起点となるかを明確に予測することはできない．したがって使用環境によって，あるいは使用ステンレス鋼の表面性状や内部欠陥の違いによって，予

5. トラブル——その事例と対策

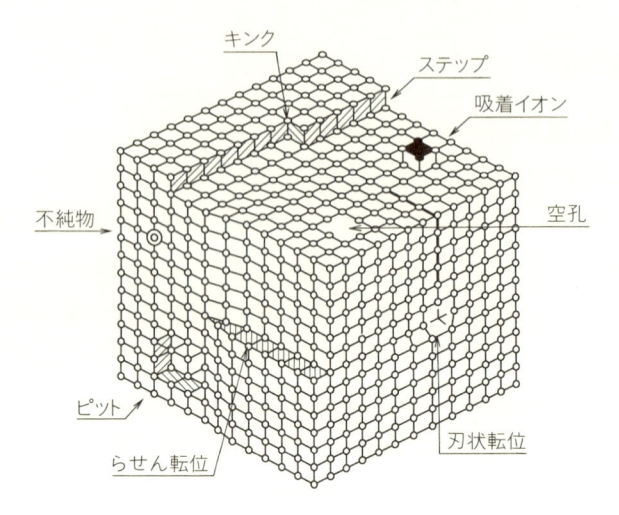

図5.2.1 金属表面の欠陥

(ラベル: キンク、ステップ、吸着イオン、不純物、空孔、ピット、らせん転位、刃状転位)

表5.2.1 欠陥の分類

不連続な（非整合性）不均一組織	・二相，異相，介在物，析出物 ・鋭敏化組織 ・表面欠陥，面欠陥，バルク欠陥，加工組織
連続的（整合性，半整合性）不均一組織	・変調組織（スピノーダル分解） ・粒界偏析，ミクロ偏析帯 ・合金成分（Cr, Ni, Fe）の濃度ゆらぎ

測できないような場所が起点となって腐食が発生，進行することも十分ありうるわけである．

すでに述べたように環境は生きもののように刻々と変化する．たとえば，水溶液の濃度，温度，pH値，酸素量，流速，共存する陰イオン（anion, アニオン）の種類と濃度，酸化性の陽イオン（cathion, カチオン），あるいは構造物のすきま構造などが変化するため，あるとき突然，ある場所で不動態皮膜が破れたりして腐食が発生する．したがって材料選定などに当たって十分熟慮した

にもかかわらず，予測できないような腐食や割れの事故が発生することは十分理解されよう．

5.2.2 温和（マイルド）な環境での腐食事例

日常生活環境の中で観察される事例で，建築内外装材，金属屋根，モニュメントなどの大気中での腐食，電気温水器，ガス・石油ボイラや冷暖房機器，各種厨房機器，貯水槽，貯湯槽，上水道配管などの水や温水による腐食事例である．

（1）大気中での腐食事例

ステンレス鋼は耐食性，強度，それと意匠性に優れているため最適な建築建設用材料として年々需要が増加し，いろいろな分野で使用されている．意匠パネル，サッシ，手すり，欄干，屋根，ドア，モニュメント，ロードミラー，各種の保温カバー，コンクリート橋梁のカバー，貯水・貯湯槽，自動車のモール，ワイパ，ホイール，自動車リム材，車両外側材など，あらゆる分野で使用されている．以下では，1991年に，当時のステンレス鋼専業メーカ3社［日本金属工業，日本冶金工業，日本ステンレス（現 住友金属工業直江津）］で収集解析された大気中での腐食事例130件の調査結果[1), 2)]を中心に述べる．

（a）鋼種による分類 表5.2.2に各鋼種の腐食事例の件数を示す．オーステナイト系ステンレス鋼SUS304が圧倒的に多いのは，全生産量の70％がオー

表5.2.2 腐食事例の鋼種による分類

大　分　類	鋼　種　名	件数	比率（％）
オーステナイト系	SUS304 SUS316 その他 （304L，316Lなど）	78 2 11	70
フェライト系	SUS430 SUS444 その他 （410L，430LX，436Lなど）	26 1 12	30

ステナイト系であり，しかも，建材にはオーステナイト系が85％以上使用されているためであろう．それにもかかわらず，フェライト系が39件（約30％）を占めているのは，この鋼種が十分な耐食性をもっていないのに誤って使用されたことを示している．

(b) 腐食環境による分類　表5.2.3に腐食環境を屋内と屋外に分類したときの件数を示す．屋内で腐食事例が多いのは，洗剤や調味料が腐食性をもっていることを知らずに使用したり，手入れが悪いためと考えられる．屋外では，雨水によって付着性物質や腐食生成物は洗い流されやすいが，軒下などは雨水による洗浄効果が少ないためきびしい腐食環境といえる．特殊環境での腐食は，材質選定の誤りから生じている．

いずれの環境でも，腐食要因はCl^-（食塩や海塩粒子）の存在であるが，屋外では"もらいさび"（微細な異種金属がごみ・ほこりとともに付着し，容易に腐食されて生じる赤さびなど）によるさび発生例も多い．

(c) 腐食形態での分類　腐食事例を腐食形態で分類した結果を表5.2.4に示す．もらいさびを含めたさび発生が最も多い．このさびは海塩粒子などによる孔食が原因になっている．応力腐食割れの事例は特殊な環境において生じている．これは使用条件あるいは材料選定の誤りの結果とみなされる．

表5.2.3　腐食環境による分類

環　境	屋　　外	軒　下	屋　　内	特殊環境	不　明
件　数	52	8	49	20	1
使用例	ロードミラー 屋根 ソーラーコネクタ板 タンクカバー 手すり（化粧パイプ） アンテナチューブ	広告板 ドアレール 倉庫内保存品 レンジフード 通気窓ケース	台所用品 ドア・ノブ ちょうつがい 冷凍機	架線支持ワイヤ 殺菌機器 太陽熱温水器吊りワイヤ 屋根用吊りボルト	
腐食要因	海塩粒子 異種金属粒子 ごみ・ほこり（もらいさびを含む）	海塩粒子 ごみ・ほこり	調味料 洗剤	分極 水蒸気 Cl^-	

5.2 腐食事例

表 5.2.4 腐食形態による分類

腐 食 形 態	件数
さび発生（含孔食）	105
す き ま 腐 食	14
応力腐食割れ（粒界）	5
応力腐食割れ（貫粒）	5
腐 食 疲 労	1

(2) 主な腐食事例と対策

主な腐食事例（用途，鋼種，使用期間，使用環境，腐食要因と原因および対策など）を表 5.2.5 に，典型的な腐食形態の外観や断面の光学顕微鏡組織を図 5.2.2 ～図 5.2.5 に示す．すでに述べたように，ほとんどの腐食事例に Cl^- が関与している．

わが国は四面海に囲まれていることと，毎年必ず台風に見舞われるため，山深い山間地帯や田園地帯を除いた全域で海塩粒子にさらされることを覚悟しなければならない．最近は田園地帯でも多量の Cl^- が検出されることがある．たいていの殺菌剤や除草剤などには，多かれ少なかれ Cl^- が含まれているため，これらによって大気が汚染されているからであろう．したがって，Cl^- が皆無という地域はないといってよいほどである．さて，ステンレス鋼におけるさび

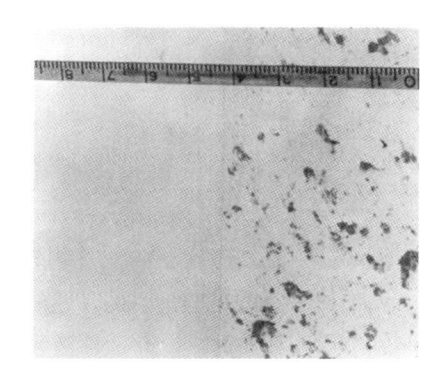

図 5.2.2 ロードミラーの腐食外観（左半分はさび除去後）

表5.2.5 主な腐食

区分	事例名	鋼種名(SUS)	寸法(mm)	仕上げ	使用期間	使用条件	さび発生位置
屋外	化粧パイプ (1)	304	0.9	鏡面	6か月	屋外放置 (未使用)	へげきず上
	化粧パイプ (2)	304	1.2	鏡面	7か月	海岸に近い	下面でさび発生
	ロードミラー (1)	304	0.3	#400	不明	鉄道あり，近くにごみ焼却炉	全面さび
	ロードミラー (2)	304	0.9	鏡面	2か月	横浜市街地（台風通過後）	全面さび
	屋根	304	0.4	No.2B(裸)	1年以内	海岸から600 m	銅屋根が上部にあり，雨水は下部のステンレス陸屋根に流れ込む
	ボイラ・外装板	18Cr-0.5Mo	0.8	No.2B	不明	田園地帯	天板の外面，排気筒周り
	無線用ボックス	304	1.5	No.2B	6か月	海岸地帯	溶接部
	アンテナチューブ	304	φ6.8	No.2B	不明	海岸地帯	局部的に褐色に変色
	防虫金網	304	φ0.2	No.2B	1年	海岸近くの学園の窓	さび発生破損
軒下または屋内	玄関シール	436L	0.6	No.2B	5か月	表面のみ（大気に触れる面）	全面さび
	カーテンレール	304	0.5	No.2B	2か月	海岸に近い市街地	点状のさび
	両開きサッシアーム	304	1.0	No.2B	1.5か月	海岸地帯	海岸に面した部分
	看板	304	2.0	No.2B	5か月	海岸に近い市街地	エッチング部のみさび発生
	流し台シンク	304	0.8	No.2B	2か月	海岸地帯，軒下保存	海岸に面した部分さび発生
	ドア・ノブ	304	0.7	研磨	6か月	市街地，倉庫保管	局部さび
	ちょうつがい	304	2.5	研磨	不明	マレーシア（海岸地帯）	全面さび
特殊環境	ソーラー集熱板の吊り線	304	φ2.6	No.2B	5年	海岸から100 m	応力集中部
	屋根用フックボルト	304	φ5.2	No.2B	不明	溶解工場屋根止め金具	全面さびと割れ
	ドロッパー線	304	φ5.0	No.2B	9年	トンネル内架線吊り	黒色部のみ腐食

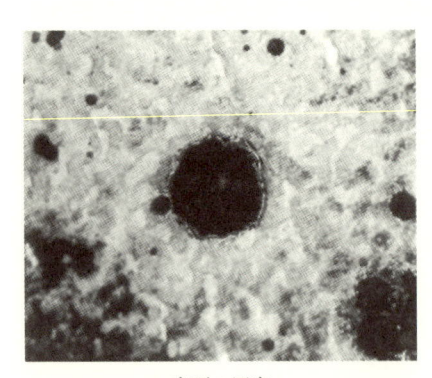

表面の写真　　　　　　　　断面顕微鏡写真［×100］*（71%）

図5.2.3　2年以内でステンレス屋根に発生した孔食の例
　　　　　（貫通孔付近から多量のCuとClが検出された）

*　［　］内の倍率は元の写真の倍率で，本書に掲載するに当たっては（　）内の％で縮小している．

5.2 腐食事例

事例と対策

腐食形態	原因	対策	備考（図番号など）
さび 孔食	きずとCl⁻ 海塩粒子下面に濃縮	欠陥除去とクリヤ塗装 クリヤ塗装と手入れ	
点状さび 点状赤さび	孔食 海塩粒子による孔食	ときどき手入れをする（一度さびを除去すると耐候性向上）	図5.2.2（洗浄後に元の状態を維持）
孔食による貫通	銅屋根からのCu^{2+}の流れ込みが孔食を促進した	銅屋根との共存をやめるか、塗装ステンレス鋼を使用する	図5.2.3（孔食発生部の平面と断面の顕微鏡組織）
さび	もらいさび	排気筒を天板から離す	
さび	塗料不良	塗装完全か高耐孔食鋼の採用	
さび	海塩粒子による孔食	クリヤ塗装または高耐孔食鋼（スーパーステンレスなど）の採用	
孔食・すきま腐食	海塩粒子とごみ吸着	耐孔食鋼の採用	
孔食・すきま腐食	海塩粒子と泥など	手入れをよくする	
孔食	海塩粒子	手入れをよくする	
孔食	海塩粒子	一度手入れをすると耐食性向上	図5.2.4（外観と位置関係）
孔食	海塩粒子と介在物	高清浄度ステンレス鋼の利用	
孔食	海塩粒子	大気にさらさないような保存法	
さび発生	研磨不十分（スケール残存）	焼なましスケールなどの除去を完全に	
孔食	海塩粒子	耐孔食鋼の採用と手入れ	
貫粒形応力腐食割れ	海塩粒子によるSCC	耐応力腐食割れ鋼の採用	
孔食と応力腐食割れ	Cl⁻, S²⁻	耐応力腐食割れ鋼の採用	図5.2.5（外観と断面）
孔食と引張応力	Cl⁻と分極	耐食性を有する高強度鋼（SUS630など）に変更	

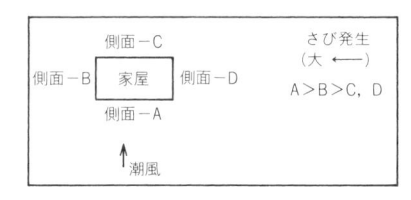

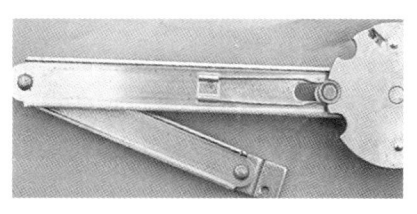

図5.2.4 両開きサッシアームの腐食事例（外観写真と位置関係）

さび発生（大 ←）
A＞B＞C, D

↑潮風

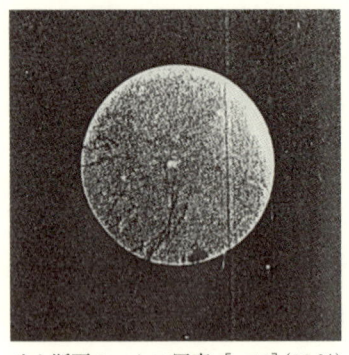

せん断面のマクロ写真 [×10] (86%)　　　顕微鏡組織 [×100] (86%)

図 5.2.5 屋根用フックボルトの応力腐食割れ

発生の主原因は，"もらいさび"を除けば，Cl^-によって起こされる"孔食"といってもいい過ぎではない．一方，孔食が発生しても特殊な環境を除けば，穴あきまで進展することは皆無である．一度生じた孔食を持続させるほどの腐食媒体や欠陥がないからである．次々に孔食が発生する場合（新たに海塩粒子が付着したとき）は，ステンレス鋼の別な場所であることが多い．たいていの場合，ステンレス鋼の表面に非金属介在物が顔を出したり，異物が付着している欠陥部が孔食の起点となるので，一度さびが出たものを水洗などにより洗浄除去すると孔食の起点が少なくなり，耐候性は向上する．

したがって，洗ったり，拭いたりの手入れをよくすると，いつまでもさびないステンレスのきれいな表面を維持することができる．穴あきまで達する孔食は酸化性金属イオンが多量に共存する場合である．たとえば，Cuイオンとの共存は腐食を加速することがある．図5.2.3に示したように，短時間で穴があいてしまうことがある（この事例は最悪の環境であった．すなわち，海岸に近いことと，こう配ゼロの陸屋根であるため，雨水がたまりやすく，しかも上部にはこう配つきの銅屋根があったことである．）．

一方，特殊環境のように，大きな引張応力が負荷されるような吊り線とか吊り金具の場合は，使用材料を詳細に吟味する必要がある．SUS304やSUS316

以上の耐孔食，耐応力腐食割れ性をもっているスーパーステンレス鋼などを選ぶ必要があろう．安易な材料選択は大きな事故を起こす危険性がある．

建材として使用される場合は，意匠の点から種々の表面処理が施されるであろうが，耐食性を劣化させるような表面処理であってはならない．

(3) 水環境における腐食事例

すでに述べたようにステンレス鋼は，厨房，浴槽，配管など，水まわりを中心とした機器に利用され，今や生活にたいへんなじみが深い材料になっている．以下にかってのステンレス鋼専業メーカ3社で過去10年間に起こった水環境における腐食事例135件について解析した結果[3]を述べてみよう．

(a) 用途と鋼種別分類　事例135件を用途別に7種類に分類した結果を表5.2.6に示す．配管，槽類，熱交換器が全体の58％を占めている．鋼種別にみるとオーステナイト系が118件，フェライト系が16件とオーステナイト系が多く，中でもSUS304鋼が106件（79％）と圧倒的に多い．これは浴槽，厨房，台所器具にオーステナイト系鋼種（以後，Ni系と略記することがある．）が圧倒的に多く使用されている結果である．

(b) 腐食形態　腐食形態では，表5.2.7に示すように応力腐食割れ（SCC）が最も多く，孔食，すきま腐食の順に少なくなるが，上位3種類で120件，

表5.2.6　水環境におけるステンレス鋼腐食事例の用途別分類と主な品名

配　管		槽　類		熱交換器		給湯器	
配管（屋内配管を含む）	5	プール	6	熱交プレート	5	太陽熱温水器	5
給湯・温水配管	10	水槽	3	風呂がま	5	小形温水器	4
温水ポット揚水パイプ	2	浴槽	10	ボイラ缶体	4	フランジ(電気温水器)	1
フレキシブルチューブ	1	温水タンクおよび部品	8	熱交換器伝熱管	2	給茶器	3
暖房用温水配管伸縮継手	1	温室内加湿用水槽	1	循環加熱用コイル	1		
浴槽用循環パイプ	1	給茶用冷水タンク	1	水冷蛇管	1		

台所用品		業務用機器		その他	
流し台	5	タオル蒸し器	2	CVD炉冷却装置	1
電気ポット	2	急速冷凍機棚板	1	自動現像機水室	1
うどんがま	1	業務用製氷機	1	列車用便器	1
やかん	1	食品殺菌用トレーサ	1		
清水器	1	脱水機用円板	1		
大形鍋	1				

備考　各欄の右項は件数．

92％を占める．SCC事例を調査すると，孔食やすきま腐食が起点になっているものが多いので，水環境における腐食で最も多いのは孔食と考えられる．用途別にみると比較的高温にさらされる配管，熱交換器にはSCCが多く，室温での使用の多い槽類，台所用品には孔食が多い傾向にある．表5.2.8は腐食形態を使用温度別に集計したものであるが，腐食は40℃以上で多く，最も多く発生したSCCと孔食は特に80～100℃の範囲が多い．低温では付着物下などのすきまで腐食の起こる場合が多い．

SUS444は太陽熱温水器，電気ポットなど温水環境で主に使用されているほか，貯水槽の気液界面部分でも使用されており，優れた耐食性を期待されて過酷な環境での使用が多い．100 ppm以上の塩化物イオン濃度の環境で使用され

表5.2.7 水環境におけるステンレス鋼腐食事例の用途別・腐食形態別集計（件数）

	配管	槽類	熱交	給湯器	台所用	業務用	その他	合計
SCC	12	5	14	8	3	6	8	56
すきま腐食	3	7	2	4	1	2		19
孔食	8	14	5	4	7	3	4	45
さび発生	1	4		2				7
変色	1			1	1			3
粒界腐食		1						1
合計	25	31	21	17	14	11	12	131

表5.2.8 水環境におけるステンレス鋼腐食事例の腐食形態と使用温度（件数）

温度範囲（℃）	SCC	すきま腐食	孔食	さび発生	変色	合計
～10	0	1	0	1	0	2
10～20	0	0	0	0	0	0
20～40	0	2	2	0	0	4
40～60	9	0	1	0	0	10
60～80	4	0	1	1	1	7
80～100	10	1	5	0	1	17
100～120	2	0	0	0	0	2
120～140	3	0	0	0	0	3
140～160	0	0	0	0	0	0
合計	28	4	9	2	2	45

ているものもあり，しかも溶接部が粒界腐食を起こしており，不適切な溶接条件であったものと考えられる．

（c）使用期間 腐食発生までの使用期間を腐食形態別に分類し図5.2.6に示す．腐食発生は最初の3か月未満に全体の20％で，1～2年が最も多い．この調査では腐食発生報告の65％が2年以内になっている．後述する化学プラントの管式熱交換器でのSCC発見は使用期間3～7年未満に最も多いことと比較すると，早い時期に腐食が発生している．

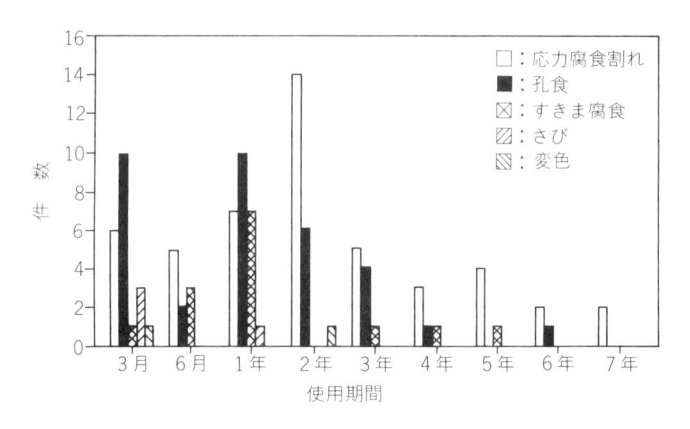

図5.2.6 水環境におけるステンレス鋼腐食事例の腐食形態と使用期間

（d）腐食発生位置とその原因 施工上の注意で腐食発生が防止できたと考えられる事例について，表5.2.9にまとめた．またそれぞれの代表的な事例の外観写真，ミクロ組織を図5.2.7～図5.2.13に示す．溶接が何らかの影響を与えた例が多く，溶接部近傍に発生した腐食は22件（16％）である．溶接時の低融点金属の粒界侵入（Znの侵入など），空気の巻込み，溶込み不足や過剰溶込みなど明らかな溶接不良が5件．このほか熱影響部での粒界Cr炭化物析出，残留応力，溶接酸化スケールなどが原因としてあげられ，溶接部の取扱いには十分に注意を払う必要のあることが示されている．

表 5.2.9 水環境におけるステンレス鋼腐食事例の腐食発生位置とその発生原因

発生位置	現象と腐食原因	腐食現象	備考
溶接部近傍	ビード：低融点金属の粒界侵入　［不良部］ 　　　　スケールの巻込み　　　　［不良部］ 　　　　溶込み不足　　　　　　　［不良部］ 　　　　過剰溶込み　　　　　　　［不良部］ 熱影響部：粒界 Cr 炭化物析出 　　　　溶接酸化スケール 溶接加工による残留応力 シームおよびスポット溶接	すきま腐食 変色 孔食，すきま腐食 孔食 粒界腐食 すきま腐食 SCC すきま腐食	図 5.2.7 図 5.2.9 図 5.2.8
すきまの形成	金属/金属：溶接部など パッキング材：フランジなど 水あか，土砂：配管，貯湯槽など 溶接酸化スケール：溶接部など 塗料，コールタールのはく離部分	すきま腐食	図 5.2.10 図 5.2.11
強加工部	タンク鏡，穴あけ加工部など	SCC	図 5.2.12
気液界面	異物の付着	孔食，SCC	
保温材下	結露および塩化物イオンの濃縮	外面からの SCC	
高温加熱	鋭敏化部での炭化物析出と熱応力	粒界腐食，SCC	図 5.2.13

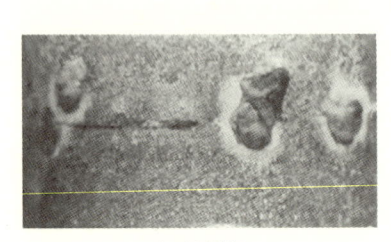

内面側外観

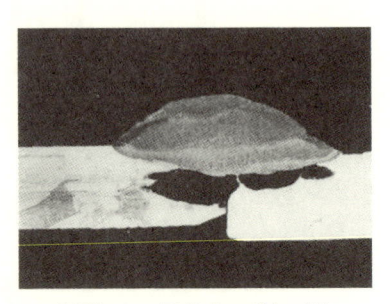

断面マクロ写真 ［×10］(71%)

図 5.2.7 溶接部溶込み不足によるすきま腐食の例—給水管溶接部の腐食
　　　　（SUS304，ϕ114 × t:3 mm × l，工業用水使用，使用 1 年後）

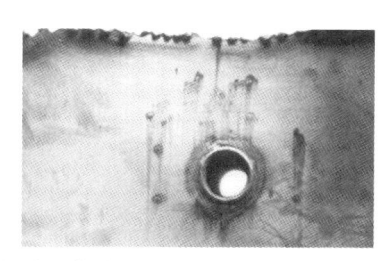

外観(左:外面,右:内面)

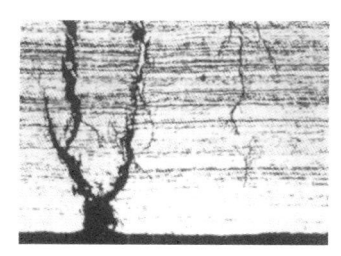

断面ミクロ [×100](58％)

図5.2.8 応力腐食割れの例―多管式ボイラ缶体のスポット溶接部,パイプ溶接部近傍の強加工および溶接残留応力によるSCC
(SUS304,t:0.8 mm,上水,使用期間約1年)

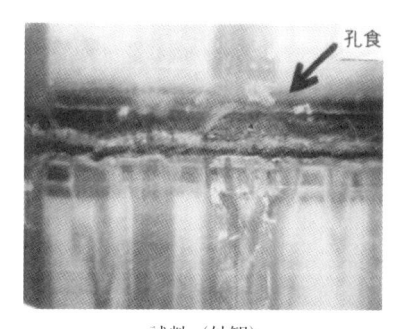

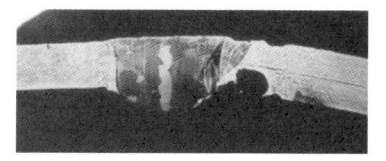

試料(外観)　　　　　　　　　断面 [×10](53％)

図5.2.9 孔食の例―温水器の鏡部(溶接部近傍)の孔食
(SUS436L,t:1.5 mm,上水:85℃,使用2～3か月)

5. トラブル——その事例と対策

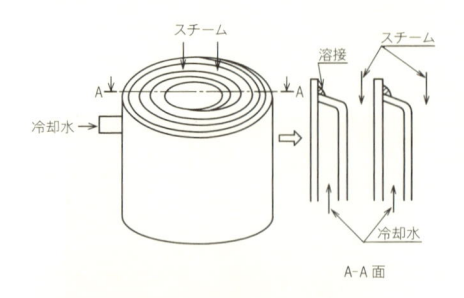

スパイラル熱交スケッチ

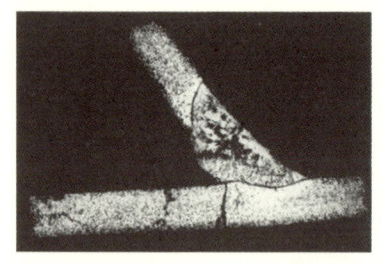

溶接近傍の腐食部マクロ組織
[×5] (59%)

腐食部ミクロ組織 [×110] (59%)

図 5.2.10 すきま腐食＋SCC の例—スパイラル熱交，溶接部近傍の水あか付着によるすきま腐食と SCC（SUS304，t:2.0 mm，水蒸気：135℃，冷却水：27～28℃，使用期間 20 日間）

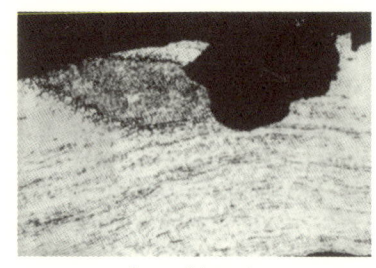

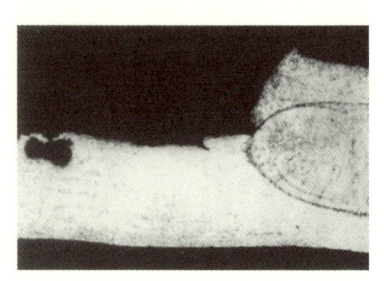

[×100] (68%) [×55] (68%)
腐食部断面ミクロ組織

図 5.2.11 すきま腐食の例—自動食器洗浄機の内面不完全溶接部の腐食（SUS304，t:0.35 mm，使用期間 1 年，約 60℃）

5.2 腐食事例

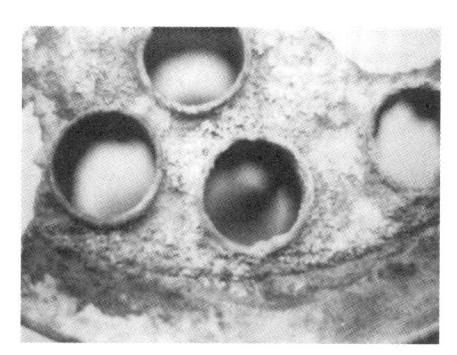

試料外観（天板を上から見たところ）

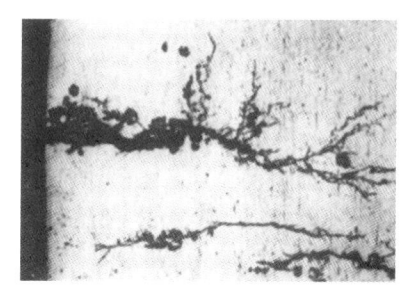

内面
（水側）
割れ断面ミクロ組織 ［×100］(72%)

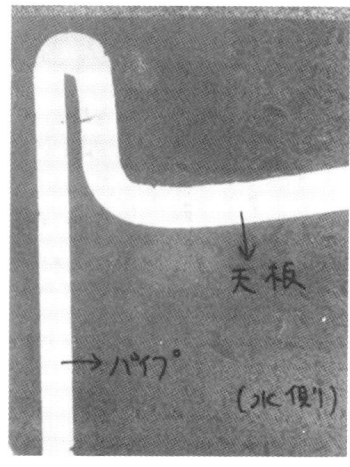

パイプへり溶接部の断面
［×10］(72%)

図 5.2.12　SCCの例―家庭用ボイラ缶体，パイプ溶接部近傍の残留応力と強加工によるSCC（SUS304，t : 0.6 mm，水道水，使用期間 2.5 年）

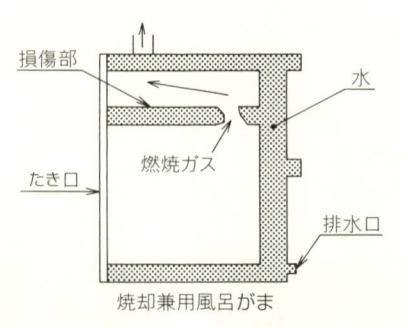

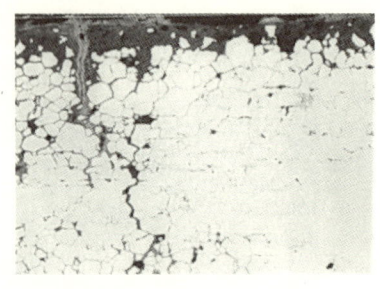

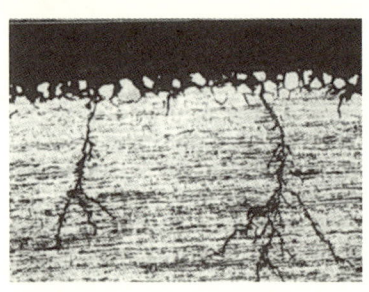

346   5. トラブル——その事例と対策

腐食部断面ミクロ①［×100］(68%)　　腐食部断面ミクロ②［×100］(68%)

図5.2.13　空だきによる鋭敏化に基づく粒界腐食＋SCCの例—焼却兼用風呂釜の粒界腐食とSCC（SUS316, t:0.8 mm, 燃料：重油＋薪ほか）

　すきま腐食は主に金属/金属で形成されるすきまに多く認められ，最近では極力すきまをつくらないような設計上の工夫が進んでいる．それ以外では，パッキング材との間で3件，溶接酸化スケールと水あかなどを含む異物下で4件の事例がある．また防食を目的として塗布された塗料とコールタールがはく離したためにすきま腐食が発生した事例が3件報告されている．図5.2.14にすきま腐食発生を防止する設計を示す．

　応力が残留する原因としては，溶接のほかに機械加工があげられ，タンク鏡板で2件，ドリルによって開けられた穴周辺でSCC事例が1件報告されている．保温材中の塩化物イオンが濃縮して腐食発生に至った3件の事例は，いずれも外面SCCであった．気液界面での事例は3件で，気液界面では温水中で異物が付着しやすいこともあり，腐食が発生しやすい部位であるため，気相部

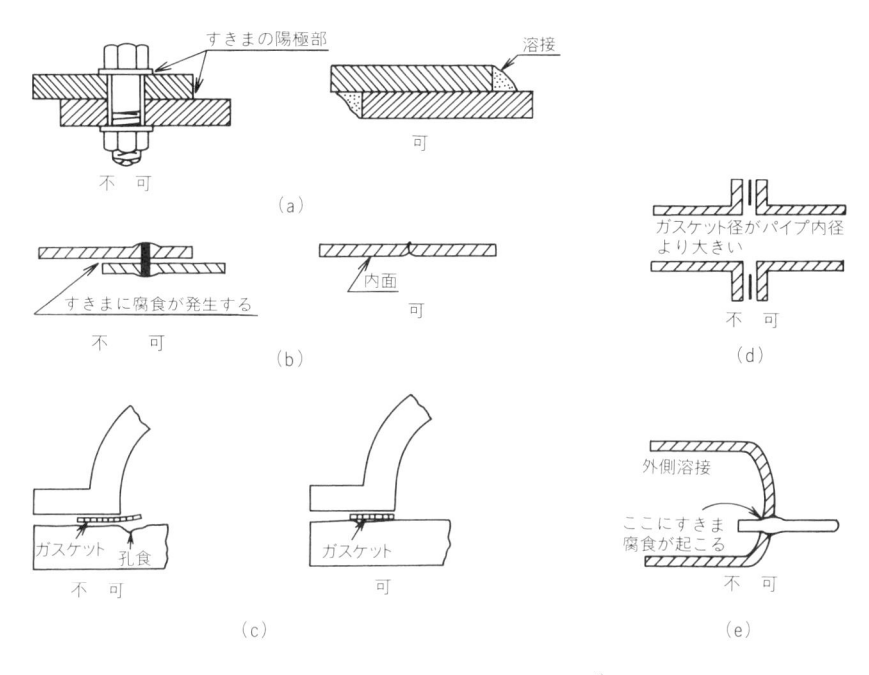

図 5.2.14 すきま腐食防止設計[4]

が生じないような設計上の配慮が必要である．

（4）微生物腐食事例

微生物腐食は 2.2.3 (e) で述べたとおり，微生物の代謝による腐食性物質の生成，表面の電極電位の異常な上昇により，通常ならば起こり得ない条件で腐食が生じる現象をいう．しかしながら，微生物が関与したことを直接確認することは難しく，①巨大なさびこぶを伴うことが多い，②溶接金属部や溶接熱影響部に発生することが多い，③開口部は小さいが内部は巨大である孔食になる場合が多い，④溶接金属部では δ-フェライト相などの選択腐食が生じる場合が多い，などの微生物腐食に特徴的な腐食形態をもって微生物腐食が生じたと判断することが多い．典型的な微生物腐食の事例を図 5.2.15 および図 5.2.16 に示す．

348　5. トラブル——その事例と対策

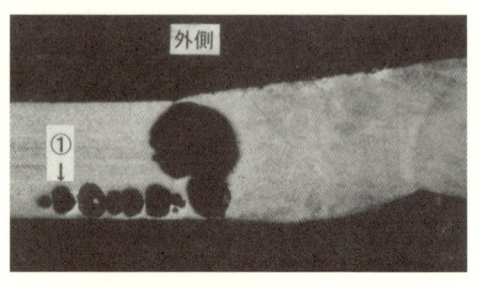

外観写真　　　　　　　　　溶接金属部及び熱影響部に発生した孔食
　　　　　　　　　　　　　　　　（ミクロ組織）[×10]

図5.2.15 微生物腐食と考えられる例1—冷却水配管（SUS304, ϕ 140×t:2 mm）

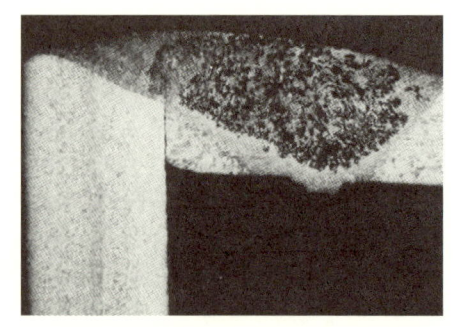

外観写真　　　　　　　　　溶接金属部に発生したδ-フェライト相の
　　　　　　　　　　　　　　選択腐食（ミクロ組織）[×10]

図5.2.16 微生物腐食と考えられる例2—冷却水配管（二重管）（SUS304, t:3 mm）

5.2.3 過酷な環境での腐食事例—化学プラントの場合

化学プラントは上述したような大気中や水環境とは異なる過酷な環境である．その環境は千差万別であり，使用される鋼種も304，316のオーステナイト系が最も多く，これ以外にも環境に応じて高Cr，高Niおよび高Mo含有の高級ステンレス鋼，さらには超合金に至るまであらゆる合金が使用されている．使用温度も低温から超高温（1 000 ℃以上）と広範囲にわたっており，湿食から乾食（高温腐食）まで，あらゆる腐食形態，割れ形態が観察されている．

(1) 使用環境と腐食形態の分類

使用環境と腐食形態を表5.2.10に示す．無機酸と無機塩化物，有機酸と有機化合物を取り扱う環境での腐食事例が最も多い．これは，ステンレス鋼の特性がさらに発揮される分野だからであろう．鋼種別に分類した例を図5.2.17に示す．

(2) 腐食事例

表5.2.11に化学プラントで発生した腐食事例の主なものを示し，典型的な事例（マクロ，ミクロなど）を図5.2.18～図5.2.37に示す．マイルドな環境でみられるのと同じように，SCCと孔食が圧倒的に多い．HCl，H_2SO_4，HNO_3などの無機酸を取り扱う環境も多いため，過酷な全面腐食も多く認められる．また高温腐食による化学的損傷と物理的損傷例も多い．図5.2.38に高温腐食の形態別分類を示す．単独現象というよりも，酸化/浸炭，酸化/硫化，酸化/浸炭/硫化，酸化/塩化/硫化など複合形態で損傷や破壊に至っているものが圧倒的に多い．以下にSCCの事例についてもう少し詳しく述べる．

（本文365ページへ続く）

表5.2.10 ステンレス鋼の腐食事例

	水, 工業用水	水蒸気 熱水	海水	保温材	無機酸	無機塩（塩化物を除く）
全面腐食	0	4	2	1	32	18
さび・変色	2	1	1	0	2	0
応力腐食割れ	52	51	7	24	16	16
孔食	18	17	30	7	17	24
すきま腐食	2	1	5	0	0	3
粒界腐食	5	3	1	0	24	12
異相選択腐食	1	0	0	0	4	5
溶接部選択腐食	0	0	0	0	5	0
接触腐食	0	0	1	0	0	0
エロージョン	0	1	0	0	2	0
その他の腐食	1	1	0	0	2	1
計	81	79	47	32	104	79

表5.2.11 化学プラントに

腐食形態	装置および部品名	使用条件		
		環境（雰囲気）	温度（℃）	期間（年）
全面腐食（+孔食）	紙・パルプの黒液濃縮管（エバポレータ）	HClガスを微量含む黒液（3か月ごとに5%HClで酸化）	130	1.5
	排煙脱硫装置, NaOHスプレー	管外：SO₄ 100 ppmと水, 管外：NaOH（30℃）	220	2か月
	酸洗槽へのスチーム配管	硫酸10〜18%, 管内は高圧水蒸気	65	18日
粒界腐食（+全面腐食）	コークスガスの脱硫装置	安水〜NH₄SCN, (NH₄)₂S₂O₃, S, pH 9	—	—
	硫安プラント濃縮缶, 加熱カバー	硫安母液（Cl⁻：2〜5%）, pH 4〜5	98〜150	8か月
孔食	プレート熱交（コジェネレーション用）	Cl⁻：9 mg/l, SO₄²⁻：100 mg/l, pH 7〜8	80〜90	1.5
	製塩用蒸発缶	NaCl, CaCl₂, MgCl₂, KCl, pH 5〜6	—	2
	プレート熱交	りんごジュースほか	100	—
	熱交チューブ	イソブチルアルコール（Cl₂ 100 ppm）	40〜80	3.5
	オイルクーラ冷却装置	管内は海水	30	10日
	パルプ黒液濃縮管	管内：黒液　管外：水蒸気	140〜150	1
	熱交チューブ	クロロメタン, HCl（4 000 ppm）, 外面はCaCl₂	0〜50	5
孔食（+SCC）	無水マレイン酸タンク	無水マレイン酸	70〜80	3
	コークス炉燃焼ガス配管ベローズ	管内：燃焼ガス, 管外：大気	—	1.5か月
	石炭キルン排ガスダクト	C重油燃焼, 除じん後の排ガス	350〜400	不明
SCC	縦形多管式熱交換器	管内：有機溶媒, NH₃, CO, 管外：工業用水	80〜130	1.5
	灯油分留装置配管	灯油+水（不純物S：0.2〜0.3%）	80	1.0
	顔料乾燥機, 排気インペラ	排ガス（100℃）と工業用水	50〜60	3か月
	排煙脱硫装置熱交バイパスライン, エルボ部	内液体（Na₂SO₄, NaHSO₄）, Cl⁻〜2.9% pH 5.5〜5.8	80	3か月
	石けん槽	ステアリン酸+NaOH, 0.9% Clを含む	95	2
	鉄骨飲料用配管エルボ	乳酸カルシウム, CaCl₂, pH〜3.5	130	1か月
	水あめ用タンク	タンク内：水あめ, タンク外：ガラスウール	70〜90	7
	ABS樹脂製造プラント	ABS樹脂, H₂SO₄とCaCl₂ 0.2〜0.4%	102	1.5
	ジメチルグリコール製造装置	ジメチルグリコール（30%）NaCl（18%）H₂O（52%）	—	1

5.2 腐食事例

―湿食形態と環境[5),6)]

塩化物	有機酸	有機化合物 (有機酸を除く)	アルカリ	ガス	ドレン 廃棄物	計
2	36	26	9	14	3	147
1	0	5	0	2	0	14
18	19	89	21	28	7	348
12	18	52	5	16	1	217
1	0	2	0	1	0	15
1	20	11	3	8	1	89
1	5	7	3	0	1	27
1	1	0	0	0	0	7
0	0	0	1	0	1	3
0	3	3	0	1	0	10
0	0	1	0	1	0	7
37	102	196	42	71	14	884

おける腐食,割れ事例

鋼種と形状			原因	対策	図番号
鋼種名	形状	寸法 (mm)			
304	パイプ	$\phi 42.7 \times t\ 1.6$	HClによる全面腐食	材料のグレードアップ(スーパーステンレス鋼)	
316L	パイプ	$\phi 27.2 \times t\ 4$	H_2SO_4腐食	材料のグレードアップと水分排除	図5.2.18
316L	パイプ	$\phi 48.6 \times t\ 3$	H_2SO_4と混入Clによる孔食	混入Cl^-の防止	
304 防食塗装 材317J1	エルボパイプ 板	$\phi 150 \times t\ 3.5$	HAZ部に発生,Cl^-,S^{2-}の濃縮,防食塗膜の劣化部に粒界腐食と孔食	硫酸塩の滞留防止 塗装の完全性と耐孔食材選択	図5.2.19
316	板	$t\ 0.5$	上部Cl^-濃縮(90 ml/l)	Cl^-の濃縮防止	
304	板		塩化物による孔食	材料のグレードアップ	
316	板		Cl^-と水蒸気	スチームを滞留させない	
316	パイプ		Cl^-濃縮,もらいさびが起点	材料のグレードアップ	図5.2.20
304	パイプ	$\phi 21.7 \times t\ 3.0$	材質選定の誤り	適材選定(耐孔食材料)	図5.2.21
304	パイプ	$\phi 42.7 \times t\ 25$	HCl濃縮	材料の変更	図5.2.22
304L	パイプ	$\phi 25.4 \times t\ 2$	微量のHCl,$CaCl_2$濃縮	材料のグレードアップ	
304	板	$t\ 6.0$	Cl^-濃縮,熱応力(HAZ近傍)	応力除去,Cl^-の低減	
304	板	$\phi 85 \times t\ 0.6$	孔食よりSCCに進展	耐食材の選定	図5.2.23
316L	板	―	カーボン中のCl^-濃縮(露点)	材料のグレードアップ	
304	パイプ	$\phi 25 \times t\ 2$	工業用水中の塩化物	材料のグレードアップ	図5.2.24
304	パイプ	$\phi 114 \times t\ 3$	Cl^-,S^{2-}の濃縮,溶接部残留応力	材料のグレードアップ	
304	板	$t\ 3.0$	工業用水中のCl^-濃縮	溶接部の応力除去	
316L	パイプ	$\phi 76$	S^{2-}による応力腐食割れ	加工部,溶接部の応力除去	図5.2.25
304L	板	$t\ 6.0$	Cl^-の濃縮と溶接応力	応用除去または材料のグレードアップ	
304	パイプ	50A*	Cl^-の濃縮	材料のグレードアップ	
304	板	$t\ 4.0$	ガラスウールからCl^-濃縮	保温剤の変更	
316	パイプ	50A*	Cl^-の濃縮	材料のグレードアップ	
316L	パイプ	$\phi 550 \times t\ 6$	溶接部の応力とNaCl	溶接部の応力除去	

*管の呼び径

表 5.2.11

腐食形態	装置および部品名	使用条件		
		環境（雰囲気）	温度（℃）	期間（年）
すきま腐食	マヨネーズ製造装置配管	マヨネーズ(食塩 45%, 食酢 5%) pH〜4	20〜30	1
すきま腐食(+SCC)	亜硫酸パルプ製造装置ストレーナ	H_2SO_4 (9%), チップ, 若干の石灰	130〜140	1
すきま腐食(+SCC)	熱交チューブ	管内（有機ガス）管外（塩素注入工業水）	30〜140	8
エロージョン	フロン製造装置	HF 20%, 微量の S, Cl を含む	110	2.2
疲れ破壊	粗製無水フタル酸かくはん機	粗製無水フタル酸 (99%), ほか塩化物	230	1
疲れ破壊	送風機インペラ	水蒸気, 圧力 0.6 MPa, 3 000 rpm	280	1
疲れ破壊	スクリューコンベヤベルト	硫安結晶（被運搬材）	60	6か月
疲れ破壊	パドルドライヤシャフト	水蒸気	120〜160	1〜1.5
疲れ破壊	ディーゼルエンジン用ガスケット	燃焼ガス	200〜250	2
疲れ破壊(+腐食)	蒸気配管のベローズ（二重管）	塩化物と繰返し応力	120〜150	—
疲れ破壊(+腐食)	モータカプリング板	大気（海浜地帯）	室温	—
エロージョン・コロージョン	人工甘味料製造プラント配管部	人工甘味材の結晶	室温	—
低融点金属侵入割れ	オイルクーラの Cu ろう付部	Cu ろう材, 真空炉内	1 150	—
低融点金属侵入割れ	Zn めっき鋼管とパイプ溶接	大気（溶接中）		—
水素ぜい化	CO_2 吸収塔, リボイラ鏡板	H_2, CO, CO_2, H_2O, CH_4	150	2
σ 相析出ぜい化	エチレン分解装置部品（リターンバンド）	エタンまたはナフサ	770	2
浸 炭	活性炭製造装置, レトルト部羽根	高温の C, やしがら炭	400〜800	2
浸 炭	バッグ集じん機, ガスクーラ, クリーナ	CO 72.2%, CO_2 2.7%, カーボン粉炭	1 050	10か月
浸 炭(+酸化)	カーボン焼成容器	N_2 6.9%, 砂 50%, コークス 50%	1 100	1
浸炭+窒化	ステンレスワイヤの焼なまし用管	管内（アンモニアガス）, 管外（ブタンガス）	1 180	1か月
浸炭+硫化	活性炭再生炉	活性炭, $C_2H_5NS_2$ などの硫化物	900〜950	1
浸炭, 硫化, 酸化	鉄粉還元炉スチールベルト	$N_2 + H_2$, 一部硫化物混入	970	28日
浸炭, 硫化, 酸化	活性炭製造装置ロータリキルン	活性炭	1 100	10日

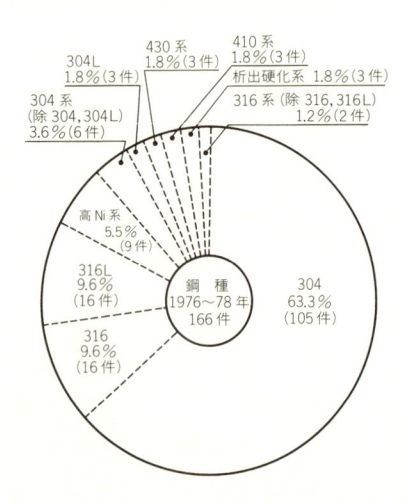

図 5.2.17 化学プラントの腐食事例（鋼種別内訳）

鋼種 1976〜78年 166件

- 304 63.3%（105件）
- 316 9.6%（16件）
- 316L 9.6%（16件）
- 高 Ni 系 5.5%（9件）
- 304 系（除 304, 304L）3.6%（6件）
- 304L 1.8%（3件）
- 430 系 1.8%（3件）
- 410 系 1.8%（3件）
- 析出硬化系 1.8%（3件）
- 316 系（除 316, 316L）1.2%（2件）

5.2 腐食事例

(続き)

鋼種と形状			原　因	対　策	図番号
鋼種名	形状	寸法 (mm)			
304	パイプ		パッキングのすきまにCl濃縮付着物によるすきま腐食とSCC，管外面への付着によるCCとSCC	構造上すきまをなくす	
316L	パンチング板	$t\,6$		黒色付着物がつかないようにする	
316L	パイプ	$\phi\,19.4 \times t\,1.6$		材料のグレードアップ	図 5.2.26
304L	パイプ	$80A^* \times t\,4$	スラリーによるエロージョン	材料のグレードアップ	図 5.2.27
317L	板	$t\,9$	溶接ルート部，繰返し応力	高強度材へ変更	図 5.2.28
304	板		溶接部欠陥が起点	健全な溶接を実施	
316L	溶接管	$\phi\,16.5 \times t\,6$	すみ肉溶接部欠陥と繰返し応力	溶接を完璧に行う	
304	板	$t\,18$	溶接アンダーカットがノッチになる	健全な溶接	
304	板	$t\,0.25$	繰返し応力による疲れ破壊	材料のグレードアップ	
316	2重管	0.6	内面応力割れが起点	耐応力腐食割れ鋼の採用	図 5.2.29
301	板	$t\,0.36$	浸入NaClによる孔食と疲れ	環境改善	
304	パイプ	$\phi\,30 \times 7.5A^*$	粒界腐食とエロージョン	耐粒界腐食鋼の採用	図 5.3.30
316	板	$t\,0.5$	侵蝕による粒界ぜい化	適正ろう付け条件	図 5.3.31
321	パイプ	—	Znの粒界侵入	開放状態で溶接	図 5.3.32
304	厚板		加工マルテンサイトの水素ぜい化	安定オーステナイト鋼を採用	図 5.3.33
SCS17	厚板		α相析出と熱応力によるぜい化	材料のグレードアップ	図 5.2.34
316L	板	$t\,6$	Cの侵入，炭化物析出	耐浸炭性ステンレス鋼の採用	図 5.2.35
310S	パイプ	$\phi\,27.4 \times t\,2$	浸炭とその部分の局部溶融	耐浸炭性ステンレス鋼の採用	
310S	板	$t\,3mm$	浸炭による加速硫化	耐硫化鋼（高Cr-高Ni材）の採用	
310S	パイプ	$\phi\,27 \times t\,3$	浸炭と窒化によるぜい化割れ	Ni基超合金へ変更	
310S	板		浸炭と硫化による高温腐食加速	新鋼種の必要または表面処理	図 5.2.36
310S	板	1.5	浸炭と硫化による高温腐食加速	新鋼種の必要または表面処理	
310S	板		浸炭と硫化による高温腐食加速	新鋼種の必要または表面処理	図 5.2.37

* 管の呼び径

外　観 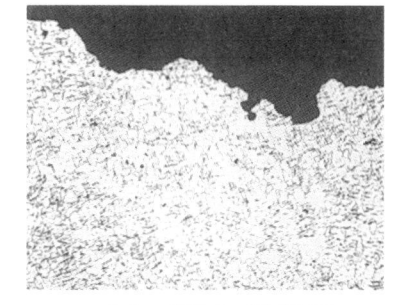　　　　　　　　　　ミクロ組織 [×50] (59%)

図 5.2.18　全面腐食の例—排煙脱硫装置のNaOHスプレーパイプ (SUS316L, $\phi\,27.2 \times t\,4mm \times l$)

5. トラブル——その事例と対策

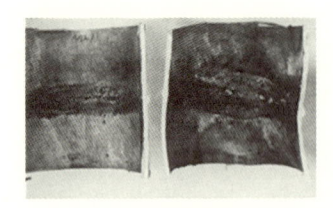

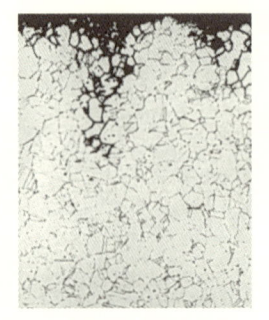

外観（内側）　　　ミクロ組織［×50］(50%)　　　ミクロ組織［×100］(50%)
　　　　　　　　　溶接二番〜粒界腐食部　　　　　　母材〜正常部

図 5.2.19　粒界腐食の例—コークスガスの脱硫装置
（SUS304, $\phi 150 \times t\,3.5$ mm $\times l$）

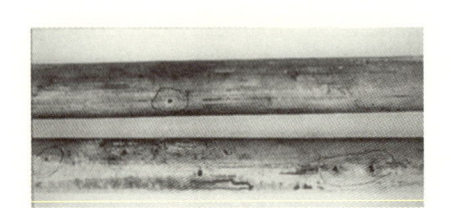

外観写真

溶接近傍のミクロ組織［×100］(60%)

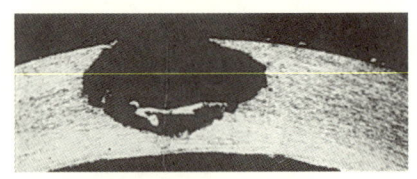

ミクロ組織［×100］(60%)

図 5.2.20　孔食の例—熱交チューブ
（イソブチルアルコールガス, Cl_2 100 ppm 含有, SUS316L）

5.2 腐食事例

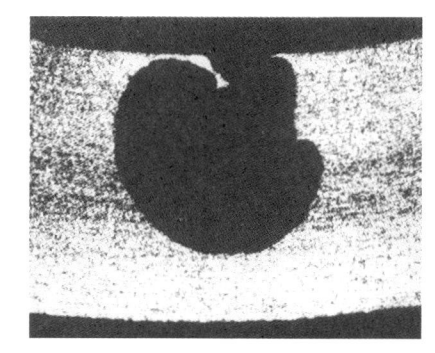

外観　　　　　　　　　　　ミクロ組織［×100］(64％)

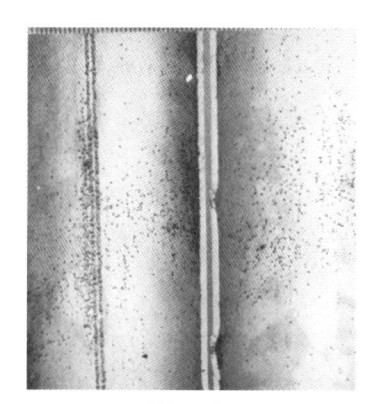

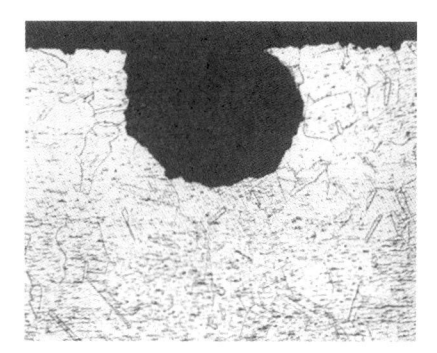

図 5.2.21　孔食の例—オイルクーラ冷却水（海水）のサンプリング配管
(SUS304, $\phi 21.7 \times t\,3.0$ mm $\times l$)

外観写真　　　　　　　　　ミクロ組織［×100］(63％)

図 5.2.22　孔食の例—パルプ・紙製造黒液濃縮管
(黒液, 水蒸気, SUS304, $\phi 42.7 \times t\,1.25$ mm $\times l$)

外観写真

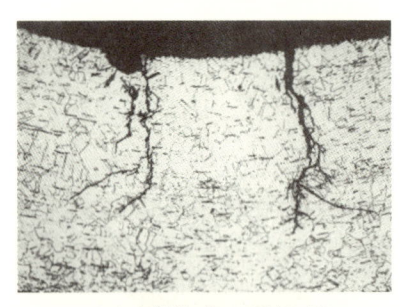

外観写真

ミクロ組織 [×100] (60%)

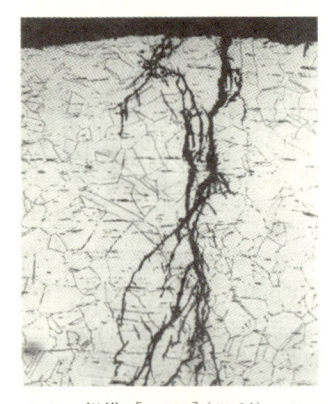

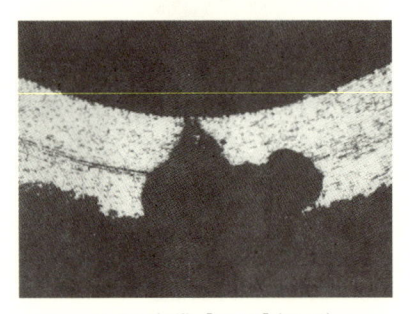

ミクロ組織 [×100] (60%)

ミクロ組織 [×100] (60%)

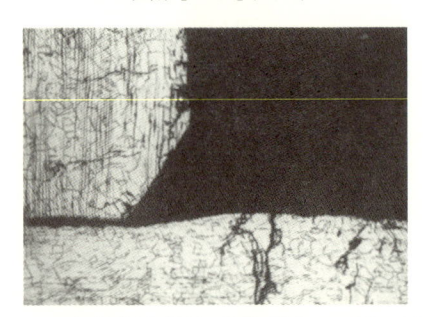

ミクロ組織（管と管板の接触部）[×100] (60%)

図 5.2.23　孔食＋SCC の例—コークス炉燃焼ガス配管ベローズ（管内：燃焼ガス，管外：大気，水道水など，SUS304，ϕ 89 × t 0.6 mm × l 590 mm）

図 5.2.24　SCC の例—縦形多管式熱交換器（管内：有機溶媒，NH_3，CO，管外：工業用水）

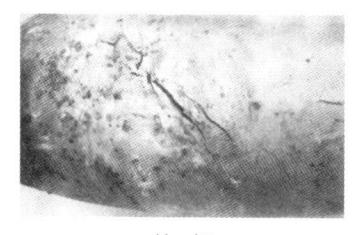

5.2 腐食事例

外観

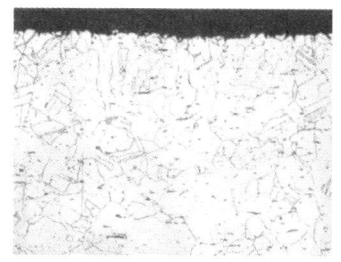

割れ近傍正常部
ミクロ組織
[×100](50%)

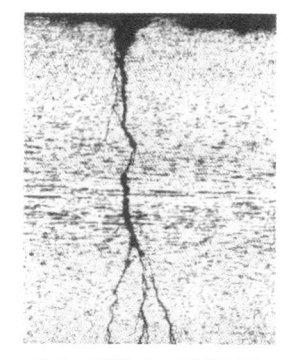

ミクロ組織 [×23](50%)

ミクロ組織 [×50](50%)

図 5.2.25 SCC の例—排煙脱硫装置熱交バイパスライン,エルボ部
(内部流体:Na_2SO_3, $NaHSO_3$, Na_2SO_4, Cl^-:2.9%,
pH:5.5〜5.8, SUS316L, ϕ76 mm)

外観

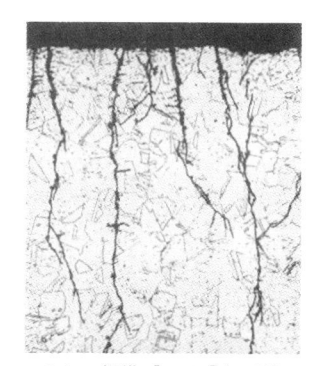

ミクロ組織 [×100](55%)

図 5.2.26 すきま腐食+SCC の例—熱交チューブ(管内:有機ガス,管外:塩素注入冷却水, SUS316L, ϕ19.4 × t1.6 mm × l 6100 mm)

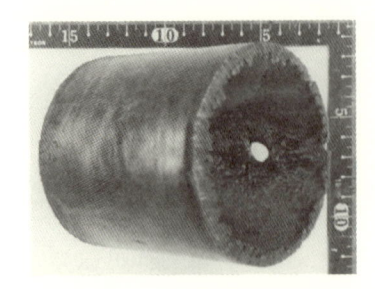

外 観 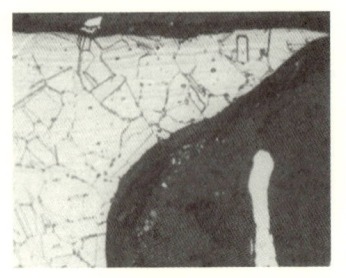　　　　　　　　　　　　ミクロ組織
　　　　　　　　　　　　　　　[×100]
　　　　　　　　　　　　　　　(55%)

孔

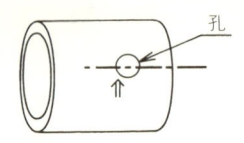

ミクロ的に観察すると内面は全般的に平滑に削られた跡がみえる.

図 5.2.27　エロージョンの例—フロン製造装置（SUS304L, 80 A* × t 4 mm）
　　　　　　　　　　　　　　　　　　　　　　　　　　　＊管の呼び径

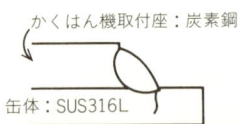

かくはん機取付座：炭素鋼
缶体：SUS316L

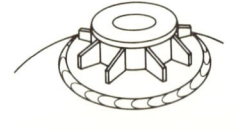

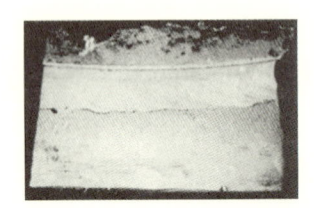

ダイチェックによる欠陥指示模様 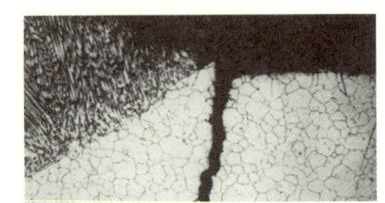　　割れ先端部断面ミクロ組織 [×100] (55%)

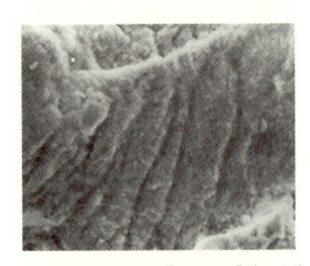

ストライエーション [×2000] (55%) 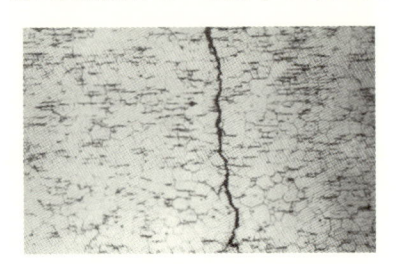　　割れ先端部断面 [×100] (55%)

図 5.2.28　割れ破壊の例—粗製無水フタール酸かくはん機の取付座の疲れ破壊
　　　　　（SUS317L, t 9 mm 缶体）

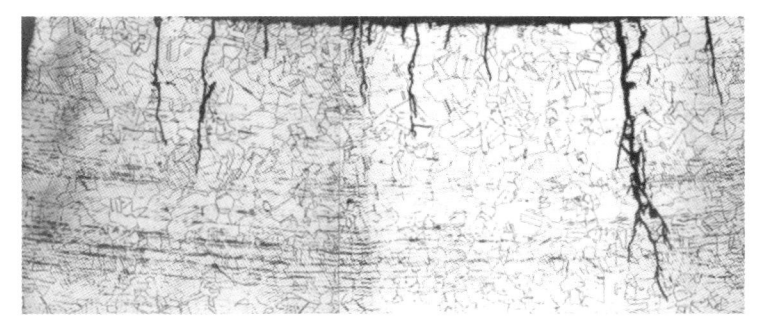

5.2 腐食事例

内管もれ中央部の破断部付近のミクロクラック ［×100］(60%)

内管圧痕跡部 ［×100］(60%) 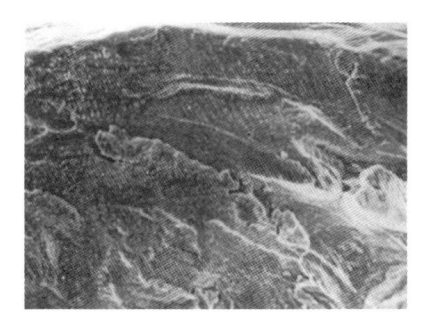　　　　　ストライエーション ［×100］(60%)

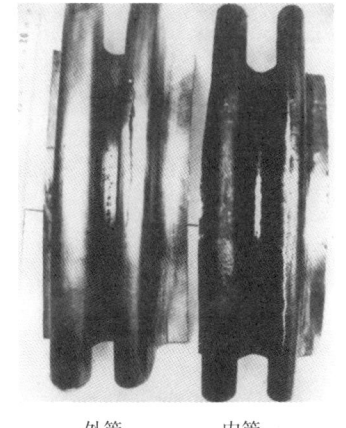

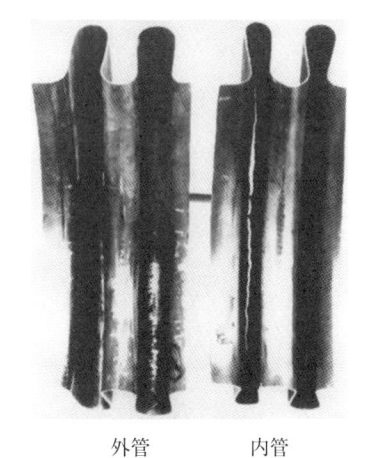

外管　　内管　　　　　　　　外管　　内管
　外側面　　　　　　　　　　　　内側面

図 5.2.29　腐食疲れの例—水蒸気配管のベローズ（二重管）(SUS316)

5. トラブル——その事例と対策

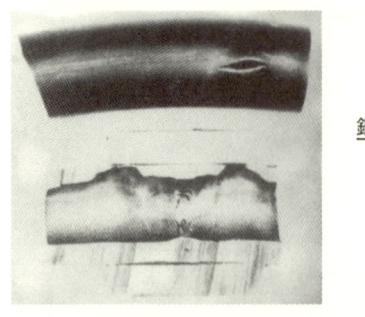

外観写真

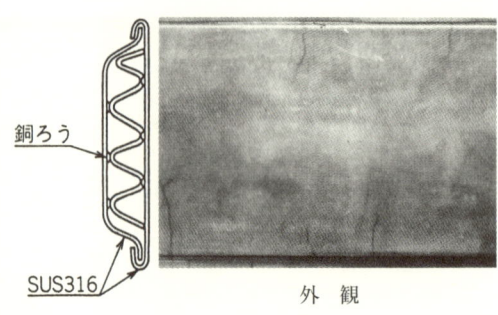

銅ろう
SUS316

外観

浸食の激しい部分（ミクロ組織）
［×200］(57%)

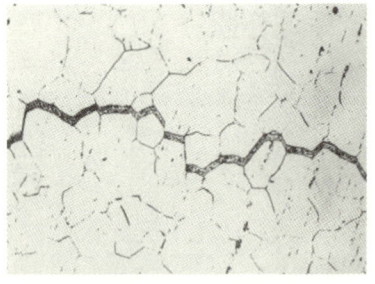

平面から見た割れ部分——銅の粒界侵入
（平面ミクロ組織）［×100］(56%)

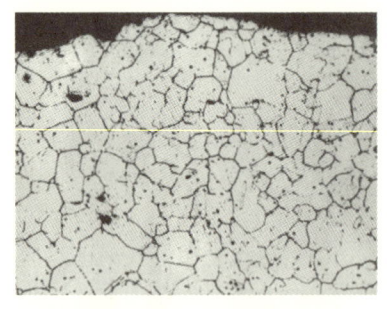

浸食の軽い部分（ミクロ組織）
［×200］(57%)

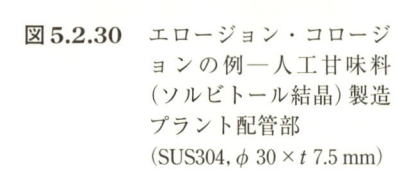

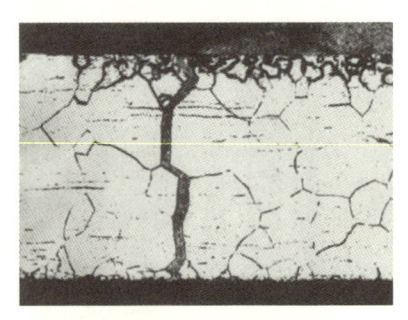

銅の粒界侵入断面ミクロ組織
［×100］(56%)

図5.2.30 エロージョン・コロージョンの例—人工甘味料（ソルビトール結晶）製造プラント配管部
（SUS304, ϕ 30 × t 7.5 mm）

図5.2.31 銅の粒界侵入によるぜい化の例—オイルクーラ，銅ろう付け後の割れ
（SUS316, t 0.5 mm）

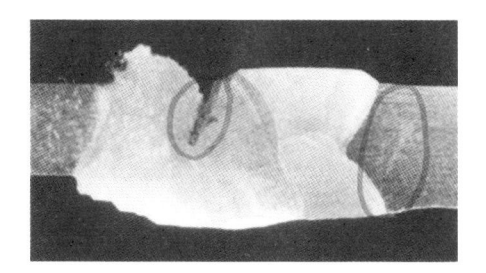

割れ断面 [×6](63%)

ミクロ組織 [×50](63%) Zn の EPMA 像

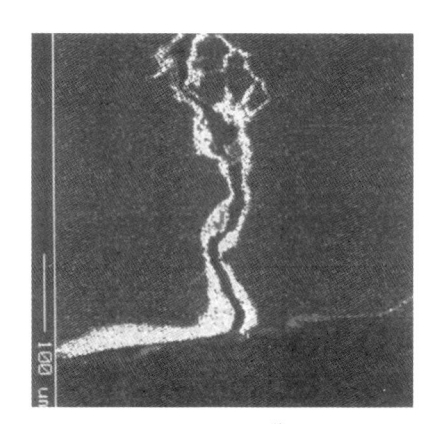

図 5.2.32 Zn の粒界侵入によるぜい化の例
— Zn めっき鋼板と SUS321 のパイプいも継ぎ溶接
（SUS321/Zn めっき鋼板）

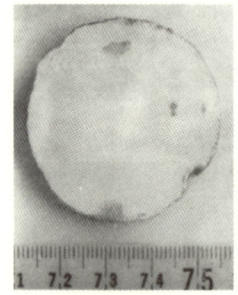

外 側

内 側
ダイチェックによる欠陥
指示模様

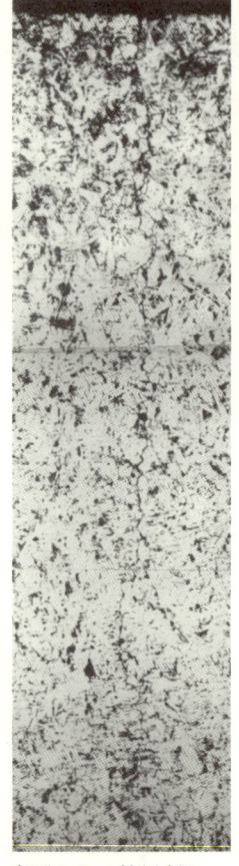

内面からの粒界割れ
[×100] (55%)

図 5.2.33 水素ぜい化の例— CO_2 吸収塔リボイラ鏡板 (SUS304)

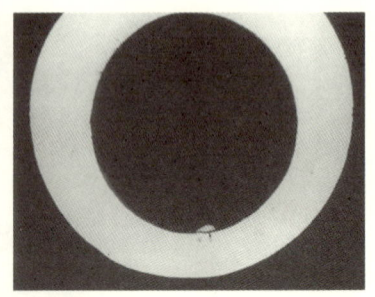

ダイチェックによる欠陥指示模様

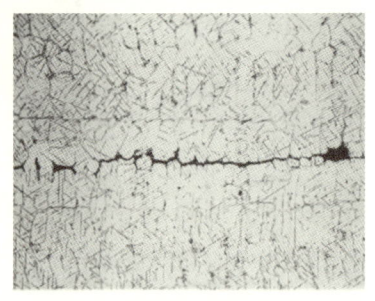

[×50] (55%)

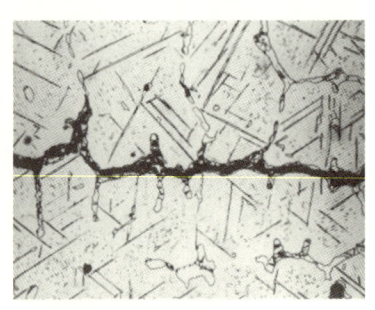

[×200] (55%)

図 5.2.34 σ相析出によるぜい性割れの例—エチレン分解装置部品 (リターンバンド) (SCS17)

350 μm

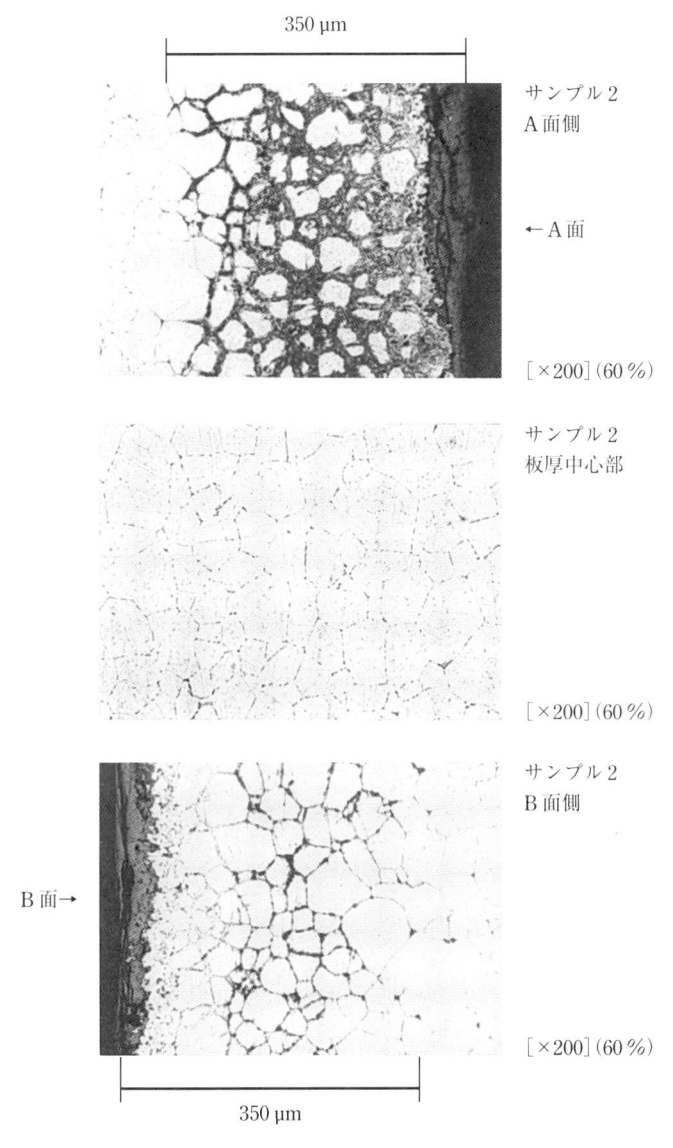

サンプル2
A面側

←A面

[×200] (60%)

サンプル2
板厚中心部

[×200] (60%)

B面→

サンプル2
B面側

[×200] (60%)

350 μm

図 5.2.35 浸炭の例—活性炭製造装置,レトルト部羽根
(SUS316L, t 6 mm)

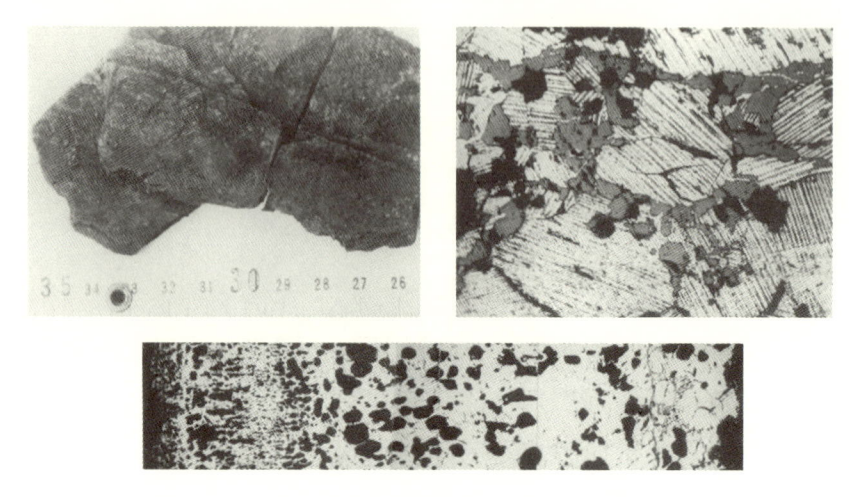

図 5.2.36　浸炭＋硫化の例―活性炭［$C_7H_5NS_2$, $(NH_4)_2SO_4$, 硫酸塩］再生炉（SUS310S）

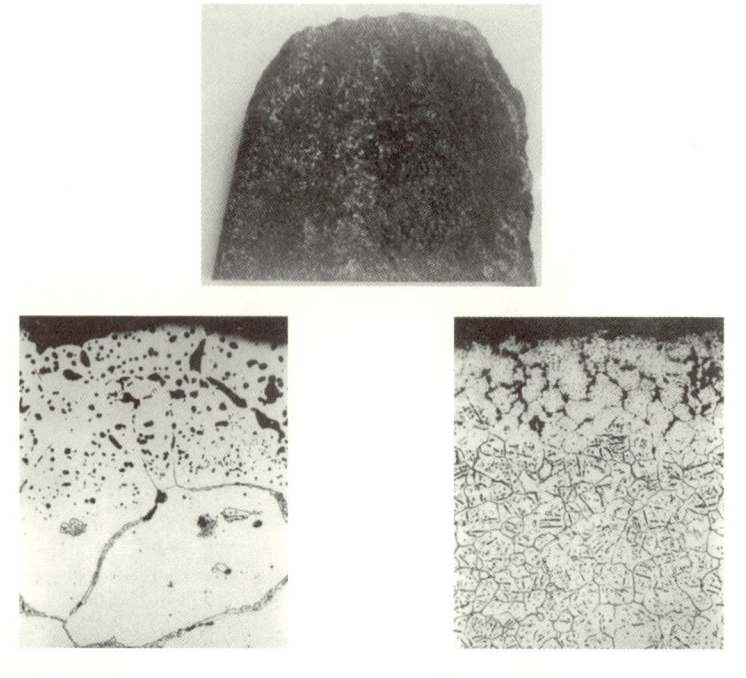

図 5.2.37　浸炭＋硫化＋酸化の例―活性炭製造装置のロータリキルン（SUS310S）

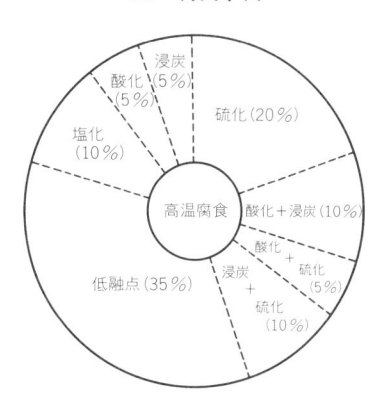

図 5.2.38 高温腐食の形態別分類[7]

(3) SCC の事例

すでに2章で詳述されているように，SCC は引張応力と特殊なアニオン（Cl^-，OH^-，NH_3^- など）による腐食が発生したときに生じる．

(a) **環境と SCC 形態** 具体的な例を表5.3.2に示したが，オーステナイト系，マルテンサイト系ステンレス鋼のSCCは，すでに述べたように Cl^-，OH^-，SO_4^{2-}，NH_3^-，$S_2O_3^{2-}$，S^{2-} などのアニオンで構成される無機塩，有機塩中で生じ，特に Cl^- と S^{2-} が単独または共存する環境での発生が90％以上を占める．形態は貫粒形（TGSCC）と粒界形（IGSCC）の二つに大別されるが，塩化物中ではほぼ100％ TGSCCであり，その他の環境を含めても圧倒的にTGSCCが多い．多くの場合，発生箇所は熱応力が蓄積される溶接部近傍である．これ以外にも，加工時の残留応力が大きかったり，使用中の引張応力が負荷されたときに発生確率は高くなる．

(b) **SCC 事例と温度の関係** 温度別に分類した結果を図5.2.39に示す．80℃以上での発生確率が最も高い．この傾向は前述したマイルドな環境と同じ傾向である．60℃以下では10％にも満たない（最近の調査結果も同じ傾向を示していた）．

(c) **寿命による分類** SCC が検出されるまでの使用期間と発生度数を図

5.2.40に示す．6か月以内で観察される例が圧倒的に多く全体の45％とほぼ半分を占める（2年以内では72％，3年以内で85％という他の調査結果もみられる．）．SCCが短期間で発生する事例が多いのは，使用環境を十分把握していなかったためか，経済的理由のために，適材が選定されなかったことを意味している．

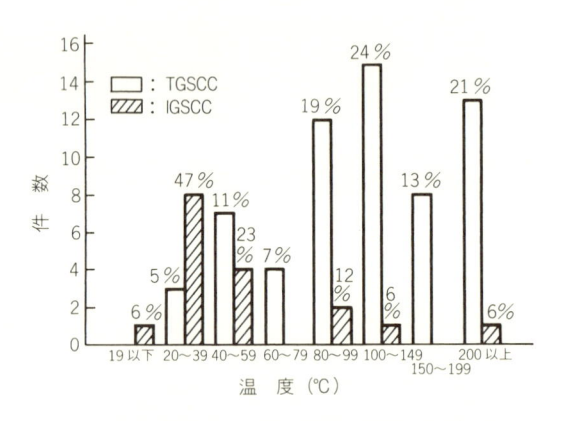

図5.2.39 SCC事例の温度別分類[8]

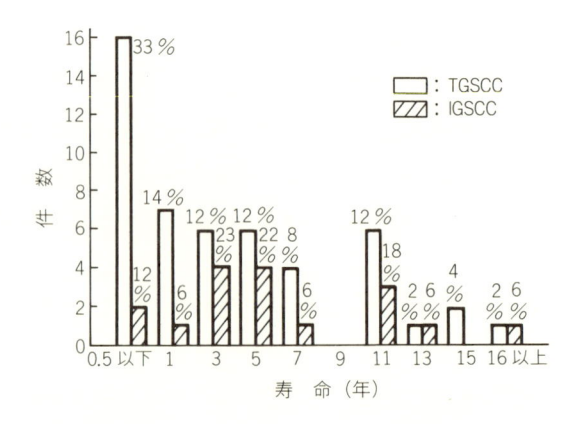

図5.2.40 SCCが検出されるまでの期間による分類[8]

(d) 他の腐食形態との関係　すでに表5.2.11に示したように，SCCの発生起点には，孔食，すきま腐食あるいは粒界腐食の生じている部分がなりやすい．したがって耐応力腐食割れ対策の一つとして，これらの局部腐食に耐えるような材料の選択，環境の制御などがあげられる．

(4) 孔食の場合

日本冶金工業(株)で1990～92年の3年間調査した結果をもとに，孔食発生と鋼種，環境，温度および使用期間の関係を考察すると，以下のことがいえる．

(a) 鋼種別　304系が60％，316系が36％と汎用ステンレス鋼が大部分を占め，その他鋼種はわずか4％に過ぎない．

(b) 環境の影響　Cl^-とS^{2-}が単独または共存するときが83％と大部分を占め，その他の条件下ではわずか4％に過ぎない．

(c) 温度による分類　図5.2.41に温度と発生頻度の関係を示す．100℃以下の温度範囲が圧倒的に多い．使用環境が温水や熱交換器チューブ関係が多いことを示している．

(d) 寿命値による分類　図5.2.42に孔食発生に至るまでの期間の分布を示す．6か月以内が38％，2年以内になると85％にも達する．

(5) 高温腐食事例

(a) 鋼種別分類　鋼種別にみると，他の事例と著しく異なる．その様子を図5.2.43に示す．汎用耐熱ステンレス鋼として広く使用されているSUS310が35％を占め，SUS304系を超えている．SUS310系ステンレス鋼がいろいろな

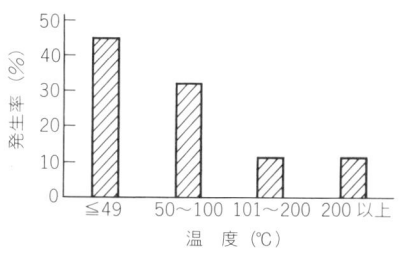

図 5.2.41　孔食発生温度

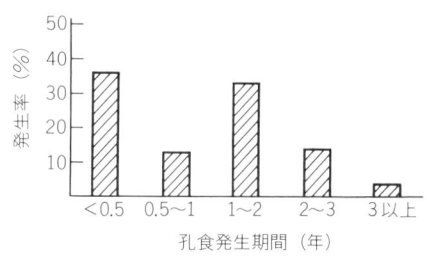

図 5.2.42　孔食発生までの期間

分野で耐熱鋼，耐高温腐食鋼として高温で使用されていることを示している．さらに高級な耐熱合金NCF 800系も含まれていることが大きな特色であろう．310系に事例が集中しているもう一つの理由は，環境側からみて，さらに高い耐高温腐食性のステンレス鋼や耐熱合金が要求されているにもかかわらず，経済的な観点から，あるいはそれに見合った寿命を保証できないなどのために，実績のある310系に落ち着いてしまったためと考えられる．この分野では，新ステンレス鋼の開発の余地がまだまだ残されている．

(b) 温度別分類　図5.2.44に高温腐食の発生率と温度の関係を示す．500℃以下ではわずかな件数であるが，800℃以上が約50％を占めている．高温で

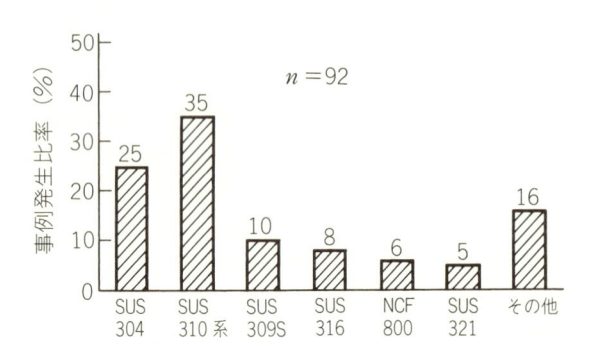

図5.2.43　鋼種別の高温腐食発生率

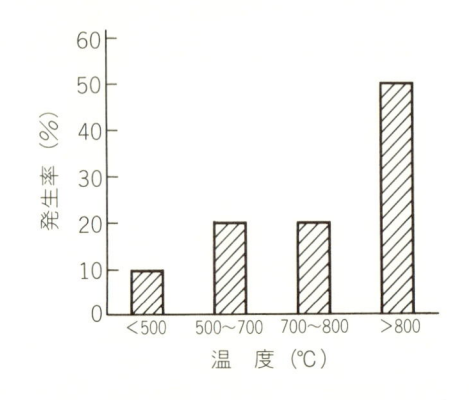

図5.2.44　温度と高温腐食発生率の関係[7]

使用するときの材料選択が難しいことを示している．

（c）**腐食形態別分類** 図5.2.38に示したように，硫化が関係した事例が最も多い．もちろん，塩化には最も弱いために，塩素ガスや塩化水素を含むような環境には最初から推奨されていないために事例がない．また低融点合金や共晶の生成に伴うぜい化の事例も多い．高温で使用しているために揮発性の高い金属 Zn や低融点金属 Cu, Al などが侵入拡散してぜい化を促進したものと考えられる（図5.2.31，図5.2.32）．単純な酸化のみによる事例は少なく，酸化/浸炭，酸化/硫化などの複合現象によって高温腐食の進展している場合が圧倒的に多い．

（d）**使用期間** 1年以内で発生しているものが60％ときわめて多い．材料選択の誤りを如実に物語っている．

5.2.4 割れを伴う事例

割れ事例は以下の五つに分類される．

分類1：機械的割れ（プレス加工，曲げ加工，バーリング加工，溶接加工など成形途上または製品製作中に生じる割れ）で，ほとんどが延性破壊である．当然，フェライト系ステンレス鋼においてはぜい性による破壊もみられる．

分類2：使用中に炭化物，σ相などの析出・凝集粗大化，または結晶粒粗大化に伴うじん性低下による割れ（一種のぜい性破壊）

分類3：使用中に生じる高温腐食（酸化，浸炭，窒化，硫化，塩化，高温腐食など）による化学的損傷を伴って生じるぜい化による割れ

分類4：繰返し応力負荷による疲れ破壊（腐食疲れ破壊を含む）

分類5：応力腐食割れなどの化学的損傷そのものによる割れ

分類1に入る割れは，最適な金型と潤滑剤の選択，成形加工法の改善，加工製品に相応した素材の選択などによって対策をたてることができる．溶接割れも，溶接条件の不具合，溶接方法の不適切などが大きな要因になっている．もちろん，高純度フェライト系ステンレス鋼は溶接中に C, N, O, H などによ

って汚染され，延性－ぜい性遷移温度が高くなって室温でぜい化割れを起こす．これらの割れは非金属介在物などの量と形態にも大きな影響を受ける場合が多い．オーステナイト系，フェライト系のいずれも，高清浄度鋼が優れた成形性，溶接性を備えている．

分類2の代表的例はSUS310のσ相析出によるぜい化，高Crフェライトステンレス鋼の475℃ぜい性，あるいはスーパーステンレス鋼のような高Cr－高Mo－高N含有オーステナイト系ステンレス鋼のσ相やχ相などの金属間化合物の析出によるぜい化などがあげられる（図5.2.34）．

分類3の範ちゅうに入る浸炭，窒化，硫化が生じたステンレス鋼の典型的な光学顕微鏡組織を図5.2.35～図5.2.37に示した．これらの高温腐食による材料の損耗と機械的性質の劣化による破壊が同時に生じる場合も多い．

分類4の疲れ破壊は，近年特に多く観察されている．すでに述べたようにステンレス鋼が多量に使用されるようになったことと，ステンレス鋼は強くて腐食しないという過信が招いた結果と考えられる．SUS304系が55％以上を占めている．また，使用温度が55℃以下という環境が60％と大部分を占めている．さらに不具合は使用後1年以内に45％が発生し，逆に2年以上のものも30％と長時間使用後に疲れ破壊を起こす例が多い．疲れ損傷が蓄積されてついには割れに進展したものと考えられる．割れが溶接部近傍に多くみられるのは，溶接部近傍に熱応力が発生し残留引張応力が高かったためと推察される．

5.3 ステンレス鋼の上手な使い方
　　　——これだけは知って，このようなことを避けよう

5.3.1 マイルドな環境での使用方法

マイルドな環境ではさび発生の事例が最も多く，その原因の90％以上に塩化物が関与しており，孔食がさびの起点となっている．この孔食は表面の欠陥部に塩化物が付着蓄積して乾湿が繰返されるとともに発生しやすくなる．したがって，まずステンレス鋼の表面をきれいにしておく必要があり，欠陥はでき

5.3 ステンレス鋼の上手な使い方

るだけ早い時期に除去しておくことが肝心である．留意すべき点を以下に列記する．

① 製品据付け後や施工終了後は必ずきれいに清掃し，表面に付着している異物などを除去する．それから数か月後（できれば半年以内に）もう一度清掃する．これは表面に顔を出している欠陥の一部がさびたりしているので，拡大する前に除去することが大切である（薄い酸などで洗うと最も効果的である．）．1年経過しても何らの清掃もしないことが最も悪い使い方である．

② 異種金属と接触して使用することを避ける．Fe/ステンレス鋼，Al/ステンレス鋼の組合せは特に悪い．接触が避けられない溶接や接着剤による接合の場合は，卑な金属の面積をできるだけ大きくする．

③ 海岸地帯で外装材として使用している場合，台風などによって多量の高温多湿の海塩粒子が運ばれてきたときは，完全に乾燥する前に水洗いする必要がある（高層ビルなどの場合は現実的に不可能であるが…）．一度，海塩粒子がステンレス鋼の表面に付着，乾燥，固着すると，その後の乾湿の繰返しによってすきま腐食や孔食が発生し，赤さびの原因になる．雨水などにさらされにくい軒下など死角にあたる部位は特に清掃することが肝要である．

④ 塗装ステンレス鋼であっても，海岸地帯で異種金属（たとえばAl，Znめっき鋼板など）と接触して使用される場合，卑な金属の腐食によってステンレス鋼の塗膜がはく離する危険性がある．

⑤ 外装材として使用されるステンレス鋼の赤さびは，もらいさびが圧倒的に多い．屋根用部材などを裸の鉄ロールで成形すると，目に認識できないほどの微細な鉄粉などが付着しているので，使用前に酸洗や水洗などによって，これらの異物を完全に除去しておく必要がある．

⑥ 銅屋根や銅製品と一緒にステンレス鋼を使用する場合は，雨水（特に海浜地帯で）などによって溶出するCu^{2+}イオンがステンレス鋼の表面に滞留しないように工夫設計すること（こう配屋根にするなどの工夫）．Cu^{2+}

イオンの付着により孔食などが急激に加速され穴あきの原因となることもある．

⑦ スポット溶接やプラグ溶接後，溶接によって生じたテンパースケールなどを除去するとき，ワイヤブラシなどによる機械的除去は避ける．ワイヤブラシなどでステンレス鋼の表面をこすると逆にミクロ欠陥を導入する結果になってしまう．図5.3.1には，軟鋼表面にSUS316Lをライニングするとき，スポット溶接部をワイヤブラシで研削した部分が海岸地帯でわずか数週間で真っ赤にさびた例を示す．

⑧ 水道水や工業用水（塩素系により殺菌が実施された場合）を貯蔵する場合は密封せず，ガス抜きなどを必ず設ける．塩素ガスなどが揮発して上面に滞留すると，孔食や応力腐食割れなどの原因となる．

⑨ 機械的すきまをつくらないこと．突合せ，重ねおよびすみ肉溶接する場合は，すきまができないよう工夫する．シール材（パッキング材など）を使用する場合は最適な材料を選ぶこと．

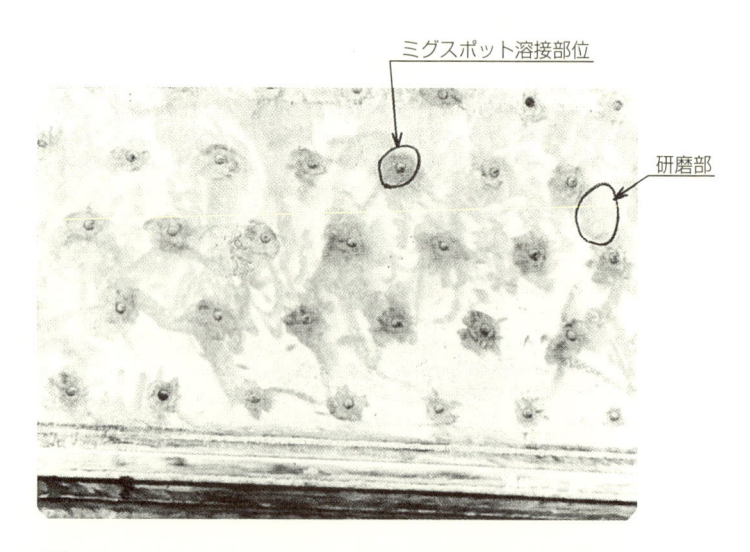

図5.3.1 316Lライニング材，スポット溶接部のさび発生
（ワイヤブラシによるスケール除去後1か月以内でさび発生）

⑩ 濃縮されたとき，どの程度の塩素イオンを含むようになるか，使用温度はどの程度まで上昇するかを十分考慮して，耐孔食性や耐応力腐食割れに強いステンレス鋼を選択する．MoやCu，Si入りステンレス鋼の性質を把握しておく．
⑪ 殺菌剤や溶剤を使用した場合，水洗を忘れないこと．

5.3.2 過酷な環境で使用する場合
(1) 湿食の場合
① Cl^-，OH^-，S^{2-}，NH_3^-などのアニオンを含む溶液は滞留させないこと．これらのイオンが濃縮したり，温度が上昇すると孔食やSCCが発生しやすくなる．
② 溶接時の熱応力あるいは加工時の内部応力が残留しないような方法を考える．すなわち使用環境，条件をよく把握してSR（応力除去）が必要か，または耐応力腐食割れ性のより大きいステンレス鋼が必要かどうかを判断する．経済的理由（たとえば予算上の関係など）から耐食性の低い安価なステンレス鋼が選ばれる場合も多いが，これはかえって危険である．
③ SRが困難な場合はショットピーニングなどにより圧縮残留応力を付与して，引張応力を緩和する方法もある．
④ 残留応力や加工変形は，溶接だけでなく種々の製造プロセスで発生する機械加工，研磨などによる材料表面の加工変形層や，溶接，熱切断による局部的な加熱領域などで塑性ひずみが生じ，残留応力，加工変形の原因になる．いずれも不均一変形によって生じる局部的なひずみが原因である．強度設計を行う場合もこのような残留応力を考慮すべきであろう．
⑤ 耐孔食性を考えて適材を選定する場合は，PRE値（$=\%Cr+3\times\%Mo+16\times\%N$）を参考にする．PRE値が高ければ高いほど耐孔食性に優れる．
⑥ 溶接プロセス時に生じるテンパーカラーがついたままの使用は避けるべきである．テンパーカラーは多孔質な膜であり，この微細な孔がアノード

になりやすく孔食やSCCの起点となる．
⑦ 孔食やSCCに強い高Cr-高Mo含有高純度フェライト鋼を用いるときは，溶接金属とHAZ部（溶接熱影響部）の耐食性が母材より著しく劣化しているので，溶接施工は汚染されないよう慎重に行わなければならない．
⑧ SやSb, Pb入りの快削性ステンレス鋼は過酷な環境では絶対に使用しない．MnSなどが容易に孔食の起点となるためである．
⑨ Cu^{2+}, Fe^{3+}などの酸化剤となるイオンが共存する場合は，より耐食性の優れた材料を選ぶこと．
⑩ インヒビターを使用する場合は，金属錯体を形成して不動態皮膜が破壊される場合もあるので，使用環境とインヒビターの関係を十分把握しておく．
⑪ 電気防食を適用するときは，水素ぜい化の有無を調査しておく．
⑫ 溶接金属の選択は重要である．大抵の場合は同一成分の合金を使用するが，耐食性を維持するためには溶接金属は母材よりも耐食性に優れる金属を選ぶことが多い．特に異材溶接の場合は耐食性に優れ，さらに熱膨張係数の小さい合金を選択する．たとえばステンレス鋼と炭素鋼，あるいは耐熱鋼とステンレス鋼の異材溶接では，PとSの低いNi基合金を溶接金属として用いることが推奨されている．

(2) 高温腐食
① 各高温乾食形態に及ぼす合金元素の効果（表5.3.1）を十分把握しておくこと．Niは硫化腐食に，Crは塩化腐食に，Alは窒化に，Coは酸化に弱いことに十分注意する．
② 酸化のみの環境であればNi含有の高Cr-高Al材が最も優れているが，このような単純な環境は少なく，酸化／硫化，酸化／浸炭／窒化，酸化／硫化／浸炭，酸化／硫化／塩化／浸炭／窒化など同時に生じる複合環境が多い．このような場合は，各元素の効果を十分理解して材料選定に当たらなければならない．
③ 低Niの高Cr材またはフェライト系ステンレス鋼，マルテンサイト系ス

表5.3.1　高温乾食に及ぼす合金元素の効果

	酸化	窒化	浸炭	硫化	塩化	V_2O_5	高温腐食	H_2SO_4露点腐食	低融点金属腐食
Fe	△	△	△	△	×	×	×	×	△
Ni	○	○	○	×	○	○	○	○	○
Cr	○	○	○	○	×	○	○	△	○
Mo	△	○	○	○	○	×	×	△	△
Cu	×	○	△	△	△	△	○	○	△
V	×	△	○	×	×	×	×	△	×
Nb, Ti	○	○	○	○	○	○	○	△	△
N	△	△	△	△	△	△	△	△	×
C	×	○	×	×	×	△	△	△	△
Co	△	○	○	○	○	○	○	△	△
W	×	△	△	△	△	×	×	△	△
Al	○	×	△	○	○	○	○	△	△
Si	○	○	○	○	○	○	○	△	△
Zr	○	△	△	○	○	○	○	△	△
Pt	△	△	△	△	△	△	△	○	△
Hf	○	△	△	○	○	○	○	△	△
REM	○	△	△	○	○	○	○	△	△
B	×	—	—	—	—	—	—	—	△

備考　○：良い効果あり　　△：中間報告，若干効果あり　　×：悪い効果

テンレス鋼は高温で結晶粒粗大化を起こしやすく，またCrやMo含有量が高いとσ相などの金属間化合物を析出しやすいので，900℃以上の高温で使用する場合は各種金属間化合物，炭化物などの析出挙動を十分把握しておくこと．

④　したがって高温で使用するときは，耐高温腐食の立場からだけでなく，組織安定性を十分考慮し選択しなければならない．

⑤　Cr含有量の高い炭化物やσ相が析出すると，その近傍はCrが欠乏しているため内部酸化を起こしやすいので，高Cr含有鋼を選択すること．

⑥　自動車の排気系部材は，塩害腐食を受けやすいので，高温酸化に及ぼす塩化物の影響を十分理解しておく必要がある．

⑦　高温ガス（たとえばボイラ排出ガス，自動車排出ガス，ごみ焼却炉排出ガスなど）を取り扱う場合は，必ず露点腐食の有無を考慮しておかなけれ

ばならない．最近は自動車のマフラーなどでも排出ガスの凝縮水による露点腐食が問題になっている．

⑧ 高温で繰返し使用する場合，部材が拘束されていると熱疲れ破壊を生じるので，熱膨張係数を十分考慮し，さらに設計時には熱応力緩和方法を講じなければならない．

(3) 破壊を伴う場合

① 応力腐食割れや高温腐食に伴って破壊する事例をすでに述べた．応力腐食割れはオーステナイト系ステンレス鋼のアキレス腱といわれているが，フェライト系，二相系でも環境によって応力腐食割れを起こすことがある（たとえば，H_2S と塩化物が共存する環境など）．それらの事例を参考に，合金元素の効果や環境の影響を十分把握しておく必要がある．

② 成形時の割れの場合は，各材料の機械的性質，成形性を代表する r 値，n 値，限界絞り値（LDR），エリクセン値などを十分把握しておく．この場合，金型のわずかな修正で問題なく絞れることも多い．規格上は同一鋼種でも，製造会社が違えば生産設備が異なるので，ステンレス鋼表面にはマクロ的にとらえることができないミクロ的な形状の差異，表面粗度や厚み偏差などが生じているためである．

③ 準安定オーステナイト系ステンレス鋼は深絞り成形に優れているが，強加工では多量のマルテンサイトが生成し，置割れを起こすことがあるので，置割れ特性を事前に調査しておくべきである（3.1節参照）．この場合，成形後，直ちに焼なましを行うか，限界以上の深絞り加工は行わないこと．

④ 置割れは使用する潤滑剤にも影響されるので，潤滑剤に腐食性があるかどうかを事前にチェックしておくべきである．

⑤ 最近，割れ破壊が多く，特に溶接欠陥部が起点になっている場合が多いので，健全な溶接であるかどうか必ずチェックしておく．フラックスや酸化物の巻込みは外観には現れず，内部欠陥として残留する場合が多い．炭素鋼の溶接とは異なって慎重に施工する必要がある．

⑥ 使用前に引張応力負荷の程度（繰返し応力）をチェックしておく．溶接

応力,熱応力,繰返し応力がどの程度蓄積されるか事前に推定する(残留応力の有無や定量化はたいへん難しいのが実情である).

⑦ 使用すべき材料のSS曲線(応力/ひずみ曲線),特にじん性特性を把握しておく.疲れ破壊の起点箇所は,すでに述べたように溶接金属またはその近傍に多い(欠陥があるため?)が,ステンレス鋼の強度特性に対する過信が招いた事例が多い.

引用文献

1) Y. Fujiwara, et al. (1991) : *Proceedings of International Conference on Stainless Steels*, Chiba, ISIJ, p.p.367-372
2) 特殊鋼倶楽部 編集委員会 データシート,ステンレス鋼編集委員会 (1992):特殊鋼,Vol.41, No.5, p.p.8-48
3) 金子智ほか (1990):第37回腐食防食討論会,B207
4) 腐食防食協会編 (1986):防食技術便覧,p.499,日刊工業新聞社
5) 須永寿夫 (1974):ステンレス,Vol.18, No.13, p.17
6) 久松敬弘 (1977):鉄と鋼,Vol.63, No.5, p.574
7) 日本冶金工業(株)技術資料(事例集)より
8) 中原正太ほか (1986):腐食防食'86,腐食防食協会,p.213

和文索引

(欧字，数字，ギリシャ文字などと和文が混合している語句を含む)

A

Ac$_1$ 点　102, 103
AISI 規格　39
AOD–VCR 法　89, 90
AOD プロセス　72
AOD 法　22
AP ライン　77
ASTM 規格　39
AWS 規格　39

B

BA 炉　77, 78
BWR の主要系統の材料例　280

C

C.C.V. 値　181
Cl$^-$　120, 122, 126
CO 分圧　72
C 活量　135
C 処理　112
C ポテンシャル　135, 136
Cr–Ni–Mn 系　38
Cr–Ni 系　38
Cr–Ni 系ステンレス鋼　26
Cr 系　38
Cr 系ステンレス鋼　24
Cr 欠乏層　223
Cr 鋼の腐食速度（高温 HCl 中の）　139
Cr 炭化物　161, 235
Cr 当量（δ 相生成の）　106

E

ELO–VAC プロセス　72
ERW 鋼管　214

F

(Fe, Cr)$_{23}$C$_6$　97
(Fe, Cr)$_7$C$_3$　97
Fe–13％Cr–C 状態図　97
Fe$_3$C　97, 137
Fe–Cr–0.1％C 状態図　97, 98
Fe–Cr–C 系状態図　24, 97
Fe–Cr–Ni 系平衡状態図　26
Fe–Cr–Ni 合金等温断面図　101
Fe–Cr–Ni 合金の 18％Cr の等濃度断面図　99
Fe–Cr–Ni 三元系状態図等温断面図　98
Fe–Cr 系状態図　95, 96
Fe–Cr 合金系の特徴　116

H

Huey 試験　143
H グレード　268
H 形鋼　83
H 処理　111, 112

I

IH 用材料　318

J

JIS
　——鋼の鋼種分類　30
　——と関連外国規格　43
　——の規定内容（ステンレス鋼，耐熱鋼の）　38
　——の変遷　23
　規格の種類　36
　鋼種記号新旧対照表　40-41
　鋼種系統図　31
　鋼種と記号　36
　鋼棒，板，帯，線材，線（化学成分）　45-51
　ステンレス鋼鋳鋼品　56-57
　製品形状　36
　耐熱鋼棒・板（化学成分）　58-59

被覆アーク溶接棒　53-54
溶接材料　55
JIS鋼種体系
　オーステナイト系ステンレス鋼の――　31
　オーステナイト・フェライト系ステンレス鋼の――　31
　ステンレス鋼鋳鋼品の――　34
　析出硬化系ステンレス鋼の――　31
　耐熱鋼鋳鋼品の――　34
　耐熱鋼の――　33
　フェライト系ステンレス鋼の――　32
　マルテンサイト系ステンレス鋼の――　32

K

K–BOP法　72

L

Laves相　109
LD–VACプロセス　72
LMFBR構造材料の一覧（世界の）　285, 286
LNG煙突用新耐食鋼　307
LNGタンカー　265
LNGタンク　291

M

Md_{30}　107, 149, 188, 194, 195
　――と成形性因子の関係　196
M_S点　103, 107, 111, 112, 149, 155, 159
　――調整処理　107
　――に対する合金元素の影響　107

N

Ni基合金　142, 252
Ni当量（δ相生成の）　106
No.2 B仕上げ　147
n値　178, 184, 211

P

pH低下　119

PRE値　373

R

RH–OB法　21
R処理　112
r値　178, 179, 189, 195
　――に及ぼすTi/(C＋N)比の影響　196
　――に及ぼす冷間圧延率の影響　197
　――の異方性　189

S

SCC（→応力腐食割れもみよ）
　――感受性　125
　――の事例　365
　　――と温度の関係　365
　　寿命による分類　365
　――の例　345, 357
　環境と――形態　365
　　貫粒形　365
　　粒界形　365
　他の腐食形態との関係　367
Strauss試験　143
SUS304鋼の固溶化熱処理組織　100
SUS430鋼の焼なまし組織　104, 105
S処理　111, 112, 155

T

TD処理　205
TTS曲線　108
TTS線図　122
T処理　112

U

UO成形　84
UOプレス成形法　86

V

VOD法　21

Z

Zn粒界侵入によるぜい化の例　361

その他
(数字やギリシャ字で始まる用語)

1/2硬質　83
10％しゅう酸エッチ試験による判別基準　68, 69
1000hクリープ破断強さ　164
1000時間クリープ破断強さ　165
17-4PH　155
17-7PH　155
18％Cr鋼　142
18-8　17
18-8鋼　142
200番台　38
20段センジミアミルロール　75
300番台　38
304ULC　249
310ULC　249
400番台　38
42％沸騰$MgCl_2$腐食試験　124
475℃ embrittlement　153
475℃ぜい化　105, 109
475℃ぜい性　97, 153
4タンデム・センジミアミル　21
600番台　39
α　24, 95
α(Ni_3Al)　112
$\alpha/(\alpha+\gamma)$境界（Fe-Cr合金の）　104
α'　100
α'変態　28
α'量　28
$(\alpha+\gamma)$二相組織　24, 25, 26, 28
$\alpha+\gamma$二相領域　99
α安定化元素　95, 97, 100, 102, 104
α単相組織　25, 26
γ　24, 95
　――安定化元素　95, 97, 100, 102, 103
　――単相組織　26
γ'相　276
Δr　189, 190
δフェライト　97, 100, 102, 254
ε相　108
η相　109
σぜい化　105, 109, 166
σぜい性　153
σ相　95, 100, 156, 235
σ相析出　255
χ相　109

あ

アーク溶接　84
　――鋼管　83
　――法　225
厚板ミル　73
圧延H形鋼　83
圧縮機（ガスタービンの）　274
圧縮残留応力　373
圧接　233
圧力容器用ステンレス鋼の鍛鋼品　65
アトマイズ法　87
穴広げ試験　181
　――法　183
穴広げ性　183
アニオン　332
アノード　112, 331
アノード反応　113, 122, 126
アノード分極曲線　118
　（Fe-Cr合金の）　116
　ステンレス鋼の――　118
　成分元素の影響　118
アノード溶解　123
亜硫酸　248
　――ガス（湿った）　248
亜臨界圧　267
アルカリSCC　254
アルカリ硫酸塩腐食　138
安定化元素（炭化物の）　249
アンモニア合成塔内でのNi合金の腐食度　137
アンモニア雰囲気　137

い

硫黄ガス　133
異形鉄筋　325

異種金属腐食　126
異常酸化　130
一方向凝固　276
一様伸び　152
一般用ステンレス鋼のワイヤロープ　36
イヤリング　189, 190
陰極　112
インヒビター　125, 374
飲料機器　256

う

薄ゲージ（冷延鋼鈑の）　75
上底吹き転炉　89

え

鋭敏化　121
鋭敏化曲線　108
液化天然ガス　291
エキゾースト・マニホールド（自動車の）
　　170, 259, 260
液体金属腐食　140
液体金属冷却高速増殖炉　284
エチレンプラント　255
　　遠心鋳造管　255
　　コーキング　255
　　デコーキング　255
　　内面浸炭　255
　　ボーリング（分解管内面の）　255
エッチング　82
エリクセン
　　――試験　180
　　――工具　181
エリンガム図　128
エルハルト・プッシュベンチ法　84
エレクトロガス溶接法　231
エレクトロスラグ溶接法　231
エレクトロニクス機器　315
エロージョン　252
エロージョン・コロージョンの例　360
塩化水素　138
塩化物　124, 370
塩化物応力腐食割れ　105

エンジェル（人名）　149
エンジン・ヘッド・ガスケット（自動車の）
　　262
遠心鋳造管　255
円すい成形　202
延性－ぜい性遷移温度　156, 158, 159,
　　160, 370
　　伸びと衝撃吸収エネルギーによる相違
　　159
塩酸　252
塩素ガス　138
円筒深絞り試験　180
煙突・煙道設備　304
エンドリング（タービン発電機の）　277
塩ビモノマ　252
エンリコ・フェルミ（人名）　278

お

応力－クリープ破断時間線図　165
応力除去焼なまし　125
応力－ひずみ曲線　178
応力腐食割れ（→SCCもみよ）　122, 123,
　　143, 144, 252, 284, 369
オーステナイト　24, 95
オーステナイト安定化元素　160
オーステナイト安定度　150, 157
オーステナイト系　62, 112
オーステナイト系鋼種　215
オーステナイト系ステンレス鋼　26, 71,
　　76, 99, 106, 148, 158, 166
　　オーステナイト相の安定度　150, 157
　　加工硬化　27, 149, 178, 215
　　加工硬化材　150, 158, 160
　　加工発熱　150
　　加工誘起変態　28, 149, 156, 183
　　加工誘起マルテンサイト変態　149,
　　157, 188, 202
　　気温の影響　150
　　機械的性質　60, 64, 147
　　ハード材　150
　　ひずみ誘起マルテンサイト変態　149
オーステナイト系ステンレス鋼鍛造品

　　　　87
オーステナイト生成元素　29
オーステナイト・フェライト系　63
オーステナイト・フェライト系ステンレス鋼（→二相系ステンレス鋼もみよ）
　28, 109, 156
置割れ　187, 188, 376
遅れ破壊　187, 188
押付け曲げ　206
押通し曲げ　206
汚染防止　263
主な製造方法　73
オレンジピール　191, 192
温間絞り　193
　――用の金型の構成図　193
温間鍛造　215
温水器　288
温度勾配付与成形　193, 194

か

加圧水型原子炉　284
カーペンタ20Cb-3　247
カーリング発生防止　212
カール・ワグナー（人名）　128
海塩粒子　125, 371
快削性ステンレス鋼　374
改質反応管（水素製造装置の）　255
海水淡水化装置　293
　　逆浸透膜式――　298
　　船舶用――　299
　　　――のフローチャート　300
　　多段フラッシュ式――　294
　　　脱気器　297
　　　抽気装置　298
　　　ブラインヒータ　294
　　　フラッシュ室　295
海水冷却熱交換器　126
外装材（自動車の）　262
改良鋼の発達　18
かえり　200, 201
化学研磨　222
化学工業装置　246

化学蒸着　205
化学成分　30, 44
化学組成　30
化学的損傷　329
化学的前処理　77
化学発色　82
化学プラント　352
化学薬品　265
可逆式圧延機　73
拡散係数　135
　金属の――　135
　　酸化物・硫化物中の――　135
核燃料　285
　再処理　285
　　オーステナイト系ステンレス鋼　288
　　湿式方式　285
加工　149
加工限界　210, 211, 212
　鋼管の――　206, 210, 211, 212
　　口絞り加工　210
　　口広げ加工　211
　　バルジ加工　212
　　曲げ加工　206
加工硬化　27, 149, 178, 215
　――材　150, 158, 160
　――指数　152, 209
　――性　107, 152
加工上の留意点　214
加工ぜい化割れ　188
加工誘起α'変態　29
加工誘起変態　28, 149, 156, 183
加工誘起マルテンサイト　171
加工誘起マルテンサイト変態　157, 188, 202
過時効　163
ガスシールドアーク溶接法　226
ガス・石油器具　319
ガスタービン　146, 271, 274
　――主要部品の材料適用例　275
　――の圧縮機　274
　――静翼　274

――ディスク　275
――動翼　274
――ロータシャフト　274
――の犠牲防食コーティング　274
――の構造の一例　274
――の遮熱コーティング　276
――の静翼　274, 275, 276
――のタイル　275
――のタービンディスク　277
――の動翼　274, 275, 276
――の燃焼器　274, 275
――のノズル　271, 274
――のライナ　275
ガス雰囲気組成　147
　プラント機器における――　147
か性アルカリ　124
か性カリ　254
か性ソーダ　254
カソード　113, 331
カソード反応　116, 120, 122, 123, 124, 126
カソード分極曲線　118
加速クリープ　163
形鋼　65, 83
硬さ　60
カチオン　332
活性経路腐食　123
活性態域　116, 123
活性溶解　119
家庭用・業務用機器　315
　IH用材料　318
　ガス・石油器具　319
　耐指紋性　318
　台所食卓用品　318
　厨房機器　315
　浴槽　320
家電製品　311
　腐食形態　312
　腐食事例　313
　部品と要求性能　314
　メーカに対する要望事項　312
金型　204

合金工具鋼　204
超硬合金　204
――の表面処理　205
過熱器（ボイラの）　130, 138, 267
加熱炉用鋼管　44
過不動態　249
――域　116
ガラス潤滑材　84
火力発電技術基準　268, 269
――材料　269
火力発電用のボイラ　130
ガルバニック腐食　126
還元反応　113
乾湿の繰返し　371
乾食　127
乾食試験法　144
含水酸化物　117
管継手（T継手）のバルジ加工　213

き

ギェー（人名）　16
機械研磨　217
機械式集じん装置　303
機械的性質　60, 64, 147
　――の規定項目　60
　――の規定項目比較　61, 66, 68
　オーステナイト系ステンレス鋼の――　148
　　気温の影響　150
　オーステナイト系の――　62
　オーステナイト・フェライト系の――　63
　高温における性質　161
　　クリープ特性　163
　　高温疲れ　164
　　長時間過熱による変化　166
　　熱疲れ　166
　　引張クリープ試験　163
　　引張強さの温度依存性　162
　　引張特性　161
　常温における性質　147
　　オーステナイト系ステンレス鋼

148
オーステナイト・フェライト系ステンレス鋼　156
析出硬化系ステンレス鋼　154
フェライト系ステンレス鋼　152
マルテンサイト系ステンレス鋼　153
析出硬化系ステンレス鋼の――　154
析出硬化系の――　64
耐熱鋼の――　67
低温における性質　156
　サブゼロ温度での伸び向上　159
　じん性　158
　低温疲れ　160
　引張性質　157
フェライト系の――　63
マルテンサイト系ステンレス鋼の――　153
マルテンサイト系の――　64
機械的割れ　369
貴金属　115
犠牲防食コーティング　274
起電力　113
逆浸透膜　293
球面ジョイント（自動車の）　261
共金溶接棒　225
強磁性　171
共析変態　95, 104
鏡面仕上げ　222
強力ばね　167
局部電池　112
局部腐食　120, 125
許容応力　268
許容引張応力　270
金属塩化物　139
　融点，沸点　139
金属温度（ボイラの）　130
金属間化合物　100, 109, 112, 154, 155
金属クロム　15
金属組織と熱処理との関係　109
金属組織の諸性質への影響　109
金属表面構造の模型　331

金属表面の欠陥　332

く

空気中窒素固定法　17
口絞り加工　210
　加工限界　210
　プレス成形　210
口広げ加工　211
　加工限界　211
　カーリング発生防止　212
　バルジ成形　211
　プレス成形　211
クラウン制御機構　75
クラスタミル　75
グラスライニングタンク　289
クラッド鋼　88, 170, 308
　――の腐食速度　309
クラッド鋼の腐食速度　309
クラフトパルプ法（製紙・パルプ工業の）　256
クリープ　163
　――曲線　163
　――強さ　164, 272, 273
　――破断強さ　164, 272, 273
　応力－――破断時間線図　165
　加速――　163
　遷移――　163
　定常――　163
クロマイズ処理　140
クロム鉱石の溶融還元技術　89

け

ケーシング（蒸気タービンの）　272, 273
形鋼　65, 83
欠陥の分類　331, 332
結晶粒度　77
結晶粒度番号　191
結晶粒の粗大化　104, 153
ケミカルタンカー　263
限界絞り比　180
限界張出し量　212, 213
嫌気性菌　127

検査　80
研削油　218
原子力発電所の圧力容器　87
原子力プラント　279
原子炉　278
原子炉圧力容器　279
建築金物類　320
建築構造用ステンレス鋼材　36
研磨材　218
研磨ベルト　217
研磨油　218
原料（ステンレス鋼製造の）　70

こ

コイル圧延方式　20
コイルきず取り　79
コイルきず取り装置　79
高 C フェロクロム　71
高 C マルテンサイト系ステンレス鋼　103
高 Cr 二相ステンレス鋼　249
高 Mn−窒素鋼　19
高延性・高じん性化　28
高温液体金属に対する耐食性　142
高温エロージョン　140
高温塩化物腐食　138
高温ガス炉　285
高温機械的性質　162
高温強度　44, 259
高温高強度合金系　39
高温酸化　145
　　——試験法　144, 145
高温疲れ　164, 259
高温腐食　127, 128, 138, 269, 369, 370, 374
　　——試験法　145, 146
　　——事例　367
　　　温度別分類　368
　　　鋼種別分類　367
　　　アルカリ・鉄・硫酸塩酸化物による　141
　　　アルカリ硫酸塩による　140

合成石炭灰による　141
合成油灰による——Cr 量の影響　141
　　使用期間　369
　　腐食形態別分類　369
　　輝度の低下　140
　　高温エロージョン　140
　　高温装置における——　128
　　合金元素の効果　374, 375
高温割れ　270
鋼管　65, 83
鋼管の加工　205
　　——曲げ加工　206
　　　　——加工限界　207
　　　押付け曲げ　206
　　　押通し曲げ　206
　　　高周波誘導加熱曲げ　206
　　　しわ　207, 209
　　　塑性屈服　207, 209
　　　破断　207, 208
　　　ハンブルグ曲げ　206
　　　引曲げ　206, 207, 209
　　　引張曲げ　206
　　　プレス曲げ　206, 207
　　　偏心プラグ曲げ　206
　　　ロール曲げ　206, 207
鋼管の製造方式（→素管製造方法もみよ）　83
好気性菌　126
光輝焼なまし炉　77
高強度化（冷間圧延による）　28
高強度非磁性材料　171
合金元素　95
合金元素の影響（δ フェライト生成に及ぼす）　101
合金元素の影響（マルテンサイト系ステンレス鋼の組織に及ぼす）　102
合金工具鋼（金型の）　204
合金鉄　70
高サイクル疲れ強さ　275
高周波溶接鋼管　83
鋼種記号新旧対照表　41

鋼種と記号　36
鋼種による分類　333
高純度鋼　72
高純度フェライト系ステンレス鋼　105, 217
孔食　119, 122, 125, 127, 142, 143, 253, 342, 367, 370, 372
　　——＋SCCの例　356
　　——電位　119, 123
　　　　Cr＋Moの影響　123
　　——の事例　343, 354, 355, 367
　　　　温度による分類　367
　　　　環境の影響　367
　　　　鋼種別　367
　　　　寿命値による分類　367
高清浄度鋼　370
鉱石産出国（Cr, Ni）　71
鋼線　83
　　——の仕上区分　83
構造躯体（住宅の）　325
構造体（鉄道車両用）に使用される主要材料　264
構造部材（建築の）　325
構造用ステンレス鋼ワイヤロープ　36
高速増殖炉　286
降伏現象　152
高力ステンレス鋼　111
高炉銑　72
コーキング　255
黒液　257
黒鉛　136
国際標準化機構　36
極低C材　189
極低温貯蔵容器　291
コニカルカップ試験　181
　　——方法　182
固溶化熱処理　26, 28, 122
固溶化熱処理状態の機械的性質　62, 63
ゴルトシュミット　15

さ

再結晶

熱延組織の——　76
　　——による結晶粒の大きさ　77
再処理（核燃料の）　285
　　——工程の技術方式　287
　　——工程の使用材料　287
　　　オーステナイト系ステンレス鋼　288
　　湿式方式　287
　　——工程の材料選定の考え方　287
再熱器　130, 138, 267
再不動態化　118, 119
酢酸　252
酢酸回収缶液　253
酒　256
さびない鋼　17
さびない鉄の模索　15
サブゼロ処理　99, 112, 156
サブマージアーク溶接法　230
酸化還元反応　126
酸化挙動の模式図　131
酸化剤　116
酸化スケール　77
　　——の生成過程　130
酸化速度　132
酸化反応　113
酸化皮膜　136
　　——の構造（Cr濃度による変化）　131
　　保護性の——　115
酸化物　128, 133
　　——安定度の尺度　128
　　——の平衡解離圧　128
　　——の標準生成自由エネルギー　128, 129
　　保護性に富む——　128
酸化の放物線速度定数 K_p　130
　　Fe-Cr合金，Cr濃度依存性　132
酸洗　77, 223
酸素製鋼　21
酸素製鋼法　18, 20
酸素発生電位　119
酸素分圧　128, 132

残留応力　125, 154

し

仕上げ圧延　73
仕上げ記号　218
仕上げ精錬　72
シーム溶接法　234
シールドガス　226
シェフラーの組織図　29
　——の修正　107
磁気的性質　171
時期割れ　187, 188
時効処理　111, 150
自己不動態化　117, 118
支持金物　271
磁性　28
実機煙突　308
実験室腐食速度との関係　308
湿食　127, 373
　——形態と環境　351
　——試験　142
実測腐食領域　114
自転車　263
自動板厚制御　75
　——システム　75
　——の構成例　76
自動車　258
　ステンレス鋼使用部品　258
　ステンレス鋼使用状況　259
　排気系部品　258, 259
　　エキゾースト・マニホールド　170, 259, 260
　　サイレンサー　259
　　触媒コンバータ　259
　　センター・パイプ　259
　　テール・パイプ　259
　　フレキシブル・チューブ　259, 261
　　フロント・パイプ　259
　　マフラー　259
　排出ガス浄化装置　260
絞り加工　202
絞り限界　193

ジャケ（人名）　220
遮熱コーティング　276
集合組織　153
集じん装置　303
住宅の構造躯体　325
シュトラウス（人名）　17
準安定γ　27, 29
準安定オーステナイト　100, 112
準安定オーステナイト系ステンレス鋼
　28, 106, 107, 112, 149, 150
瞬間伸び（クリープの）　163
昇華　138
蒸解廃液　257
蒸気タービン　271
　——主要部品の材料適用例　272
　——の構造　272
　——ノズル　271
　——翼　17
蒸気発生器　284
衝撃値　60
硝酸　248
抄紙工程　257
上手な使い方（ステンレス鋼の）　370
　過酷な環境での——　373
　　高温腐食　374
　　湿食の場合　373
　　破壊を伴う場合　376
　マイルドな環境での——　370
状態図　95
消耗電極ワイヤ　226
醤油　256
食孔　122, 125
食孔内部　120
触媒コンバータ（自動車の）　259, 260
食品機械　255
ショットピーニング　373
ショットブラスト　77
しわ（曲げ加工による）　207, 209
真空AOD　89
真空機器　292
真空誘導溶解　277

じん性　158
　　低温における　158
　　　　オーステナイト系ステンレス鋼
　　　　158
　　　　フェライト系ステンレス鋼　160
浸炭　135
　　——温度領域　135
　　——性ガス　136
　　——の例　363
　　浸炭＋硫化　364
　　浸炭＋硫化＋酸化の例　364
深冷処理　99

す

水蒸気改質反応　255
水蒸気酸化　130, 132, 269
　　——Crの影響　134
　　——結晶粒度の影響　134
　　——速度　132
　　——試験法（ボイラ管用材料の）
　　　144
水素　188
　　——イオン濃度　114
　　——化脱硫装置　255
　　——侵食　137
　　——製造装置　255
　　遠心鋳造管　255
　　改質反応管　255
　　水蒸気改質反応　255
　　——ぜい化の例　362
　　——ぜい性　123
水溶液腐食の基礎知識　112
水和オキシ酸化Cr　331
スーパーステンレス鋼　151, 215, 216
すきま　122
　　——腐食　122, 126, 127, 143, 256, 342,
　　　344, 346, 371
　　＋SCC　344
　　＋SCCの例　357
　　防止設計　347
スキンパス圧延　192
スクライブドサークル法　186

スクラップ　70
スケール　130
スケールブレーカ　77
ステッケルミル　21, 73, 74
ステンレス協会規格　83
ステンレスクラッド鋼　36, 265
ステンレス鋼　15
　　アーク溶接フラックス入りワイヤ　38
　　アノード分極曲線　118
　　機械的性質　264
　　くぎ　36
　　鋼管　44
　　主要用途一覧　242-245
　　使用状況　259
　　生産高（わが国の）　23
　　精整工程　80
　　製造の新しい動き　89
　　線　215
　　線材　217
　　ソリッド鋼　265
　　耐食性　112
　　耐熱鋼—製品規格体系　37
　　鋳鋼品　38, 52
　　特許の第1号　16
　　発明　17
　　被覆アーク溶接棒　38
　　分類　23
　　磨帯鋼の生産開始　21
　　溶接用棒およびワイヤ　38
ストリップキャスティング　89
ストレッチャーストレイン　152, 191,
　　192
スピニング　201
　　——の基本加工法　201
　　円すい成形　202
　　加工ひずみ　202
　　偏心傾斜——　202
スピノーダル分解　97
スプリングバック　198, 199, 203
スポット溶接法　234
スラブ用連続鋳造機　21

せ

製菓工業　255
制御棒　279
成形限界
　──曲線　184, 185
　──を向上させる方法　193
　　温間絞り　193
　　温度勾配付与成形　193, 194
　　材料特性の向上　194
成形性　376
　──試験　177
　──指標　187
　　鋼板の　187
　──評価指標　178
製紙・パルプ工業　256
　ECF漂白方式　257
　クラフトパルプ法　256
　黒液　257
　KP法　256
　蒸解廃液　257
　抄紙工程　257
　多段式漂白装置　257
　TCF方式　257
　薬品回収工程　257
精整工程　79
製造工程　70, 71
　──における主要検査項目　80, 81
　──の検査体制　80
製品規格体系（ステンレス鋼・耐熱鋼の）37
製品区分　73
精密鋳造　276
静翼　271, 272, 273, 274, 275, 276
　ガスタービンの──　274, 275, 276
　蒸気タービンの──　271, 272
析出硬化　111
　──系ステンレス鋼　28, 107, 111, 154
　　オーステナイト系──　112
　　機械的性質　155
　　準安定オーステナイト系──　112
　　セミオーステナイト系──　111

　　──の熱処理　111, 155
　　マルテンサイト系──　111
　──性　28
　──相　112
　──の高力鋼　18
積層欠陥エネルギー　149
石油化学のニトロ化プロセス　249
石油化学プラント　255
絶縁継手　126
設計温度（火力発電用ボイラの）　268
切削加工　255
セミ（準安定）オーステナイト系　111
セメンタイト　137
セラミックス　275
セルフシールドアーク溶接法　230
遷移クリープ　163
線材　82
センジミア（人名）　20
センジミアミル　20, 21, 74
センター・パイプ（自動車の）　259
選択接触還元法　301
選択腐食（溶接ビード部の）　254
せん断加工　199
　──工程　199
　かえり　200, 201
　クリアランス　200, 201
　　──切り口面　200
　ばり　200
全伸び（引張試験の）　152
船舶　263
線膨張係数　273
全面腐食　120, 142, 143, 253, 254
　──の例　353

そ

双晶　26
素管製造方法（→鋼管の製造方式もみよ）214
　加工上の留意点　214
　継目無鋼管　214
　溶接鋼管　214
　　ERW鋼管　214

391

　　ティグ溶接鋼管　214
　　電気抵抗溶接鋼管　214
　　電縫鋼管　214
　　プラズマ溶接鋼管　214
　　レーザ溶接鋼管　214
粗鋼生産量（世界のステンレス鋼の）
　239
組織　95
組織安定性　375
塑性屈服　207, 209
塑性ひずみ比　178
ソリッドワイヤ　52
ソルトバス　77

た

タービンディスク　277
タービン動翼　276
タービン発電機　277, 278
　　エンドリング　277
　　材料適用例　278
　　ステータ　277
　　ロータ　277
　　ロータ楔　277
　　ロータシャフト　277
タービン翼材　19
ターボ・チャージャ（自動車の）　261
耐SCC性　125
耐応力腐食割れ性　28, 156
大気中での腐食事例　333
大気腐食　125, 143
大気プラズマ溶射　276
耐局部腐食性指標　305
耐高温塩害性　261
耐高温腐食・酸化　275
耐孔食性　28, 373
　　——指標PRE　301
耐酸化性　128, 130, 259
　　——の限界温度　130
耐酸鋼　15
耐指紋性　318
帯状電極溶接法　233
耐食性　67, 117, 142

Fe–Cr合金系の特徴　116
液体金属に対する——　142
　　18–8鋼　142
　　18％Cr鋼　142
　　Ni基合金　142
——指標SCI　305
　　腐食速度との関係　306
——評価方法　142, 143
　　応力腐食割れ　143, 144
　　乾食試験法　144
　　現場における——　144
　　高温酸化試験　144, 145
　　高温腐食試験　145, 146
　　孔食　142, 143
　　湿食試験　142
　　水蒸気酸化試験　144
　　すきま腐食　143
　　全面腐食　142, 143
　　大気腐食　143
　　粒界腐食　143
薬品環境に対する——　120
体心立方　25
耐全面腐食性指標　305
台所食卓用品　318
耐熱鋼　57, 67, 112
　　——および耐熱合金鋳造品　38
　　——鋼材　38
　　——鋼棒・板　58
耐熱合金鋳造品　57
耐熱性　259
耐発しゅう（錆）性　323
耐腐食疲労性　257
耐摩耗性（二輪自動車・ブレーキ・ディスクの）　263
耐粒界腐食性　109, 261
　　硝酸中の——　249
耐硫化性　133
耐硫酸鋼　18
耐硫酸性　301
　　——ステンレス鋼　247
脱炭　135
　　——精錬　72

──反応（精錬の） 72
脱不動態化 pH 120
縦割れ 188, 189
炭化物 121
　　──安定化元素 105, 136
　　──の固溶化処理 76
タンクローリー 292
鍛鋼品 65, 87
炭酸ガスアーク溶接法 228
弾性係数 167
鍛造品 87
炭窒化物 103
　Cr の── 105
炭・窒化物形成元素 26
タンデム圧延機から精整工程までの連続化例 92
タンデムミル圧延 21
タンマン（人名） 16
断面の光学顕微鏡組織 335

ち

チオ硫酸イオン 127
縮み量（曲げ加工の） 197
窒化 137
窒化防止 137
中間熱処理 112
中間焼なまし－酸洗 75
鋳鋼品（ステンレス鋼の） 52, 56, 87
中性塩電解処理 77
超硬合金（金型の） 204
長時間の組織安定性 273
調質圧延 152
超塑性材料 156
超々臨界圧 267
超低炭素鋼 20
超臨界圧 267
直接還元法（クロム鉱石の） 19
直線則（酸化の） 130
直流・棒プラス（溶接の） 226, 227, 228, 229
直流・棒マイナス（溶接の） 229, 230
貯水槽 290

つ

ツインドラム鋳造機 89, 90
通気差電池 126
疲れ 164
　　──限度 160, 164
　　──寿命 164
　　──強さ 164, 272
　　──破壊 369, 370
　高温── 164
　低温── 160
　　オーステナイト系ステンレス鋼 160
　　疲れ限度 160
　低サイクル── 164
　　熱── 166
継目無鋼管 44, 83, 214
つや出し 219

て

低温疲れ 160
低温における機械的性質 156
低温焼戻し 102, 154
ティグ溶接鋼管 214
ティグ溶接法 228
低サイクル疲れ 164
低 C フェロニッケル 72
定常クリープ 163
ディスク 275
テール・パイプ（自動車の） 259, 261
デコーキング 255
鉄筋コンクリート用ステンレス鋼異形棒鋼 36
鉄道車両 263, 264
　　──の主要材料 264
　　──用ステンレス鋼の機械的性質 264
テルミット法 15
転位 120
電位 113
　　──－pH 図 114
　　──－電流曲線腐食反応の（模式的な） 118

電解液　220
電解研磨法　220
展開長（曲げ加工の）　197
電解複合研磨　222
電解浴　220
添加剤（研磨油の）　218
電気化学系列　113
電気化学的再活性化率測定方法　144
電気式集じん装置　303
電気製品　312, 313
電気抵抗溶接　84
電気抵抗溶接法　233
電子ビーム溶接法　232
電気防食　374
電気炉　72
天然ガス　265
テンパーカラー　373
テンパースケール　372
電縫鋼管　214
電縫管製造ライン　203

と

等温断面図　99, 101
　　Fe-Cr-Ni 合金——　101
　　Fe-Cr-Ni 三元系状態図の——　98
等温マルテンサイト変態　158
　　——曲線　158
透磁率（冷間加工の影響）　171
動翼　271, 272, 274, 275
　　ガスタービンの——　274, 275
　　蒸気タービンの——　272
都市ごみ焼却炉　140
土壌腐食　125
塗装　82
トリクロロエチレン　252
トリプルメルトプロセス　277
と粒ブラシ　77

な

内・外装材（建築物の）　321
内部応力　150
内面浸炭（エチレンプラント用反応管の）　255
ナゲット（スポット溶接の）　234
軟質2号（鋼線の仕上げ区分の）　83
軟質1号（鋼線の仕上げ区分の）　83

に

肉盛溶接　279
二酸化硫黄　133
二重管　89
二相系ステンレス鋼（→オーステナイト・フェライト系ステンレス鋼もみよ）
　100, 110, 156
二相組織　28, 156
ニトロ化プロセス（石油化学の）　249
二番（溶接部の）　247
乳製品工業　256
尿素　254
二輪自動車　262

ね

熱応力　270, 276
熱加工制御　266
熱間圧延　73
熱間圧延鋼帯　39
熱間圧延鋼板　39
熱間圧延ステンレス鋼形鋼　83
熱間成形ステンレス鋼の形鋼　65
熱交換器　87
　　——管材　267
　　——の腐食事例　124
　　——用管　83
熱サイクル　166
熱処理　76, 87
熱中性子吸収断面積　282
熱疲れ　166
　　——寿命　260
　　——強さ　273
熱伝導率　170
熱膨張係数　166, 170
ネルソンカーブ　138
燃焼灰　146
　　プラント機器における——構成例

146
燃料給油管（自動車の）　262
燃料系部品（自動車の）　262
燃料集合体（原子炉の）　283
燃料被覆管（原子炉の）　282

の

伸び補正値（曲げ加工の）　197, 198
伸び量（曲げ加工の）　197

は

ハード材　150
排煙脱硝装置　301
排煙脱硫装置　300
　――の構成材料　300
配管用ステンレス鋼鋼管　44
排気ガス浄化触媒ケース　202
排気系部品（自動車の）　258
廃棄物焼却炉雰囲気　133
廃棄物焼却炉ボイラ　146
排出ガス凝縮水（自動車の）　261
排出ガス浄化装置（自動車の）　260
配水管　126
爆着クラッド　89
爆発圧着過程　88
はく離（表面酸化物の）　130
ハステロイ B　252
ハステロイ B2　252
ハドフィールド（人名）　15
バナジウムアタック　138
ばね　150
　――限界値　150
　――特性　262
バフ　219
　――研磨　219
　――研磨材　219
張出し加工性　179, 180
張出し成形　212
バジル加工　212
　加工限界　212
　管継手の――　213
　限界張出し量　212, 213

バルブ用鋼　39
バレル研磨　220
ハロゲンイオン　119
ハロゲン化物腐食　138
はんだ　234
はんだ付　234
ハンブルグ曲げ（曲げ加工の）　206

ひ

ビード（溶接の）　110
ビール製造設備　256
引曲げ　206, 207, 209
非金属介在物　120, 273
微細二相組織　249
非磁性　171
微生物腐食　126
　――腐食事例　347
引張クリープ試験　163
引張残留応力　188
引張試験　178
　SUS304 と SUS430 の――結果　179
引張性質（低温における）　157
引張強さ　272
引張特性（高温における）　161
引張ひずみ速度　161
引張曲げ（曲げ加工における）　206
比抵抗　169
比熱　169
被覆アーク溶接法　225
被覆アーク溶接棒　52
皮膜修復能力　119
標準水素電極　113
標準電極電位　114
表面硬化層　205
表面光沢　77
表面仕上げ　81, 217, 218
　仕上げ記号　218
表面処理　82, 204
　――製品　81
引張試験　177

ふ

ファラデー（人名）　15
フェライト　24, 95
フェライト系ステンレス鋼　25, 76, 104, 152, 160, 190, 191
　一様伸び　152
　イヤリング　189, 190
　加工硬化指数　152
　加工硬化特性　152
　機械的性質　152
　σぜい性　153
　絞り成形性　152
　侵入形元素　152
　スキンパスロール　152
　ストレッチャーストレイン　152
　全伸び　152
　調質圧延　152
　475℃ぜい性　153
　リジング　190, 191
フェライト（高温で現れる）　100
フェライト生成元素　29
フェライト量　102
フェロクロム　15, 17, 70
フェロニッケル　70
複合材　88
複合成形性　181
不銹鋼規格　19
腐食環境による分類（腐食事例の）　334
腐食形態　120, 122, 341
　——とその比率（電気製品，ステンレス鋼）　312
　——による分類（腐食事例の）　335
　——の外観　335
　——の分類（全般）　121
　——別分類（高温腐食事例の）　369
　水環境における——と使用温度　340
腐食事故材の事例分析　330
腐食事例　313, 331, 350, 351
　——の鋼種による分類　333
　主な——と対策　335
　温和な環境での——　333
　化学プラントの——　349
　　鋼種別内訳　352
　　使用環境と湿食形態　350-351
　　腐食，割れ事例　350-353
　過酷な環境での——　349
　形態別分類　349
　湿食形態と環境　350-351
　　SCCの事例　365
　　腐食事例　349
　大気中での——　333
　腐食環境による分類　334
　腐食形態による分類　335
　マイルドな環境での——　333
　水環境における——　339
　　——の腐食形態と使用温度　340
　　——の腐食形態と使用期間　341
　　——の腐食発生位置とその発生原因　342
　　——の用途別・腐食形態別集計　340
　　——の用途別分類と主な品名　339
　　応力腐食割れ（SCC）の例　343
　　鋼種別　339
　　孔食の例　343
　　使用温度　340
　　使用期間　341
　　すきま腐食の例　342, 344
　　腐食形態別　340
　　腐食発生位置　342
　　用途別　339
　　粒界腐食の例　354
腐食しろ　120, 285
腐食速度　139, 308
　Cr鋼のCl_2中における——　139
　実機煙突と実験室との関係　308
腐食疲れの例　359
腐食の原理　112
不銹鋼板　19
沸騰水型原子炉　279
物理蒸着　205
物理的性質　167, 168

物理的損傷　329
不動態　17, 116
　——域　116, 123
　——化現象　116
　——化処理　217, 223
　——化特性　117
　——化臨界電流　117, 118, 119
　——皮膜　115, 116, 117, 120, 122, 331
　　　——修復能力　119
　　　——破壊，耐食性低下との関係
　　　　119
　——保持電流　117, 118, 119
　自己——化　117, 118
　再——化　118, 119
　脱——化 pH　120
部品とその要求性能（家電製品の）
　314
部品とその要求特性（エレクトロニクス
　機器の）　316
浮遊粒子状物質（自動車の）　262
プラズマ溶接鋼管　214
プラズマ溶接法　229
プラネタリーミル　21
プラント機器のガス雰囲気組成　147
プラントの大形設備　87
ブレアリー（人名）　17, 18
ブレーキ・ディスク（二輪自動車の）
　263
フレキシブル・ジョイント（自動車の）
　261
フレキシブル・チューブ（自動車の）
　259, 261
プレス成形　177
　——性
　　　——試験　177
　　　——評価指標　178
　——の基礎　177
プレス不良　187
プレス曲げ　206, 207
フロント・パイプ（自動車の）　259,
　260
分散強化　161

粉末（ステンレス鋼の）　87

へ

平衡酸素分圧　128
平衡定数　128
米国材料・試験協会　39
米国鉄鋼協会　38
米国溶接協会規格　39
へら絞り　201
ベルチェ（人名）　15
ベルト研磨　217
　——機　217
ベローズ（製造）　213
変形の基本要素　177
偏心傾斜スピニング　202
偏心プラグ曲げ　206
変態誘起塑性　28, 107

ほ

ボイラ　130, 1132, 146, 267
　——管材質の選定　267
　——管用材料水蒸気酸化試験方法
　　144
　——鋼管用材料　269
　——・熱交換器用ステンレス鋼鋼管
　　44
　——の過熱器　138
　火力発電用の——　130
　水蒸気酸化　130, 132
棒　39
防げん性（鉄道車両の）　263
棒鋼　82
　——の処理と表面仕上げ　82
防止策（SCC の）　125
放物線則（酸化の）　128
放物線速度定数　128
ボーリング（化学プラント反応管内面の）
　255
保守性（鉄道車両の）　263
ホットコロージョン（→高温腐食も見よ）
　138
ポリチオン酸　124

ポルトバン（人名）　16, 18
ボルヘルス（人名）　17

ま

マウラー（人名）　17
マウンテン・バイク　263
幕板（鉄道車両の）　263
マグ溶接法　227
曲げ加工　197, 206
　スプリングバック　198
　縮み量　197
　展開長　197
　伸び補正値　197, 198
　伸び量　197
　加工限界　207
　　しわ　207, 209
　　塑性屈服　207, 209
　　破断　207, 208
曲げ試験　183
曲げ性　60
マトリックス（素地組織）　103
マフラー　202, 259, 262
マルテンサイト　24, 97, 100, 102, 153, 158
マルテンサイト系ステンレス鋼　24, 25, 64, 76, 102, 111, 153
　高温焼戻し　154
　低温焼戻し　154
　熱処理と機械的性質　154
マルテンサイト相　29
マルテンサイト変態　151
マンネスマン・プラグミル法　84, 85
マンネスマン・マンドレルミル法　84

み

ミグ溶接法　226
密度　167
耳形状　189
耳残り　189

め

メタル温度（ボイラの）　268

メタルダスティング　135, 136
めっき　82
面心立方　27

も

モール類　262
もらいさび　334, 371
モンナルツ　17

や

焼入れ　102
焼入硬化型マルテンサイト系ステンレス鋼　18
焼入硬化性　18, 24, 26
焼入組織（マルテンサイト系ステンレス鋼の）　102
焼入焼戻し　217
焼付き（冷間鍛造時）　217
焼なまし–酸洗　73, 76
　——ラインと精整工程の連続化例　91
　——ラインとタンデム圧延機の連続化例　92
焼なまし状態の機械的性質　63, 64
焼戻温度–硬さ曲線　103
焼戻処理　154
焼戻二次硬化　103
焼戻しマルテンサイト組織　25
屋根材料　323
　——選定の例　323

ゆ

有機塩素化合物　252
ユージン・セジュルネ法　84, 85
融接　224
融雪塩　261

よ

溶解–製鋼プロセス　72
溶加棒　52
陽極　112
陽極酸化法　22

溶存酸素の下限値　124
溶存酸素量　120
溶接　223, 248
　　——H形鋼　83
　　——鋼管　214
　　——後熱処理　235
　　——材料　39, 55
　　——に関連したJIS規格　225
　　——熱影響部　122, 247
　　　　——の選択腐食　18
　　——ビード（二相系ステンレス鋼の溶接）　110
　　——ビード部の選択腐食　254
　　——部　234
　　——部の金属組織　110
　　——部の粒界腐食　248
　　——部の腐食　18
　　——棒の成分　110
　　——方法の種類　224
　　——ワイヤ　226
　　アーク——　225
　　エレクトロガスアーク——　231
　　エレクトロスラグ——　231
　　ガスシールドアーク——　226
　　サブマージアーク——　230
　　セルフシールドアーク——　230
　　炭酸ガスアーク——　228
　　ティグ——　214, 228
　　電気抵抗——　214, 228
　　電子ビーム——　232
　　肉盛——　279
　　被覆アーク——　225
　　プラズマ——　229
　　マグ——　227
　　ミグ——　226
　　レーザ——　233
溶銑予備処理　72
用途別受注量（鋼板類の）　240
溶融塩腐食　138
溶融塩付着物　133
抑制剤　125
　　——（電解研磨の）　220

予熱（溶接の）　235

ら

ランクフォード値　178

り

リジング　190, 191
　フェライト系ステンレス鋼の——　190
硫安　246
　　——製造プロセス　247
硫化　133
粒界型APC　124
粒界破壊　189
粒界腐食　105, 108, 121, 142, 143, 247, 248, 249, 342
　　——＋SCC　346
　鋭敏化の条件
　　——感受性　105, 108
　　——試験対象規格　68, 69
　　——に対する鋭敏化の条件　105
　　——の例　354
　耐——性　109
　耐——性（硝酸中の）　249
　　溶接部の——　248
粒界割れ　124
硫化水素　127, 133
硫化スケール　133
硫化物　133
硫酸　246
硫酸塩還元菌　127
硫酸環境におけるCl^-効果　302
硫酸露点腐食　126, 248, 304
リューダース帯　191
リューダース変形　192
粒内割れ　124
臨界塩化物濃度（APCの）　124
臨海地域　125
リング鍛造　277
りん酸　250

れ

冷延製品　147
冷間圧延　73, 89, 112
　——機　89
　　——の特徴　91
　——クラッド鋼板の製造方法　88
　——鋼帯　39
　——鋼板　39
冷間圧造用ステンレス鋼線　215
冷間加工　99
　——硬化　74
冷間伸線加工　217
冷間成形ステンレス鋼の形鋼　65
冷間鍛造　87, 215, 216
　——用ステンレス鋼　215, 216
　　——の特性と位置づけ　216
　——性　321
　オーステナイト系鋼種の——　216, 217
　高純度フェライト鋼の——　217
　スーパーステンレス鋼の——　217
　フェライト系鋼種の——　216, 217
　マルテンサイト系鋼種の——　216, 217
冷間タンデム圧延機　74
冷却材　279
レーザ・アークハイブリッド溶接　233
レーザ溶接　233
連続鋳造　73
連続焼なまし-酸洗ライン　21
連鋳機　21

ろ

ろう　234
ろう接　233, 234
ろう付　234
ロータ　271, 272, 275, 277
　ガスタービンの——　275
　蒸気タービンの——　272, 273
ロータシャフト　277
　——・ディスク（ガスタービンの）　275
ロータリキルン　72
ローピング　190
ロールクラッド製造方法　88
ロール成形　203
　——法（TIG溶接等）　86
　——法（高周波溶接）　86
　電縫管の——　204
　連続——　203
ロールフォーミング　203
ロールベンダー　84
　——法　86
ロール曲げ　206, 207
炉外精錬法　19, 21
六ケ所事業所再処理施設　285
露点腐食　375

わ

割れ　130
割れ破壊の例　358
割れを伴う事例　369

欧文索引

A

abrasion resistance 263
abrasive 218
abrasive band 217
accelerating creep 163
active path corrosion 123
additive 218
aerobic bacteria 126-127
AGC 75
AISI 38
AISI 200 19
AISI 420 18
AISI 430 18
allowable stress 268
American Iron and Steel Institute 38
American Society for Testing and Materials 39
American Welding Society 39
anaerobic bacteria 127
Angel, T. 149, 194
anion 332
anode 112
anodic polarization curve 116
anti-freezing agents 261
anti-reflection property 263
AOD 71, 72, 89
APC 123
ASTM 39, 143
atmospheric corrosion 125
atmospheric plasma spray 276
austenite 95
austenitic stainless steel 26
AWS 39

B

B 39
Bar 39
barrel finishing 220
bathtub 320
belt polishing 217
belt polishing machine 217
Berthier, P. 15
bicycle 263
boiler 267
boiling water reactor 279
Borchers, W. 17
brake disk 263
brazing 234
brazing and soldering 233, 234
brazing filler metal 234
break away 130
Brearley, H. 17
brightening 219
brine heater 294
BS 42
bucket 271, 274
buff 219
buffing 219
burr 200
BWR 279

C

carbide stabilizer 105
carbon-dioxide arc welding 228
carburization 135
casing 273
catastrophic oxidation 130
cathion 332
cathode 113
cathodic reaction 116
centrifugal cast tube 255
ceramics 276
CH900 112, 156
chemical component 30
chemical composition 30
chemical polishing 222
chemical polishing fluid 222

chemical tanker 263
chemical vapor deposition 205, 292
chemicals 265
chloride induced high temperature corrosion resistance 261
chromium depleted zone 223
chromium equivalent 106
chromium stainless steel 24
chromium–nickel stainless steel 26
chromizing 140
CI 305
clad steels 88
coking 255
cold forgeability 321
cold forging 215
cold plate 39
cold strip 39
cold wire drawing 217
combined formability 181
combustion liner 275
combustor 274, 275
composite materials 88
compressor 274
conditioning for Ms temperature 107
conical cup value 181
control rod 279
coolant 279
corrosion margin 120
corrosion resistance 117
corrosion resistivity 67
covered electrodes 52
CP 39
Cr 71
cracking 130
cracking at elevated temperature 270
creep 163
creep curve 163
creep rupture strength 164
creep strength 164
crevice corrosion 122
crevice corrosion index 305
CS 39

CVD 205, 292

D

daily start and stop 307
DCEN 229
DCEP 226
deaerator 297
decarburization 135
decoking 255
delayed fracture 188
delta ferrite 97
density 167
desalination plant 293
dew point corrosion 126
diesel particulate filter 262
DIN 42
directionally solidified 276
disk 275
dissolved oxygen 124
DPF 262
DS 276
DSS 307
ductile–brittle transition temperature 156
duplex stainless steel 28

E

earring 189
EB-PVD 276
EGR 262
electric resistance welding 233
electro-chemical series 113
electrogas arc welding 231
electrolyte 220
electrolytic and abrasive polishing 222
electrolytic polishing 220
electron beam welding 232
electron-beam physical vapor deposition 276
electronic apparatus 315
electroslag welding 231
electrostatic precipitator 303

elemental chlorine free 257
Ellingham diagram 128
EN 42
EP 303
ES 38
ESR 273, 277
etching pit 122
exhaust gas condensate 261
exhaust gas recirculation 262
exhaust manifold 259
exhaust system parts 258

F

Faraday, M. 15
fatigue at elevated temperature 164
fatigue life 164
fatigue strength 164
Fermi, E. 278
ferrite 95
ferrite formers 29, 95
ferritic stainless steel 25
ferromagnetism 171
flash chamber 295
flat panel display 293
FLD 184, 185, 186
flexible joint 261
flexible tube 261
forgings 87
formability test 177
forming limit diagram 184
FPD 293
fuel assembly 283
fuel cladding tube 282
fuel filler pipe 262
fuel reprocessing 285
fusion welding 224

G

galvanic corrosion 126
gamma stabilizer 95
gas and kerosene appliances 319
gas metal arc welding 226

gas turbine 271
general corrosion 120
general corrosion index 305
GI 305
Goldschmidt, H. 15
GOST 42
grinding oil 218
Guillet, L. A. 16

H

H1025 111
H1075 111
H1150 111
H900 111
Hadfield, R. A. 15
hair line 218
HE 123
heat cycle 166
heat exchanger 267
heat resistance 259
heat-resisting steel 57
high strength stainless steel 111
high temperature gas-cooled reactor 285
high temperature tempering 102
high-cycle fatigue strength 275
HL 218
home appliance 311
hot corrosion 138
hot corrosion and oxidation resistance 275
hot plate 39
hot strip 39
HP 39
HS 39
hydrate oxide 117
hydrogen attack 137
hydrogen embrittlement 123
hydrogen ion concentration 114

I

IGSCC 365

IMO   265
inhibitor   125, 220
instantaneous elongation   163
intergranular corrosion   105, 121
intergranular corrosion sensitivity   105
intergranular cracking   124
International Maritime Organization   265
International Organization for Standardization   36
interstitial elements   152
investment casting   276
ISO   36
isothermal martensitic transformation   158

J

J   39
Jacquet, P.   220
Japanese annual order booking by applications of stainless steel flat products   240
JES   19
JIS   30

K

K-BOP   72, 89
kitchen and table ware   318
kitchen equipment   315

L

L   39
Lankford value   178
Larson-Miller   164
laser welding   233
Laves phase   109
linear law   130
liquefied natural gas   291
liquid-metal cooled fast breader reactor   284
LMFBR   284
LDR   180

LNG   265, 291
local cell   112
low cycle fatigue   164
low temperature tempering   102
low-interstitial ferritic stainless steel   105
Lüders band   191

M

$M_{23}C_6$ 121, 161
magnetic properties   171
martensite   97
martensitic stainless steel   24
Maurer, E.   17
mechanical polishing   217
mechanical properties   60
membrane   263
metal active gas arc welding   227
metal dusting   135
metal inert gas arc welding   226
metastable austenite   100
metastable austenitic stainless steel   106
microbiological influenced corrosion   126
MIG   226
mirror finishing   222
molten salt attack   138
Monnartz, P.   17
motor bicycle   262
multi-effect stack type   294
multi-stage flash type   293

N

N   39
Nelson curve   138
NF   42
Ni   71
$Ni_3(Al,Ti)$ 276
Ni_3Al 155
nickel equivalent   106
nitriding   137
noble metals   115

non-magnetic   171
NO_x 125
nozzle   271, 274
nuclear power plant   279
nuclear reactor   278
nugget   234

O

orange peel   191
oxidizing reagent   116

P

parabolic law   128
particulate matter   262
passivation treatment   217
passive state   116
passivity   116
pH   114
pH_d 120
physical vapor deposition   205
pickling   223
pitting corrosion   119
pitting potential   119
pitting resistance equivalent   301
plasma welding   229
PM   262
pollution control   263
Portevin, A. M.   16
post weld heat treatment   235
PRE   301
precipitation hardening heat treatment   111
precipitation hardening-type stainless steel   28
preheating   235
pressure welding   233
pressurized water reactor   284
property for maintenance   263
property for spring   262
PUREX   285
PVD   205

Q

quenching and tempering   217

R

railway car   263
rate of work hardening   152
reactor   278
reactor pressure vessel   279
reformer tube   255
reheat thermo-compression type   294
reheater   267
reinforcing bar   325
repassivation   118
retaining ring   277
reverse osmosis membrane   293
RH950   112
ridging   190
roll forming   203
roping   190
rotating blade   271
rotor   271, 277
rotor blade   274
RPV   279
rust resistance   323
r-value   178

S

S   39
sacrificial protection coating   274
SAS 311-89   83
SC (single crystalの略)   276
SC (super criticalの略)   267
SCC   125, 253, 256
SCH   38
Schaeffler's diagram   29
SCI   305
scribed circle test   186
SCS   38
seam welding   234
seamless pipe   214
season cracking   188

seizure 217
self-passivation 117
selfshielded arc welding 230
self-supporting prismatic-shape IMO type B 266
Sendzimir, T. 20
sensitization 121
SFE 149
SG 284
shaft 277
shielded metal arc welding 225
shielding gas 226
sigma embrittlement 153
sigma phase 95
single crystal 276
SKD 204
skin pass rolling 152
SO_2 126
SO_2/water dew point corrosion index 305
SO_3 125, 126
SOLAS 1974 265
solder 234
soldering 234
solid wires 52
SPB 266
specific heat 169
specific resistance 169
speed of testing rate of stressing 161
spin forming 201
spinning 201
spinodal decomposition 97
spot welding 234
spring back 198
SRB 127
stacking fault energy 149
stainless steel 18
stainless steel wires 215
standard electrode potential 114
stationary blade 271
stator 277
stator vane 274

Staybrite 17
steady state creep 163
steam generator 284
steam turbine 271
steel casting 52
steel forgings 65
steel plate and sheet 73
steel sections 65
steel strip 73
steel tubes and pipes 44
strain induced martensitic transformation 149
Strauss, B. 17
stress corrosion cracking 122
stress relieving 125
stretcher strain 152, 191
structural frame 325
subcritical pressure 267
sublimation 138
submerged arc welding 230
subzero treatment 99
SUH 38
sulfate-reducing bacteria 127
supercritical pressure 267
superheater 267
superplastic materials 156
surface finishing 217
surfacing with strip electrode 233
SUS 36
SUS430 104

T

Tammann, G. H. 16
TBC 276
TGSCC 365
TH1050 112, 156
thermal barrier coating 276
thermal conductivity 170
thermal expansion coefficient 170
thermal fatigue 166
thermal fatigue life 260
thermal fatigue strength 275

thermal stress 270
thermo-mechanical controlled process 266
TIG 86, 228
tile 275
time-temperature-sensitization 122
time-temperature-sensitization curves 108
TMCP 266
total chlorine free 257
total elongation 152
transgranular cracking 124
transient creep 163
TRIP（transformation induced plasticity）28
TS 38
TTS curve 108
tungsten inert gas arc welding 86, 228

U

ultra-supercritical pressure 267
underground corrosion 125
uniform elongation 152
UNS 42
USC 267

V

V2A 17

vacuum induction melting 277
vacuum-arc-remelting 273
vapour compression type 294
VAR 273, 277
V-attack 140
VCR 89
venting system 298
VIM 277
VOD 71, 72

W

Wagner, C. 128
warm forging 215
wedge 277
welded heat-affected zone 122
welded pipe 214
welding rods 52
welding wire 226
work hardening 149
world annual production of stainless steel 239

X

XM 39

Y

Y 38
Young's modulus 167

JIS使い方シリーズ
ステンレス鋼の選び方・使い方 ［改訂版］

定価：本体 4,200 円（税別）

1994 年 3 月 20 日　第 1 版第 1 刷発行
2010 年 6 月 16 日　改訂版第 1 刷発行

編集委員長　田中　良平
発　行　者　田中　正躬
発　行　所　財団法人 日本規格協会
　　　　　　〒 107-8440　東京都港区赤坂 4 丁目 1-24
　　　　　　　　　　　　http://www.jsa.or.jp/
　　　　　　　　　　　　振替　00160-2-195146

印　刷　所　株式会社 ディグ
製　　　作　株式会社 大知

© Ryohei Tanaka, et al., 2010　　　　　　　　　Printed in Japan
ISBN978-4-542-30422-2

当会発行図書，海外規格のお求めは，下記をご利用ください．
　出版サービス第一課：（03）3583-8002
　書店販売：（03）3583-8041　　注文 FAX：（03）3583-0462
　JSA Web Store：http://www.webstore.jsa.or.jp/
編集に関するお問合せは，下記をご利用ください．
　編集第一課：（03）3583-8007　　FAX：（03）3582-3372
●本書及び当会発行図書に関するご感想・ご意見・ご要望を，
　氏名・年齢・住所・連絡先を明記の上，下記へお寄せください．
　　　　　e-mail：dokusya@jsa.or.jp　　FAX：（03）3582-3372
　（個人情報の取り扱いについては，当会の個人情報保護方針によります．）